高等职业教育"十三五"规划教材

建筑与装饰施工工艺

主　编　张永平　张朝春
副主编　朱晓伟　刘尊明
　　　　谢东海　叶曙光
参　编　李海全　潘瑞松
主　审　李元美　高金良

北京理工大学出版社
BEIJING INSTITUTE OF TECHNOLOGY PRESS

内 容 提 要

本书以现行建筑与装饰工程施工技术标准规范为依据进行编写,在编写时综合考虑了建筑工程施工领域的新工艺及发展趋势,在内容选择上充分体现了一个"新"字。全书共分为8个项目,主要内容包括土方工程施工、地基处理与基础工程施工、砌体工程施工、钢筋混凝土工程施工、钢结构吊装工程、防水工程施工、建筑装饰与装修施工、冬期与雨期施工等。

本书可作为高职高专院校建筑工程技术等相关专业的教材,也可供建筑工程施工人员岗位培训使用。

版权专有　侵权必究

图书在版编目(CIP)数据

建筑与装饰施工工艺／张永平,张朝春主编.—北京:北京理工大学出版社,2018.8
(2018.9重印)
ISBN 978-7-5682-6161-6

Ⅰ.①建… Ⅱ.①张…②张… Ⅲ.①建筑装饰—工程施工 Ⅳ.①TU767

中国版本图书馆CIP数据核字(2018)第191692号

出版发行／北京理工大学出版社有限责任公司	
社　　址／北京市海淀区中关村南大街5号	
邮　　编／100081	
电　　话／(010)68914775(总编室)	
(010)82562903(教材售后服务热线)	
(010)68948351(其他图书服务热线)	
网　　址／http://www.bitpress.com.cn	
经　　销／全国各地新华书店	
印　　刷／北京紫瑞利印刷有限公司	
开　　本／787毫米×1092毫米　1/16	
印　　张／22.5	责任编辑／钟　博
字　　数／604千字	文案编辑／钟　博
版　　次／2018年8月第1版　2018年9月第2次印刷	责任校对／周瑞红
定　　价／55.00元	责任印制／边心超

图书出现印装质量问题,请拨打售后服务热线,本社负责调换

FOREWORD 前言

近年来，我国高等职业教育快速发展，已经成为国家高等教育的重要组成部分。在当前新形势下，国家和社会对高等职业教育提出了更高的质量要求，教育部推进的国家示范校、骨干校建设，精品课程建设，专业教学资源库建设，工学结合、校企合作的培养和办学模式，使得传统教材与新形势下的教学要求不相适应，加强土建类专业教材建设成为各相关院校的目标和要求，教材建设迫在眉睫。

"建筑与装饰施工工艺"是研究在保证工程质量、工期和施工安全的前提下，通过对建筑与装饰工程主要工种施工原理、施工工艺和施工方法进行研究，结合施工地点的客观条件，选择经济、合理的施工方案的一门课程。本课程以建筑与装饰工程施工实践为"源"，经过理论充实、升华，形成既源于实践，又高于实践的知识体系。其内容遵循建筑与装饰施工现行标准规范，力求知识系统完整、紧密结合实际、具备可操作性。本课程在培养学生分析和解决问题的职业能力方面起着重要作用。全书本着"必需、够用"的原则，对课程内容进行了合理的调整，淡化理论课程的系统性和学科性，强化对学生实际应用能力的培养，突出了教学过程的应用性和实践性。本书在编写过程中加入了大量图片，使学生的学习过程更加贴近实际。

本书由山东城市建设职业学院具有丰富教学、施工经验的教学团队编制而成，由张永平、张朝春担任主编，由朱晓伟、刘尊明、谢东海、叶曙光担任副主编，李海全、潘瑞松参与了本书部分项目的编写工作。具体编写分工为：项目1由张朝春编写，项目2由谢东海编写，项目3、项目5、项目8由张永平编写，项目4由朱晓伟、叶曙光编写，项目6、项目7由刘尊明编写，全书由张永平统稿，由山东城市建设职业学院李元美，山东建大教育置业有限公司高金良主审。山东省城乡建设勘察设计研究院王胜利、山东天元集团有限公司高雷、青岛明珠监理有限公司孙帅审阅了书稿并提出了宝贵意见，在此一并感谢。

前言 FOREWORD

  本书在编写过程中引用了大量相关的专业文献和资料，未在书中一一注明出处，在此对相关资料的编著者表示衷心的感谢。

  由于编者水平有限，书中难免存在不足之处，敬请广大读者给予批评指正。

编　者

目录

项目1 土方工程施工 ········· 1
任务1.1 认识岩土的工程性质 ········ 2
- 1.1.1 土方工程的施工特点 ········ 2
- 1.1.2 土的工程分类 ········ 2
- 1.1.3 土的基本性质 ········ 3

任务1.2 土方工程量计算及场地平整 ··· 5
- 1.2.1 基坑、基槽土方工程量计算 ········ 6
- 1.2.2 场地平整土方量计算 ········ 6
- 1.2.3 场地平整土方量计算实例 ········ 10
- 1.2.4 挖填土方调配 ········ 13

任务1.3 基坑排水与降低地下水水位 ··· 14
- 1.3.1 明排水法 ········ 14
- 1.3.2 人工降低地下水水位 ········ 15
- 1.3.3 降水对周围建筑的影响及防止措施 ········ 23

任务1.4 土方边坡与基坑支护 ········ 24
- 1.4.1 边坡坡度 ········ 25
- 1.4.2 浅基坑支护 ········ 26
- 1.4.3 深基坑支护 ········ 28
- 1.4.4 基坑开挖 ········ 31
- 1.4.5 基槽检验 ········ 32

任务1.5 土方工程机械化施工 ········ 33
- 1.5.1 单斗挖土机 ········ 34
- 1.5.2 推土机 ········ 36
- 1.5.3 铲运机 ········ 37
- 1.5.4 平地机 ········ 38
- 1.5.5 装载机与自卸车 ········ 38

任务1.6 土方的填筑与压实 ········ 39
- 1.6.1 土料的选用和要求 ········ 39
- 1.6.2 填土压实方法 ········ 40
- 1.6.3 影响填土压实的因素 ········ 42
- 1.6.4 填土的质量检验 ········ 43

项目2 地基处理与基础工程施工 ··· 44
任务2.1 地基处理 ········ 45
- 2.1.1 素土、灰土地基 ········ 45
- 2.1.2 强夯地基 ········ 47
- 2.1.3 灰土挤密桩 ········ 50
- 2.1.4 水泥土搅拌桩地基 ········ 52

任务2.2 浅基础施工 ········ 56
- 2.2.1 无筋扩展基础 ········ 58
- 2.2.2 扩展基础 ········ 59
- 2.2.3 条形基础 ········ 61
- 2.2.4 筏形基础 ········ 62
- 2.2.5 箱形基础 ········ 64

任务2.3 桩基础施工 ········ 69
- 2.3.1 预制桩施工 ········ 70
- 2.3.2 混凝土灌注桩 ········ 75
- 2.3.3 桩基础检测 ········ 79
- 2.3.4 桩基工程质量检查及验收 ········ 80

项目3 砌体工程施工 ········ 82
任务3.1 脚手架工程 ········ 83

CONTENTS

3.1.1 脚手架的分类和基本要求 …… 83
3.1.2 扣件式钢管脚手架 …… 85
3.1.3 碗扣式钢管脚手架 …… 90
3.1.4 钢梁悬挑脚手架 …… 94
3.1.5 附着升降式脚手架 …… 97
3.1.6 其他形式的脚手架 …… 100
3.1.7 脚手架工程的绿色施工 …… 103

任务3.2 砖砌体施工 …… 104
3.2.1 砖砌体材料 …… 104
3.2.2 砌筑砂浆 …… 105
3.2.3 砖砌体施工 …… 106
3.2.4 影响砌体结构强度的主要因素 …… 109
3.2.5 脚手眼的设置 …… 111

任务3.3 砌块砌体施工 …… 111
3.3.1 砌块砌体材料 …… 112
3.3.2 混凝土小型空心砌块施工 …… 112
3.3.3 中型块砌施工 …… 114

任务3.4 石砌体施工 …… 115
3.4.1 石砌体材料 …… 116
3.4.2 毛石基础 …… 116
3.4.3 料石基础 …… 117
3.4.4 石挡土墙的砌筑 …… 118

任务3.5 砖混结构配筋砌体施工 …… 118
3.5.1 构造柱 …… 119
3.5.2 圈梁 …… 120

任务3.6 钢筋混凝土结构填充墙施工 …… 122

3.6.1 填充墙常用材料 …… 122
3.6.2 填充墙的施工 …… 122
3.6.3 质量要求 …… 123

项目4 钢筋混凝土工程施工 …… 124

任务4.1 模板工程 …… 125
4.1.1 模板的基本要求与分类 …… 125
4.1.2 几种模板简介 …… 126
4.1.3 模板拆除 …… 141
4.1.4 模板工程施工质量及验收规范 …… 143

任务4.2 钢筋工程 …… 146
4.2.1 钢筋的种类及性能 …… 147
4.2.2 钢筋的配料及加工 …… 151
4.2.3 钢筋的连接 …… 157
4.2.4 钢筋隐蔽验收 …… 166

任务4.3 混凝土工程 …… 167
4.3.1 混凝土配料 …… 168
4.3.2 混凝土的搅拌 …… 175
4.3.3 混凝土的运输 …… 178
4.3.4 混凝土的浇筑、振捣 …… 182
4.3.5 混凝土的养护 …… 189
4.3.6 混凝土质量检查 …… 190

任务4.4 预应力混凝土工程 …… 195
4.4.1 概述 …… 195
4.4.2 预应力钢筋 …… 196
4.4.3 预应力锚固体系 …… 198

CONTENTS

  4.4.4 张拉设备 ································ 201
  4.4.5 先张法施工 ···························· 204
  4.4.6 后张法施工 ···························· 208
  4.4.7 无粘结预应力施工 ················· 214

项目5 钢结构吊装工程 217
任务5.1 起重机械 ································ 218
  5.1.1 塔式起重机 ···························· 218
  5.1.2 自行式起重机 ························ 223
  5.1.3 非标准起重装置 ···················· 226
  5.1.4 索具设备 ································ 229
任务5.2 钢结构的连接 ························ 234
  5.2.1 焊接连接 ································ 234
  5.2.2 螺栓连接 ································ 239
任务5.3 钢结构安装 ···························· 243
  5.3.1 钢结构单层厂房安装 ············ 243
  5.3.2 钢结构多层、高层建筑安装 ··· 245
  5.3.3 钢网架安装 ···························· 249

项目6 防水工程施工 251
任务6.1 屋面防水工程施工 ············· 251
  6.1.1 防水材料认知 ························ 252
  6.1.2 防水构造认知 ························ 256
  6.1.3 卷材防水屋面施工 ················ 259
  6.1.4 涂膜防水屋面施工 ················ 266

任务6.2 地下防水工程施工 ············· 268
  6.2.1 地下工程防水设防要求与防水方案 ···································· 268
  6.2.2 防水材料认知 ························ 270
  6.2.3 卷材防水层施工 ···················· 272
  6.2.4 细部构造防水施工 ················ 276
任务6.3 楼地面防水工程施工 ········· 282
  6.3.1 防水材料认知 ························ 282
  6.3.2 厨房卫生间防水的构造 ········ 284
  6.3.3 聚氨酯防水涂料楼地面防水工程施工 ································ 285

项目7 建筑装饰与装修施工 288
任务7.1 抹灰工程 ································ 289
  7.1.1 抹灰工程的分类和组成 ········ 289
  7.1.2 一般抹灰工程施工准备 ········ 291
  7.1.3 内墙抹灰 ································ 292
  7.1.4 外墙抹灰 ································ 295
  7.1.5 混凝土顶棚抹灰施工 ············ 295
  7.1.6 质量验收 ································ 296
任务7.2 饰面板（砖）工程 ············· 297
  7.2.1 饰面板（砖）的认知 ············ 297
  7.2.2 饰面砖粘贴施工 ···················· 300
  7.2.3 石材饰面板施工 ···················· 302
任务7.3 建筑楼地面工程 ··················· 306
  7.3.1 建筑楼地面的组成及作用 ···· 307

7.3.2	整体面层铺设—水泥砂浆面层⋯ 308	7.7.4	塑钢门窗安装 ⋯⋯⋯⋯⋯⋯ 331
7.3.3	板块面层铺—大理石面层 ⋯ 310	任务7.8	墙体保温工程⋯⋯⋯⋯⋯⋯ 333
7.3.4	木、竹面层铺设—实木地板面层 ⋯⋯⋯⋯⋯⋯⋯⋯ 312	7.8.1	聚苯板薄抹灰外墙外保温系统⋯ 334
		7.8.2	胶粉聚苯颗粒外墙外保温系统⋯ 337

任务7.4　吊顶工程⋯⋯⋯⋯⋯⋯ 313

- 7.4.1　吊顶的分类和组成 ⋯⋯⋯⋯ 314
- 7.4.2　金属龙骨吊顶工程施工 ⋯⋯ 315

任务7.5　涂饰工程⋯⋯⋯⋯⋯⋯ 318

- 7.5.1　建筑装饰涂料的分类 ⋯⋯⋯ 319
- 7.5.2　建筑装饰的常用材料 ⋯⋯⋯ 319
- 7.5.3　内墙涂饰工程 ⋯⋯⋯⋯⋯⋯ 320
- 7.5.4　外墙涂饰工程 ⋯⋯⋯⋯⋯⋯ 321

任务7.6　玻璃幕墙工程⋯⋯⋯⋯ 322

- 7.6.1　玻璃幕墙的种类与材料要求⋯ 323
- 7.6.2　玻璃幕墙工程施工 ⋯⋯⋯⋯ 325

任务7.7　门窗工程⋯⋯⋯⋯⋯⋯ 326

- 7.7.1　门窗工程施工的基本要求 ⋯ 327
- 7.7.2　木门窗安装 ⋯⋯⋯⋯⋯⋯⋯ 327
- 7.7.3　铝合金门窗安装 ⋯⋯⋯⋯⋯ 329

项目8　冬期与雨期施工⋯⋯⋯⋯ 339

任务8.1　冬期施工⋯⋯⋯⋯⋯⋯ 339

- 8.1.1　冬期施工的特点 ⋯⋯⋯⋯⋯ 340
- 8.1.2　砌体工程冬期施工 ⋯⋯⋯⋯ 341
- 8.1.3　混凝土工程冬期施工 ⋯⋯⋯ 343
- 8.1.4　其他工程冬期施工 ⋯⋯⋯⋯ 347

任务8.2　雨期施工⋯⋯⋯⋯⋯⋯ 348

- 8.2.1　雨期施工的特点、要求和准备工作 ⋯⋯⋯⋯⋯⋯⋯⋯⋯ 349
- 8.2.2　分部分项工程雨期施工措施 ⋯ 350

参考文献⋯⋯⋯⋯⋯⋯⋯⋯⋯⋯ 352

项目1 土方工程施工

项目描述

土方工程包括：场地平整，基坑（槽）开挖、填筑与压实以及开挖前的降低地下水水位等工作内容。该项目技术复杂、劳动强度大，在整个工程施工中显得非常突出。通过本项目的学习，应能够进行场地平整的计算、土方工程量计算、基坑（槽）定位放线、边坡稳定分析和支护方案设计以及土方工程的质量检验，能编制技术交底和施工方案。

教学目标

任务名称	权重	知识目标	能力目标
1. 认识岩土的工程性质	10%	了解土的工程分类 了解土的组成 掌握土的5项工程性质	能正确划分土的工程类别 能自己动手获得土的5项工程性质指标
2. 土方工程量计算及场地平整	20%	理解场地平整设计标高的确定原则 掌握计算场地平整的设计标高 掌握计算场地平整的土方量	能利用网格法进行场地平整的设计计算及工作安排 能进行挖填土方量的计算
3. 基坑排水与降低地下水水位	20%	了解基坑明排水 掌握人工降低地下水的工艺方法	能进行明排水法的施工安排 会设计计算轻型井点降水系统
4. 土方边坡与基坑支护	20%	了解基坑（槽）开挖的边坡稳定 掌握基坑（槽）支护的施工工艺	会进行边坡的稳定分析，选择合理的边坡系数 能制订简单的基坑支护施工方案
5. 土方工程机械化施工	15%	了解单斗挖土机的施工特点 了解单斗推土机的施工特点 了解单斗铲运机机的施工特点	能理解各施工机械的作业方法和特点 能根据工程特点正确选择施工机械
6. 土方的填筑与压实	15%	了解土料的选用 掌握填筑与压实的方法 掌握影响填土压实的因素	能正确选用土料 能制订填土压实的施工方案

任务 1.1 认识岩土的工程性质

任务描述

本任务要求学生初步认识土的工程分类和土的种类、土的几个物理参数。通过土的密度和含水量试验,密切接触岩土,增加感性认识。

任务分析

利用环刀法测定土的密度、土的干密度和含水量三个物理参数。注意将环刀砸入土中之前,应先将土层上层松散的部分进行清除并下挖一定的深度,再将环刀砸入。用环刀法测定压实层的密度时,环刀必须打入到压实层的中间部位,这样测得的压实度被认为代表整个压实层的平均压实度。

知识课堂

1.1.1 土方工程的施工特点

1. 工程量大,劳动强度高

大型建设项目的场地平整,土石方施工面积可达数平方公里;大型深基坑开挖中,土方工程可达几万甚至几百万立方米以上;施工工期长,劳动强度高。组织施工时,应尽可能采用机械化施工。

2. 施工条件复杂

土方工程多为露天作业,在施工中直接受到地区交通、气候、水文、地质及邻近建(构)筑物等条件影响,且土、石成分复杂;难以确定的因素较多,有时施工条件极为复杂。

土方工程

3. 受场地影响

基坑(槽)的开挖、土方的留置和存放都受到施工场地的影响,特别是城市内施工,场地狭窄,往往由于施工方案不妥,导致周围建筑设施出现安全稳定问题。

鉴于土方工程的上述施工特点,在组织土方工程施工前,应根据现场条件,制订技术可行、经济合理的施工方案。

1.1.2 土的工程分类

土的工程分类方法主要有两种:一是按照建筑地基基础设计规范进行分类,可分为岩石、碎石土、砂土、粉土、黏性土和人工填土六类,与土方边坡稳定和土壁支护有密切关系;二是按照土的开挖难易程度进行分类,通常可分为八类,与土方工程施工方法的选择、劳动量和机械台班的消耗及工程费用相关,见表 1-1。

表 1-1 土的工程分类与现场鉴别方法

土的分类	土的名称	可松性 K_s	可松性 K_s'	开挖方法及工具
第一类 (松软土)	砂、粉土、冲积砂土层、种植土、泥炭(淤泥)	1.08~1.17	1.01~1.04	用锹、锄头挖掘
第二类 (普通土)	粉质黏土,潮湿的黄土,夹有碎石、卵石的砂,种植土,填筑土及粉质砂土	1.14~1.28	1.02~1.05	用锹、锄头挖掘,少许用镐翻松
第三类 (坚土)	软及中等密实黏土,重粉质黏土,粗砾石,干黄土及含碎石、卵石的黄土、粉质黏土	1.24~1.30	1.04~1.07	主要用镐,少许用锹、锄头,部分用撬棍
第四类 (砾砂坚土)	重黏土及含碎石、卵石的黏土,粗卵石,密实的黄土,天然级配砂石,软泥灰岩及蛋白岩	1.26~1.37	1.06~1.09	先用镐、撬棍,然后用锹挖掘,部分用锲子及大锤
第五类 (软石)	硬石炭纪黏土,中等密实的页岩、泥灰岩、白垩土,胶结不紧的砾岩,软的石灰岩	1.30~1.45	1.10~1.20	用镐或撬棍、大锤,部分用爆破方法
第六类 (次坚石)	泥岩,砂岩,砾岩,坚实的页岩、泥灰岩,密实的石灰岩,风化花岗岩、片麻岩	1.30~1.45	1.10~1.20	用爆破方法,部分用风镐
第七类 (坚石)	大理石、辉绿岩,玢岩,粗中粒花岗岩,坚实的白云岩、砂岩、砾岩、片麻岩、石灰岩等	1.45~1.50	1.15~1.20	用爆破方法
第八类 (特坚石)	安山岩,玄武岩,花岗片麻岩,坚实的细粒花岗岩,闪长岩	1.45~1.50	1.20~130	用爆破方法

注: K_s 为最初可松性系数, K_s' 为最终可松性系数。

1.1.3 土的基本性质

1. 土的组成

土一般由土颗粒(固相)、水(液相)和空气(气相)三部分组成,这三部分之间的比例关系随着周围条件的变化而变化,三者之间比例不同,反映出土的物理状态不同,如干燥、稍湿或很湿,密实、稍密或松散。这些指标是最基本的物理性质指标,对评价土的工程性质、进行土的工程分类具有重要的意义。

土的三相物质是混合分布的,为阐述方便,一般用三相图(图 1-1)表示。三相图中,将土的固体颗粒、水、空气各自划分开来。

2. 土的物理性质

(1)土的可松性与可松性系数。天然土经开挖后,其体积因松散而增加,虽经振动夯实,仍然不能完全复原,这种现象称为土的可松性。土的可松性用可松性系数表示,即

最初可松性系数:
$$K_s = \frac{V_2}{V_1} \tag{1-1}$$

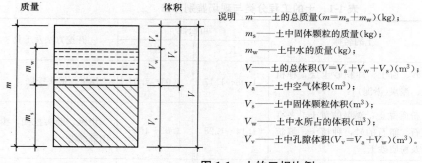

说明 m——土的总质量($m=m_s+m_w$)(kg);
m_s——土中固体颗粒的质量(kg);
m_w——土中水的质量(kg);
V——土的总体积($V=V_a+V_w+V_s$)(m^3);
V_a——土中空气体积(m^3);
V_s——土中固体颗粒体积(m^3);
V_w——土中水所占的体积(m^3);
V_v——土中孔隙体积($V_v=V_a+V_w$)(m^3)。

图 1-1 土的三相比例

最终可松性系数:
$$K'_s=\frac{V_3}{V_1} \tag{1-2}$$

式中 V_1——土在天然状态下的体积(m^3);
V_2——土挖后松散状态下的体积(m^3);
V_3——土经压(夯)实后的体积(m^3);

经分析可知 $K_s > K'_s > 1$。可松性系数对土方的调配、计算土方运输量都有影响。各类土的可松性系数见表1-1。

【例 1-1】 某基坑体积为 827 m^3,基础占有体积为 365 m^3,已知 $K_s=1.30$,$K'_s=1.04$。求:(1)应预留多少回填土(以天然体积计)?(2)若多余土用 6 m^3 斗容量的汽车外运,需运多少车?

解:预留回填土:$V=(827-365)/1.04=444.23(m^3)$
需运车数:$N=(827-444.23)\times1.3/6=83(车)$

(2)土的天然含水量。在天然状态下,土中水的质量与固体颗粒质量之比的百分率叫作土的天然含水量,它反映了土的干湿程度,用 ω 表示,即

$$\omega=\frac{m_w}{m_s}\times100\% \tag{1-3}$$

式中 m_w——土中水的质量(kg);
m_s——土中固体颗粒的质量(kg)。

(3)土的天然密度和干密度。土在天然状态下单位体积的质量,叫作土的天然密度(简称密度)。一般黏土的密度为 $1.8\sim2.0\times10^3$ kg/m^3,砂土的密度为 $1.6\sim2.0\times10^3$ kg/m^3。土的密度按式(1-4)计算:

$$\rho=\frac{m}{V} \tag{1-4}$$

干密度是土的固体颗粒质量与总体积的比值,用式(1-5)表示:

$$\rho_d=\frac{m}{V} \tag{1-5}$$

式中 ρ,ρ_d——土的天然密度和干密度;
m——土的总质量(kg);
V——土的体积(m^3);

(4)土的孔隙比和孔隙率。孔隙比和孔隙率反映了土的密实程度。孔隙比和孔隙率越小,土越密实。

孔隙比 e 是土的孔隙体积 V_v 与固体体积 V_s 的比值,用式(1-6)表示:

$$e = \frac{V_v}{V_s} \tag{1-6}$$

孔隙率 n 是土的孔隙体积 V_v 与总体积 V 的比值，用百分率表示：

$$n = \frac{V_v}{V} \times 100\% \tag{1-7}$$

(5) 土的渗透系数。土的渗透性系数表示土中的水在单位水力坡度作用下，单位时间内渗透的距离，即 $K=v/i$（v 表示水的渗透速度，i 表示水力坡度），K 的单位是 m/d（米/天）。土根据渗透系数的不同，可分为透水性土（如砂土）和不透水性土（如黏土）。它影响施工降水与排水的速度，是计算涌水量的主要参数，与土的种类和密实度有关。常见土的渗透系数见表 1-2。

表 1-2　土的渗透系数参考表

土的名称	渗透系数 $K/(\mathrm{m \cdot d^{-1}})$	土的名称	渗透系数 $K/(\mathrm{m \cdot d^{-1}})$
黏土	<0.005	中砂	5.00～20.00
粉质黏土	0.005～0.10	均质中砂	35～50
粉土	0.10～0.50	粗砂	20～50
黄土	0.25～0.50	圆砾石	50～100
粉砂	0.50～1.00	卵石	100～500
细砂	1.00～5.00	—	—

第二课堂

1. 进行一次野外活动，仔细观察各种土质的种类和名称。
2. 查阅相关资料，了解各种岩石的名称、种类、外观和矿物组成。

任务 1.2　土方工程量计算及场地平整

任务描述

某学院准备在校园西南角开辟一处东西长为 80 m、南北长为 120 m 的场地建设田径操场及各类球场。场地平整之前的地形是西北角高、东南角低，如图 1-2 所示。要求平整后形成 $i_x = 3‰$ 和 $i_y = 2‰$ 的泄水坡度。

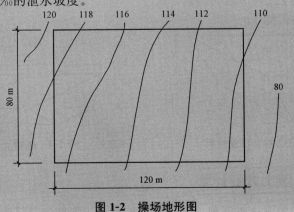

图 1-2　操场地形图

任务分析

需要分几个步骤进行组织策划？当建设场地定在凹凸不平的自然地貌上时，开工之前必须挖高填低，将场地整平。而场地平整前，又要先确定高处需要落到什么高度，低处需要填升到什么高度，这个高度就是"场地设计标高"，然后计算挖、填土方工程量，以组织施工力量、计算工程费用，最后确定土方平衡调配方案，选择土方施工机械，做好施工准备工作，确定施工方案。

知识课堂

1.2.1 基坑、基槽土方工程量计算

1. 基坑土方工程量计算

场地平整

基坑外形通常很复杂，且大多为不规则的多边形，要得到精确的计算结果很困难。一般情况下，将其划分为一定的几何形状，采用具有一定精度而又与实际情况近似的方法进行计算。如图1-3所示，基坑土方工程量计算可按拟柱体体积的公式计算：

$$V = \frac{H}{6}(A_1 + 4A_0 + A_2) \tag{1-8}$$

式中 A_1，A_2——基槽两端的横截面面积（m^2）；

A_0——基槽中部的横截面面积（m^2）；

H——基坑的开挖深度（m）。

注意：A_0一般情况下不等于A_1、A_2之和的一半，而应该按侧面几何图形的边长计算出中位线的长度，然后计算中截面的面积A_0。

2. 基槽土方工程量计算

基槽的一般形式如图1-4所示，其土方工程量计算可以沿长度方向分段后，再使用与基坑相同的方法计算，即

$$V_i = \frac{L_i}{6}(A_1 + 4A_0 + A_2) \tag{1-9}$$

$$V_总 = \sum V_i$$

式中 V_i——第i段的土工程方量（m^3）；

L_i——第i段的长度（m）。

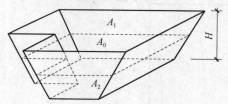

图1-3 基坑土方工程量计算

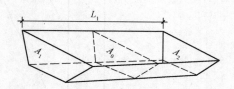

图1-4 基槽土方工程量计算

1.2.2 场地平整土方量计算

确定场地设计标高的方法有两种：一种是分析确定，需考虑满足生产工艺和运输的要求，尽量利用地形，考虑城市或区域地形规划和市政排水的要求；另一种是计算确定，要求按照场

地以内的挖方与填方能达到相互平衡(也称"挖填平衡")的原则计算,以降低土方运输费用,要有一定的泄水坡度(≥2‰),满足排水要求,考虑最高洪水水位的要求。

以下主要讲述用网格法计算确定场地设计标高,计算土方工程量的步骤。

1. 将场地网格化,求各角点的天然标高 H

如图 1-5 所示,根据已有地形图(一般用 1/500 的地形图)将场地划分成若干个方格网,尽量使方格网与测量的纵、横坐标网对应。方格边长 a 视地面起伏剧烈程度而定,若起伏剧烈则取小值,若地面平缓则取大值,一般采用 20~40 m。首先将每个方格角点进行编号,然后按步骤计算获得的各角点自然地面标高 H。自然地面标高一般根据地形图上相邻两等高线的标高用插入法求得,在无地形图的情况下,也可在地面用木桩打好方格网,然后用仪器直接测出 H。

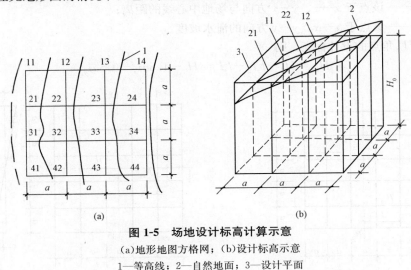

图 1-5 场地设计标高计算示意
(a)地形地图方格网;(b)设计标高示意
1—等高线;2—自然地面;3—设计平面

2. 计算场地的初始设计标高 H_0

有了各方格角点的自然标高后,按照"挖填平衡"的原则,按照式(1-10)计算场地的初始设计标高 H_0:

$$H_0 N a^2 = \sum_{i=1}^{n}\left(a^2 \frac{H_{i1}+H_{i2}+H_{i3}+H_{i4}}{4}\right) \tag{1-10}$$

$$H_0 = \frac{\sum H_1 + 2\sum H_2 + 3\sum H_3 + 4\sum H_4}{4N} \tag{1-11}$$

式中 H_1——一个方格仅有的角点标高,如图 1-5(a)中有 H_{11}、H_{14}、H_{41}、H_{44} 共 4 个;

H_2——两个方格共有的角点标高,如图 1-5(a)中有 H_{12}、H_{13}、H_{21}、H_{24} 等共 8 个;

H_3——三个方格共有的角点标高;

H_4——四个方格共有的角点标高,如图 1-5(a)中有 H_{22}、H_{23} 等共 4 个。

3. 计算各角点调整后的设计标高 H_n

如果按照初始设计标高 H_0 进行场地平整,那么整个场地表面将处于同一个水平面,但实际上由于排水要求,场地表面均有一定的泄水坡度。因此,还需根据场地泄水坡度的要求(单面泄水或双面泄水),计算出场地内各方格角点实际施工时所采用的设计标高。

(1)单向泄水时,场地各点设计标高的求法。在考虑场内挖填平衡的情况下,将用式(1-10)计算出的设计标高 H_0 作为场地中心线的标高,如图 1-6 所示。场地内任一点的设计标高则为

$$H_n = H_0 \pm li \quad (1\text{-}12)$$

式中 H_n——任意一点的设计标高(m)；

l——该点至 H_0 的距离(m)；

i——场地泄水坡度，不小于2‰。

如欲求 H_{52} 角点的设计标高，则

$$H_{52} = H_0 - li = H_0 - 1.5ai$$

(2)双向泄水时，场地各点设计标高的求法。其原理与前相同，如图1-7所示。H_0 为场地中心点标高，场地内任意一点的设计标高为

$$H_n = H_0 \pm l_x i_x \pm l_y i_y \quad (1\text{-}13)$$

式中 l_x, l_y——该点于 x—x、y—y 方向与场地中心线的距离；

i_x, i_y——该点于 x—x、y—y 方向的泄水坡度。

如欲求 H_{42} 角点的设计标高，则

$$H_{42} = H_0 - l_x i_x - l_y i_y = H_0 - 1.5a i_x - 0.5a i_y$$

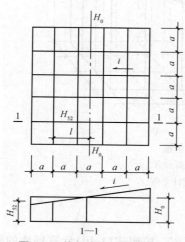

图1-6 单向泄水坡度的场地

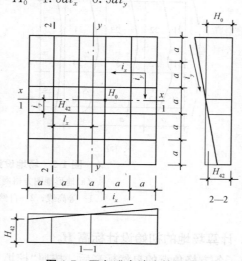

图1-7 双向泄水坡度的场地

4. 计算各角点的施工高度 h_n

各方格角点的施工高度按下式计算：

$$h_n = H_n - H \quad (1\text{-}14)$$

式中 h_n——角点的施工高度，即填挖高度，以"+"为填，以"-"为挖；

H_n——角点的设计标高(若无泄水坡度，即场地的设计标高)；

H——角点的自然地面标高。

5. 计算零点与零线的位置

在一个方格网内同时有填方或挖方时，要先计算出方格网边的零点位置(零点即不挖不填的点)如图1-8所示，并标注于方格网上，连接零点就得零线，它是填方区与挖方区的分界线。

零点的位置按下式计算：

$$x_{1-2} = \frac{h_1}{h_1 + h_2} \cdot a$$

$$x_{2-1} = \frac{h_2}{h_1 + h_2} \cdot a$$

式中 x_{1-2}, x_{2-1}——1角点至零点的距离与2角点至零点的距离(m)；

h_1,h_2——相邻两角点的施工高度(m),均用绝对值;
a——方格网的边长(m)。

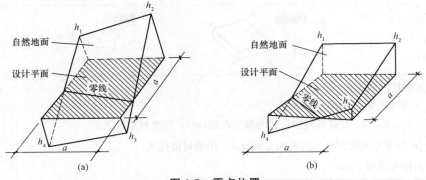

图 1-8 零点位置
(a)二挖二填零线;(b)三挖一填零线

在实际工作中,为省略计算,常采用图解法直接求出零点,如图 1-9 所示,用尺在各角上标出相应比例,用尺相连,与方格相交点即零点位置,此法十分方便,同时也可避免计算或查表出错。

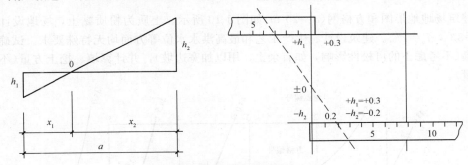

图 1-9 零点位置图解法

6. 计算每个方格的挖方、填方量和土方总量

按方格网底面积图形和表 1-3 所列公式,计算每个方格内的挖方或填方量。

表 1-3 采用方格网点计算公式

项目	图 式	计算公式
一点填方或挖方(三角形)		$V = \dfrac{1}{2}bc \dfrac{\sum h}{3} = \dfrac{bch_3}{6}$ 当 $b=c=a$ 时,$V = \dfrac{a^2 h_3}{6}$
二点填方或挖方(梯形)		$V_+ = \dfrac{b+c}{2}a\dfrac{\sum h}{4} = \dfrac{a}{8}(b+c)(h_1+h_3)$ $V_- = \dfrac{d+e}{2}a\dfrac{\sum h}{4} = \dfrac{a}{8}(d+e)(h_2+h_4)$
三点填方或挖方(五角形)		$V = \left(a^2 - \dfrac{bc}{2}\right)\dfrac{\sum h}{5}$ $= \left(a^2 - \dfrac{bc}{2}\right)\dfrac{h_1+h_2+h_4}{5}$

项目	图 式	计算公式
四点填方或挖方（正方形）	h_1 h_2 h_3 h_4	$V = \dfrac{a^2}{4}\sum h = \dfrac{a^2}{4}(h_1+h_2+h_3+h_4)$

注：a 为方格网的边长(m)；

b、c 为零点到一角的边长(m)；

h_1、h_2、h_3、h_4 为方格网四角点的施工高程(m)，用绝对值代入；

$\sum h$ 为填方或挖方施工高程的总和(m)，用绝对值代入；

V 为挖方或填方(m^3)。

将挖方区和填方区的所有方格土方量汇总后即得场地平整挖(填)方的工程量。

1.2.3 场地平整土方量计算实例

某建筑场地地形图和方格网($a=20$ m)如图1-10所示。土质为粉质黏土，场地设计泄水坡度：$i_x=3‰$，$i_y=2‰$。建筑设计、生产工艺和最高洪水水位等方面均无特殊要求。试确定场地设计标高(不考虑土的可松性影响，如有余土，用以加宽边坡)，并计算填、挖土方量(不考虑边坡土方量)。

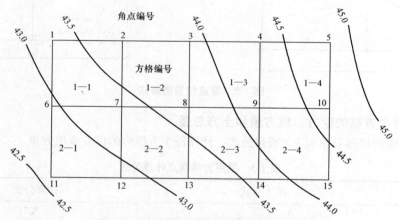

图 1-10 某建筑场地地形图和方格网布置

解：（1）计算各方格角点的地面标高。

各方格角点的地面标高，可根据地形图上所标等高线，假定两等高线之间的地面坡度按直线变化，用比例尺在地形图上量出 A、B 点的水平距离 l，用插入法求得。如求角点 4 的地面标高(H_4)，由图 1-11 有：

$$h_x:0.5 = x:l,\ \text{则}\ h_x = \dfrac{0.5}{l}x,\ h_4 = 44.00 + h_x$$

为了避免烦琐的计算，通常采用图解法(图1-12)。用一张透明纸，上面画6根等距离的平行线。将该透明纸放到标有方格网的地形图上，将6根平行线的最外边两根分别对准 A 点和 B 点，这时6根等距离的平行线将 A、B 之间的 0.5 m 高差分成 5 等份，于是便可直接读得角点 4 的地面标高 $H_4 = 44.34$ m。其余各角点标高均可用图解法求出。应该指出，该方法会因各人绘图精确度和分辨能力的差异而出现不同的误差。本例各方格角点标高如图 1-13 所示的中地面标高各值。

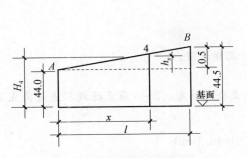

图 1-11 插入法计算简图

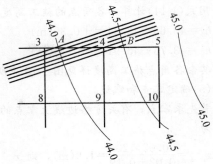

图 1-12 插入法的图解法

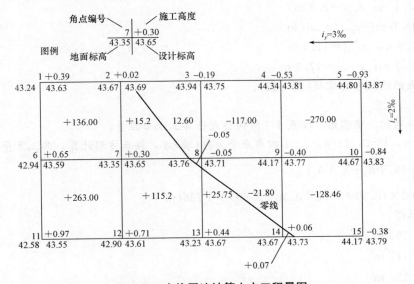

图 1-13 方格网法计算土方工程量图

(2)计算场地初始设计标高 H_0。

$\sum H_1 = 43.24 + 44.80 + 44.17 + 42.58 = 174.79(m)$

$2\sum H_2 = 2 \times (43.67 + 43.94 + 44.34 + 44.67 + 43.67 + 43.23 + 42.90 + 42.94) = 698.72(m)$

$4\sum H_4 = 4 \times (43.35 + 43.76 + 44.17) = 525.12(m)$

由式(1-10)得

$H_0 = \dfrac{174.79 + 698.72 + 525.12}{4 \times 8} = 43.71(m)$

(3)计算各角点调整后的设计标高 H_n。

以场地中心角点 8 为 H_0(图 1-13),由已知泄水坡度 l_x 和 l_y,各方格角点设计标高按式(1-13)计算:

$H_1 = H_0 - 40 \times 3‰ + 20 \times 2‰$
$\quad = 43.71 - 0.12 + 0.04 = 43.63(m)$

$H_2 = H_1 + 20 \times 3‰ = 43.63 + 0.06 = 43.69(m)$

$H_6 = H_0 - 40 \times 3‰ = 43.71 - 0.12 = 43.59(m)$

(4)计算角点的施工高度 h_n。

用式(1-14)计算,各角点的施工高度为

$h_1 = 43.63 - 43.24 = +0.39 \text{(m)}$

$h_3 = 43.75 - 43.91 = -0.19 \text{(m)}$

其余各角点施工高度详见图 1-13 中所示的施工高度诸值。

(5)确定零点和零线。

首先求零点,有关方格边线上零点的位置由以上公式确定。2~3 角点连线零点与角点 2 的距离为

$$x_{2-3} = \frac{0.02 \times 20}{0.02 + 0.19} = 1.9 \text{(m)}, \quad 则 \quad x_{3-2} = 20 - 1.9 = 18.1 \text{(m)}$$

同理求得:

$x_{7-8} = 17.1 \text{ m}; \quad x_{8-7} = 2.9 \text{ m}$

$x_{13-8} = 18.0 \text{ m}; \quad x_{8-13} = 2.0 \text{ m}$

$x_{14-9} = 2.6 \text{ m}; \quad x_{9-14} = 17.4 \text{ m}$

$x_{14-15} = 2.7 \text{ m}; \quad x_{15-14} = 17.3 \text{ m}$

相邻零点的连线即为零线(图 1-13)。

(6)计算土方量。

根据方格网挖、填图形,按表 1-3 所列公式计算土方工程量。

方格 1—1,1—3,1—4,2—1 四角点全为挖(填)方,按正方形计算,其土方量为

$$V_{1-1} = \frac{a^2}{4}(h_1 + h_2 + h_3 + h_4)$$

$$= 100 \times (0.39 + 0.02 + 0.30 + 0.65) = +136 \text{(m}^3\text{)}$$

同样计算得:

$V_{2-1} = +263 \text{ m}^3$

$V_{1-3} = -117 \text{ m}^3$

$V_{1-4} = -270 \text{ m}^3$

方格 1—2,2—3 各有两个角点为挖方;另两个角点为填方,按梯形公式计算,其土方量为

$$V_{1-2}^{填} = \frac{a}{8}(b+c)(h_1+h_3) = \frac{20}{8} \times (1.9+17.1) \times (0.02+0.3) = +15.2 \text{(m}^3\text{)}$$

$$V_{1-2}^{挖} = \frac{a}{8}(d+e)(h_2+h_4) = \frac{20}{8} \times (18.1+2.9) \times (0.19+0.05) = -12.6 \text{(m}^3\text{)}$$

同理:$V_{2-3}^{填} = +25.75 \text{ m}^3$;$V_{2-3}^{挖} = -21.8 \text{ m}^3$。

方格网 2—2,2—4 为一个角点填方(或挖方)和三个角点挖方(或填方),分别按三角形和五角形公式计算,其土方量为

$$V_{2-2}^{填} = \left(a^2 - \frac{bc}{2}\right)\frac{h_1+h_2+h_3}{5}$$

$$= (20^2 - 2.9 \times 2) \times \frac{0.3+0.71+0.44}{5} = +115.2 \text{(m}^3\text{)}$$

$$V_{2-2}^{挖} = \frac{bch_4}{6} = \frac{2.9 \times 2 \times 0.05}{6} = -0.05 \text{(m}^3\text{)}$$

同理:$V_{2-4}^{填} = +0.07 \text{ m}^3$;$V_{2-4}^{挖} = -128.46 \text{ m}^3$。

将计算出的土方量填入相应的方格中(图 1-13)。场地各方格土方量总计:挖方为 555.15 m³;填方为 549.91 m³。

1.2.4 挖填土方调配

土方调配指的是在场地平整施工中，经济合理地进行土方的运输作业，包括土方运出及回填。在使土方总运输量最小或土方总运输成本最小、缩短工期的条件下，确定填挖区土方的调配方向和数量。编制土方调配方案应根据地形及地理条件，把挖方区和填方区划分成若干个调配区，计算各调配区的土方量，并计算每对挖、填方区之间的平均运距(即挖方区重心至填方区重心的距离)，确定挖方各调配区的土方调配方案。土方调配的具体原则如下：

(1)挖方与填方平衡，在挖方的同时进行填方，减少重复倒运。

(2)挖(填)方量与运距的乘积之和尽可能为最小，即运输路线和路程合理，运距最短，总土方运输量或运输费用最小。

(3)合理保留表层耕作土，避免因取土或弃土降低耕地质量。

(4)分区调配应与全场调配相协调、相结合，避免只顾局部平衡，任意挖填而破坏全局平衡。

(5)土方调配应考虑近期施工与后期利用相结合。工程分期分批时，先期工程的土方余额应结合后期工程的需要而考虑其利用数量堆放位置，以便就近调配，堆放位置应为后期工程创造条件，力求避免重复挖运，先期工程有土方欠额时，可以由后期工程地点挖取。

(6)调配应与地下构筑物的施工相结合，有地下设施需要填土，应留土后填。调配区划分还应尽可能与大型地下建筑物的施工相结合，避免土方重复开挖。

(7)选择恰当的调配方向、运输路线。做到施工顺序合理，土方运输无对流和乱流现象，同时便于机械化施工。

(8)选择适当的调配方向、运输线路，使土方机械和运输车辆的功效能够得到充分发挥。

第二课堂

1. 某基坑底长 70 m，宽 50 m，深 8 m，四边坡度 1∶0.5，已知 $K_s=1.13$；$K'_s=1.04$。

求：(1)计算土方开挖工作量。

(2)若基础占有体积为 23 000 m³，则应预留多少回填土(以天然体积计)？

(3)若多余土用 20 m³ 斗容量的汽车外运，需运多少车？

2. 场地地形如图 1-14 所示，土质为粉质黏土，场地设计泄水坡度：$i_x=3‰$，$i_y=2‰$。试确定场地设计标高(不考虑土的可松性影响)，并计算填、挖土方量(不考虑边坡土方量)。

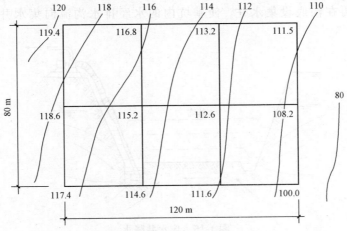

图 1-14　场地地形图

任务1.3 基坑排水与降低地下水水位

任务描述

在开挖基坑、地槽、管沟时，由于土的含水层常被切断，地下水将会不断地流入坑内，因此必须将地下水水位降至设计标高之下，否则，无法进行土方和基础工程施工。本任务要求根据岩土工程勘查报告中的水文地质情况，编写一个轻型井点降低地下水水位的施工方案，确定井点管平面布置形状、埋置深度和埋置数量，并合理选择抽水设备。

任务分析

井点降水法操作简单，适应性强，可用于不同几何形状的基坑；降水后土壤干燥，便于机械化施工和后续工序的操作；在井点作用下可使土层固结，土层强度增加，边坡稳定性提高；通过滤水管抽走地下水，可防止流砂的危害，节省支撑材料，是一种降低地下水水位行之有效的方法。施工方案的核心是正确确定土的渗透系数 K，根据裘布依（Dupuit）水井理论正确计算基坑的涌水量。

知识课堂

为了保证施工的正常运行，防止边坡塌方和地基承载能力的下降，必须做好基坑降水工作。降水方法有明排水法和人工降低地下水水位法两类。

基坑排水与
降低地下水水位

1.3.1 明排水法

在基坑或沟槽开挖时，可采用截、疏、抽的方法来进行排水。开挖时，先沿坑底周围或中央开挖排水沟，再在沟底设集水井，使基坑内的水经排水沟流向集水井，然后用水泵抽走（图1-15）。

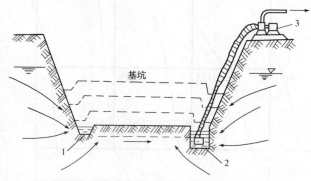

图1-15 集水井降水
1—排水沟；2—集水坑；3—水泵

基坑四周的排水沟及集水井应设置在基础范围以外(≥0.5 m)、地下水水流的上游。集水井应根据地下水水量、基坑平面形状及水泵能力,每隔20～40 m设置一个。集水井的直径或宽度一般为0.7～0.8 m。其深度随着挖土的深度而加深,要经常低于挖土面0.8～1.0 m。井壁可用竹、木等简易加固。

当基坑挖至设计标高后,井底应低于坑底1～2 m,并铺设0.3 m碎石滤水层,以免在抽水时将泥砂抽出,防止井底的土被搅动。抽水机具常采用潜水泵或离心泵,视涌水量大小24小时随时抽排,直至槽边回填土开始。

明排水法由于设备简单和排水方便,采用较为普遍。但当开挖深度大、地下水水位较高且土质又不好时,用明排水法有时会使坑底面的土颗粒形成流动状态,随地下水流入基坑,这种现象称为流砂现象。发生流砂现象时,土就会完全丧失承载能力,使施工条件恶化,严重时会造成边坡塌方及附近建筑下沉、倾斜、倒塌等。总之,流砂现象对土方施工和附近建筑物有很大危害。实践经验表明,具备下列性质的土,在一定动水压力作用下,就有可能发生流砂现象:

(1)土的颗粒组成中,黏粒含量小于10%,粉粒(颗粒直径为0.005～0.05 mm)含量小于75%;
(2)颗粒级配中,土的不均匀系数小于5;
(3)土的天然孔隙比大于0.75;
(4)土的天然含水量大于30%。

因此,流砂现象经常发生在细砂、粉砂及粉土中。经验还表明:在可能发生流砂的土质处,基坑挖深超过地下水水位线0.5 m左右,就会发生流砂现象。

研究发现,产生流砂的原因是动水压力≥土颗粒的浮重度(即$D_r≥γ'$),D_r与流砂的渗流长度成反比,与渗流路径两端的水位差成正比,所以,防治流砂的原则是"治流砂必治水"。其主要途径有消除、减少和平衡动水压力。其具体措施如下:

(1)抢挖法。即组织分段抢挖,使挖土速度超过冒砂速度,挖到标高后立即铺竹筏或芦席,并抛大石块以平衡动水压力,压住流砂,此法可解决轻微流砂现象。

(2)打板桩法。将板桩打入坑底下面一定深度,增加地下水从坑外流入坑内的渗流长度,以减小水力坡度,从而减小动水压力,防止流砂产生。

(3)水下挖土法。不排水施工,使坑内水压力与地下水压力平衡,消除动水压力,从而防止流砂产生。此法在深井挖土下沉过程中常用。

(4)人工降低地下水水位。采用轻型井点等降水,使地下水的渗流向下,水不致渗流入坑内,又增大了土料之间的压力,从而可有效地防止流砂形成。此法应用广泛且较为可靠。

(5)地下连续墙法。此法是在基坑周围先浇筑一道混凝土或钢筋混凝土的连续墙,以支承土墙、截水并防止流砂产生。

1.3.2 人工降低地下水水位

人工降低地下水水位,就是在基坑开挖前,预先在拟挖基坑的四周埋设一定数量的井点管(井),利用抽水设备从中不间断抽水,使地下水水位降落在坑底以下,然后开挖基坑、基础施工、槽边回填,最后撤除人工降水装置。这样,可使动水压力方向向下,防止流砂发生(此为人工降低地下水水位的主要目的),所挖的土始终保持干燥状态,改善施工条件,并增加土中有效应力,提高土的强度或密实度。因此,人工降低地下水水位不仅是一种施工措施,也是一种地基加固方法。采用人工降低地下水水位,可适当改陡边坡以减少挖土数量,但在降水过程中,基坑附近的地基土壤会有一定的沉降,施工时应加以注意。

人工降低地下水水位的方法有轻型井点、喷射井点、电渗井点、深井井点及深井泵等。各种方法的选用,视土的渗透系数、降低水位的深度、工程特点、设备及经济技术比较等具体条件参照表 1-4 选用。其中以轻型井点采用较广,下面作重点介绍。

表 1-4　各种井点的适用范围

井点类型	渗透系数/(m·d⁻¹)	可能降低的水位深度/m
单级轻型井点	0.005~20	<6
多级轻型井点	0.005~20	<20
喷射井点	0.005~20	8~20
电渗井点	<0.1	宜配合其他形式降水使用
深井井点	10~250	≥15

1. 轻型井点降低地下水水位

(1)轻型井点设备。其由管路系统和抽水设备组成(图 1-16)。

管路系统包括滤管、井点管、弯联管及总管等。

滤管(图 1-17)为进水设备,通常采用长度为 1.0~1.2 m,直径为 38 mm 或 51 mm 的无缝钢管,管壁钻有直径为 12~19 m 的呈星棋状排列的滤孔,滤孔面积为滤管表面积的 20%~25%。骨架管外面包以两层孔径不同的铜丝布或塑料布滤网。为使流水畅通,在骨架管下滤网之间用塑料管或梯形钢丝隔开,塑料管沿骨架管绕成螺旋形。滤网外面再绕一层 8 号粗钢丝保护网,滤管下端为一锥形铸铁头。滤管上端与井点管连接。井点管为直径为 38 mm 或 51 mm、长 5~7 m 的钢管,可整根或分节组成。井点管的上端用弯联管与总管相连。

轻型井点

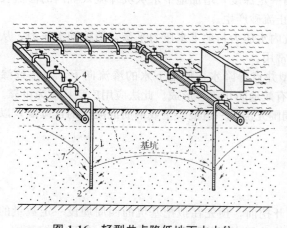

图 1-16　轻型井点降低地下水水位
1—井点管;2—滤管;3—总管;4—弯联管;5—水泵房;
6—原有地下水水位线;7—降低后地下水水位线

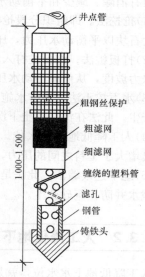

图 1-17　滤管的构造

集水总管采用直径为 100~127 mm 的无缝钢管,每段长为 4 m,其上装有与井点管连接的短接头,间距为 0.8 m 或 1.2 m。

一套抽水设备的负荷长度(即集水总管长度),采用 W5 型真空泵时,不大于 100 m;采用 W6 型真空泵时,不大于 200 m。

(2)轻型井点的布置。应根据基坑大小与深度、土质、地下水水位高低与流向、降水深度要求等确定。

1)平面布置。当基坑或沟槽宽度小于 6 m，水位降低值不大于 5 m 时，可用单排线状井点，布置在地下水流的上游一侧，两端延伸长一般不小于沟槽宽度(图 1-18)。

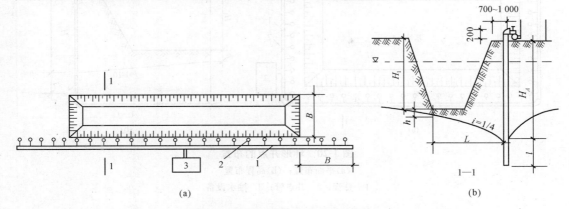

图 1-18　单排线状井点的布置
(a)平面布置；(b)高程布置
1—总管；2—井点管；3—抽水设备

若沟槽宽度大于 6 m，或土质不良，宜用双排井点(图 1-19)。

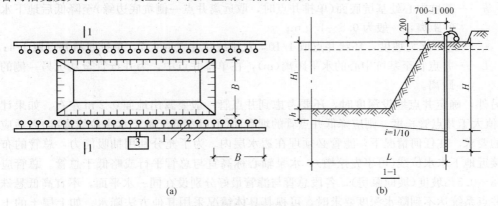

图 1-19　双排线状井点的布置
(a)平面布置；(b)高程布置
1—井点管；2—总管；3—抽水设备

面积较大的基坑宜用环状井点(图 1-20)。有时也可布置为 U 形，以利于挖土机械和运输车辆出入基坑，环状井点四角部分应适当加密。

井点管距离基坑一般为 0.7～1.0 m，以防漏气。井点管间距一般为 0.8～1.5 m，或由计算和经验确定。井点管间距不能过小，否则彼此干扰过大，出水量会显著减少，一般可取滤管周长的 5～10 倍；在基坑周围四角和靠近地下水流方向一边的井点管应适当加密；当采用多级井点排水时，下一级井点管间距应较上一级的小；实际采用的井距，还应与集水总管上短接头的间距相适应(可按 0.8 m、1.2 m、1.6 m、2.0 m 四种间距选用)。采用多套抽水设备时，井点系统应分段，各段长度应大致相等。分段地点宜选择在基坑转弯处，以减少总管弯头数量，提高水泵抽吸能力。水泵宜设置在各段总管中部，使泵两边水流平衡。分段处应设阀门或将总管断开,以免管内水流紊乱,影响抽水效果。

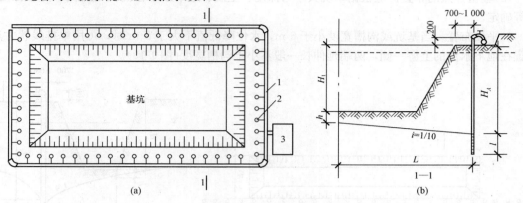

图 1-20 环形井点的布置
(a)平面布置;(b)高程布置
1—总管;2—井点管;3—抽水设备

2)高程布置。轻型井点的降水深度在考虑设备水头损失后,不超过 6 m。井点管的埋设深度 H(不包括滤管长)按式(1-15)计算(图 1-18、图 1-19、图 1-20):

$$H \geqslant H_1 + h + iL \tag{1-15}$$

式中 H_1——井管埋设面至基坑底的距离(m);
h——基坑中心处基坑底面(单排井点时,取远离井点一侧坑底边缘)至降低后地下水水位的距离,一般为 0.5~1.0 m;
i——地下水力坡度,环状井点取 1/10,双排线状井点取 1/7,单排线状井点取 1/4;
L——井点管至基坑中心的水平距离(m),在单排井点中,为井点管至基坑另一侧的水平距离。

另外,确定井点埋设深度时,还要考虑到井点管一般要露出地面 0.2 m 左右。如果计算出的 H 值大于井点管长度,则应降低井点管的埋置面(但以不低于地下水水位线为准)以适应降水深度的要求。在任何情况下,滤管必须埋在透水层内。为了充分利用抽吸能力,总管的布置标高宜接近地下水水位线(可事先挖槽),水泵轴心标高宜与总管平行或略低于总管。总管应具有 0.25%~0.5%坡度(坡向泵房)。各段总管与滤管最好分别设在同一水平面,不宜高低悬殊。当一级井点系统达不到降水深度要求时,可视其具体情况采用其他方法降水。如上层土的土质较好时,先用集水井排水法挖去一层土再布置井点系统;也可采用二级井点,即先挖去第一级井点所疏干的土,然后再在其底部装设第二级井点。

(3)轻型井点的计算。轻型井点计算的目的,是求出在规定的水位降低深度下,每天排出的地下涌水量,从而确定井点管的数量、间距,并确定抽水设备等。

轻型井点计算按水井理论进行计算,比较接近实际。根据井底是否到达不透水层,水井可分为完整井与不完整井,即将井底到达含水层下面不透水层顶面的井称为完整井,否则称为不完整井。根据地下水有无压力,又可分为承压井与无压井,各类水井如图 1-21 所示。各类水井的涌水量计算方法不同,其中以无压完整井的理论较为完善。

基坑降水的总涌水量,可将基坑视作一口大井按概化的大井法计算。群井按大井简化。

1)涌水量的计算:对于无压完整井的环状井点系统,如图 1-22(a)所示。其涌水量计算公式为

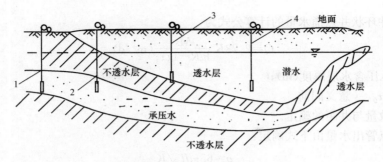

图 1-21 水井的分类
1—承压完整井；2—承压不完整井；3—无压完整井；4—无压不完整井

$$Q = 1.366K \frac{(2H-s)s}{\lg R - \lg x_0} \tag{1-16}$$

$$R = 1.95s\sqrt{HK} \tag{1-17}$$

式中　Q——井点系统的涌水量（m^3/d）；

　　　K——土的渗透系数（m/d）；

　　　H——含水层厚度（m）；

　　　s——水位降低值（m）；

　　　R——抽水影响半径（m）；

　　　x_0——环状井点系统的假想半径（m），$\pi x_0^2 = F$，$x_0 = \sqrt{\dfrac{F}{\pi}}$；

　　　F——环状井点系统所包围的面积（m^2）。

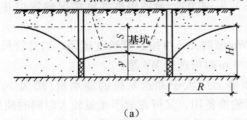
(a)

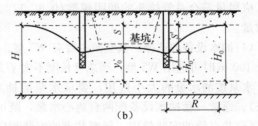
(b)

图 1-22 环状井点涌水量计算简图
(a)无压完整井；(b)无压不完整井

渗透系数 K 值确定得是否准确，对计算结果影响较大。渗透系数的测定方法有现场抽水试验与实验室测定两种。对于大型工程，一般宜采用现场抽水试验，以获取较为准确的数据，具体方法是在现场设置抽水孔，并在同一直线上设置观察井，根据抽水稳定后，观察井的水深与抽水孔相应的抽水量计算 K 值。在实际工程中，往往会遇到无压不完整井的井点系统，如图 1-22(b)所示。其涌水量的计算相对比较复杂，为了简化计算，仍可按式(1-16)计算。此时应将式中 H 换成有效深度 H_0，H_0 可查表 1-5。当算得 H_0 大于实际含水层厚度 H 时，则取 H 值。

表 1-5　有效深度 H_0 值　　　　　　　　　　　　　　　　　　　　　　m

$s/s+l$	0.2	0.3	0.5	0.8
H_0	$1.3(s+l)$	$1.5(s+l)$	$1.7(s+l)$	$1.85(s+l)$

注：表中 s 为井管内水位降低深度，l 为滤管长度。

承压完整井环状井点涌水量的计算公式为

$$Q = 2.73K \frac{Ms}{\lg R - \lg x_0} \text{(m}^3/\text{d)} \tag{1-18}$$

式中　M——承压含水层厚度(m)；

　　　K、R、x_0、s 意义同前。

2) 井点管数量与井距的确定。

① 单根井点管出水量由下式确定：

$$q = 65\pi dl \sqrt[3]{K} \tag{1-19}$$

式中　d——滤管直径(m)；

　　　l——滤管长度(m)；

　　　K——渗透系数(m/d)；

② 井点管数量由下式确定：

$$n \geqslant 1.1 \frac{Q}{q} \tag{1-20}$$

式中　Q——总涌水量(m³/d)；

　　　q——单井出水量(m³/d)；

③ 井点管间距由下式确定：

$$D = \frac{L}{n} \tag{1-21}$$

式中　L——总管长度(m)。

求出的井点管间距应大于 15 倍滤管的直径，以防由于井点管太密而影响抽水的效果，同时，应尽量符合总管接头的间距模数(0.8、1.2、1.6、2.0)。最后根据实际情况确定出井点管的数量。

(4) 抽水设备的选择。真空泵主要有 W5 型、W6 型两类，可按总管长度选用。当总管长度不大于 100 m 时可选用 W5 型；当总管长度不大于 200 m 时可选用 W6 型。

水泵按涌水量的大小选用，要求水泵的抽水能力应大于井点系统的涌水量(增大 10%～20%)。通常一套抽水设备配两台离心水泵，既可轮换备用，又可在地下水量较大时同时使用。

(5) 井点管的安装使用。轻型井点的安装程序是：先排放总管，再埋设井点管，用弯联管将井点管与总管接通，最后安装抽水设备。而井点管的埋设是关键工作之一。

井点管埋设一般用水冲法。其可分为冲孔和埋管两个过程(图 1-23)。冲孔时，先用起重设备将冲管吊起并插在井点的位置上，然后开动高压水泵，将土冲松，冲管时边冲边沉。冲孔直径一般为 30 mm，以保证井点管四周有一定厚度的砂滤层；冲孔深度宜比滤管底深 0.5 m 左右，以防冲管拔出时，部分土颗粒沉于底部而触及滤管底部。井孔冲成后，立即拔出冲管，插入井点管，并在井点管与孔壁之间迅速填灌砂滤层，以防孔壁塌土。砂滤层的填灌质量是保证轻型井点顺利抽水的关键。一般宜选用干净粗砂填灌均匀，并填至滤管顶上 1～1.5 m，以保证水充畅通。井点填砂后，在地面以下 0.5～1.0 m 内须用黏土封口，以防漏气。

井点管埋设完毕后，应接通总管与抽水设备进行试抽水，检查有无漏水、漏气，出水是否正常，有无淤塞等现象，如有异常情况，应检修好后方可使用。

轻型井点使用时，一般应连续抽水(特别是开始阶段)。时抽时停容易使滤网堵塞、出水浑浊，且容易引起附近建筑物由于土颗粒流失而沉降、开裂。同时由于中途停抽，使地下水回升，也可能引起边坡塌方等事故。在抽水过程中，应调节离心水泵的出水阀以控制水量，使抽吸排水保持均匀，做到细水长流。正常的出水规律是"先大后小，先浑后清"。真空泵的真空度是判

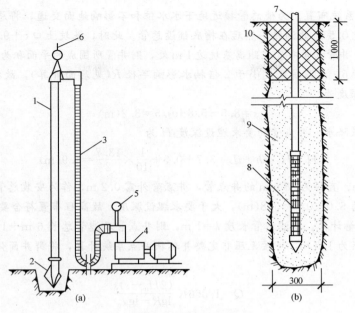

图 1-23　井点管的埋设
（a）冲孔；（b）埋管
1—冲管；2—冲嘴；3—胶皮管；4—高压水泵；5—压力表；
6—起重机吊钩；7—井点管；8—滤管；9—填砂；10—截土封口

断井点系统工作情况是否良好的尺度，必须经常观察，并检查观测井中水位下降情况，真空度一般应不低于 55.3～66.7 kPa。造成真空度不足的原因很多，如管子接头不严、抽水设备工作不正常等，但大多是井点系统有漏气现象，应及时检查并采取措施。在抽水过程中，还应检查有无堵塞的"死井"（工作正常的井管，用手探摸时，应有冬暖夏凉的感觉）。在死井太多，严重影响降水效果时，应逐个用高压水反冲洗或拔出重埋。为观察地下水水位的变化，可在影响半径内设观察孔。

井点降水工作结束后所留的井孔，必须用砂砾或黏土填实。

【例 1.1】 某厂房设备基础施工，基坑底宽为 8 m，长为 15 m，深为 4.2 m；挖土边坡为 1∶0.5，基坑平、剖面图如图 1-24 所示。地质资料表明，在天然地面以下为 0.8 m 黏土层，其下有 8 m 厚的砂砾层（渗透系数 $K=12$ m/d），再下面为不透水的黏土层。地下水水位在地面以下 1.5 m。现决定采用轻型井点降低地下水水位，试进行井点系统设计。

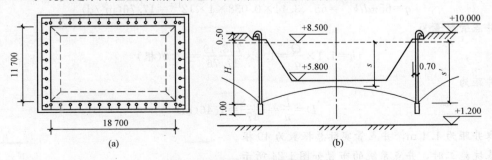

图 1-24　基坑平、剖面示意
（a）井点系统平面布置；（b）井点系统高程布置

解：(1)井点系统布置。为使总管接近地下水水位和不影响地面交通，将总管埋设在地面下 0.5 m 处，即先挖 0.5 m 的沟槽，然后在槽底铺设总管。此时，基坑上口(+9.5 m)平面尺寸为 11.7 m×18.7 m，井管初步布置在距离基坑边 1 m 处，则井管所围成的平面积为 13.7 m×20.7 m，由于其长宽比小于 5，且基坑宽度小于 2 倍抽水影响半径 R(见后面计算)，故按环状井点布置。基坑中心的降水深度为

$$s=8.5-5.8+0.5=3.2(\text{m})$$

采用一级井点降水，井点管的要求埋设深度 H 为

$$H \geqslant H_1+h+iL=3.7+0.5+\frac{1}{10}\times\frac{13.7}{2}=4.9(\text{m})$$

采用长为 6 m、直径为 38 mm 的井点管，井点管外露 0.2 m，作为安装总管用，则井管埋入土中的实际深度为 6.0-0.2=5.8(m)，大于要求埋设深度，故高程布置符合要求。

(2)基坑涌水量计算。取滤水管长度 $l=1$ m，则井点管及滤管总长 6 m+1 m=7(m)，滤管底部距离不透水层为 1.3 m，可按无压非完整井环状井点系统计算，将群井简化为大井计算。其涌水量计算式为

$$Q=1.366K\frac{(2H_0-s)s}{\lg R-\lg x_0}$$

有效抽水影响深度 H_0 计算，查有关表格有：

$$\frac{s'}{s'+l}=\frac{3.9}{3.9+1}=0.8$$

其中 $s'=s+iL=3.2+\frac{1}{10}\times\frac{13.7}{2}=3.9(\text{m})$，查表 1-6 得：

$$H_0=1.85(s'+l)=9.07(\text{m})$$

由于实际含水层厚度 $H=8.5-1.2=7.3(\text{m})$，而 $H_0>H$，故取 $H_0=H=7.3$ m。

抽水影响半径 R 为

$$R=1.95s\sqrt{H_0K}=1.95\times 3.2\times\sqrt{7.3\times 12}=58.40(\text{m})$$

基坑假想圆半径 x_0 为

$$x_0=\sqrt{\frac{F}{\pi}}=\sqrt{\frac{13.7\times 20.7}{3.14}}=9.5(\text{m})$$

涌水量为

$$Q=1.366\times 12\times\frac{(2\times 7.3-3.2)\times 3.2}{\lg 58.4-\lg 9.5}=758.19(\text{m}^3/\text{d})$$

(3)计算井点管数量及井距。单根井点管出水量(选滤管直径为 $\phi 38$)为

$$q=65\pi dlk^{1/3}=65\times 3.14\times 0.038\times 1\times 12^{1/3}=17.76(\text{m}^3/\text{d})$$

井点管数量为

$$n=1.1\times\frac{Q}{q}=1.1\times\frac{758.19}{17.76}=47.0(\text{根})$$

井距为

$$D=\frac{L}{n}=\frac{68.8}{47}=1.46(\text{m})$$

取井距为 1.4 m，井点管实际总根数为 49 根。

基坑施工时，井点系统的布置如图 1-24 所示。

(4)选择抽水设备。抽水设备所带动的总管长度为 68.8 m，可选 W5 型干式真空泵。

水泵抽水流量为

$$Q_1 = 1.1Q = 1.1 \times 758.19 = 834.01 = 34.75 (m^3/h)$$

水泵吸水扬程为

$$H_s \geqslant (6.0 + 1.0) = 7.0 (m)$$

根据 Q_1 及 H_s 查得，选用 3B33 型离心水泵。

(5)井点管埋设。采用水冲法安装埋设井点管。

2. 深井井点降低地下水水位

深井井点降水是将抽水设备放置在深井中进行抽水来达到降低地下水水位的目的。其适用于抽水量大、降水较深的砂类土层，降水深度可达 50 m 以内。

(1)深井井点系统的组织及设备。深井井点系统主要由井管和水泵组成(图 1-25)。

1)井管用钢管、塑料管或混凝土管制成，管径一般为 300 mm，井管内径一般应大于水泵外径 50 mm。井管下部过滤部分带孔，外面包裹两层 41 孔/cm² 钢丝网或尼龙网，再包裹两层 10 孔/cm² 钢丝网。

2)水泵：可用 QY-25 型或 QJ-50-52 型油浸式潜水泵或深井泵。

(2)深井布置。深井井点系统总涌水量可按无压完整井环形井点系统公式计算。一般沿基坑四周每隔 15～30 m 设一个深井井点。

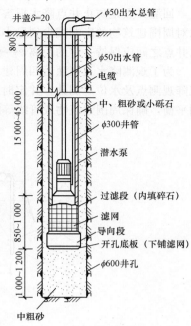

图 1-25 深井的构造

(3)深井井点的埋设。深井成孔方法可根据土质条件和孔深要求采用冲击钻孔、回转钻孔、潜水钻孔或水冲法成孔，用泥浆或自造泥浆护壁，孔口设置护筒，一侧设排泥沟、泥浆坑。孔径应较井管直径大 300 mm 以上，钻孔深度根据抽水期内可能沉积的高度适当加深。一般沿工程周围每隔 15～30 m 设一个深井井点。深井井管沉放前应清孔，一般用压缩空气洗孔或用吊筒反复上下取出洗孔。井管安放力求垂直。井管过滤部分应设置在含水层中的适当范围内。井管与土壁之间填充砂滤料时，料径应大于滤网的孔径，周围填砂滤料后，应按规定清洗滤井，冲除管中沉渣后即可安放水泵。深井内安设潜水泵时，潜水泵可用绳吊入水滤层部位，潜水电动机、电缆及接头应有可靠绝缘，并配置保护开关控制。设置深井泵时，电动机的机座应安放平稳牢固，严禁电动机机体发生逆转(应有阻逆装置)，防止转动轴解体。安设完毕应进行试抽，满足要求方可转入正常工作。

深井井点施工程序为：井位放样→做井口→安护筒→钻机部位→钻孔→回填井底砂垫层→吊放井管→回填管壁与孔壁间的过滤层→安装抽水控制电路→试抽→降水井正常工作。

1.3.3 降水对周围建筑的影响及防止措施

在弱透水层和压缩性大的黏土层中降水时，由于地下水流失造成地下水水位下降、地基自重应力增加和土层压缩等原因，会产生较大的地面沉降；又由于土层的不均匀性和降水后地下水水位呈漏斗曲线，四周土层的自重应力变化不一而导致不均匀沉降，使周围建筑物基础下沉或房屋开裂。因此，在建筑物附近进行井点降水时，为防止降水影响或损害区域内的建筑物，就必须阻止建筑物下的地下水流失。为达到此目的，除可在降水区和原有建筑物之间的土层中设置一道固体抗渗屏幕外，还可用回灌井点补充地下水的办法保持地下水水位。使降水井点和原有建筑物下的地下水水位保持不变或降低较少，从而阻止建筑物下地下水的流失。这样，也就不会因降水而使地面沉降或减少沉降值。

回灌井点是防止井点降水损害周围建筑物的一种经济、简便、有效的办法，它能将井点降水对周围建筑物的影响减少到最小程度。为确保基坑施工的安全和回灌的效果，回灌井点与降水井点之间应保持一定的距离，一般不宜小于 6 m。回灌井点如图 1-26 所示。

为了观测降水及回灌后四周建筑物、管线的沉降情况及地下水水位的变化情况，必须设置沉降观测点及水位观测井，并定时测量记录，以便及时调节灌量、抽量，使灌量、抽量基本达到平衡，确保周围建筑物或管线等的安全。

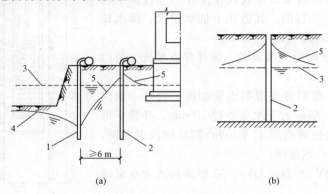

图 1-26 回灌井点
（a）回灌井点布置；（b）回灌井点水位图
1—降水井点；2—回灌井点；3—原水位线；4—基坑内降低后的水位线；5—回灌后水位线

第二课堂

1. 实地考察一个建筑工地的降水方案和设备、设施。
2. 班级大讨论，如何合理利用降水时抽取的大量地下水。
3. 简述一个基坑降水引起周围建筑受损的工程实例。
4. 某建筑基坑底面积为 40 m×25 m，深为 5.5 m 的基坑，边坡系数为 1∶0.5，设天然地面相对标高为±0.000，天然地面至-1.000 m 为粉质黏土，-9.500 m 为砂砾层，下部为黏土层（不透水层），地下水为无压水，水位在地面下 1.5 m，渗透系数 $K=25$ m/d，设计利用轻型井点系统降低地下水水位的方案。

任务 1.4　土方边坡与基坑支护

任务描述

基坑支护是指为保护地下主体结构施工和基坑周边环境的安全，对基坑采用的临时性支挡、加固、保护与地下水控制的措施。本任务要求依据《建筑基坑支护技术规程》（JGJ 120），了解工程的水文地质状况和特点，在结合建筑及周围环境特点的基础上，设计出经济合理的基坑支护方案。

> **任务分析**
>
> 基坑开挖要具备以下必要条件：首先保持基坑干燥状态，创造有利于施工的环境；其次是确保边坡稳定，做到施工安全。如果忽视这些必要条件，其后果是严重的。在工程实践中，土质情况非常复杂，基坑支护的方法也很多，费用差异很大，如何安全可靠、经济合理、技术可行地选择支护方法是方案的重点。可以参考的资料包括国家建筑标准设计图集《建筑基坑支护结构构造》(11SG814)、《建筑边坡工程技术规范》(GB 50330)。

知识课堂

为了使土方工程量少、工期短、费用省，在施工前，首先要进行调查研究，了解土壤的种类和工程性质，土方工程的施工工期、质量要求及施工条件，施工区的地形、地质、水文、气象等资料，作为合理拟定施工方案、计算土方工程量、计算土壁边坡及支撑、进行施工排水和降水的设计、选择土方机械和运输工具并计算其需要量，以及选择施工方法和组织施工。另外，在土方工程施工前，还应完成场地清理、地面水的排除和测量放线等工作。

土方边坡与基坑支护

1.4.1 边坡坡度

为了保证土方工程施工过程中施工人员的生命安全，防止基坑(槽)塌方，在基坑(槽)开挖深度超过要求时，土壁应放坡。土方边坡用边坡坡度和边坡系数表示。

边坡坡度是以土方挖土深度 H 与边坡底宽 B 之比表示，如图 1-27 所示。

土方边坡坡度 $=\dfrac{H}{B}=1:m$，式中，$m=B/H$ 称为边坡系数。

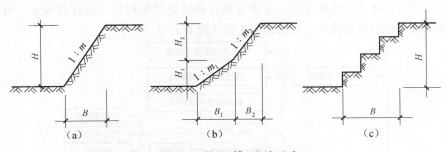

图 1-27 基坑(槽)边坡形式
(a)直线形；(b)折线形；(c)踏步形

土方边坡的大小主要与土质、开挖方法及深度、边坡留置时间长短、边坡附近各种荷载状况及排水情况有关。当地质条件良好、土质均匀、地下水水位低于基坑(槽)底面标高时，开挖深度在 5 m 内的基坑(槽)的最陡坡度(不加支撑)应符合表 1-6 的规定。

表 1-6 开挖深度在 5 m 内的基坑(槽)的最陡坡度(不加支撑)

土的类别	边坡坡度(高：宽)		
	坡顶无荷载	坡顶有静载	坡顶有动载
中密的砂土	1:1.00	1:1.25	1:1.50

续表

土的类别	边坡坡度(高:宽)		
	坡顶无荷载	坡顶有静载	坡顶有动载
中密的碎石类土(充填物为砂土)	1:0.75	1:1.00	1:1.25
硬塑的粉土	1:0.67	1:0.75	1:1.00
中密的碎石类土(充填物为黏性土)	1:0.50	1:0.67	1:0.75
硬塑的粉质黏土、黏土	1:0.33	1:0.50	1:0.67
老黄土	1:0.10	1:0.25	1:0.33
软土	1:1.00	—	—

注：(1)静载是指堆土或材料等，动载是指机械挖土或汽车运输作业等；
(2)当有成熟施工经验时可不受本表限制。

1.4.2 浅基坑支护

基坑支护是指在基坑开挖期间，利用支护结构达到既挡土又挡水的目的，以保证基坑开挖和基础安全施工，并且不对周围的建(构)筑物、道路和地下管线等产生危害。

常用的支护结构体系如图 1-28 所示。支护结构主要承受土和水的侧压力、附近地面动静荷载、已有建(构)筑物产生的附加侧压力。对支护结构的要求是要有较强的强度、刚度和稳定性，保证附近地面不产生较大的沉降和位移，有足够的入土深度，保证本身的稳定和避免产生坑底隆起或管涌。当坑深较小时，一般采用悬臂式；当坑深较大时需在坑内支撑，或用近地表的锚杆或锚固在土中的土锚进行坑外拉结，支撑及锚杆的位置和结构尺寸需计算确定。有的基坑支护在基础完工后可拔出重复使用，有的则永久留在地基土中。

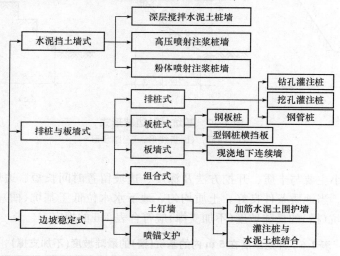

图 1-28 常用基坑支护的结构体系

浅基坑的支护方法见表 1-7。

表 1-7 浅基坑的支护方法

支撑方式	支护形式、特点	适用条件、使用范围	支护简图
1. 斜柱支撑	水平挡土板钉在柱桩内侧,柱桩外侧用斜撑支顶,斜撑底端支在木桩上,在挡土板内侧回填土	适于开挖较大型、深度不大的基坑或使用机械挖土时	
2. 锚拉支撑	水平挡土板支在柱桩的内侧,柱桩一端打入土中,另一端用拉杆与锚桩拉紧,在挡土板内侧回填土	适于开挖较大型、深度不大的基坑或使用机械挖土时,在不能安设横撑时使用	
3. 型钢桩横挡板支撑	沿挡土位置预先打入钢轨、工字钢或 H 型钢桩,间距为 1~1.5 m,然后边挖方,边将 3~6 cm 厚的挡板塞进钢桩之间挡土,并在横向挡板与型钢桩之间打上楔子,使横板与土体紧密接触	适于地下水水位较低、深度不很大的一般黏性或砂土层中使用	
4. 短桩横隔板支撑	打入小短木桩,部分打入土中,部分露出地面,钉上水平挡土板,在背面填土、夯实	适于开挖宽度大的基坑。当部分地段下部放坡不够时使用	
5. 临时挡土墙支撑	沿坡脚用砖、石叠砌,或者用装水泥的编织袋、草袋装土、砂堆砌,使坡脚保持稳定	适于开挖宽度大的基坑,当部分地段下部放坡不够时使用	

支撑方式	支护形式、特点	适用条件、使用范围	支护简图
6. 叠袋式挡墙支护	采用编织袋或草袋装碎石(砂砾石或土)堆砌成重力式挡墙作为基坑的支护,在墙下部砌0.5 m厚块石基础,墙底宽为1.5～2 m,顶宽为0.5～1.2 m,顶部适当放坡卸土1～1.5 m,表面抹砂浆保护	适于一般黏性土、面积大、开挖深度在5 m以内的浅基坑支护	

1.4.3 深基坑支护

1. 土钉支护

(1)土钉支护的作用机理。由于基坑内土体的开挖,使坑内外的土体形成压力差,坑外土体有坑内运动的内力和趋势。土钉支护的构造原理是利用沿途介质的自承能力,借助土钉与周围土体的摩擦力和黏聚力,将外部不稳定土体和深部稳定土体连在一起,形成一个稳定的组合体。与土钉或锚杆端部互相连接的喷射混凝土面板紧密嵌固于土体中,它不仅能很好地调节锚杆相互之间的应力分布,而且可以很好地起到防水作用。一是防止水冲刷边坡给基础施工带来不便;二是可以有效地防止地下水的渗漏,避免周围地面沉降,影响建筑物的安全。

(2)土钉支护的构造。

1)土钉采用直径为16～32 mm 的 HRB335 级以上的螺纹钢筋,长度为开挖深度的0.5～1.2倍,间距为1～2 m,与水平面夹角为10°～20°。

2)钢筋网采用直径为6～10 mm 的 HPB300 级钢筋,间距为150～300 mm。

3)混凝土面板采用喷射混凝土,强度等级不低于 C20,厚度为80～200 mm,常用100 mm。

土钉支护

4)注浆采用强度不低于20 MPa 的水泥砂浆。

5)承压板采用螺栓将土钉和混凝土面层有效地连接成整体。

(3)土钉支护的特点。

1)土钉与土体形成复合土体,提高了边坡整体稳定和承受坡顶荷载能力,增强了土体破坏的延性,有利于安全施工。

2)土钉支护位移小,约为20 mm,对相邻建筑物影响小。

3)设备简单,易于推广。

4)经济效益好,成本低于灌注桩支护。

土钉支护适用于地下水水位以上或经降水措施后的杂填土、普通黏土、非松散性砂土。

(4)土钉支护的施工。土钉支护施工的工序为定位、成孔、插钢筋、注浆、喷射混凝土,如图1-29所示。

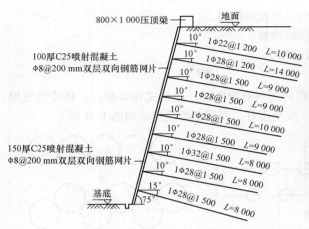

图1-29 某工程土钉支护示意

1)成孔。采用螺旋钻机、冲击钻机、地质钻机等机械成孔,钻孔直径为70~120 mm。成孔时必须按设计图纸的纵向、横向尺寸及水平面夹角的规定进行钻孔施工。

2)插钢筋。将直径为16~32 mm的HRB335级螺纹钢筋插入钻孔的土层中,钢筋应平直、除锈、除油、与水平面夹角控制在10°~20°范围内。

3)注浆。注浆采用水泥浆或水泥砂浆,水胶比为0.38~0.5,水泥砂浆配合比为1∶0.8或1∶1.5。利用注浆泵注浆时,应将注浆管插入到距离孔底250~250 mm处,并在孔口设置止浆塞,以保证注浆饱满。

4)喷射混凝土。喷射注浆用的混凝土应满足如下技术性能指标:混凝土的强度等级不低于C20,其水泥强度等级宜用32.5级,水泥与砂石的质量比为1∶4~1∶4.5,砂率为45%~55%,水胶比为0.4~0.45,粗集料碎石或卵石粒径不宜大于15 mm。混凝土的喷射分两次进行。第一次喷射后铺设钢筋网,并使钢筋网与土钉牢固连接。在此之后再喷射第二层混凝土,并要求表面平整、湿润,具有光泽,无干斑或滑移流淌现象。喷射混凝土面层厚度为80~200 mm,钢筋与坡面的间隙应>20 mm。混凝土终凝2 h后进行洒水养护3~7 d。

2. 预应力土层锚杆支护

在立壁土层上钻(掏)孔至要求深度,孔内放入钢筋,灌入水泥砂浆或化学浆液,使之与土层结合成抗拉锚杆,将立壁土体侧压力传至稳定土层,如图1-30所示。

(1)施工工艺。
1)挖土到锚杆水平位置下50 cm。
2)按需要倾角及深度,用锚杆钻机钻孔。
3)拔出钻杆,插入钢筋或钢绞线。
4)向孔内灌注水泥浆,直到浆液从孔中冒出。
5)安装垫板、螺帽或锚头。
6)待水泥浆强度达70%时,进行预应力张拉。
7)拧紧螺帽或锁住锚头。

(2)特点。
1)使用锚杆拉结比坑内支撑、挖土拉锚方便。
2)锚杆要有一定的覆盖深度,才能有一定的抗拔力。

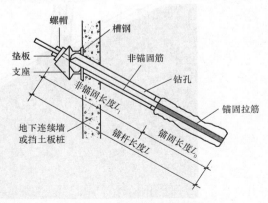

图1-30 预应力土层锚固

3）预应力锚杆能对挡土桩、墙的位移有较好的控制作用。
4）相邻锚杆张拉后应力损失大，可以再张拉调整。
（3）适用范围。一般黏土、砂土地区皆可应用。

3. 挡土灌注桩支护

开挖前在基坑周围设置混凝土灌注桩，桩的排列有间隔式、连续式和双排式，桩顶设置混凝土连系梁或锚桩、拉杆。其具有施工方便、安全度好、费用低的优点，如图1-31所示。

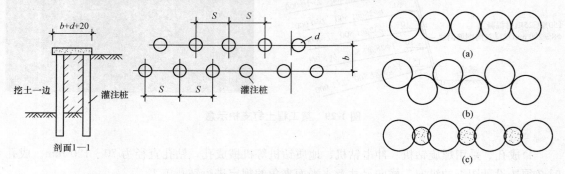

图 1-31 挡土灌注桩支护示意
（a）一字形相切排列；（b）交错相切排列；（c）注浆间隔排列

（1）特点。
1）密排桩比地下连续墙施工简便，整体性不如地下连续墙。
2）较疏排桩受力性能好。
3）不作防水抗渗措施，密排桩仍不能止水。
（2）适用范围。适用于开挖面积大、深度大于6m、不允许放坡、邻近有建（构）筑物的基坑支护。黏土、砂土、软土、淤泥质土皆可应用。

4. 挡土灌注桩与土层锚杆结合支护

挡土灌注柱与土层锚杆结合支护的桩顶不设锚桩、拉杆，而是挖至一定深度，每隔一定距离向桩背面斜向打入锚杆，待达到强度后，安上横撑，拉紧固定，在桩中间挖土，直至设计深度，如图1-32所示。其适于大型较深基坑，在施工期较长、邻近有建筑物、不允许支护、邻近地基不允许有下沉位移时使用。

图 1-32 挡土灌注桩与土层锚杆结合支护示意

5. 地下连续墙支护

先建造钢筋混凝土地下连续墙，达到强度后在墙间用机械挖土。该支护法刚度大、强度高，不仅可挡土、承重、截水、抗渗，还可在狭窄场地施工，适用于大面积、有地下水的深基坑施工，是深基坑的主要支护结构之一。其对地下结构层数多的深基坑的施工非常有利，如图 1-33 所示。其优点是结构整体性好，刚度大，可作防渗墙，形状灵活；其缺点是需用专用机械，成本较高。

地下连续墙施工工艺过程是：修筑导墙→挖槽→吊放接头管（箱）、吊放钢筋笼→浇筑混凝土。

1.4.4 基坑开挖

开挖基坑应按规定的尺寸合理确定开挖顺序和分层开挖深度，连续地进行施工，并尽快地完成。因土方开挖施工要求标高、断面准确，土体应有足够的强度和稳定性，所以，在开挖过程中要随时注意检查。挖出的土除预留一部分用作回填外，不得在场地内任意堆放，应将多余的土运到弃土地区，以免妨碍施工。为防止坑壁滑坡，根据土质情况及坑深

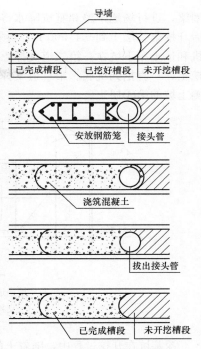

图 1-33 地下连续墙施工示意

度，在坑顶两边一定距离（一般为 0.8 m）内不得堆放弃土，在此距离外堆土高度不得超过 1.5 m，否则，应验算边坡的稳定性。在桩基周围、墙基或围墙一侧，不得堆土过高。在坑边放置有动载的机械设备时，也应根据验算结果，离开坑边较远距离，如地质条件不好，还应采取加固措施。为了防止在底土（特别是软土）受到浸水或其他原因的扰动，基坑挖好后，应立即做垫层或浇筑基础，否则，挖土时应在基底高以上保留 150～300 mm 厚的土层，待基础施工时再进行挖去。如用机械挖土，为防止基底土被扰动、结构被破坏，不应直接挖到坑底，应根据机械种类，在基底标高以上留出 200～300 mm，待基础施工前用人工铲平修整。挖土不得超过基坑的设计标高，如个别处超挖，应用与基土相同的土料填补，并夯实到要求的密实度；如用原土填补不能达到要求的密实度时，应用碎石类土填补，并仔细夯实。重要部位如被超挖，可用低强度等级的混凝土填补。

在软土地区开挖基坑时，还应符合下列规定：

（1）施工前必须做好地面排水或降低地下水水位工作，地下水水位应降低至基坑底以下 0.5～1.0 m 后，方可开挖。降水工作应持续到回填完毕。

（2）施工机械行驶道路应填筑适当厚度的碎石或砾石，必要时应铺设工具式路基箱（板）或梢排等。

（3）相邻基坑（槽）开挖时，应遵循先深后浅或同时进行的施工顺序，并应及时做好基础。

（4）在密集群桩上开挖基坑时，应在打桩完成后间隔一段时间，再对称挖土。在密集群桩附近开挖基坑（槽）时，应采取措施防止桩基位移。

（5）挖出的土不得堆放在坡顶上或建（构）筑物附近。

基坑开挖有人工开挖和机械开挖，对于大型基坑应优先考虑选用机械化施工，以加快施工进度。

深基坑一般采用"开槽支撑，分层开挖，先撑后挖，严禁超挖"的开挖原则，图 1-34 所示为某深基坑分层开挖的实例。在基坑正式开挖之前，先将第①层地表土挖运出去，浇筑锁口

圈梁，进行场地平整和基坑降水等准备工作，安设第一道支撑（角撑），并施加预顶轴力，然后开挖第②层土到－4.500 m，再安设第二道支撑，待双向支撑全面形成并施加轴力后，挖土机和运土车下坑在，第二道支撑上部（铺路基箱）开始挖第③层土，并采用台阶式"接力"方式挖土，一直挖到坑底。第三道支撑应随挖随撑，逐步形成。最后用抓斗式挖土机在坑外挖两侧土坡的第④层土。

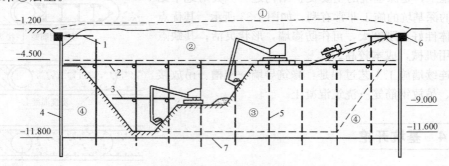

图 1-34 深基坑开挖示意

1—第一道支撑；2—第二道支撑；3—第三道支撑；
4—支护桩；5—主柱；6—锁口圈梁；7—坑底

深基坑在开挖过程中，随着土的挖除，下层土因逐渐卸载而有可能回弹，尤其在基坑挖至设计标高后，如搁置时间过久，则回弹更为显著。如弱性隆起在基坑开挖和基础工程初期发展很快，它将加大建筑物的后基沉降。因此，对深基坑开挖后的土体回弹应有适当的估计，如在勘察阶段，土样的压缩试验中应补充卸荷弹性试验等。还可以采取结构措施，在基底设置桩置等，或事先对结构下部土质进行深层地基加固。施工中减少基坑弹性隆起的一个有效力法是将土体中有效应力的改变降低到最小。具体方法有加速建造主体结构，或逐步利用基础的重量来代替被挖去土体的重量。

1.4.5 基槽检验

基坑挖至基底设计标高并清理后，在垫层施工前，由建设单位组织施工单位、勘察单位、设计单位、监理单位共同进行现场检查并验收基槽，通常称为验槽。验槽的目的是检查地基是否与勘察设计资料相符。验槽是确保工程质量的关键程序之一，合格后方能进行基础工程施工。

1. 验槽的主要内容

不同建筑物对地基的要求不同，基础形式不同，验槽的内容也不同，主要有以下几点：

(1)根据设计图纸检查基槽的开挖平面位置、尺寸、槽底深度；检查是否与设计图纸相符，开挖深度是否符合设计要求。

(2)仔细观察槽壁、槽底土质类型、均匀程度和有关异常土质是否存在，核对基坑土质及地下水情况是否与勘察报告相符。

(3)检查基槽之中是否有旧建筑物基础、古井、古墓、洞穴、地下掩埋物及地下人防工程等。

(4)检查基槽边坡外缘与附近建筑物的距离，基坑开挖对建筑物稳定是否有影响。

(5)检查核实分析钎探资料，对存在的异常点位进行复核检查。

2. 验槽方法

验槽通常采用观察法，而对于基底以下的土层不可见部位，要先辅以钎探法配合共同完成。钎探法可分为人工法和机械法(图 1-35、图 1-36)。常用轻型圆锥动力触探器：穿心锤质量为 10 kg，锥头直径为 40 mm，锥角为 60°，落距为 50 cm，触探杆直径为 25 mm，长度为 1.8~2.5 m。记录其贯入 30 cm 的锤击数作为设计承载力、地勘结果、基土土层的均匀度等质量指标的依据。钎探的目的是：根据锤击沉钎的难易程度和灌水中的渗透快慢，判断基底持力层是否均匀，是否有孔洞、墓穴、孤石等不利情况。

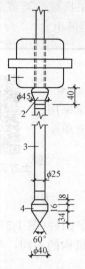

人工钎探

机械钎探

图 1-35　轻便触探器

1—穿心锤；2—锤垫；3—角探杆；4—尖

图 1-36　电动钎探机

钎探机工艺流程是：确定打钎顺序→就位打钎→记录锤击数→整理记录→拔钎盖孔→检查孔深→灌砂。

根据基坑平面图，依次编号绘制钎点平面布置图，按钎点平面布置图放线，在孔位洒上白灰点，用盖孔砖压在点位上做好覆盖保护。每块盖孔砖上面必须用粉笔写明钎点编号。钎探孔的排列方式须根据槽宽确定，槽宽大于 200 cm 时采用梅花形排列方式，间距为 1~2 m。

灌砂：打完的钎孔，经过质检人员和工长检查孔深与记录无误后，即进行灌砂。灌砂时每填入 30 cm 左右，可用钢筋捣实一次。

第二课堂

1. 实地考察一个建筑工地的基坑支护方案和设备、设施。
2. 查阅资料，阅读不同地质情况和不同基坑深度的基坑支护方案。
3. 简述基槽检验的方法和内容。

任务 1.5　土方工程机械化施工

任务描述

本任务要求掌握各种土方施工机械的作业方法和特点，并根据工程特点正确选择经济合理的施工机械。

> **任务分析**
>
> 土方机械的选择，通常应根据工程特点和技术条件提出几种可行方案，然后进行技术经济分析比较，选择效率高、综合费用低的机械进行施工，一般选用土方施工单价最小的机械。在大型建设项目中，土方工程量很大，而当时现有的施工机械的类型及数量常常有一定的限制，此时必须将现有机械进行统筹分配，以使施工费用最小。

知识课堂

由于土方开挖工程量一般均很大，采用人工挖土效率较低，故常采用机械施工，以提高工作效率、确保工期。土方机械化施工常用机械有单斗挖土机、推土机、铲运机、平地机、装卸机与自卸车等。

土方工程机械化施工

1.5.1 单斗挖土机

单斗挖土机按工作装置不同，可分为正铲、反铲、抓铲和拉铲四种（图 1-37）；单斗挖土机根据其行走方式的不同，可分为履带式或轮胎式两类；按其操纵机构的不同，可分为机械式和液压式两类。

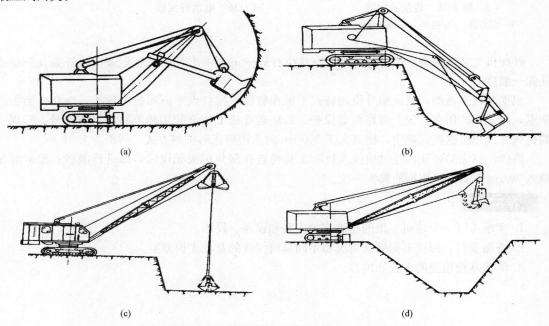

图 1-37 单斗挖土机
(a)正铲挖土机；(b)反铲挖土机；(c)抓铲挖土机；(d)拉铲挖土机

1. 正铲挖土机

正铲挖土机适用于开挖停机面以上的土方，且需与汽车配合完成整个挖运工作。

正铲挖土机挖掘力大，适用于开挖含水量较小的一至三类土和经爆破的岩石及冻土。其一般可用于大型基坑工程，也可用于场地平整施工。正铲挖土机的挖土特点是："前进向上，强制切土"。根据开挖路线与运输汽车相对位置的不同，一般有以下两种：

(1)正向开挖，侧向装土法。正铲向前进方向挖土，汽车位于正铲的侧向装车[图1-38(a)、(b)]。此法铲臂卸土回转角度最小(<90°)，装车方便，循环时间短，生产效率高。其适用于开挖工作面较大，深度不大的边坡、基坑(槽)、沟渠和路堑等，为最常用的开挖方法。

(2)正向开挖，后方装土法。正铲向前进方向挖土，汽车停在正铲的后面[图1-38(c)]。此法开挖工作面较大，但铲臂卸土回转角度较大(在180°左右)，且汽车要侧向行车，增加工作循环时间，生产效率降低(回转角度为180°，效率约降低23%；回转角度为130°，约降低13%)。其适用于开挖工作面较小且较深的基坑(槽)、管沟和路堑等。

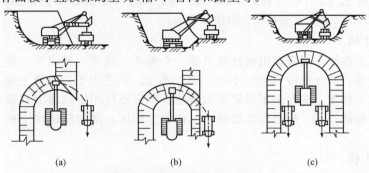

图1-38 正铲挖掘机开挖方式

(a)、(b)正向开挖，侧向装土；(c)正向开挖，后方装土

2. 反铲挖土机

反铲挖土机的挖土特点是：后退向下，强制切土。其能开挖停机面以下的一至三类土，适用于一次开挖深度在4 m左右的基坑(槽)、管沟，也可用于地下水水位较高的土方开挖；在深基坑开挖中，可采取通过下坡道、台阶式接力等方式进行开挖。反铲挖土机可以与自卸汽车配合，装土运走，也可弃土于坑槽附近。根据挖土机的开挖路线与运输汽车的相对位置不同，一般有以下几种挖法：

(1)沟端开挖法。反铲停于沟端，后退挖土，同时往沟一侧弃土或装汽车运走[图1-39(a)]。挖掘宽度可不受机械最大挖掘半径的限制，臂杆回转半径仅为45°~90°，同时可挖到最大深度。对较宽的基坑可采用[图1-39(b)]的方法，其最大一次挖掘宽度为反铲有效挖掘半径的两倍，但汽车须停在机身后面装土，生产效率降低；或采用几次沟端开挖法完成作业。其适用于一次成沟后退挖土，挖出土方随即运走，或就地取土填筑路基或修筑堤坝等。

(2)沟侧开挖法。反铲停于沟侧沿沟边开挖，汽车停在机旁装土或往沟一侧卸土[图1-39(c)]。本法铲臂回转角度小，能将土弃于距沟边较远的地方，但挖土宽度比挖掘半径小，边坡不好控制，同时机身靠沟边停放，稳定性较差。其适用于横挖土体和需将土方甩到与沟边较远的距离时。

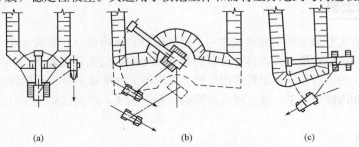

图1-39 反铲沟端及沟侧开挖法

(a)、(b)沟端开挖法；(c)沟侧开挖法

35

(3)多层接力开挖法。用两台或多台挖土机设在不同作业高度上同时挖土,边挖土,边将土传递到上层,由地表挖土机连挖土带装土(图 1-40);上部可用大型反铲,中、下层用大型或小型反铲,进行挖土和装土,均衡连续作业。一般两层挖土可挖深 10 m,三层可挖深 15 m 左右。采用本法开挖较深基坑,能够一次开挖到设计标高,一次

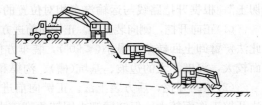

图 1-40　反铲多层接力开挖法

性完成作业,可避免汽车在坑下装运作业,提高生产效率,且不必设专用垫道。其适用于开挖土质较好、深 10 m 以上的大型基坑、沟槽和渠道。

3. 抓铲挖土机

抓铲挖土机是在挖土机臂端用钢丝绳吊装一个抓斗。其挖土特点是:直上直下,自重切土。其挖掘力较小,能开挖停机面以下的一至二类土。其适用于开挖软土地基基坑,特别是对窄而深的基坑、深槽、深井采用抓铲效果理想。抓铲还可用于疏通旧有渠道以及挖取水中淤泥等,或用于装卸碎石、矿渣等松散材料。在软土地区,常用抓铲挖土机开挖基坑、沉井等(图 1-41)。

4. 拉铲挖土机

拉铲挖土机的土斗用钢丝绳悬挂在挖土机长臂上,挖土时土斗在自重作用下落到地面切入土中。其挖土特点是:后退向下,自重切土。其挖土深度和挖土半径均较大,能开挖停机面以下的一至二类土,但不如反铲动作灵活准确。其适用于开挖较深较大的基坑(槽)、沟渠,挖取水中泥土以及填筑路基,修筑堤坝等。拉铲挖土机的开挖方式与反铲挖土机的开挖方式相似,既可沟侧开挖也可沟端开挖(图 1-42)。

图 1-41　抓铲挖土机

图 1-42　拉铲挖土机

1.5.2　推土机

推土机是土方工程施工的主要机械之一,是在履带式拖拉机上安装推土铲刀等工作装置而成的机械。常用的是液压式推土机,其铲刀可强制切入土中,切入深度较大。同时,铲刀还可以调整角度,具有更大的灵活性。推土机多用于挖土深度不大的场地平整、开挖深度不大于 1.5 m 的基坑、回填基坑和沟槽等施工。推土机可以推挖一至三类土,经济运距为 100 m 以内,效率最高为 40~60 m。

1. 作业方法

推土机开挖的基本作业是铲土、运土和卸土三个工作行程和空载回驶行程。铲土时应根据

土质情况，尽量采用最大切土深度并在最短距离(6～10 m)内完成，以便缩短低速运行时间，然后直接推运到预定地点。回填土和填沟渠时，铲刀不得超出土坡边沿。

2. 提高生产率的方法

(1)下坡推土法。在斜坡上，推土机顺下坡方向切土与堆运(图1-43)，借机械向下的重力作用切土，增大切土深度和运土数量，可提高生产率30%～40%，但坡度不宜超过15°，避免后退时爬坡困难。

(2)槽形推土法。推土机重复多次在一条作业线上切土和推土，使地面逐渐形成一条浅槽(图1-44)，再反复在沟槽中进行推土，以减少土从铲刀两侧漏散，可增加10%～30%的推土量。槽的深度以1 m左右为宜，槽与槽之间的土坑宽度约为50 m。其适合在运距较远、土层较厚时使用。

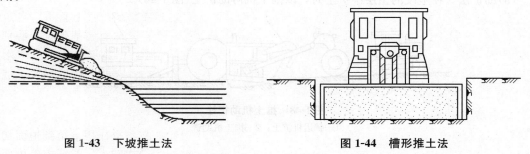

图1-43　下坡推土法　　　　　　图1-44　槽形推土法

(3)并列推土法。用2～3台推土机并列作业(图1-45)，以减少土体漏失量。铲刀相距15～30 cm，一般采用两机并列推土，可增大推土量15%～30%。其适用于大面积场地平整及运送土。

(4)分堆集中，一次推送法。在硬质土中，切土深度不大，将土先积聚在一个或数个中间点，然后再整批推送到卸土区，使铲刀前保持满载(图1-46)。堆积距离不宜大于30 m，推土高度以2 m内为宜。本法能提高生产效率15%左右。其适合在运送距离较远，而土质又比较坚硬，或长距离分段送土时使用。

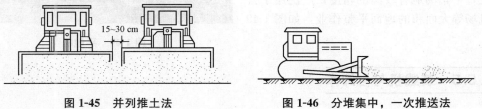

图1-45　并列推土法　　　　　　图1-46　分堆集中，一次推送法

1.5.3　铲运机

铲运机是一种利用安装在前后轮轴或左右履带之间的带有铲刃的铲斗，在行进中顺序完成铲削、装载、运输和卸铺的铲土运输机械。铲运机由牵引机械和土斗组成。按其行走方式可分为拖式和自行式两种；按铲斗操纵系统可分为油压式和索式(图1-47)。

1. 铲运机的特点和应用

铲运机能综合完成挖、运、平、填等全部

图1-47　铲运机

土方施工工序,对道路要求低,操纵灵活,运转方便,生产率高。常应用于大面积场地平整,开挖大基坑、沟槽及填筑路基、堤坝等工程。其适用于铲运含水量不大于27%的松土和普通土,不适于在砾石层和冻土地带及沼泽区工作。在铲运较坚硬的土时,宜先松土。其经济运距是:自行式铲运机的经济运距为800～1 500 m,拖式铲运机的经济运距为600 m,当运距为200～300 m时效率最高。斗容量确定后,生产率的高低取决于机械的开行路线和施工方法。

2. 铲运机的施工方法

(1)下坡铲土。利用有利地形,借助铲运机重力加大铲土能力,缩短装土时间,提高生产率。

(2)跨铲法。在较坚硬的土中挖土时,可预留土埂间隔铲土。土埂高度应不大于300 mm,宽度不大于铲运机两履带间净距。

(3)助铲法。在坚硬的土层中铲土时,以推土机协助铲土(图1-48)。

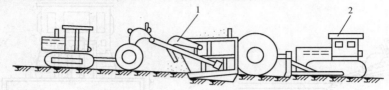

图1-48 推土机助铲法
1—铲运机铲土;2—推土机助铲

1.5.4 平地机

平地机是利用刮刀平整地面的土方机械。其刮刀安装在机械前、后轮轴之间,能升降、倾斜、回转和外伸。平地机动作灵活准确,操纵方便,平整场地有较高的精度,广泛用于公路、机场等大面积的地面平整作业,如图1-49所示。

图1-49 平地机

1.5.5 装载机与自卸车

(1)装载机如图1-50(a)所示。装载机是用机身前端的铲斗进行铲、装、运、卸作业的施工机械,广泛用于建筑、公路等建设工程的土石方施工机械。它主要用于铲装土壤、砂石、石灰等散装物料。在软土地区,装载机也可用于基坑开挖,换装不同的辅助工作装置还可进行推土、起重和其他物料的装卸作业。

装载机具有作业速度快、效率高、机动性好、操作轻便等优点,因此,它成为工程建设中土石方施工的主要机种之一。

(2)自卸车是指通过液压或机械举升而自行卸载货物的车辆,又称翻斗车。其由汽车底盘、液压举升机构、货厢和取力装置等部件组成。自卸车的发动机、底盘及驾驶室的构造和一般载重汽车相同。建筑工地常用功能作业型自卸车,其运输距离短,一般不超过10 km,装卸频繁,货厢相对较小。其对底盘的要求是轴距短,扭矩大。自卸车的车厢分后向倾翻和侧向倾翻两种。

自卸车在土木工程中,经常与挖掘机、装载机、带式输送机等工程机械联合作业,构成装、运、卸生产线,进行土方、砂石、散料的装卸运输工作[图1-50(b)]。

图 1-50 装载机与自卸车

(a)装载机；(b)自卸车

第二课堂

1. 实地考察一个建筑工地的土方机械作业方法。
2. 简述各种土方机械的作业特点和适用范围。

任务 1.6 土方的填筑与压实

任务描述

本任务要求掌握土方压实的方法和影响因素，并对压实土层进行质量检验。

任务分析

根据《土方回填工程施工工艺标准》和《建筑地基基础工程施工质量验收规范》(GB 50202)的要求，工业及民用建(构)筑物大面积平整场地、大型基坑和管沟等回填土(机械操作)，一般工业和民用建筑物中的小型基坑(槽)、室内地坪、管沟、室外散水等人工回填土都要进行质量验收，且必须符合检验标准。检验常用方法是环刀法。

知识课堂

在土方填筑前，应清除坑、槽中的积水、淤泥、垃圾、树根等杂物。在土质较好、地面坡度小于等于 1/10 的较平坦场地的填方，可不清除基底上的草皮，但应割除长草。在稳定的山坡上填方，当山坡坡度为 1/10～1/15 时，应清除基底上的草皮；当坡度陡于 1/5 时，应将基底挖成阶梯形，阶宽不小于 1 m。当填方基底为耕植土或松土时，应将基底碾压密实。在水田、沟渠或池塘内填方前，应根据实际情况采用排水疏干，挖除淤泥或抛填块石、砂砾、矿渣等方法处理后再进行填土。填土区如遇有地下水或滞水时，必须设置排水措施，以保证施工顺利进行。

土方的填筑与压实

1.6.1 土料的选用和要求

为了保证填方土体在强度和稳定性方面的要求，必须正确选择土料。填方土料应符合设计要求。填方土料如无设计要求，应符合下列规定：

(1) 碎石类土、砂土(使用细、粉砂时应取得设计单位同意)和爆破石渣，可作表层以下的填料。

(2) 黏性土可作各层的填料，但填筑前应检查其含水量是否在控制范围内。含水量大的黏土不宜作为填土用。

(3) 碎块草皮和有机含量大于8%的土，吸水后容易变形，承载能力降低；含水溶性硫酸盐大于5%的土，在地下水的作用下，硫酸盐会逐渐溶解消失，形成孔洞，影响土的密实性，所以仅限用于无压实要求的填方。

(4) 人工杂填土，应视土质情况决定取舍，原则上不用于地基回填土。若成分复杂、稳定性差的土则弃之勿用。

(5) 淤泥、淤泥质土、冻土和膨胀土等均不能用作回填土料。回填土宜优先利用基槽中挖出的优质土，第一是较为经济，第二是回填压实后与坑底、坑壁的原土亲和力较强。

1.6.2 填土压实方法

填土应分层进行，若工作面太大而采用分段施工，则每层接缝处应做成30°斜面，上下层接缝应错开不小于500 mm的距离。应尽量采用同类土填筑，如采用不同土填建筑时，应先填筑透水性较大的土，后填筑透水性较小的土。不能将各种土混杂在一起使用，以免填方内形成水囊。以碎石类土或爆破石渣作填料时，其最大料径不得超过每层铺土厚度的2/3，以黏土作回填土料时，应先将土料过筛，除去石块、草根、树枝，填筑前视其干湿情况进行洒水或摊晒。使用振动碾时，不得超过每层铺土厚度的3/4，铺填时，大块料不应集中，且不得填在分段接头或填方与山坡连接处。

虚铺厚度：人工木夯填土20(黏性土)～30 cm(砂质土)；推土机填土30 cm；铲运机或汽车填土30～50 cm；回填基坑、墙基或管沟时，应从四周或两侧分层、均匀、对称进行，以防基础、墙基或管道在土压力下产生偏移和变形。

填土的压实方法一般有碾压法、夯实法和振动压实法三种。

土的夯实

1. 碾压法

碾压法是利用机械滚轮的压力压实土壤，使之达到所需的密实度，此法多用于大面积填土工程。碾压机械有光面碾(压路机)、凸块碾(羊足碾)和气胎碾(图1-51)。光面碾对砂土、黏性土均可压实；凸块碾需要较大的牵引力，且只宜压实黏性土，因在砂土中使用凸块碾会使土颗粒受到"凸块"较大的单位压力后向四周移动，从而使土的结构遭到破坏；气胎碾在工作时是弹性体，其压力均匀，填土质量较好；还可利用运土机械进行碾压，也是较经济合理的压实方案。施工时可使运土机械行驶路线能大体均匀地分布在填土面积上，并达到一定重复行驶遍数，使其满足填土压实质量的要求。

图1-51 光面压路机与凸块碾

碾压填方时,机械的行驶速度不宜过快,一般平碾控制在 2 km/h,否则会影响压实效果。

2. 夯实法

夯实法是利用夯锤自由下落的冲击力来夯实土壤。夯实法可分为人工夯实和机械夯实两种。

夯实机械有夯锤、内燃夯土机和蛙式打夯机(图 1-52)三类,其用于基槽或面积小于 1 000 m² 的基坑回填。人工夯土用的工具有木夯、石夯等,主要用于碾压机无法到达的坑边坑角的夯实。夯锤是借助起重机悬持一重锤进行夯土的夯实机械,适用于夯实砂性土、湿陷性黄土、杂填土以及含有石块的填土。一台打夯机必须两人同时使用,由一人扶把掌控前进速度和方向,另一人牵提电缆,以防发生触电事故。

打夯机,夯土机,燃油夯机,自动内燃夯机

图 1-52 石夯、冲击夯与蛙式打夯机
(a)石夯;(b)冲击夯;(c)蛙式打夯机
1—夯头;2—夯架;3—三角带;4—底盘

3. 振动压实法

振动压实法是在松土层表面,开动振动压实机产生振动力,使土颗粒在振动的状态下发生相对位移并在振动压实机的重压下达到紧密状态。这种方法用于振实非黏性土效果较好。如使用振动碾进行碾压,可使土受振动和碾压两种作用,碾压效率高,适用于大面积填方工程。如使用内燃式振动平板夯,可压实松散的、粒状的土壤、沙砾及沥青路面。其具有体积小、质量轻、能自行前进、机动灵活性强等特点,适用于建筑物临近的狭窄地带及管线沟槽等复杂地形的压实作业(图 1-53)。

图 1-53 内燃式振动平板夯
(a)振动平板夯(徐工 SR100)整机重 100 kg,激振力为 18 kN;
(b)双向振动平板夯(戴纳派克 LH700)整机重 780 kg,激振力为 95 kN

无论何种方法，都要求每一行碾压夯实的幅宽要有至少 100 mm 的搭接，若采用分层夯实且气候较干燥，应在上一层虚土铺摊之前将下层填土表面适当喷水湿润，增加土层之间的亲和程度。

1.6.3 影响填土压实的因素

影响填土压实的因素较多，主要有压实功、土的含水量以及每层铺土厚度。

1. 压实功的影响

填土压实后的密度与压实机械在其上所施加的功有一定的关系(图 1-54)。填土的密度与所耗功的关系如图 1-54 所示。当土的含水量一定，在开始压实时，土的密度就会急剧增加。待到接近土的最大密度时，压实功虽然增加许多，而土的密度则变化甚小。在实际施工中，对砂土只需碾压夯击 2～3 遍，对粉土只需 3～4 遍，对粉质黏土只需 5～6 遍。另外，松土不宜用重型碾压机械直接滚压，否则土层会有强烈的起伏现象，效率不高。如果先用轻碾压实，再用重碾压实就会取得较好效果。

2. 含水量的影响

在同一压实功条件下，填土的含水量对压实质量有直接影响。较为干燥的土颗粒之间的摩阻力较大，因而不易压实。当含水量超过一定限度时，土颗粒之间孔隙由水填充而呈饱和状态，也不能压实。当填土的含水量适当时，水起了润滑作用，使土颗粒之间的摩阻力减少，压实效果可达最好。所以，在使用同样的压实功进行压实，所得到的土的密度最大时的含水量叫作最佳含水量，如图 1-55 所示。各种土的最佳含水量和最大干密度可参考表 1-8。工地简单检验黏性土含水量的方法一般是以手握成团落地开花为适宜。为了保证填土在压实过程中处于最佳含水量状态，当土过湿时，应予翻松晾干，也可掺入同类干土和吸水性土料；当土过干时，则应预先洒水润湿。

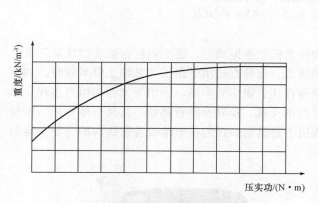

图 1-54 填土密实度与压实功的关系

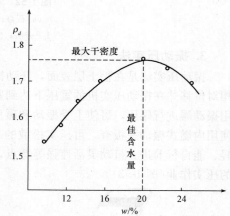

图 1-55 填土密实度与含水量的关系

表 1-8 土的最佳含水量和最大干密度参考表

项次	土的种类	变动范围		项次	土的种类	变动范围	
		最佳含水量/% （质量比）	最大干密度 /(g·cm^{-3})			最佳含水/% （质量比）	最大干密度 /(g·cm^{-3})
1	砂土	8～12	1.80～1.88	3	粉质黏土	12～15	1.85～1.95
2	黏土	19～23	1.58～1.70	4	粉土	16～22	1.61～1.80

3. 铺土厚度的影响

当土层表面受到较大的夯压作用时，由于土层的应力扩散，会使得压实应力随深度增加而快速减小（图1-56）。因此，只有在一定深度内土体才能被有效压实，该有效压实深度与压实机械、土的性质和含水量等有关。铺土厚度应小于压实机械的作用深度，但其中还有最优土层厚度问题，铺得过厚，要压很多遍才能达到规定的密实度；铺得过薄，则容易起皮且影响施工进度，费工费时。最优的铺土厚度应能使土方压实而机械的功耗费最少，可按照表1-9选用。在表中规定压实遍数范围中，轻型压实机械取大值，重型压实机械取小值。

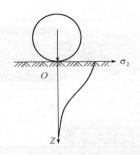

图 1-56　压实作用沿深度的变化

表 1-9　填方每层的铺土厚度和压实遍数

压实机具	分层铺土厚度/mm	每层压实遍数	压实机具	分层铺土厚度/mm	每层压实遍数
平碾	250～300	6～8	柴油打夯机	200～250	3～4
振动压实机	250～350	3～4	人工打夯	<200	3～4

上述三个方面的因素之间是互相影响的。为了保证压实质量，提高压实机械的生产率，重要工程应根据土质和所选用的压实机械在施工现场进行压实试验，以确定达到规定密实度所需的压实遍数、铺土厚度及最优含水量。

1.6.4　填土的质量检验

填土必须具有一定的密实度，以避免建筑物的不均匀沉陷。填土密实度以设计规定的控制干密度 ρ_d 作为检查标准。土的控制干密度与最大干密度之比称为压实系数 λ_c，即 $\lambda_c = \dfrac{\rho_d}{\rho_{dmax}}$。利用填土作为地基时，设计规划规定了各种结构类型、各种填土部位的压实系数值。如砖石承重结构和框架结构在地基的主要持力范围内的填土压实系数 λ_c 应大于 0.96，而在地基主要持力范围以下，则为 0.93～0.96。

击实试验

土的最大密度 ρ_{dmax} 一般在实验室由击实试验确定。土的最大干密度 ρ_{dmax} 乘以规范规定的压实系数，即可计算出填土控制干密度 ρ_d 的值。在填土施工时，土的实际干密度大于或等于 ρ_d 时，则符合质量要求。土的实际干密度可用"环刀法"测定。其取样组数为：基坑回填每 20～50 m² 取样一组；基槽管沟回填每层按长度 20～50 m 取样一组；室内填土每层按 100～500 m² 取样一组；场地平整填土每层按 400～900 m² 取样一组，取样部位应在每层压实后的下半部分。试样取出后称出土的天然密度并测出含水量，然后用式(1-22)计算土的实际干密度 ρ_d：

$$\rho_d = \dfrac{\rho}{1+0.01\omega} \ (\text{g/cm}^3) \tag{1-22}$$

式中　ρ——土的天然密度（g/cm³）；
　　　ω——土的天然含水量（%）。

第二课堂

1. 实地考察一个建筑工地的填土压实方法和检验方法。
2. 查阅资料，视频学习击实试验测定土的最大干密度。

环刀取样

项目 2　地基处理与基础工程施工

项目描述

地基处理是针对软弱地基为提高地基承载力、改善其变形性质或渗透性质而采取的人工处理地基的方法。常见的地基处理方法有灰土地基、砂和砂石地基、土工合成材料地基、粉煤灰地基、强夯地基、注浆地基、预压地基、水泥土搅拌桩复合地基、高压喷射注浆桩复合地基、砂桩地基、振冲桩复合地基、土和灰土挤密桩复合地基、水泥粉煤灰碎石桩复合地基及夯实水泥土桩复合地基。

基础工程施工主要介绍工程中常见的浅基础施工和深基础—桩基础施工。浅基础的施工包括无筋扩展基础、扩展基础、条形基础、筏形基础和箱形基础施工；桩基础施工主要介绍预制桩和灌注桩施工工艺、桩基工程质量检验和桩基础检测相关知识。

教学目标

任务	权重	知识目标	能力目标
1. 地基处理	30%	理解地基处理的概念与分类 掌握常见的地基处理的施工工艺	能编写地基处理施工技术交底 能编写地基处理施工方案 能根据《建筑地基基础工程施工质量验收规范》进行质量检验
2. 浅基础施工	20%	熟悉浅基础工程的分类 掌握浅基础工程的施工工艺	能编写浅基础施工技术交底 能编写浅基础施工方案 能根据《建筑地基基础工程施工质量验收规范》(GB 50202)进行浅基础质量检验
3. 桩基础施工	50%	理解桩基础的分类 掌握预制桩的施工工艺 掌握钻孔灌注桩的施工工艺 熟悉桩基工程质量检验及桩基工程检测	能编写桩基础工程施工技术交底 能编写桩基础施工方案 能根据《建筑地基基础工程施工质量验收规范》(GB 50202)进行桩基础质量检验

任务 2.1　地基处理

任务描述

本任务要求依据《建筑地基基础工程施工规范》(GB 51004)、《建筑地基基础工程施工质量验收规范》(GB 50202)规范要求，编写宿舍楼工程的地基处理施工技术交底。

任务分析

编写地基处理施工技术交底是从事施工管理的基础工作，必须熟练掌握。首先要分析在建工程的特点和现有的技术力量，然后制定具体、实用、可行的交底。本方案在编写时需要写明施工所用材料、主要机具、作业条件、操作工艺流程、质量标准及成品保护措施等内容，操作工艺流程要详细写明每一个过程怎么做，做到什么程度，这是重点内容。

知识课堂

地基是指建筑物下面支承基础的土体或岩体。地基的主要作用是承托建筑物的上部荷载；地基虽不是建筑物本身的一部分，但与建筑物的关系非常密切。它对保证建筑物的坚固耐久具有非常重要的作用。

地基处理

地基有天然地基和人工地基两类。天然地基是指不需要对地基进行处理就可以直接放置基础的天然土层；人工地基是指天然土层的土质过于软弱或有不良的地质条件，需要人工加固处理后才能修建的地基。地基处理即为提高地基承载力，改善其变形性质或渗透性质而采取的人工处理地基的方法。

地基处理施工规范一般要求如下：

(1)施工前应测量和复核天然地基平面位置、水平标高和边坡坡度。

(2)施工前应调查掌握邻近建(构)筑物及管线资料，根据影响情况预先采取相应保护措施。

(3)地基施工时应及时排除积水，不得在浸水条件下施工。

(4)基底标高不同时，宜按先深后浅的顺序进行施工。

(5)施工过程中应采取减少基底土体扰动的保护措施。当使用机械挖土时，基底以上200～300 mm厚土层应采用人工挖除。

(6)地基施工时，应考虑挖方、填方等对山(边)坡稳定的影响。

(7)建筑地基应进行施工验槽，并形成验收记录。

(8)地基施工完毕且验收合格后，应及时进行基础施工与基坑回填。

2.1.1　素土、灰土地基

素土、灰土地基是将基础底面以下一定范围内的软弱土挖去，用素土或按一定体积配合比的灰土在最佳含水量情况下分层回填夯实(或压实)，灰土垫层的材料为石灰和土，石灰和土的体积比一般为3∶7或2∶8。灰土垫层的强度是随用灰量的增大而提高的，当用灰量超过一定值时，其强度增加很小。素土或灰土地基的施工工艺简单，费用较低，是一种应用广泛、经济、实用的地基加固方法。其适用于加固处理 1～3 m 厚的软弱土层(图 2-1、图 2-2)。

图 2-1 素土

图 2-2 灰土

1. 材料要求

(1)素土地基土料可采用黏土或粉质黏土，有机物含量不应超过 5%，不应含有冻土或膨胀土，严禁采用地表耕植土、淤泥及淤泥质土、杂填土等土料。

(2)灰土地基的土料采用粉质黏土，有机物含量不应超过 5%，其颗粒不得大于 15 mm；石灰宜采用新鲜的消石灰，其颗粒不得大于 5 mm，且不应含有未熟化的生石灰块粒；灰土的体积配合比宜为 2∶8 或 3∶7，灰土应搅拌均匀。

(3)素土、灰土地基土料的施工含水量宜控制在最佳含水量 $w_{op}\pm 2\%$ 的范围内，最佳含水量可通过击实试验确定，也可按当地经验取用。

2. 施工要点

(1)素土、灰土地基的施工方法、分层铺填厚度、每层压实遍数等宜通过试验确定，分层铺填厚度宜取 200～300 mm，软弱下卧层的地基底部宜加厚。

(2)素土、灰土换填地基宜分段施工，分段的接缝不应在柱基、墙角及窗间墙下位置，上、下相邻两层的缝距不应小于 500 mm，接缝处宜增加压实遍数。

(3)基底存在洞穴、暗浜(塘)等软硬不均的部位时，应根据设计要求进行处理。

(4)素土、灰土地基的施工检测应符合下列下要求：

1)素土、灰土地基的施工质量检测应分层进行，在每层压实系数符合设计要求后方可铺填上层土。

2)素土、灰土地基的施工质量检验可采用环刀法、贯入仪、静力触探、轻型动力触探或标准贯入试验等方法(图 2-3、图 2-4)。

图 2-3 环刀

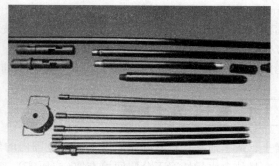

图 2-4 贯入仪

3）采用环刀法检测时，取样点应位于每层厚度的 2/3 深度处。检验点数量，对筏形与箱形基础的地基每 50～100 m² 不应少于 1 个点；对条形基础的地基每 10～20 m 不应少于 1 个点；每个独立基础不应少于 1 个点。

4）采用贯入仪或动力触探检验施工质量时，每分层检验点的间距应小于 4 m。使用贯入测定法检验前先将垫层表面的砂刮去 30 mm 左右，再用贯入仪、钢筋或钢叉等以贯入度大小来定性地检验砂垫层的质量，以不大于通过相关试验所确定的贯入度为合格。钢筋贯入法所用的钢筋的直径为 Φ20，长为 1.25 m，垂直距离砂垫层表面 700 mm 时自由下落，测其贯入深度。

3. 施工质量检验

质量检验宜用环刀取样，测定其干密度（图 2-5、图 2-6）。质量标准可按压实系数 λ_c 鉴定，一般为 0.93～0.95，如用贯入仪检查灰土质量，应先在现场进行试验，以确定贯入度的具体要求。压实系数为土的控制干密度 ρ_d 与最大干密度 ρ_{dmax} 的比值。土的最大干密度宜采用击实试验确定，或按现行国家标准《建筑地基基础设计规范》（GB 50007）的有关规定计算，土的控制干密度可根据当地经验确定。

图 2-5 填土压实

图 2-6 环刀取样

2.1.2 强夯地基

利用重锤自由下落时的冲击能夯实浅层填土地基，使表面形成一层较为均匀的硬层来承受上部荷载。强夯法适用于处理碎石土、砂土、低饱和度的粉土与黏性土、湿陷性黄土、素填土和杂填土等地基。施工前应在现场选取有代表性的场地进行试夯。试夯区在不同工程地质单元不应少于 1 处，面积不应小于 20 m×20 m。强夯施工区周围存在对振动敏感或有特殊要求的建（构）筑物和地下管线时，应采取开挖防振沟、设置应力释放孔等减振隔振措施（图 2-7）。

强夯地基

图 2-7 强夯机械

1. 材料要求

（1）柴油、机油、齿轮油、液压油、钢丝绳、电焊条均应符合主机使用要求。

（2）回填土料：应选用不含有机质、含水量较小的黏质粉土、粉土或粉质黏土。

2. 主要机具

（1）起重机：应根据设计要求的强夯能级，选用带有自动脱钩装置、与夯锤质量匹配的履带式起重机或其他专用设备，高能级强夯时宜采取防机架倾覆措施。

（2）夯锤：夯锤底面宜为圆形，锤底宜均匀设置 4～6 个孔径为 250～500 mm 的排气孔，强夯置换夯锤宜在周边设置排气槽。锤底静接地压力宜为 20～80 kPa，强夯置换锤宜为 100～300 kPa。

（3）自动脱钩装置：应具有足够的强度和耐久性，且施工灵活、易于操作。

3. 作业条件

（1）施工场地要做到"三通一平"，场地的地上电线、地下管网和其他障碍物应得到清理或妥善安置；施工用的临时设施应准备就绪。

（2）施工现场周围的建（构）筑物（含文物保护建筑）、古树、名木和地下管线应得到可靠的保护。当强夯能量有可能对邻近建筑物产生影响时，应在施工区边界开挖隔震沟。隔震沟规模应根据影响程度确定。

（3）应具备详细的岩土工程地质及水文地质勘察资料，拟建建筑物平面位置图、基础平面图、剖面图，强夯地基处理施工图及工程施工组织设计。

（4）施工放线：依据甲方提供的建筑物控制点坐标、水准点高程与书面资料，进行施工放线、放点，放线应将强夯处理范围用白灰线画出来，对建筑物控制点埋设木桩。将施工测量控制点引至不受施工影响的稳固地点。必要时，对建筑物控制点坐标和水准点高程进行检测，要求使用的测量仪器经过检定合格。

（5）设备安装及调试：起吊设备进场后应及时安装及调试，保证吊车行走运转正常；起吊滑轮组与钢丝绳连接紧固，安全可靠，起吊挂钩锁定装置应牢固可靠，脱钩自由灵敏，与钢丝绳连接牢固；夯锤的质量、直径、高度应满足要求，夯锤挂钩与夯锤整体应连接牢固；施工用推土机应运转正常。

4. 操作工艺

（1）工艺流程：单点夯试验→施工参数确定→测高程、放点→起重机就位→测量夯前锤顶高程→点夯施工→填平夯坑并测量高程→第二遍点夯放点→第三遍点夯施工→满夯施工→施工参数确定。

（2）单点夯试验。

1）在施工场地附近或场地内，选择具有代表性的适当位置进行单点夯试验。试验点数量根据工程需要确定，一般不少于 2 点。

2）根据夯锤直径，用白灰画出试验点中心点位置及夯击圆界限。

3）在夯击试验点界限外两侧，以试验中心点为原点，对称等间距埋设标高施测基准桩，基准桩埋设在同一直线上，直线通过试验中心点，基准桩间距一般为 1 m，基准桩埋设数量视单点夯影响范围而定。

4）在远离试验点处（夯击影响区外）架设水准仪，进行各观测点的水准测量，并做记录。

5）平稳起吊夯锤至设计要求夯击高度，释放夯锤使之自由平稳落下。

6）用水准仪对基准桩及夯锤顶部进行水准高程测量，并做好试验记录。

7）重复以上 5）、6）两步骤至试验要求夯击次数。

(3)施工参数确定。

1)在完成各单点夯试验施工及检测后,综合分析施工检测数据,确定强夯施工参数,包括夯击高度、单点夯击次数、点夯施工遍数及满夯夯击能量、夯击次数、夯点搭接范围、满夯遍数等。

2)根据单点夯试验资料及强夯施工参数,对处理场地整体夯沉量进行估算。根据建筑设计基础埋深,计算确定需要回填土数量。

3)必要时,应通过强夯小区试验来确定强夯施工参数。

(4)测高程、放点。对强夯施工场地地面进行高程测量。根据第一遍点夯施工图,以夯击点中心为圆心,以夯锤直径为圆直径,用白灰画圆,分别画出每一个夯点。

(5)点夯施工。

1)夯击机械就位,提起夯锤离开地面,调整吊机使夯锤中心与夯击点中心一致,固定起吊机械。

2)提起夯锤至要求高度,释放夯锤使之平稳自由落下进行夯击。

3)用标尺测量夯锤顶面标高。

4)重复以上2)步骤,至要求夯击次数。

5)点夯夯击完成后,转移起吊机械与夯锤至下一夯击点,进行强夯施工。

6)第一遍点夯结束后,将夯击坑用回填土或用推土机把整个场地推平。

7)根据第二遍点夯施工图进行夯点施放,进行第二遍点夯施工。

8)按设计要求可进行三遍以上的点夯施工。

(6)满夯施工。

1)在点夯施工全部结束,平整场地并测量场地水准高程后,可进行满夯施工。

2)满夯施工应根据满夯施工图进行并遵循由点到线、由线到面的原则。

3)按设计要求的夯击能量,夯击次数、遍数及夯坑搭接方式进行满夯施工。

(7)施工间隔时间控制。不同遍数施工之间需要控制的施工间隔时间应根据地质条件、地下水条件、气候条件等因素由设计人员提出,一般宜为3~7 d。

5. 冬、雨期施工

(1)雨期施工,应做好气象信息收集工作;夯坑应及时回填夯平,避免坑内积水渗入地下影响强夯效果;夯坑内一旦积水,应及时排出;场地因降水浸泡,应增加消散期,严重时,应采用换土再夯等措施。

(2)冬期施工,当表层冻土较薄时,施工可不予考虑,当冻土较厚时首先应将冻土击碎或将冻层挖除,然后再按各点规定的夯击数施工,在第一遍及第二遍夯完整平后宜在5 d后进行下一遍施工。

6. 质量标准

(1)施工前应检查夯锤的质量、尺寸,落距控制手段,排水设施及被夯地基的土质。

(2)施工中应检查落距、夯击遍数、夯点位置、夯击范围。

(3)施工结束后,检查被夯地基的强度并进行承载力检验。

(4)强夯地基质量检验标准应符合表2-1的规定。

表2-1 施工过程质量控制标准

序号	检查项目	允许偏差或允许值		检测方法
1	夯锤落距	mm	±300	钢尺量,钢索设标志

续表

序号	检查项目	允许偏差或允许值		检测方法
1	夯锤定位	mm	±150	钢尺量
2	锤重	kg	±100	称重
3	夯击遍数及顺序	设计要求		计数法
4	夯点定位	mm	±500	钢尺量
	满夯后场地平整度	mm	±100	水准仪
5	夯击范围(超出基础宽度)	设计要求		钢尺量
6	间歇时间	设计要求		—
7	夯击击数	设计要求		计数法
8	最后两击平均夯沉量	设计要求		水准仪

7. 成品保护

(1)施工过程中避免夯坑内积水,一旦积水要及时排除,必要时换土再夯,避免"橡皮土"出现。

(2)两遍点夯之间的时间间隔要依据地层情况等因素确定,对碎石土、砂土地基可间隔短些,可为1~3 d,粉土和黏性土地基可为5~7 d。

(3)强夯处理后地基竣工验收承载力检验,应在施工结束后间隔一定时间方能进行,对于碎石土和砂土地基,可取7~14 d,粉土和黏性土地基可取14~28 d。

8. 注意的问题

(1)强夯施工前,应在施工现场有代表性的场地上选取一个或几个试验区,进行试夯或试验性施工。试验区数量应根据建筑场地复杂程度、建筑规模及建筑类型确定。

(2)在起夯时,吊车正前方、吊臂下和夯锤下严禁站人,需要整平夯坑内土方时,要先将夯锤吊离并放在坑外地面后方可下人。

(3)施工人员进入现场要戴安全帽,夯击时要离开夯坑10 m以上距离。

(4)六级以上大风天气,雨、雾、雪、风沙扬尘等能见度低时暂停施工。

(5)施工时要根据地下水径流排泄方向,从上水头向下水头方向施工,以利于地下水、土层中水分的排出。

(6)严格遵守强夯施工程序及要求,做到夯锤升降平衡,对准夯坑,避免歪夯,禁止错位夯击施工,发现歪夯,应立即采取措施纠正。

(7)夯锤的通气孔在施工时保持畅通,如被堵塞,应立即疏通,以防产生"气垫"效应,影响强夯施工质量。

(8)加强对夯锤、脱钩器、吊车臂杆和起重索具的检查。

(9)对不均匀场地,只控制夯击次数不能保证加固效果,应同时控制夯沉量。地下水水位高时可采用降水等其他措施。

(10)强夯施工结束后质量检测的间隔时间:砂性土地基不宜少于7 d,粉性土地基不宜少于14 d,黏性土地基不宜少于28 d。

(11)强夯置换和降水联合低能级强夯地基质量检测的间隔时间不宜少于28 d。

2.1.3 灰土挤密桩

灰土挤密桩是利用锤击将钢管打入土中侧向挤密成孔,将管拔出后,在桩孔中分层回填石灰和土的体积比为2∶8或3∶7的灰土夯实而成,与桩间土共同组成复合地基以承受上部荷载。

1. 特点及适用范围

灰土挤密桩与其他地基处理方法比较,有以下特点:灰土挤密桩成桩时为横向挤密,可同样达到所要求加密处理后的最大干密度指标,可消除地基土的湿陷性,提高承载力,降低压缩性;与换土垫层相比,不需大量开挖回填,可节省土方开挖和回填土方工程量,工期可缩短50%以上;处理深度较大,可达12~15 m;可就地取材,应用廉价材料,降低工程造价2/3;机具简单,施工方便,工效高。其适用于加固地下水水位以上、天然含水量为12%~25%、厚度为5~15 m的新填土、杂填土、湿陷性黄土以及含水率较大的软弱地基。当地基土含水量大于23%及其饱和度大于0.65时,打管成孔质量不好,且易对邻近已回填的桩体造成破坏,拔管后容易缩颈,遇此情况不宜采用灰土挤密桩。灰土强度较高,桩身强度大于周围地基土,可以分担较大部分荷载,使桩间土承受的应力减小,而到深度2~4 m以下则与土桩地基相似。一般情况下,如为了消除地基湿陷性或提高地基的承载力或水稳性,降低压缩性,宜选用灰土挤密桩(图2-8)。

图2-8 灰土挤密桩成孔

2. 桩的构造和布置

(1)桩孔直径。桩孔直径根据工程量、挤密效果、施工设备、成孔方法及经济情况等而定,一般选用300~600 mm。

(2)桩长。桩长根据土质情况、桩处理地基的深度、工程要求和成孔设备等因素确定,一般为5~15 m。

(3)桩距和排距。桩孔一般按等边三角形布置,其间距和排距由设计确定。

(4)处理宽度。处理地基的宽度一般大于基础的宽度,由设计确定。

(5)地基的承载力和压缩模量。灰土挤密桩处理地基的承载力标准值,应由设计通过原位测试或结合当地经验确定。灰土挤密桩地基的压缩模量应通过试验或结合本地经验确定。

3. 机具设备及材料要求

(1)成孔设备。成孔设备一般采用0.6 t或1.2 t柴油打桩机或自制锤击式打桩机,也可采用冲击钻机或洛阳铲成孔。

(2)夯实机具。常用夯实机具有偏心轮夹杆式夯实机和卷扬机提升式夯实机两种。后者在工程中应用较多。夯锤用铸钢制成,质量一般选用100~300 kg,其竖向投影面积的静压力不小于20 kPa。夯锤最大部分的直径应较桩孔直径小100~150 mm,以便填料顺利通过夯锤四周。夯锤形状下端应为抛物线形锥体或尖锥形锥体,上段成弧形。

(3)桩孔内的填料。桩孔内的填料应根据工程要求或处理地基的目的确定。土料、石灰质量要求和工艺要求、含水量控制等同灰土垫层。夯实质量应用压实系数λ_c控制,λ_c应不小于0.97。

4. 施工工艺方法要点

(1)工艺流程。夯实→清底夯实→桩孔夯填土→桩成孔→基坑开挖。

(2)方法要点。

1)施工前应在现场进行成孔、夯填工艺和挤密效果试验,以确定分层填料厚度、夯击次数和夯实后干密度等要求。

2)桩施工一般先将基坑挖好,预留20~30 cm土层,然后在坑内施工灰土桩。桩的成孔方法可根据现场机具条件选用沉管(振动、锤击)法、爆扩法、冲击法或洛阳铲成孔法等。沉管法是用打桩机将与桩孔同直径的钢管打入土中,使土向孔的周围挤密,然后缓慢拔管成孔。桩管顶设桩帽,下端做成锥形约成60°角,桩尖可以上下活动,以利空气流动,可减少拔管时的阻力,避免坍孔。成孔后应及时拔出桩管,不应在土中搁置时间过长。成孔施工时,地基土宜接近最优含水量,当含水量低于12%时,宜加水增湿至最佳含水量。由于本法简单易行,孔壁光滑平整,挤密效果好,故应用最为广泛。但处理深度受桩架限制,一般不超过8 m。爆扩法是用钢钎打入土中形成直径为25~40 mm的孔或用洛阳铲打成直径为60~80 mm的孔,然后在孔中装入条形炸药卷和2~3个雷管,爆扩成直径20~45 cm。本法工艺简单,但孔径不易控制。冲击法是使用冲击钻钻孔,将0.6~2.2 t重锥形锤头提升0.5~2.0 m高后落下,反复冲击成孔,用泥浆护壁,直径可达50~60 cm,深度可达15 m以上,适用于处理湿陷性较大的土层。

3)桩施工顺序应先外排后里排,同排内应间隔1~2孔进行;对大型工程可采取分段施工,以免因振动挤压造成相邻孔缩孔或坍孔。成孔后应清底夯实、夯平,夯实次数不少于8击,并立即夯填灰土。

4)桩孔应分层回填夯实,每次回填厚度为250~400 mm,人工夯实用重25 kg、带长柄的混凝土锤,机械夯实用偏心轮夹杆或夯实机或卷扬机提升式夯实机,或链条传动摩擦轮提升连续式夯实机,一般落锤高度不小于2 m,每层夯实不少于10锤。施打时,逐层以量斗定量向孔内下料,逐层夯实。当采用连续夯实机时,则将灰土用铁锹不间断地下料,每下两锹夯两击,均匀地向桩孔下料、夯实。桩顶应高出设计标高15 cm,挖土时将高出部分铲除。当孔底有地下水流入时,可采用井点降水后再回填填料或向桩孔内填入一定数量的干砖渣和石灰,经夯实后再分层填入填料。

5. 质量控制

(1)施工前应对土及灰土的质量、桩孔放样位置等进行检查。
(2)施工中应对桩孔直径、桩孔深度、夯击次数、填料的含水量等进行检查。
(3)施工结束后应对成桩的质量及地基承载力进行检验。
(4)灰土挤密桩地基质量检验标准如下:
1)主控项目:桩体及桩间土干密度、桩长、地基承载力、桩径。
2)一般项目:土料有机质含量、石灰粒径、桩位偏差、垂直度、桩径。

2.1.4 水泥土搅拌桩地基

1. 水泥土搅拌法

水泥土搅拌桩地基是用于加固饱和黏性土地基的一种新方法。它是利用水泥(或石灰)等材料作为固化剂,通过特制的搅拌机械,在地基深处就地将软土和固化剂(浆液或粉体)强制搅拌,由固化剂和软土之间所产生的一系列物理化学反应,使软土硬结成具有整体性、水稳定性和一定强度的水泥加固土,从而提高地基强度和增大变形模量(图2-9)。根据施工方法的不同,水泥土搅拌法可分为水泥浆搅拌和粉体喷射搅拌两种。前者是用水泥浆和地基土搅拌;后者是用水泥粉或石灰粉和地基土搅拌。

水泥土搅拌法可分为深层搅拌法(以下简称湿法)和粉体喷搅法(以下简称干法)。水泥土搅拌法适用于处理正常固结的淤泥与淤泥质土、粉土、饱和黄土、素填土、黏性土以及无流动地下水的饱和松散砂土等地基。当地基土的天然含水量小于30%(黄土含水量小于25%)、大于70%或地下水的pH值小于4时不宜采用干法。冬期施工时,应注意负温对处理效果的影响。湿

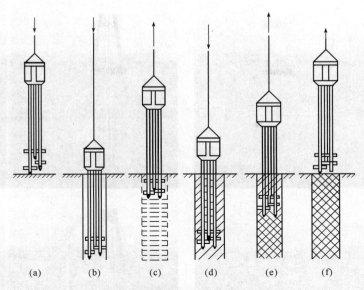

图 2-9 水泥土搅拌法
(a)定位下沉；(b)沉入到底部；(c)喷浆搅拌上升；
(d)重复搅拌下沉；(e)重复搅拌上升；(f)成桩完毕

法的加固深度不宜大于 20 m；干法不宜大于 15 m。水泥土搅拌桩的桩径不应小于 500 mm。

水泥土搅拌桩施工前应根据设计进行工艺性试桩，数量不得少于 2 根。当桩周为成层土时，应对相对软弱土层增加搅拌次数或增加水泥掺量。

搅拌头翼片的枚数、宽度、与搅拌轴的垂直夹角、搅拌头的回转数、提升速度应相互匹配，以确保加固深度范围内土体的任何一点均能经过 20 次以上的搅拌。

竖向承载搅拌桩施工时，停浆（灰）面应高于桩顶设计标高 300～500 mm。在开挖基坑时，应将搅拌桩顶端施工质量较差的桩段用人工挖除。

施工中应保持搅拌桩机底盘的水平和导向架的竖直，搅拌桩的垂直偏差不得超过 1%；桩位的偏差不得大于 50 mm；成桩直径和桩长不得小于设计值。

水泥土搅拌法的施工步骤由于湿法和干法的施工设备不同而略有差异（图 2-10）。其主要步骤如下：

(1)搅拌机械就位，调平；
(2)预搅下沉至设计加固深度；
(3)边喷浆（粉）、边搅拌提升直至预定的停浆（灰）面；
(4)重复搅拌下沉至设计加固深度；
(5)根据设计要求，喷浆（粉）或仅搅拌提升直至预定的停浆（灰）面；
(6)关闭搅拌机械。在预（复）搅下沉时，也可采用喷浆（粉）的施工工艺，但必须确保桩长上下至少再重复搅拌一次。

2. 水泥浆搅拌法

施工中应注意以下事项：

(1)现场场地应予平整，必须清除地上和地下一切障碍物。对明浜、暗塘及场地低洼处应抽水和清淤，分层夯实，回填黏性土料，不得回填杂土或生活垃圾。开机前必须调试，检查桩机运转和输浆管畅通情况。

(2)根据实际施工经验，水泥土搅拌法在施工到顶端 0.3～0.5 m 范围时，上覆压力较小，

图 2-10 水泥土搅拌法的施工步骤
(a)搅拌机对位下钻；(b)下钻到预定深度；(c)注浆提升搅拌；(d)提升结束桩体形成

搅拌质量较差，因此，其场地整平标高应比设计确定的基底标高再高出 0.3~0.5 m，桩制作时仍施工到地面，待开挖基坑时，再将上部 0.3~0.5 m 的桩身质量较差的桩段挖去。而对于基础埋深较大时，取下限；反之，则取上限。

(3)搅拌桩垂直度偏差不得超过 1%，桩位布置偏差不得大于 50 mm，桩径偏差不得大于 4%。

(4)施工前应确定搅拌机械的灰浆泵输浆量、灰浆经输浆管到达搅拌机喷浆口的时间和起吊设备提升速度等施工参数；并根据设计要求通过成桩试验，确定搅拌桩的配合比等各项参数和施工工艺。宜用流量泵控制输浆速度，使注浆泵出口压力保持在 0.4~0.6 MPa，并应使搅拌提升速度与输浆速度同步。

(5)制备好的浆液不得离析，泵送必须连续。拌制浆液的罐数、固化剂和外掺剂的用量以及泵送浆液的时间等应有专人记录。

(6)为保证桩端施工质量，当浆液达到出浆口后，应喷浆座底 30 s，使浆液完全到达桩端。特别是当设计中考虑桩端承载力时，该点尤为重要。

(7)预搅下沉时不宜冲水，当遇到较硬土层下沉太慢时，方可适量冲水，但应考虑冲水成桩对桩身强度的影响。

(8)可通过复喷的方法达到桩身强度为变参数的目的。搅拌次数以 1 次喷浆 2 次搅拌或 2 次喷浆 3 次搅拌为宜，且最后 1 次提升搅拌宜采用慢速提升。当喷浆口到达桩顶标高时，宜停止提升，搅拌数秒，以保证桩头的均匀密实。

(9)施工时因故停浆,宜将搅拌机下沉至停浆点以下 0.5 m,待恢复供浆时再喷浆提升。若停机超过 3 h,为防止浆液硬结堵管,宜先拆卸输浆管路,妥为清洗。

(10)壁状加固时,桩与桩的搭接时间不应大于 24 h,如因特殊原因超过上述时间,应对最后一根桩先进行空钻留出榫头以待下一批桩搭接,若间歇时间太长(如停电等),与第二根无法搭接,应在设计和建设单位认可后,采取局部补桩或注浆措施。

(11)搅拌机凝浆提升的速度和次数必须符合施工工艺的要求,应有专人记录搅拌机每米下沉和提升的时间。深度记录误差不得大于 100 mm,时间记录误差不得大于 5 s。

(12)现场实践表明,当水泥土搅拌桩作为承重桩进行基坑开挖时,桩顶和桩身已有一定的强度,若用机械开挖基坑,往往容易碰撞损坏桩顶,因此,基底标高以上 0.3 m 宜采用人工开挖,以保护桩头质量。这点对保证处理效果尤为重要,应引起足够的重视。

3. 粉体喷射搅拌法

施工中须注意以下事项:

(1)喷粉施工前应仔细检查搅拌机械、供粉泵、送气(粉)管路、接头和阀门的密封性、可靠性。送气(粉)管路的长度不宜大于 60 m。

(2)喷粉施工机械必须配置经国家计量部门确认的、能瞬时检测并记录出粉量的粉体计量装置及搅拌深度自动记录仪。

(3)搅拌头每旋转一周,其提升高度不得超过 16 mm。

(4)施工机械、电气设备、仪表仪器及机具等,在确认完好后方准使用。

(5)在建筑物旧址或回填地区施工时,应预先进行桩位探测,并清除已探明的障碍物。

(6)桩体施工中,若发现钻机有不正常振动、晃动、倾斜、移位等现象,应立即停钻检查。必要时应提钻重打。

(7)施工中应随时注意喷粉机、空压机的运转情况,压力表的显示变化,送灰情况。当送灰过程中出现压力连续上升、发送器负载过大、送灰管或阀门在轴具提升中途堵塞等异常情况,应立即判明原因,停止提升,原地搅拌。为保证成桩质量,必要时应予复打。堵管的原因除漏气外,主要是水泥结块。施工时不允许用已结块的水泥,并要求管道系统保持干燥状态。

(8)在送灰过程中如发现压力突然下降、灰罐加不上压力等异常情况,应停止提升,原地搅拌,及时判明原因。若为灰罐内水泥粉体已喷完或容器、管道漏气所致,应将钻具下沉到一定深度后,重新加灰复打,以保证成桩质量。有经验的施工监理人员往往从高压送粉胶管的颤动情况来判明送粉的正常与否。检查故障时,应尽可能不停止送风。

(9)设计上要求搭接的桩体,须连续施工,一般相邻桩的施工间隔时间不超过 8 h。若因停电、机械故障而超过允许时间,应征得设计部门同意,采取适宜的补救措施。

(10)在 SP-1 型粉体发送器中有一个气水分离器,用于收集因压缩空气膨胀而降温所产生的凝结水。施工时应经常排除气水分离器中的积水,防止因水分进入钻杆而堵塞送粉通道。

(11)喷粉时灰罐内的气压比管道内的气压高 0.02~0.05 MPa 以确保正常送粉。

(12)对地下水水位较深、基底标高较高的场地,或喷灰量较大、停灰面较高的场地,施工时应加水或施工区及时地面加水,以使桩头部分水泥充分水解水化反应,以防桩头呈疏松状态。

4. 质量检验

水泥土搅拌桩的质量控制应贯穿在施工的全过程,并应坚持全程的施工监理。施工过程中必须随时检查施工记录和计量记录,并对照规定的施工工艺对每根桩进行质量评定。检查重点是:水泥用量、桩长、搅拌头转数和提升速度、复搅次数和复搅深度、停浆处理方法等。

水泥土搅拌桩的施工质量检验可采用以下方法:

(1)成桩 7 d 后,采用浅部开挖桩头[深度宜超过停浆(灰)面下 0.5 m],目测检查搅拌的均匀性，量测成桩直径。检查量为总桩数的5%。

(2)成桩后3 d内，可用轻型动力触探(N10)检查每米桩身的均匀性。检验数量为施工总桩数的1%，且不少于3根。

竖向承载水泥土搅拌桩地基竣工验收时，承载力检验应采用复合地基载荷试验和单桩载荷试验。

载荷试验必须在桩身强度满足试验荷载条件时，并宜在成桩28 d后进行。检验数量为桩总数的0.5%～1%，且每项单体工程不应少于3点。

经触探和载荷试验检验后对桩身质量有怀疑时，应在成桩28 d后，用双管单动取样器钻取芯样作抗压强度检验，检验数量为施工总桩数的0.5%，且不少于3根。

对相邻桩搭接要求严格的工程，应在成桩15 d后，选取数根桩进行开挖，检查搭接情况。

基槽开挖后，应检验桩位、桩数与桩顶质量，如不符合设计要求，应采取有效补强措施。

第二课堂

1. 查阅相关资料，编制素土、灰土地基施工交底。
2. 查阅相关资料，编制强夯地基施工方案。
3. 根据《建筑地基基础工程施工规范》(GB 51004)了解砂和砂石地基、土工合成材料地基、粉煤灰地基、注浆地基、预压地基、高压喷射注浆桩复合地基、砂桩地基、振冲桩复合地基、土和灰土挤密桩复合地基、水泥粉煤灰碎石桩复合地基及夯实水泥土桩复合地基。

任务 2.2　浅基础施工

任务描述

本任务要求依据《建筑地基基础工程施工规范》(GB 50104)、《建筑地基基础工程施工质量验收规范》(GB 50202)规范要求，编写浅基础施工技术交底。

任务分析

编写浅基础施工技术交底是施工管理的基础工作，必须熟练掌握。首先要分析宿舍楼的特点和现有的技术力量，然后制定具体、实用、可行的交底方案。本方案在编写时需要写明施工所用材料、主要机具、作业条件、操作工艺流程、质量标准及成品保护措施等内容，操作工艺流程要详细写明每一个过程怎么做，做到什么程度，这是重点内容。

知识课堂

天然地基上的基础，由于埋置深度不同，采用的施工方法、基础结构形式和设计计算方法也不尽相同，因而可分为浅基础和深基础两类。浅基础由于埋深浅，结构形式简单，施工方法简便，造价也较低，成为建筑物最常用的基础类型。浅基础常见的形式有无筋扩展基础(图2-11)、独立基础(图2-12、图2-13)、条形基础(图2-14)、筏形基础(图2-15)和箱形基础(图2-16)等。

浅基础施工

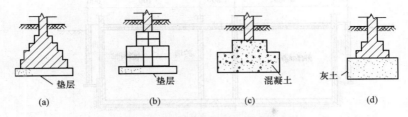

图 2-11 无筋扩展基础

(a)砖基础；(b)毛石基础；(c)混凝土或毛石混凝土基础；(d)灰土或三合土基础

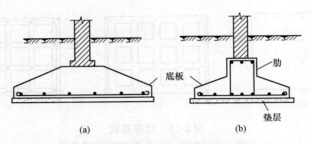

图 2-12 独立基础(墙下钢筋混凝土条形基础)

(a)无肋式；(b)有肋式

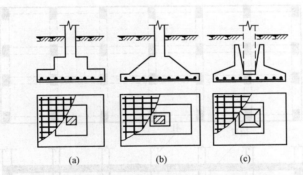

图 2-13 独立基础(柱下钢筋混凝土独立基础)

(a)阶梯形；(b)锥形；(c)杯口形

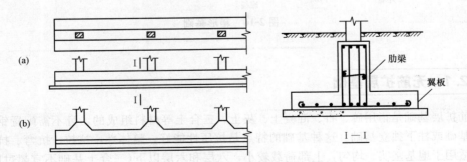

图 2-14 条形基础

(a)等截面形；(b)柱位处加腋形

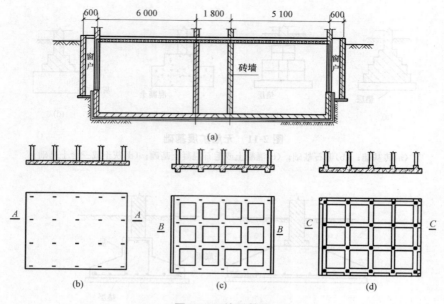

图 2-15 筏形基础
(a)墙下筏形基础；(b)平板式柱下筏形基础；
(c)下梁板式柱下筏形基础；(d)上梁板式柱下筏形基础

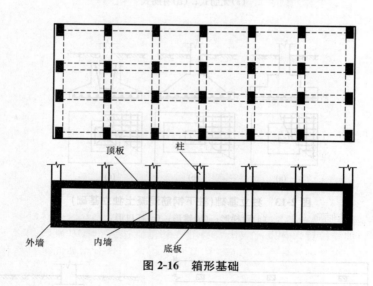

图 2-16 箱形基础

2.2.1 无筋扩展基础

无筋扩展基础是指用砖、石、混凝土、灰土、三合土等材料组成的，且不需配置钢筋的墙下条形基础或柱下独立基础。这种基础的特点是抗压性能好，整体性，抗拉、抗弯、抗剪性能差。它适用于地基坚实、均匀，上部荷载较小，六层和六层以下（三合土基础不宜超过四层）的一般民用建筑和墙承重的轻型厂房。

1. 刚性角的概念

基础是上部结构在地基中的放大部分，放大的尺寸超过一定范围，材料就会受到拉力和剪力作用，若内力超过基础材料本身的抗拉、抗剪能力，就会引起折裂破坏。各种材料具有各自的刚性角 α，如混凝土的刚性角为 $45°$，砖的刚性角为 $33.4°$ 等(图 2-17)。

2. 砖基础

用于基础的砖，其强度等级应在 MU7.5 以上，砂浆强度等级一般应不低于 M5。基础墙的下部要做成阶梯形，如图 2-18 所示。这种逐级放大的台阶形式习惯上称为大放脚，其具体砌法有"二皮一收"砌法和"二、一间隔收"砌法。

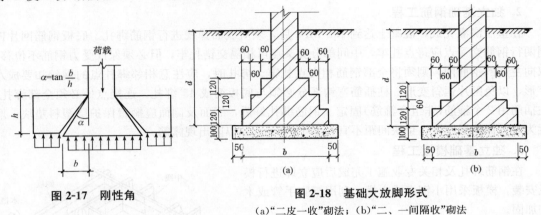

图 2-17　刚性角　　　　　图 2-18　基础大放脚形式

(a)"二皮一收"砌法；(b)"二、一间隔收"砌法

3. 混凝土基础

混凝土基础也称为素混凝土基础，其具有整体性好、强度高、耐水等优点。

4. 毛石基础

毛石基础采用不小于 M5 砂浆砌筑，其断面多为阶梯形。基础墙的顶部要比墙或柱身每侧各宽 100 mm 以上，基础墙的厚度和每个台阶的高度不应小于 400 mm，每个台阶挑出宽度不应大于 200 mm(图 2-19)。

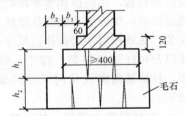

图 2-19　毛石基础

5. 无筋扩展基础施工

(1)施工工艺流程：基底土质验槽→施工垫层→在垫层上弹线抄平→基础施工。

(2)施工要点。基础施工前，应先行验槽并将地基表面的浮土及垃圾清除干净。在主要轴线部位设置引桩控制轴线位置，并以此放出墙身轴线和基础边线。在基础转角、交接及高低踏步处应预先立好皮数杆。当基础底标高不同时，应从低处砌起，并由高处向低处搭接。砖砌大放脚通常采用"一顺一丁"砌筑方式，最下一皮砖以丁砌为主。水平灰缝和竖向灰缝的厚度应控制在 10 mm 左右，砂浆饱满度不得小于 80%，错缝搭接，在丁字及十字接头处要隔皮砌通。

毛石基础砌筑时，第一皮石块应坐浆，并大面向下。砌体应分皮卧砌，上下错缝，内外搭接，按规定设置拉结石，不得采用先砌外边后填心的砌筑方法。阶梯处，上阶的石块应至少压下阶石块的 1/2。石块之间较大的空隙应填塞砂浆后用碎石嵌实，不得采用先砍碎石后灌浆或干填碎石的方法。基础砌筑完成验收合格后，应及时回填。回填土要在基础两侧同时进行，并分层夯实，压实系数应符合设计要求。

2.2.2　独立基础

独立基础一般可分为台阶形、锥台形等，是柱基础的主要形式。如采用

独立基础

装配式钢筋混凝土柱,在基础中应预留安放柱子的孔洞,将柱子放入孔洞后,周围应用细石混凝土浇筑。这种基础称为杯形基础。轴心受压柱下独立基础的底面形状常为正方形;而偏心受压柱下独立基础的底面形状一般为矩形。

1. 独立基础施工工艺

独立基础的操作流程一般为:清理→混凝土垫层→钢筋绑扎→相关专业施工→清理→支模板→清理→混凝土搅拌→混凝土浇筑→混凝土振捣→混凝土找平→混凝土养护→模板拆除。

2. 独立基础钢筋工程

在垫层浇灌完成,混凝土达到 1.2 MPa 后,须对表面弹线进行钢筋绑扎。底板钢筋网片四周两行钢筋交叉点应每点扎牢,中间部分交叉点可相隔交错扎牢,但必须保证受力钢筋不位移。双向主筋的钢筋网,则须将全部钢筋相交点扎牢。绑扎时,应注意相邻绑扎点的钢丝扣要成八字形,以免网片歪斜变形。柱插筋弯钩部分必须与底板筋成 45°绑扎,连接点处必须全部绑扎,柱插筋用 2 个箍筋(非组合箍筋)固定。钢筋绑扎好后,底面及侧面应搁置保护层塑料垫块,厚度为设计保护层厚度,垫块间距不宜大于 1 000 mm,以防出现露筋。

3. 独立基础模板工程

在钢筋绑扎及相关专业施工完成后应立即进行模板安装,模板采用小钢模或木模,利用钢脚手管或木方加固。

(1)阶梯形独立基础。根据图纸尺寸制作每一阶梯模板,支模顺序由下至上逐层向上安装,先安装底层阶梯模板,用斜撑和水平撑钉牢撑稳;核对模板墨线及标高,配合绑扎钢筋及垫块,再进行上一阶模板安装,重新核对墨线各部位尺寸,并将斜撑、水平支撑以及拉杆加以钉紧、撑牢,最后检查拉杆是否稳固,校核基础模板几何尺寸及轴线位置,如图 2-20 所示。

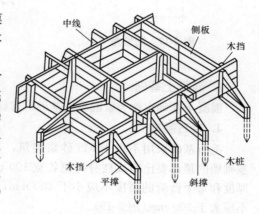

图 2-20 阶梯形独立基础模板

(2)杯形独立基础。杯形独立基础与阶梯形独立基础相似,不同的是增加一个中心杯芯模,杯口上大下小,斜度按工程设计要求制作,芯模安装前应钉成整体,轿杠钉于两侧,中心杯芯模完成后要全面校核中心轴线和标高,如图 2-21 所示。杯形基础应防止中心线不准、杯口模板位移、混凝土浇筑时芯模浮起、拆模时芯模拆不出的现象。

(3)独立基础混凝土工程。混凝土应分层连续进行,间歇时间不超过混凝土初凝时间,一般不超过 2 h,为保证钢筋位置正确,先浇一层 5~10 cm 厚混凝土固定钢筋。台阶形基础每一台阶高度

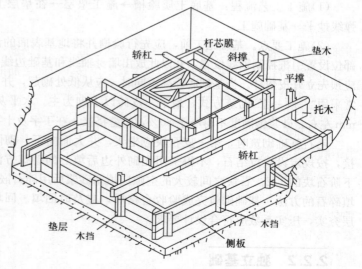

图 2-21 杯形独立基础

整体浇捣,每浇完一台阶停顿 0.5 h 待其下沉,再浇上一层。分层下料,每层厚度为振动棒的有效振动长度。防止由于下料过厚、振捣不实或漏振、吊帮的根部砂浆涌出等原因造成蜂窝、麻面或孔洞。

2.2.3 条形基础

条形基础是指基础长度远大于宽度和高度的基础形式,可分为墙下钢筋混凝土条形基础和柱下钢筋混凝土条形基础。柱下条形基础又可分为单向条形基础和十字交叉条形基础。条形基础必须有足够的刚度将柱子的荷载较均匀地分布到扩展的条形基础底面积上,并且调整可能产生的不均匀沉降。当单向条形基础底面积仍不足以承受上部结构荷载时,可以在纵、横两个方向将柱基础连成十字交叉条形基础,以增加房屋的整体性,减小基础的不均匀沉降(图 2-22)。

条形基础

图 2-22 条形基础

1. 条形基础施工工艺

条形基础的操作流程为:清理→混凝土垫层→清理→钢筋绑扎→支模板→相关专业施工→清理→混凝土搅拌→混凝土浇筑→混凝土振捣→混凝土找平→混凝土养护。

2. 条形基础钢筋工程

垫层浇灌完成达到一定强度后,须在其上弹线、支模、铺放钢筋网片。将上、下部垂直钢筋绑扎牢固,将钢筋弯钩朝上,底板钢筋网片四周两行钢筋交叉点应每点扎牢,中间部分交叉点可相隔交错扎牢,但必须保证受力钢筋不位移。双向主筋的钢筋网,则须将全部钢筋相交点扎牢。底部钢筋网片应用与混凝土保护层同厚度的水泥砂浆或塑料垫块垫塞,以保证位置正确。柱插筋除满足搭接要求外,应满足锚固长度的要求。

当基础高度在 900 mm 以内时,将插筋伸至基础底部的钢筋网上,并在端部做成直弯钩;当基础高度较大时,位于柱子四角的插筋应伸到基础底部,其余的钢筋只需伸至锚固长度即可。

3. 条形基础模板工程

侧板和端头板制成后,应先在基槽底弹出中心线、基础边线,再将侧板和端头板对准边线与中心线,用水平仪抄测校正侧板顶面水平,经检测无误后,用斜撑、水平撑及拉撑钉牢,如图 2-23 所示。条形基础要防止沿基础通长方向模板上口不直、宽度不够、下口陷入混凝土内,拆模时上段混凝土缺损、底部钉模不牢的现象。预防措施如下:

(1)模板应有足够的强度、刚度和稳定性,支模时垂直度要准确。

(2)模板上口应钉木带,以控制带形基础上口宽度,并通长拉线,保证上口平直。

(3)隔一定间距,将上段模板下口支承在钢筋支架上。

(4)支撑直接在土坑边时,下面应垫以木板,以扩大其承力面,两块模板长接头处应加拼条,使板面平整,连接牢固。

4. 条形基础混凝土工程

浇筑现浇柱下条形基础时,应注意柱子插筋位置的正确,防止造成位移和倾斜。在浇筑开始时,先满铺一层5~10 cm厚的混凝土,并捣实,使柱子插筋下段和钢筋网片的位置基本固定,然后对称浇筑。对于锥形基础,应注意保持锥体斜面坡度的正确,斜面部分的模板应随混凝土浇捣分段支设并顶压紧,以防模板上浮变形;边角处的混凝土必须捣实。严禁斜面部分不支模,用铁锹拍实。基础上部柱子后施工时,可在上部水平面留设施工缝。施工缝的处理应按有关规定执行。条形基础根据高度分段分层连续

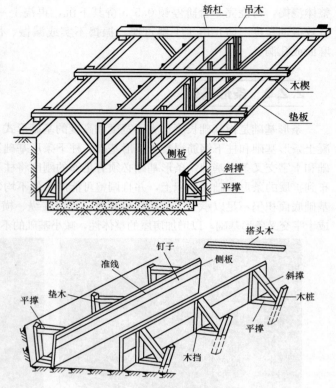

图2-23 条形基础支模示意

浇筑,不留设施工缝,各段各层之间应相互衔接,每段长为2~3 m,做到逐段逐层呈阶梯形推进。浇筑时先使混凝土充满模板内边角,然后浇筑中间部分,以保证混凝土密实。分层下料,每层厚度为振动棒的有效振动长度。防止由于下料过厚、振捣不实或漏振、吊帮的根部砂浆涌出等原因造成蜂窝、麻面或孔洞。

2.2.4 筏形基础

当地基特别软弱,上部荷载很大,用交梁基础将导致基础宽度较大而又相互接近时,可将基础底板连成一片而成为筏形基础。筏形基础也称满堂基础,采用钢筋混凝土浇筑而成。其可分为平板式和梁板式两种类型。

筏形基础

平板式筏形基础是在地基上做一块钢筋混凝土底板,柱子通过柱脚支承在底板上;当柱距较大、柱荷载相差也较大时,板内会产生比较大的弯矩,应在板上(或板下)沿柱轴线纵横向布置基础梁,形成梁板式筏形基础。梁板式筏形基础可分为下梁板式和上梁板式。下梁板式基础底板上面平整,可作建筑物底层地面。筏形基础比十字交叉条形基础具有更大的整体刚度,有利于调整地基的不均匀沉降,能适应上部结构荷载分布的变化。筏形基础的适用范围十分广泛,在多层建筑和高层建筑中都可以采用。

2.2.4.1 筏形基础工艺流程

1. 钢筋工程工艺流程

基础钢筋工艺流程:放线并预检→成型钢筋进场→排钢筋→焊接接头→绑扎→柱墙插筋定位→交接验收。

2. 模板工程工艺流程

(1)240 mm砖胎模：基础砖胎模放线→砌筑→抹灰。

(2)外墙及基坑：与钢筋交接验收→放线并预检→外墙及基坑模板支设→钢板止水带安装→交接验收。

3. 混凝土工程工艺流程

满堂红基础混凝土施工工艺流程：钢筋模板交接验收→顶标高抄测→混凝土搅拌→现场水平、垂直运输→分层振捣赶平抹压→覆盖养护。

2.2.4.2 筏形基础钢筋工程施工

1. 绑底板下层网片钢筋

根据在防水保护层弹好的钢筋位置线，先铺下层网片的长向钢筋，后铺下层网片上面的短向钢筋，钢筋接头应尽量采用焊接或机械连接，要求接头在同一截面相互错开50%，同一根钢筋尽量减少接头。在钢筋网片绑扎完后根据图纸设计依次绑扎局部加强筋。在绑扎钢筋网时，四周两行钢筋交叉点应每点扎牢，中间部分交叉点可相隔交错扎牢，但必须保证受力钢筋不位移。双向主筋的钢筋网，则须将全部钢筋相交点扎牢。绑扎时，应注意相邻绑扎点的钢丝扣要成八字形，以免网片歪斜变形(图2-24)。

图2-24 筏形基础

2. 绑扎地梁钢筋

在放平的梁下层水平主钢筋上，用粉笔画出箍筋间距。箍筋与主筋要垂直，箍筋转角与主筋交点均要绑扎，主筋与箍筋非转角部分的相交点成梅花交错绑扎。梁绑扎好后，根据已划好的梁位置线将梁与底板钢筋绑扎牢固。

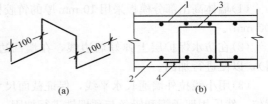

图2-25 钢筋撑脚
(a)钢筋撑脚；(b)撑脚位置

3. 绑扎底板上层网片钢筋

(1)铺设上层钢筋撑脚(铁马凳)：铁马凳 1—上层钢筋网；2—下层钢筋网；3—撑脚；4—水泥垫块

用剩余短料制作而成(图2-25)，铁马凳短向放置，间距为1.2~1.5 m。其直径选用：当板厚 $h \leqslant$ 30 cm时为8~10 mm；当板厚 $h=30~50$ cm时为12~14 mm；当板厚 $h>50$ cm时为16~18 mm。对于厚片筏板可以采用钢管临时支撑的方法，图2-26(a)所示为绑扎上部钢筋网片用的钢管支撑。在上部钢筋网片绑扎完毕后，需置换出水平钢管；为此另取一些垂直钢管通过直角扣件与上部钢筋网片的下层钢筋连接起来(该处需另用短钢筋段加强)，替换原支撑体系，如图2-26(b)所示。在混凝土浇筑过程中，逐步抽出垂直钢管。此时，上部荷载可由附近的钢管及上、下端均与钢筋网焊接的多个拉结筋来承受。由于混凝土不断浇筑与凝固，故拉结筋细长比减小，提高了承载力。

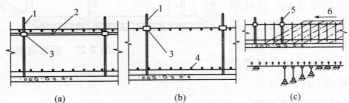

图2-26 厚片筏上部钢筋网片的钢管临时支撑
(a)绑扎上部钢筋网片时；(b)浇筑混凝土前；(c)浇筑混凝土时
1—垂直钢管；2—水平钢管；3—直角扣件；4—下层水平钢筋；5—待拔钢管；6—混凝土浇筑方向

(2)绑扎上层网片下铁。
(3)绑扎上层网片上铁。
(4)绑扎暗柱和墙体插筋。

2.2.4.3 筏形基础模板工程

1. 240 mm 砖胎模

(1)砖胎模砌筑前,先在垫层面上将砌砖线放出,比基础底板外轮廓大 40 mm,砌筑时要求拉直线,采用一顺一丁"三一"砌筑方法,在转角处或接口处留出接槎口,墙体要求垂直。砖模内侧、墙顶面抹 15 mm 厚的水泥砂浆并压光,同时将阴阳角做成圆弧形。

(2)底板外墙侧模采用 240 mm 厚砖胎模,高度同底板厚度,砖胎模采用 MU7.5 砖、M5.0 水泥砂浆砌筑,内侧及顶面采用 1:2.5 水泥砂浆抹面。

(3)考虑混凝土浇筑时侧压力较大,砖胎模外侧面必须采用木方及钢管进行支撑加固,支撑间距不应大于 1.5 m。

2. 集水坑模板

(1)根据模板板面由 10 mm 厚的竹胶板拼装成筒状,内衬两道木方(100 mm×100 mm),并钉成一个整体,配模的板面须保证表面平整、尺寸准确、接缝严密。

(2)模板组装好后进行编号。安装时用塔式起重机将模板初步就位,然后根据位置线加水平斜向支撑进行加固,并调整模板位置,使模板的垂直度、刚度、截面尺寸符合要求。

3. 外墙高出底板部分

(1)墙体高出部分模板采用 10 mm 厚的竹胶板事先拼装而成,外绑两道水平向木方(50 mm×100 mm)。

(2)在防水保护层上弹好墙边线,在墙两边焊钢筋预埋竖向和斜向筋(用 Φ12 钢筋剩余短料),以便进行加固。

(3)用小线拉外墙通长水平线,保证截面尺寸为 297 mm(300 mm 厚的外墙),将配好的模板就位,然后用架子管和铅丝与预埋铁进行加固。

(4)模板固定完毕后拉通线检查板面顺直。

2.2.5 箱形基础

箱形基础形如箱子,由钢筋混凝土底板、顶板和纵、横向的内、外墙所组成。箱形基础具有比筏形基础大得多的抗弯刚度,因此不致由于地基不均匀变形使上部结构产生较大的弯曲而造成开裂。当地基承载力比较低而上部结构荷载又很大时,可采用箱形基础,其比桩基础相对经济。与其他浅基础相比,箱形基础的材料消耗量大,施工要求比较高。近年来,我国新建的一些高层建筑中,不少采用箱形基础(图 2-27)。

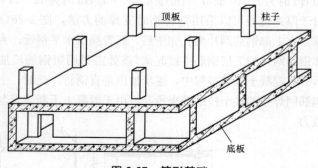

图 2-27 箱形基础

2.2.5.1 箱形基础钢筋工程

(1)底板钢筋绑扎(图 2-28)。

图 2-28 底板钢筋绑扎

1)核对钢筋半成品:按设计图纸(工程洽商或设计变更)核对加工的半成品钢筋,对其规格型号、形状、尺寸、外观质量等进行检验,挂牌标识。

2)划钢筋位置线:按照图纸标明的钢筋间距,从距离模板端头、梁板边 5 cm 起,用墨斗在混凝土垫层上弹出位置线(包括基础梁钢筋位置线)。

3)按弹出的钢筋位置线,先铺底板下层钢筋,如设计无要求,一般情况下先铺短向钢筋,再铺长向钢筋。

4)绑扎钢筋时,靠近外围两行的相交点每点都绑扎,中间部分的相交点可相隔交错绑扎,双向受力的钢筋必须将钢筋交叉点全部绑扎。绑扎时采用八字扣或交错变换方向绑扎,必须保证钢筋不位移。

5)底板如有基础梁,可预先分段绑扎骨架,然后安装就位,或根据梁位置线就地绑扎成型。

6)基础底板采用双层钢筋时,绑完下层钢筋后,摆放铁马凳或钢筋支架(间距以人踩不变形为准,一般为 1 m 左右 1 个为宜)。在铁马凳上摆放纵、横两个方向定位钢筋,钢筋上下次序及绑扣方法同底板下层钢筋。

7)基础底板和基础梁钢筋接头位置要符合设计要求,同时进行抽样检测。

8)钢筋绑扎完毕后,进行垫块的码放,间距以 1 m 为宜,厚度须满足钢筋保护层要求。

9)根据弹好的墙、柱位置线,将墙、柱伸入基础的插筋绑扎牢固,插入基础深度和甩出长度要符合设计及规范要求,同时用钢管或钢筋将钢筋上部固定,保证甩筋位置准确,垂直,不歪斜、倾倒、变位。

(2)墙钢筋绑扎(图 2-29)。

1)将预埋的插筋清理干净,按1∶6调整其保护层厚度符合规范要求。先绑 2~4 根竖筋,并画好横筋分挡标志,然后在下部及齐胸处绑两根横筋定位,并画好竖筋分档标志。一般情况下,横筋在外,竖筋在里,所以应先绑竖筋,后绑横筋,横、竖筋的间距及位置应符合设计要求。

2)墙筋为双向受力钢筋,所有钢筋交叉点应逐点绑扎,竖筋搭接范围内,水平筋不少于三道。横、竖筋搭接长度和搭接位置应符合设计图纸和施工规范要求。

3)双排钢筋之间应绑支撑和拉筋,以固定钢筋间距和保护层厚度。支撑或拉筋可用 ϕ6 和 ϕ8 钢筋制作,间距为 600 mm 左右,用以保证双排钢筋之间的距离。

4)在墙筋的外侧应绑扎或安装垫块,以保证钢筋保护层厚度。

5)为保证门窗洞口标高位置正确,在洞口竖筋上画出标高线。门窗洞口要按设计要求绑扎过梁钢筋,锚入墙内长度要符合设计及规范要求。

6)各连接点的抗震构造钢筋及锚固长度,均应按设计要求进行绑扎。

7)配合其他工程安装预埋管件、预留洞口等，其位置、标高均应符合设计要求。

(3)顶板钢筋绑扎(图 2-30)。

1)清理模板上的杂物，用墨斗弹出主筋、分布筋间距。

2)按设计要求，先摆放受力主筋，后放分布筋。绑扎板底钢筋一般用顺扣或八字扣，除外围两根筋的相交点全部绑扎外，其余各点可交错绑扎(双向板相交点须全部绑扎)。如板为双层钢筋，两层筋之间须加钢筋马凳，以确保上部钢筋的位置。

3)板底钢筋绑扎完毕后，须及时进行水电管路的敷设和各种埋件的预埋工作。

4)水电预埋工作完成后，须及时进行钢筋盖铁的绑扎工作。绑扎时要挂线绑扎，保证盖铁两端成行成线。盖铁与钢筋相交点必须全部绑扎。

5)钢筋绑扎完毕后，及时进行钢筋保护层垫块和盖铁马凳的安装工作。垫块厚度等于保护层厚度，设计无要求时为 15 mm。钢筋的锚固长度应符合设计要求。

图 2-29　墙钢筋绑扎

图 2-30　顶板钢筋绑扎

2.2.5.2　箱形基础模板工程

1. 底板模板安装

(1)底板模板安装(图 2-31)按位置线就位，外侧用脚手管做支撑，支撑在基坑侧壁上，支撑点处垫短块木板。

(2)由于箱形基础底板与墙体分开施工，且一般具有防水要求，所以，墙体施工缝一般留设在距离底板顶部 30 cm 处，这样，墙体模板必须和底板模板同时安装一部分。这部分模板一般高度为 600 mm 即可。采用吊模施工时，先将内侧模板底部用铁马凳支撑，内、外侧模板用穿墙螺栓加以连接，再用斜撑与基坑侧壁撑牢。如底板中有基础梁，则全部采用吊模施工，梁与梁之间用钢管加以锁定。

2. 墙体模板安装

墙体模板安装(图 2-32)施工要点如下：

(1)在安装模板前，按位置线安装门窗洞口模板，与墙体钢筋固定，并安装好预埋件或木砖等。

(2)安装模板宜采用墙两侧模板同时安装。第一步模板边安装锁定边，插入穿墙或对拉螺栓和套管，并将两侧模对准墙线使之稳定，然后用钢卡或碟形扣件与钩头螺栓固定于模板边肋上，调整两侧模的平直。

(3)用同样的方法安装其他若干步模板到墙顶部，内钢楞外侧安装外钢楞，并将其用方钢卡或蝶形扣件与钩头螺栓和内钢楞固定，穿墙螺栓由内、外钢楞中间插入，用螺母将蝶形扣件拧紧，使两侧模板成为一体。安装斜撑，调整模板垂直度合格后，与墙、柱、楼板模板连接。

(4)钩头螺栓、穿墙螺栓、对接螺栓等连接件都要连接牢靠，松紧力度一致。

图 2-31 底板模板安装

图 2-32 墙体模板安装

2.2.5.3 箱形基础混凝土工程

1. 基础底板混凝土施工

(1)箱形基础底板一般较厚,混凝土工程量也较大,因此,混凝土施工时,必须考虑混凝土散热的问题,防止出现温度裂缝。

(2)一般采用矿渣硅酸盐水泥进行混凝土配合比设计,经设计同意,可考虑设置后浇带。

(3)混凝土必须连续浇筑,一般不得留设施工缝,所以,各种混凝土材料和设备机具必须保证供应。

(4)墙体施工缝处宜留设企口缝,或按设计要求留设。

(5)对墙柱甩出的钢筋必须用塑料套管加以保护,避免混凝土污染钢筋。

基础底板混凝土施工如图 2-33 所示。

图 2-33 基础底板混凝土施工

2. 墙体混凝土施工

(1)混凝土现场搅拌。

1)每次浇筑混凝土前 1.5 h 左右,由施工现场专业工长填写申报"混凝土浇灌申请书",由建设(监理)单位的技术负责人或质量检查人员批准,每一台班都应填写。

2)试验员依据"混凝土浇灌申请书"填写有关资料。根据砂石含水率,调整混凝土配合比中的材料用量,换算每盘的材料用量,写配合比板,经施工技术负责人校核后,挂在搅拌机旁醒目处。定磅秤或电子秤及水继电器。

3)材料用量、投放:水泥、掺合料、水、外加剂的计量误差为±2%,粗、细集料的计量误差为±3%。投料顺序为:石子→水泥、外加剂粉剂→掺合料→砂子→水→外加剂液剂。

4)搅拌时间:为使混凝土搅拌均匀,自全部拌合料装入搅拌筒中起到混凝土开始卸料止,混凝土搅拌的最短时间如下:

①强制式搅拌机的最短时间。不掺外加剂时,不少于 90 s;掺外加剂时,不少于 120 s。

②自落式搅拌机的最短时间。在强制式搅拌机搅拌时间的基础上增加 30 s。

5)用于承重结构及抗渗防水工程使用的混凝土,采用预拌混凝土的,开盘鉴定是指第一次使用的配合比,在混凝土出厂前由混凝土供应单位自行组织有关人员进行开盘鉴定;现场搅拌的混凝土由施工单位组织建设(监理)单位、搅拌机组、混凝土试配单位进行开盘鉴定工作。共同认定实验室签发的混凝土配合比确定的组成材料是否与现场施工所用材料相符,以及混凝土拌合物性能是否满足设计要求和施工需要。如果混凝土和易性不好,可以在维持水胶比不变的前提下,适当调整砂率、水及水泥量,至和易性良好为止。

(2)混凝土运输。混凝土从搅拌地点运至浇筑地点,延续时间尽量缩短,将气温控制在1~2 h之内。当采用预拌混凝土时,应充分搅拌后再卸车,不允许任意加水,混凝土发生离析时,在浇筑前应二次搅拌,已初凝的混凝土不能使用。

(3)混凝土浇筑、振捣。

1)墙体浇筑混凝土前,在底部接槎处先均匀浇筑5 cm厚与墙体混凝土成分相同的减石子砂浆。用铁锹均匀入模,不应用吊斗直接灌入模内。利用混凝土杆检查浇筑高度,一般控制在40 cm左右,分层浇筑、振捣。混凝土下料点应分散布置。墙体应连续进行浇筑,上、下层混凝土之间的时间间隔不得超过水泥的初凝时间,一般不超过2 h。墙体混凝土的施工缝宜留设在门洞过梁跨中1/3区段。当采用平模时留在内纵、横墙的交界处,应留设垂直缝。接槎处应撮捣密实。浇筑时应随时清理落地灰。

2)洞口浇筑时,使洞口两侧浇筑高度对称均匀,振捣棒距离洞边30 cm以上,宜从两侧同时振捣,防止洞口变形。大洞口下部模板应开口,并保证振捣密实。

3)振捣:插入式振捣器移动间距不宜大于振捣器作用部分长度的1.25倍,一般应小于50 cm。门洞口两侧构造柱要振捣密实,不得漏振。每一振点的延续时间,以表面呈现浮浆和不再沉落为达到要求,应避免碰撞钢筋、模板、预埋件、预埋管等,若发现有变形、移位的情况出现,应协调各有关工种相互配合进行处理。

4)墙上口找平:混凝土浇筑振捣完毕,将上口甩出的钢筋加以整理,用木抹子按预定标高线,将墙上表面混凝土找平。

5)拆模养护:混凝土浇筑完毕后,应在12 h以内加以覆盖和浇水。常温时混凝土强度大于1.2 MPa;冬期时掺防冻剂,使混凝土强度达到4 MPa时拆模。保证拆模时,墙体不粘模、不掉角、不裂缝,及时修整墙面、边角。常温时及时喷水养护,养护期一般不少于7 d,浇水次数应能保持混凝土有足够的润湿状态。

3. 顶板混凝土施工

(1)浇筑板混凝土的虚铺厚度应略大于板厚,用平板振捣器垂直浇筑方向来回振捣,厚板可用插入式振捣器顺浇筑方向拖拉振捣,并用钢插尺检查混凝土厚度,振捣完毕后用长木抹子抹平,表面拉毛。

(2)浇筑完毕后及时用塑料布覆盖混凝土,并浇水养护。

顶板混凝土施工如图2-34所示。

图2-34 顶板混凝土施工

2.2.5.4 箱形基础的构造要点

箱形基础是由底板、顶板、钢筋混凝土纵横隔墙构成的整体现浇钢筋混凝土结构。箱形基础具有较大的基础底面、较深的埋置深度和中空的结构形式,上部结构的部分荷载可用开挖卸去的土的质量得以补偿。与一般的实体基础比较,它能显著地提高地基稳定性,降低基础沉降量。一般来说,箱形基础的钢筋及混凝土工程应满足下列要求:

(1)箱形基础的混凝土强度等级不应低于C30。

(2)箱形基础外墙宜沿建筑物周边布置,内墙沿上部结构的柱网或剪力墙位置纵横均匀布置,墙体水平截面总面积不宜小于箱形基础外墙外包尺寸的水平投影面积的1/10。

(3)无人防设计要求的箱形基础,基础底板厚度不应小于300 mm,外墙厚度不应小于250 mm,内墙厚度不应小于200 mm,顶板厚度不应小于200 mm。

(4)墙体的门洞宜设在柱间居中部位。

(5)箱形基础的顶板和底板纵横方向支座钢筋还应有1/3~1/2的钢筋连通,且连通钢筋的配筋率分别不小于0.15%(纵向)、0.10%(横向),将跨中钢筋按实际需要的配筋全部连通。

(6)箱形基础的顶板、底板及墙体均应采用双层双向配筋。

(7)上部结构底层柱纵向钢筋伸入箱形基础墙体的长度应符合下列要求：

1)柱下三面或四面有箱形基础的内柱，除柱四角纵向钢筋直通到基底外，其余钢筋可伸入顶板底面以下40倍纵向钢筋直径处；

2)外柱、与剪力墙相连的柱及其他内柱的纵向钢筋应直通到基底。

第二课堂

1. 查阅相关资料，编制条形基础施工交底。
2. 查阅相关资料，编制筏形基础施工交底。

任务 2.3　桩基础施工

任务描述

本任务要求依据《建筑地基基础工程施工规范》(GB 51004)、《建筑地基基础工程施工质量验收规范》(GB 50202)规范要求，编写高层建筑工程的桩基础施工技术交底。

桩基础施工（一）

任务分析

编写桩基础施工技术交底是施工从事施工管理的基础工作，必须熟练掌握。首先要分析在建工程的特点和现有的技术力量，然后制订具体、实用、可行的交底方案。本方案在编写时需要写明施工所用材料、主要机具、作业条件、操作工艺流程、质量标准及成品保护措施等内容，操作工艺流程要详细写明每一个过程怎么做，做到什么程度，这是重点内容。

桩基础施工（二）

知识课堂

当天然地基上的浅基础沉降量过大或基础稳定性不能满足建筑物的要求时，常采用桩基础，它由桩和桩顶的承台组成，是一种深基础的形式。

(1)按桩的受力情况，桩可分为端承型桩、摩擦型桩，如图2-35所示。端承型桩是由桩的下端阻力承担全部或主要荷载，桩尖进入岩层或硬土层；摩擦型桩是指桩顶荷载全部由桩侧摩擦力承担；摩擦端承桩主要由桩侧摩擦力和桩端的阻力共同承担主要荷载。

(2)按桩的施工方法，桩可分为预制桩和灌注桩。预制桩是在预制工厂或施工现场制作桩身，利用沉桩设备将其沉入(打、压)土中；灌注桩是在施工现场的

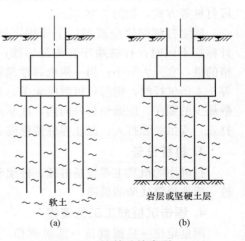

图 2-35　桩基础的类型

(a)摩擦型桩；(b)端承型桩

桩位上用机械或人工成孔，吊放钢筋笼，然后在孔内灌注混凝土而成。

（3）按桩身材料，桩可分为混凝土桩、钢桩、组合材料桩。

2.3.1 预制桩施工

预制桩按沉桩方法可分为锤击沉桩和静力压桩两种方式。

2.3.1.1 锤击沉桩施工

1. 施工准备工作

（1）整平场地，清除桩基范围内的高空、地面、地下障碍物；架空高压线距离打桩架不得小于 10 m；修设桩机进出、行走道路，做好排水措施。

（2）按图纸布置进行测量放线，定出桩基轴线，先定出中心，再引出两侧，并将桩的准确位置测设到地面，每一个桩位打一个小木桩；测出每个桩位的实际标高，场地外设 2～3 个水准点，以便随时检查之用。

（3）检查桩的质量，将需用的桩按平面布置图堆放在打桩机附近，不合格的桩不能运至打桩现场。

（4）检查打桩机设备及起重工具；铺设水电管网，进行设备架立组装和试打桩。在桩架上设置标尺或在桩的侧面画上标尺，以便能观测桩身入土深度。

（5）选择桩锤，应根据地质条件、桩的类型、桩身结构强度、桩的长度、桩群密集程度以及施工条件因素来确定，其中尤以地质条件影响最大。土的密实程度不同所需桩锤的冲击能量可能相差很大。实践证明：当桩锤重大于桩重的 1.5～2 倍时，能取得较好的效果。

（6）打桩场地建（构）筑物有防震要求时，应采取必要的防护措施。

（7）学习、熟悉桩基施工图纸，并进行会审；做好技术交底，特别是地质情况、设计要求、操作规程和安全措施的交底。

（8）准备好桩基工程沉桩记录和隐蔽工程验收记录表格，并安排好记录人员和监理人员等。

2. 打桩顺序确定

打桩顺序根据桩的尺寸、密集程度、深度、桩移动方向以及施工现场实际情况等因素确定，一般可分为逐排打桩、自中部向边缘打桩、分段打桩等方式，如图 2-36 所示。

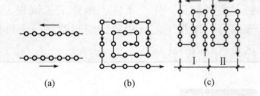

图 2-36 打桩顺序和土体挤密情况

(a) 逐排打桩；(b) 从中部向边缘打桩；(c) 分段打桩

确定打桩顺序应遵循以下原则：桩基的设计标高不同时，打桩顺序宜先深后浅；不同规格的桩，宜先大后小；当一侧毗邻建筑物时，由毗邻建筑物处向另一方向施打。在桩距大于或等于 4 倍桩径时，则与打桩顺序无关，只需从提高效率出发确定打桩顺序，选择倒行和拐弯次数最少的顺序。应避免自外向内，或从周边向中央进行，以避免中间土体被挤密，出现桩难以打入，或虽勉强打入，但使邻桩侧移或上冒的情况。

3. 打桩设备

打桩用的机具主要包括桩锤、桩架和动力装置三部分。预应力混凝土管桩一般选择筒式柴油桩锤。

4. 锤击沉桩施工工艺流程

测量定位→桩机就位→底桩就位、对中和调直→锤击沉桩→接桩、对中、垂直度校核→再锤击→送桩→收锤。

柴油桩锤

(1)测量定位:通过轴线控制点,逐个定出桩位,打设钢筋标桩,并用白灰在标桩附近地面上画上一个圆心与标桩重合、直径与管桩相等的圆圈,以方便插桩对中,保持桩位正确。桩位的放样允许偏差为:群桩 20 mm;单排桩 10 mm。

(2)底桩就位、对中和调直:底桩就位前,应在桩身上划出单位长度标记,以便观察桩的入土深度及记录每米沉桩击数。吊桩就位一般用单点吊将管桩吊直,使桩尖插在白灰圈内,桩头部插入锤下面的桩帽套内就位,并对中和调直,使桩身、桩帽和桩锤三者的中心线重合,保持桩身垂直,其垂直度偏差不得大于 0.5%,倾斜度的偏差不得大于倾斜角正切值的 15%(倾斜角是桩的纵向中心线与铅垂线之间的夹角)。桩垂直度观测包括打桩架导杆的垂直度,可用两台经纬仪在离打桩架 15 m 以外成正交方向进行观测,也可在正交方向上设置两根吊陀垂线进行观测校正。

(3)锤击沉桩:锤击沉桩宜采取低锤轻击或重锤低打,以有效降低锤击应力,同时应特别注意保持底桩垂直,在锤击沉桩的全过程中都应使桩锤、桩帽和桩身的中心线重合,防止桩受到偏心锤打,以免桩受弯受扭。在较厚的黏土、粉质黏土层中施打多节管桩,每根桩宜连续施打,一次完成,以避免间歇时间过长,造成再次打入困难,而需增加许多锤击数,甚至打不下而先将桩头打坏。当遇到贯入度剧变,桩身突然发生倾斜、移位或有严重回弹,桩顶或桩身出现严重裂缝、破碎等情况时,应暂停打桩,并分析原因,采取相应措施。

(4)接桩、对中、垂直度校核:方桩接头数不宜超过 2 个,预应力管桩单桩的接头数不宜超过 4 个,应避免桩尖接近硬持力层或桩尖处于硬持力层时接桩。预应力管桩接桩方式有电焊接头和机械快速接头两种,一般多采用电焊接头。具体施工要点为:在下节桩距离地面 0.5~1.0 m 时,在下节桩的桩头处设导向箍以方便上节桩就位,起吊上节桩插入导向箍,进行上、下节桩对中和垂直度校核,上、下节桩轴线偏差不宜大于 2 mm;上、下端板表面应用铁刷子清刷干净,坡口处应刷至露出金属光泽。焊接时宜先在坡口圆周上对称点焊 4~6 点,待上下桩节固定后拆除导向箍,由两名焊工对称、分层、均匀、连续地施焊,一般焊接层数不少于 2 层,待焊缝自然冷却 8~10 min 时可继续锤击沉桩。

接桩质量检查:焊缝质量、电焊结束后停歇时间(>1 min)、下节平面偏差(10 mm)、节点弯曲矢高(<1 mm,$L/1\,000$)。

(5)送桩:当桩顶标高低于自然地面标高时,须用钢制送桩管(长 4~6 m)放于桩头上,锤击送桩将桩送入土中。

露出地面或未能送至设计桩顶标高的桩,即必须截桩,截桩要求用截桩器,严禁用大锤横向敲击、冲撞。

5. 锤击沉桩收锤标准

收锤标准通常以达到的桩端持力层、最后贯入度或最后 1 m 沉桩锤击数为主要控制指标。桩端持力层作为定性控制;最后贯入度(最后 10 击桩的入土深度)或最后 1 m 沉桩锤击数作为定量控制,均通过试桩或设计确定。PHC、PC、PTC 管桩的总锤击数不宜超过 2 500、2 000、1 500(击);最后 1 m 的锤击数分别不宜超过 300、250、200(击);最后贯入度最好为 20~40 mm/10 击。摩擦桩以控制桩端设计标高为主,贯入度可作参考;端承桩以贯入度控制为主,桩端标高可作参考。当贯入度已达到,而桩端标高未达到时,应继续锤击 3 阵,按每阵 10 击的贯入度不大于设计规定的数值加以确认。锤击沉桩施工过程资料包括记录桩顶状况、总锤击数和最后 1 m 锤击数、最后三阵贯入度、垂直度、桩顶标高、桩端持力层情况等。

6. 桩顶与承台的连接

桩顶与承台的连接按照桩顶的不同形式可分为截桩桩顶、不截桩桩顶等方式,如图 2-37 所示。

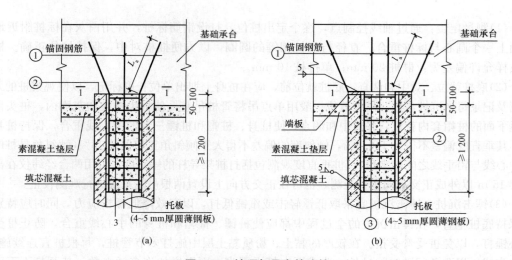

图 2-37 桩顶与承台的连接
(a)截桩桩顶与承台连接；(b)不截桩桩顶与承台连接

2.3.1.2 静力压桩施工

静压法沉桩是通过静力压桩机的压桩机构，以压桩机自重和桩机上的配重作反力而将预制钢筋混凝土桩分节压入地基土层中成桩。其特点是：桩机全部采用液压装置驱动，压力大，自动化程度高，纵横移动方便，运转灵活；桩定位精确，不易产生偏心，可提高桩基施工质量；施工无噪声、无振动、无污染；沉桩采用全液压夹持桩身向下施加压力，可避免锤击应力，打碎桩头，桩截面可以减小，混凝土强度等级可降低 1~2 级，配筋比锤击法可省 40%；效率高，施工速度快，压桩速度每分钟可达 2 m，正常情况下每台班可完成 15 根，可比锤击法缩短工期 1/3；压桩力能自动记录，可预估和验证单桩承载力，施工安全可靠，便于拆装维修、运输等。但存在压桩设备较笨重，要求边桩中心到已有建筑物间距较大，压桩力受一定限制，挤土效应仍然存在等问题。其适用于软土、填土及一般黏性土层中应用，特别适合居民稠密及危房附近环境保护要求严格的地区沉桩，但不宜用于地下有较多孤石、障碍物或有 4 m 以上硬隔离层的情况。

1. 静压法沉桩机理

静压预制桩主要应用于软土和一般黏性土地基。在桩压入过程中，是以桩机本身的质量（包括配重）作为反作用力，以克服压桩过程中的桩侧摩阻力和桩端阻力。当预制桩在竖向静压力作用下沉入土中时，桩周土体发生急速而激烈的挤压，土中孔隙水压力急剧上升，土的抗剪强度大大降低，从而使桩身很快下沉。

2. 压桩机具设备

静力压桩机可分为机械式和液压式两种。前者是由桩架、卷扬机、加压钢丝绳、滑轮组和活动压梁等部件组成，施压部分在桩顶端面，施加静压力为 600~2 000 kN，这种桩机设备高大笨重，行走移动不便，压桩速度较慢，但装配费用较低，只有少数地区还在使用这种设备；后者由压拔装置、行走机构及起吊装置等组成（图 2-38），采用液压操作，自动化程度高，结构紧凑，行走方便快速，施压部分不在桩顶面，而在桩身侧面，它是当前国内较广泛采用的一种新型压桩机械。

3. 施工工艺流程及操作要点

静力压桩施工工艺流程为：测量定位→桩机就位→吊桩、插桩→桩身对中调直→静压沉桩→接桩→再静压沉桩→送桩→终止压桩→切割桩头。

（1）桩机就位：桩机就位是利用行走装置完成，它是由横向行走（短船行走）和回转机构组成。

其将船体当作铺设的轨道，通过横向和纵向油缸的伸程和回程使桩机实现步履式的横向和纵向行走。当横向两油缸一只伸程，另一只回程，就可使桩机实现小角度回转，达到要求的位置。

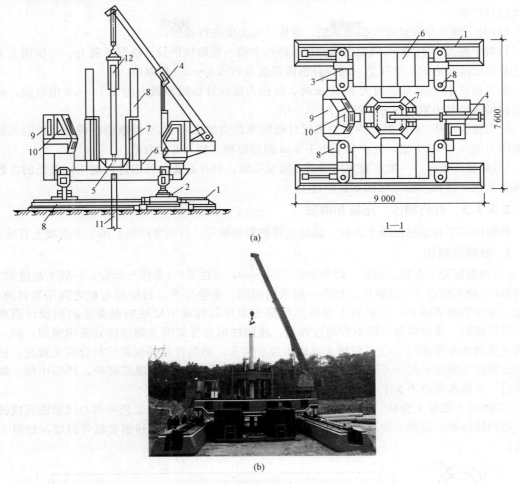

图 2-38 全液压式静力压桩机压桩
(a)结构图；(b)实物图

1—长船行走机构；2—短船行走及回转机构；3—支腿式底盘结构；4—液压起重机；5—夹持与压板装置；
6—配重铁块；7—导向架；8—液压系统；9—电控系统；10—操纵室；11—已压入下节桩；12—吊入上节桩

(2)吊桩、插桩和压桩：利用桩机上自身设置的工作吊机将预制混凝土桩吊入夹持器中，夹持油缸将桩从侧面夹紧，即可开动压桩油缸。先将桩压入土中 1 m 左右后停止，调正桩在两个方向的垂直度后，压桩油缸继续伸长，将桩压入土中，伸长完后，夹持油缸回程松夹，压桩油缸回程，重复上述动作可实现连续压桩操作，直至将桩压入预定深度的土层中。压桩应连续进行，压桩速度一般不超过 2 m/min，达到压桩力的要求以后，必须持荷稳定。若不能稳定，必须再持荷，一直到持荷稳定为止，持荷时间由设计人员与监理在现场试桩时确定。在压桩过程中要认真记录桩入土深度和压力表读数的关系，以判断桩的质量及承载力。当压力表读数突然上升或下降时，要停机对照地质资料进行分析，判断是否遇到障碍物或产生断桩现象等。

4. 压桩终止条件

压桩终止条件按设计桩长和终压力进行控制。

(1)对于摩擦桩,应按照设计桩长进行控制,但在施工前应先按设计桩长试压几根桩,待停置 24 h 后,用与桩的设计极限承载力相等的终压力进行复压,如果桩在复压时几乎不动,即可以此进行控制。

(2)对于端承摩擦桩或摩擦端承桩,应按终压力值进行控制:

1)对于桩长大于 21 m 的端承摩擦桩,终压力值一般取桩的设计极限承载力。当桩周土为黏性土且灵敏度较高时,终压力可按设计极限承载力的 0.8~0.9 倍取值。

2)当桩长小于 21 m,而大于 14 m 时,终压力按设计极限承载力的 1.1~1.4 倍取值;或桩的设计极限承载力取终压力值的 0.7~0.9 倍。

3)当桩长小于 14 m 时,终压力按设计极限承载力的 1.4~1.6 倍取值;或设计极限承载力取终压力值 0.6~0.7 倍,其中对于小于 8 m 的超短桩,按 0.6 倍取值。

(3)超载压桩时,一般不宜采用满载连续复压法,但在必要时可以进行复压,复压的次数不宜超过 2 次,且每次稳压时间不宜超过 10 s。

2.3.1.3 桩的制作、运输和堆放

预制桩主要有钢筋混凝土方桩、混凝土管桩和钢桩等,目前常用的是预应力混凝土管桩。

1. 预制桩制作

(1)钢筋混凝土方桩。边长一般为 200~550 mm,可在工厂(为便于运输,一般不超过 12 m)或现场(一般不超过 30 m)制作。制作一般采用间隔、重叠生产,每层桩与桩之间用塑料薄膜、油毡、水泥袋纸等隔开,邻桩与上层桩的混凝土须待邻桩或下层桩的混凝土达到设计强度的 30% 以后进行,重叠层数一般不宜超过四层。预制桩钢筋骨架的主筋连接宜采用对焊,同一截面内主筋接头不得超过 50%,桩顶 1 m 内不应有接头,钢筋骨架的偏差应符合有关规定。桩的混凝土强度等级应不低于 C30,浇筑时从桩顶向桩尖进行,应一次浇筑完毕,严禁中断。制作完成后,应洒水养护不少于 7 d。

(2)预应力混凝土管桩。预应力混凝土管桩是采用先张法预应力工艺和离心成型法制成的一种空心圆柱体细长混凝土预制构件。其主要由圆筒形桩身、端头板和钢套箍等组成,如图 2-39 所示。

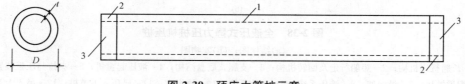

图 2-39 预应力管桩示意
1—桩身;2—钢套箍;3—端头板
D—外径;t—壁厚

按混凝土强度等级和壁厚可分为预应力混凝土管桩(PC)、预应力高强度混凝土管桩(PHC)和预应力薄壁管桩(PTC)。管桩按外径分为 300~1 000 mm 等规格,实际生产的管径以 300 mm、400 mm、500 mm、600 mm 为主,桩长以 8~12 m 为主。预应力混凝土管桩标注如图 2-40 所示。

预应力管桩具有单桩竖向承载力高(600~4 500 kN)、抗震性能好、耐久性好、耐打、耐压,穿透能力强(可穿透 5~6 m 厚的密实砂夹层)、造价适宜、施工工期短等优点,适用于各类工程地质条件为黏性土、粉土、砂土、碎石类的土层以及持力层为强风化岩层、密实的砂层(或卵石层)等土层应用,是目前常用的预制桩桩型,本节主要介绍该桩的施工方法。预应力管桩应有出厂合格证,进场后检查桩径(±5 mm)、管壁厚度(±5 mm)、桩尖中心线(<2 mm)、顶面平整度(10 mm)、桩体弯曲(<1 mm,$L/1\,000$)等项目。

2. 预制桩的起吊、运输和堆放

当桩的混凝土达到设计强度标准值的 70% 后方可起吊，吊点可根据不同桩长设置，预应力管桩吊点设置如图 2-41 所示。吊索与桩之间应加衬垫，起吊应平稳提升，采取措施保护桩身质量，防止撞击和受振动。桩运输时的强度应达到设计强度标准值的 100%。堆放场地应平整坚实，排水良好。桩应按规格、桩号分层叠置，支承点应设在吊点或近旁处，保持在同一横断平面上，各层垫木应上下对齐，并支承平稳，堆放层数不宜超过 4 层。运到打桩位置堆放，应布置在打桩架附设的起重钩工作半径范围内，并考虑到起吊方向，避免转向。

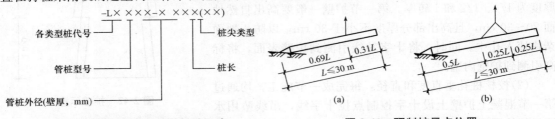

图 2-40 预应力混凝土管桩标注示意

图 2-41 预制桩吊点位置
(a) 一点吊法；(b) 二点吊法

2.3.2 混凝土灌注桩

与预制桩相比，灌注桩具有施工噪声低，振动小、挤土影响小、无需接桩等优点。但其成桩工艺复杂，施工速度较慢，质量影响因素较多。根据成孔工艺的不同，混凝土灌注桩可分为人工挖孔灌注桩、泥浆护壁钻孔灌注桩、沉管灌注桩和爆扩成孔灌注桩等，本节主要介绍前两种灌注桩的施工。

2.3.2.1 人工挖孔灌注桩

人工挖孔灌注桩是用人工挖土成孔，吊放钢筋笼，浇筑混凝土成桩。这类桩由于其受力性能可靠，不需大型机具设备，施工操作工艺简单，在各地应用较为普遍，已成为大直径灌注桩施工的一种主要工艺方式。

1. 人工挖孔灌注桩的特点和适用范围

人工挖孔灌注桩的特点是：单桩承载力高，结构传力明确，沉降量小，可一柱一桩，不需承台，不需凿桩头；可作支撑、抗滑、锚拉、挡土等用；可直接检查桩直径、垂直度和持力土层情况，桩质量可靠；施工机具设备较简单，都为工地常规机具，施工工艺操作简便，占场地小；施工无振动、无噪声、无环境污染，对周围建筑物无影响；可多桩同时进行，施工速度快，可节省设备费用，降低工程造价；但桩成孔工艺存在劳动强度较大、单桩施工速度较慢、安全性较差等问题，这些问题一般可通过采取技术措施加以克服。人工挖孔灌注桩适用于桩直径 800 mm 以上，无地下水或地下水较少的黏土、粉质黏土，含少量的砂、砂卵石、姜结石的黏土层采用，特别适于黄土层使用。其深度一般在 20 m 左右。对有流砂、地下水水位较高、涌水量大的冲积地带及近代沉积的含水量高的淤泥、淤泥质土层，不宜采用。

2. 施工工艺方法要点

挖孔灌注桩的施工程序是：场地整平→放线、定桩位→挖第一节桩孔土方→做第一节护壁→在护壁上二次投测标高及桩位十字轴线→第二节桩身挖土→校核桩孔垂直度和直径→做第二节护壁→重复第二节挖土、支模、浇筑混凝土护壁工序，循环作业直至设计深度→检查持力层后进行扩底→清理虚土、排除积水、检查尺寸和持力层→吊放钢筋笼就位→浇筑桩身混凝土。

(1) 挖第一节桩孔土方，做第一节护壁：为防止坍孔和保证操作安全，一般按 1 m 左右分节开挖分节支护，循环进行。施工人员在保护圈内用常规挖土工具(短柄铁锹、镐、锤、钎)进行挖土，将土运出孔的提升机具主要有人工绞架、卷扬机或电动葫芦。每节土方应挖成圆台形状，下部至少比上部宽一个护壁厚度，以利于护壁施工和受力，如图2-42所示。护壁一般采用强度等级为C20或C25的混凝土，用木模板或钢模板支设，在土质较差时加配适量钢筋，土质较好时也可采用红砖护壁，厚度为1/4、1/2和1砖厚。第一节护壁一般要高出自然地面20～30 cm，且高出部分厚度不小于30 cm，以防止地面杂物掉入孔中。同时，将十字轴线引测到护壁表面，将标高引测到护壁内壁。

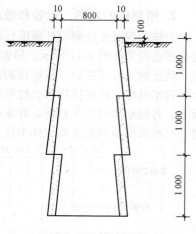

图2-42 护壁示意

(2)校核桩孔垂直度和直径：每完成一节施工，均通过第一节混凝土护壁上设十字控制点拉十字线，吊线坠用水平尺杆找圆周，保证桩孔垂直度和直径，桩径允许偏差为+50 mm，垂直度允许偏差<0.5%。

(3)扩底：采取先挖桩身圆柱体，再按扩底尺寸从上到下削土，修成扩底形状。在浇筑混凝土之前，应先清理孔底虚土，排除积水，经甲方及监理人员再次检查后，迅速进行封底。

(4)吊放钢筋笼就位：钢筋笼宜分节制作，连接方式一般采用单面搭接焊；钢筋笼主筋混凝土保护层厚度不宜小于70 mm，一般在钢筋笼4侧主筋上每隔5 m设置耳环或直接制作混凝土保护层垫块来控制；吊放钢筋笼入孔时，不得碰撞孔壁，防止钢筋笼变形，注意控制上部第一个箍筋的设计标高并保证主筋锚固长度。

(5)浇筑桩身混凝土：因桩深度一般超过混凝土自由下落高度2 m，下料采用串筒、溜管等措施；地下水大(孔中水位上升速度大于6 mm/min)时，应采用混凝土导管水中浇筑混凝土工艺连续分层浇筑，每层厚度不超过1.5 m。对6 m以下的小直径桩孔，应利用混凝土的大坍落度和下冲力使之密实；对6 m以内的小直径桩孔应分层捣实。对大直径桩应分层捣实，或用卷扬机吊导管上下插捣。对直径小、深度大的桩，人工下井振捣有困难时，可在混凝土中掺水泥用量为0.25%的木钙减水剂，使混凝土坍落度增至13～18 cm，利用混凝土大坍落度下沉力使之密实，但桩上部钢筋部位仍应用振捣器振捣密实。灌注桩每灌注50 m³应有一组试块，小于50 m³的桩应每根桩有一组试块。

(6)地下水及流砂处理。桩挖孔时，如地下水丰富、渗水或涌水量较大，可根据情况分别采取以下措施：

1)少量渗水可在桩孔内挖小集水坑，随挖土随用吊桶，将泥水一起吊出；

2)大量渗水，可在桩孔内先挖较深集水井，设小型潜水泵将地下水排出桩孔外，随挖土随加深集水井；

3)当涌水量很大时，如桩较密集，可将一桩超前开挖，使附近地下水汇集于此桩孔内，用1～2台潜水泵将地下水抽出，起到深井降水的作用，将附近桩孔地下水水位降低；

4)渗水量较大，井底地下水难以排干时，底部泥渣可用压缩空气清孔方法清孔；

5)若挖孔时遇流砂层，一般可在井孔内设高为1～2 m、厚为4 mm的钢套护筒，其直径略小于混凝土护壁内径，利用混凝土支护作支点，用小型油压千斤顶将钢护筒逐渐压入土中，阻挡流砂，钢套筒可一个接一个下沉，压入一段，开挖一段桩孔，直至穿过流砂层0.5～1.0 m，再转入正常挖土和设混凝土支护。浇筑混凝土至该段时，随浇混凝土随将钢护筒(上设吊环)吊出，也可不吊出。

3. 人工挖孔灌注桩施工常见问题

人工挖孔灌注桩施工常见问题主要有：孔底虚土多；成孔困难；塌孔；桩孔倾斜及桩顶位

移偏差大；吊放钢筋笼与浇筑混凝土不当等。

4. 人工挖孔灌注桩的特殊安全措施

(1) 桩孔内必须设置应急软爬梯供人员上下井，不得使用麻绳、尼龙绳吊挂或脚踏井壁凸缘上下。

(2) 每日开工前必须检测井下的有毒有害气体，并应有足够的安全防护措施，桩孔开挖深度超过 10 m 时，应有专门向井下送风的设备，风量不宜少于 25 L/s。

(3) 孔口四周必须设置不小于 0.8 m 高的围护护栏。

(4) 挖出的土石方应及时运离孔口，不得堆放在孔口四周 1 m 范围内，机动车辆的通行不得对井壁的安全造成影响。

(5) 孔内使用的电缆、电线必须有防磨损、防潮、防断等措施，照明应采用安全矿灯或 12 V 以下的安全灯，并遵守安全用电的各项规范和规章制度。

2.3.2.2 泥浆护壁钻孔灌注桩

泥浆护壁钻孔灌注桩是通过桩机在泥浆护壁条件下慢速钻进，将钻渣利用泥浆带出，并保护孔壁不致坍塌，成孔后再使用水下混凝土浇筑的方法将泥浆置换出来而成的桩。此法为国内最为常用和应用范围较广的成桩方法。其优点是：可用于各种地质条件，各种大小孔径（300～2 000 mm）和深度（40～100 m），护壁效果好，成孔质量可靠；施工无噪声、无振动、无挤压；机具设备简单，操作方便，费用较低。其缺点是：成孔速度慢，效率低，用水量大，泥浆排放量大，污染环境，扩孔率较难控制。其适用于地下水水位较高的软、硬土层，如淤泥、黏性土、砂土、软质岩等土层。

1. 泥浆制备

泥浆制备方法应根据土质条件确定：在黏土和粉质黏土中成孔时，可注入清水，以原土造浆，排渣泥浆的密度应控制在 1.1～1.3 g/cm³；在其他土层中成孔，泥浆可选用高塑性（$l_p \geqslant 17$）的黏土或膨润土制备；在砂土和较厚夹砂层中成孔时，泥浆密度应控制在 1.1～1.3 g/cm³；在穿过砂夹卵石层或容易塌孔的土层中成孔时，泥浆密度应控制在 1.3～1.5 g/cm³。施工中应经常测定泥浆密度，并定期测定黏度、含砂率和胶体率。泥浆的控制指标为黏度 18～22 s、含砂率不大于 8%、胶体率不小于 90%，为了提高泥浆质量可加入外掺料，如增重剂、增粘剂、分散剂等。施工中废弃的泥浆、泥渣应按环保的有关规定处理。泥浆具有排渣和护壁作用，根据泥浆循环方式，可分为正循环和反循环两种施工方法，如图 2-43 所示。

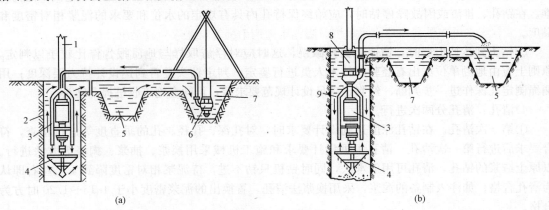

图 2-43 循环排渣方法

(a) 正循环排渣；(b) 反循环排渣

1—钻杆；2—送水管；3—主机；4—钻头；5—沉淀池；6—潜水泥浆泵；7—泥浆池；8—砂石泵；9—抽渣管

正循环回转钻机成孔的工艺原理是由空心钻杆内部通入泥浆或高压水,从钻杆底部喷出,携带钻下的土渣沿孔壁向上流动,由孔口将土渣带出流入泥浆池。正循环具有设置简单,操作方便,费用较低等优点;适用于小直径孔(不宜大于1 000 mm),钻孔深度一般以40 m为限。其缺点是排渣能力较弱。从反循环回转钻机成孔的工艺原理中可以看出,泥浆带渣流动的方向与正循环回转钻机成孔的情况相反。反循环工艺的泥浆上流速度较高,能携带大量的土渣。反循环成孔是目前大直径桩成孔的有效的一种施工方法,适用于大直径孔和孔深大于30 m的端承桩。

2. 施工工艺流程及施工要点

(1)泥浆护壁钻孔灌注桩施工工艺流程:放样定位→埋设护筒→钻机就位→钻孔→第一次清孔→吊放钢筋笼→下导管→第二次清孔→灌注混凝土。

(2)施工要点。

1)埋设护筒:埋设护筒的作用主要是保证钻机沿着垂直方向顺利工作,同时还起着存储泥浆,使其高出地下水水位和保护桩顶部土层不致因钻杆反复上下升降、机身振动而坍孔。护筒一般由钢板卷制而成,钢板厚度视孔径大小采用4~8 mm,护筒内径宜比设计桩径大200 mm。护筒埋置深度一般要大于不稳定地层的深度,在黏性土中不宜小于1 m;砂土中不宜小于1.5 m;上口高出地面30~40 cm或高出地下水水位1.5 m以上,保持孔内泥浆面高出地下水水位1.0 m以上。护筒中心与桩位中心线偏差不得大于50 mm,筒身竖直,四周用黏土回填,分层夯实,防止渗漏。

2)钻机就位:就位前,先平整场地,铺好枕木并用水平尺校正,保证钻机平稳、牢固。移机就位后应认真检查磨盘的平整度及及主钻杆的垂直度,控制垂直偏差在0.2%以内,钻头中心与护筒中心偏差宜控制在15 mm以内,并在钻进过程中要经常复检、校正。桩径允许偏差为+50 mm,垂直度允许偏差<1%。

3)钻孔。

①钻孔作业应分班连续进行,认真填写钻孔施工记录,交接班时应交待钻进情况及下一班注意事项。应经常对钻孔泥浆进行检测和试验,应经常注意土层变化,在土层变化处均应捞取渣样,判明后记入记录表中并与地质剖面图核对。

②开钻时,在护筒下一定范围内应慢速钻进,待导向部位或钻头全部进入土层后,方可加速钻进。钻进速度应根据土质情况,孔径,孔深和供水、供浆量的大小确定,一般控制在5 m/min左右,在淤泥和淤泥质黏土中不宜大于1 m/min,在较硬的土层中以钻机无跳动、电机不超荷为准。在钻孔、排渣或因故障停钻时,应始终保持孔内具有规定的水位和要求的泥浆相对密度和黏度。

③钻头到达持力层时,钻速会突然减慢,这时应对浮渣取样与地质报告作比较予以判定,原则上应由地勘单位派出有经验的技术人员进行鉴定,判定钻头是否到达设计持力层深度;用测绳测定孔深作进一步判断。经判定满足设计规范要求后,可同意施工收桩提升钻头。

4)清孔:清孔分两次进行。

①第一次清孔。在钻孔深度达到设计要求时,对孔深、孔径、孔的垂直度等进行检查,符合要求后进行第一次清孔。清孔根据设计要求和施工机械采用换浆、抽浆、掏渣等方法进行。以原土造浆的钻孔,清孔可用射水法,同时钻机只钻不进,待泥浆相对密度降到1.1左右即认为清孔合格;如注入制备的泥浆,采用换浆法清孔,置换出的泥浆密度小于1.15~1.20时方为合格。

②第二次清孔:钢筋笼、导管安放完毕,混凝土浇筑之前,进行第二次清孔。第二次清孔根据孔径、孔深、设计要求采用正循环、泵吸反循环、气举反循环等方法进行。第二次清孔

后的沉渣厚度和泥浆性能指标应满足设计要求,一般应满足下列要求:沉渣厚度:摩擦桩≤150 mm,端承桩≤50 mm。沉渣厚度的测定可直接用沉砂测定仪,但在施工现场多使用测绳。将测绳徐徐下入孔中,一旦感觉锤质量变轻,可在这一深度范围,上下试触几次,确定沉渣面位置。继续放入测绳,一旦锤质量发生较大减轻或测绳完全松弛,说明深度已到孔底,这样重复测试3次以上,孔深取其中较小值,孔深与沉渣面之差即沉渣厚度。泥浆性能指标:在浇筑混凝土前,孔底 500 mm 以内的泥浆密度控制在 1.15~1.20。

③无论采用何种清孔方法,在清孔排渣时,必须注意保持孔内水头,防止塌孔。不应采取加深钻孔深度的方法代替清孔。

5)灌注混凝土:清孔合格后应及时浇筑混凝土,浇筑方法应采用导管进行水下浇注,对泥浆进行置换。导管直径宜为 200~250 mm,壁厚不小于 3 mm,分节长度视工艺要求而定,一般为 2.0~2.5 m。水下混凝土的砂率宜为 40%~45%;用中粗砂,粗集料最大粒径<40 mm;水泥用量不少于 360 kg/m³;坍落度宜为 180~220 mm,配合比通过试验确定。水下浇筑法工艺流程如图 2-44 所示,其施工要点如下:

①开始浇筑水下混凝土时,管底至孔底的距离宜为 300~500 mm,初灌量埋管深度不小于 1 m,在以后的浇筑中,导管埋深宜为 2~6 m。导管应不漏气、漏水,接头紧密;导管的上部吊装松紧适度,不会使导管在孔内发生较大的平移。

②拔管频率不要过于频繁,导管振捣时,不要用力过猛。

③桩顶混凝土宜超灌 500 mm 以上,保证在凿除泛浆层后,桩顶达到设计标高。

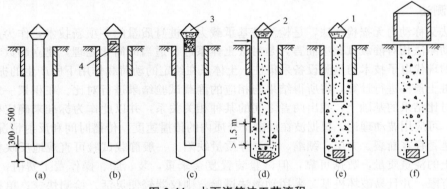

图 2-44 水下浇筑法工艺流程

(a)安设导管;(b)设隔水栓使其与导管内水面贴紧并用钢丝悬吊在导管下口;
(c)灌注首批混凝土;(d)剪断钢丝使隔水栓下落;(e)连续灌注混凝土,提升导管;(f)拔出护筒

3. 钻孔灌注桩施工记录

钻孔灌注桩施工记录一般包括:测量定位(桩位、钢筋笼、护筒安置)记录、钻孔记录、成孔测定记录、泥浆相对密度测定记录、坍落度测定记录、沉渣厚度测定记录、钢筋笼制定安装检查表、混凝土浇捣记录、导管长度验算记录等。

2.3.3 桩基础检测

为了确保基桩检测工作质量,统一基桩检测方法,为设计和施工验收提供可靠依据。基桩检测方法应根据各种检测方法的特点和适用范围,考虑地质条件、桩型及施工质量可靠性、使用要求等因素进行合理选择搭配。目前《建筑桩基检测规范》(JGJ 106)规定的检测桩基承载力及桩身完整性的方法有静载试验法、钻芯法、动测法(低应变法、高应变法)和声波透射法。

1. 静载试验法

桩的静载试验，是模拟实际荷载情况，通过静载加压，得出一系列关系曲线，经综合评定确定其容许承载力。它能较好地反映单桩的实际承载力。静载试验有多种，通常采用的是单桩竖向抗压静载试验、单桩竖向抗拔静载试验和单桩水平静载试验。

(1)单桩竖向抗压静载试验：确定单桩竖向抗压极限承载力，判定竖向抗压承载力是否满足设计要求，通过桩身内力及变形测试，测定桩侧、桩端阻力；验证高应变法的单桩竖向抗压承载力检测结果。

(2)单桩竖向抗拔静载试验：确定单桩竖向抗拔极限承载力，判定竖向抗拔承载力是否满足设计要求。通过桩身内力及变形测试，测定桩的抗拔摩阻力。

(3)单桩水平静载试验：确定单桩水平临界和极限承载力，推定土抗力参数，判定水平承载力是否满足设计要求。通过桩身内力及变形测试，测定桩身弯矩。在预制桩在桩身强度达到设计要求的前提下，对于砂类土，不应少于7 d；对于粉土和黏性土，不应少于15 d；对于淤泥或淤泥质土，不应少于25 d，待桩身与土体的结合基本趋于稳定，才能进行试验。就地灌注桩应在桩身混凝土强度达到设计等级的前提下，对砂类土不少于10 d；对一般黏性土不少于20 d；对淤泥或淤泥质土不少于30 d，才能进行试验。

2. 钻芯法

钻芯法是用钻机钻取芯样以检测混凝土灌注桩的桩长、桩身混凝土强度、桩底沉渣厚度和桩身完整性，判定或鉴别桩端持力层岩土性状的方法。

3. 动测法

动测法又称动力无损检测法，是检测桩基承载力及桩身质量的一项新技术，作为静载试验的补充。动测法相对静载试验法而言，是对桩土体系进行适当的简化处理，建立起数学—力学模型，借助现代电子技术与量测设备采集桩—土体系在给定的动荷载作用下所产生的振动参数，结合实际桩土条件进行计算，将所得结果与相应的静载试验结果进行对比。在积累一定数量的动静试验对比结果的基础上，找出两者之间的某种相关关系，并以此作为标准来确定桩基承载力。另外，可应用波动理论，根据波在混凝土介质内的传播速度，传播时间和反射情况，检验、判定桩身是否存在断裂、夹层、颈缩、空洞等质量缺陷。一般静载试验可直观地反映桩的承载力和混凝土的浇筑质量，数据可靠，但试验装置复杂笨重，装、卸、操作费工费时，成本高，测试数量有限，并且易破坏桩基。采用动测法试验，则仪器轻便灵活，检测快速；单桩试验时间，仅为静载试验的1/50左右；可大大缩短试验时间；数量多，不破坏桩基，相对也较准确，可进行普查；费用低，单桩测试费为静载试验的1/30左右，可节省静载试验锚桩、堆载、设备运输、吊装焊接等大量人力、物力。据统计，国内用动测法的试桩工程数目，已占工程总数的70%左右，试桩数约占全部试桩数的90%，有效地填补了静力试桩的不足，满足了桩基工程发展的需要，因此，社会经济效益显著，但动测法也存在需做大量的测试数据，需静载试验资料来充实完善、编制电脑软件，所测的极限承载力有时与静载荷值离散性较大等问题。

4. 声波透射法

在预埋声测管之间发射并接收声波，并通过实测声波在混凝土介质中传播的声时、频率和波幅衰减等声学参数的相对变化，对桩身完整性进行判定的检测方法。

2.3.4 桩基工程质量检查及验收

1. 桩位偏差检查

桩位偏差检查一般在施工结束后进行。当桩顶设计标高低于施工场地标高，送桩后无法对桩位进行检查时，对打入桩可在每根桩桩顶沉至场地标高时，进行中间验收，待全部桩施工结束，承台或底板开挖到设计标高后，再做最终验收。对灌注桩可对护筒位置做中间验收。

2. 承载力检验

对于地基基础设计等级为甲级或地质条件复杂、成桩质量可靠性低的灌注桩，应采用静载荷试验的方法进行检验。检验桩数不应少于总数的1%，且不应少于3根，当总桩数不少于50根时，不应少于2根。

3. 桩身质量检验

对设计等级为甲级或地质条件复杂、成桩质量可靠性低的灌注桩，抽检数量不应少于总数的30%，且不应少于20根；其他桩基工程的抽检数量不应少于总数的20%，且不应少于10根；对混凝土预制桩及地下水水位以上且终孔后经过核验的灌注桩，检验数量不应少于总桩数的10%，且不得少于10根。每个柱子承台下不得少于1根。

4. 施工过程检查

（1）预制桩。

1）锤击沉桩：应对桩体垂直度、沉桩情况、桩顶完整状况、接桩质量等进行检查，对电焊接桩，重要工程应做10%的焊缝探伤检查。

2）静力压桩：压桩过程中应检查压力、桩垂直度、接桩间歇时间、桩的连接质量及压入深度。重要工程应对电焊接桩的接头做10%的探伤检查。对承受反力的结构应加强观测。

（2）灌注桩。施工中应对成孔、清渣、放置钢筋笼、灌注混凝土等全过程检查；人工挖孔桩还应复验孔底持力层土（岩）性。嵌岩桩必须有桩端持力层的岩性报告。

5. 质量验收项目

（1）锤击沉桩。

1）主控项目：桩体质量检验、桩位偏差、承载力。

2）一般项目：砂、石、水泥、钢材等原材料，混凝土配合比及强度（现场预制时）；成品桩外形；成品桩裂缝（收缩裂缝或起吊、装运、堆放引起的裂缝）；成品桩尺寸（横截面边长、桩顶对角线差、桩尖中心线、桩身弯曲矢高、桩顶平整度）；电焊接桩（焊缝质量，电焊结束后停歇时间，上、下节平面偏差，节点弯曲矢高）；桩顶标高；停锤标准。

（2）静力压桩。

1）主控项目：桩体质量检验、桩位偏差、承载力。

2）一般项目：成品桩质量（外观、外形尺寸、强度）；硫磺胶泥质量（半成品）；接桩（电焊接桩：焊缝质量、电焊结束后停歇时间）；电焊条质量；压桩压力；接桩时上、下节平面偏差，接桩时节点弯曲矢高；桩顶标高。

（3）灌注桩。

1）主控项目：桩位、孔深、桩体质量检验，混凝土强度，承载力。

2）一般项目：垂直度；桩径；泥浆比重（黏土或砂性土中）；泥浆面标高（高于地下水水位）；沉渣厚度；混凝土坍落度；钢筋笼安装深度；混凝土充盈系数；桩顶标高。

第二课堂

1. 查阅相关资料，编制预制桩施工技术交底。
2. 查阅相关资料，编制钢筋混凝土灌注桩施工方案。

项目 3　砌体工程施工

项目描述

砌筑工程施工是指各种砖、砌块和石块的砌筑施工。砌体结构在我国有悠久历史，因其取材容易，造价低，施工简单，故目前在土木工程中仍占有相当的比重。通过本项目的学习，应知道脚手架的种类，各种脚手架的组成及搭设要求；砖砌体施工工艺、质量要求，砌块砌体、石砌体施工工艺；砖混结构房屋和钢筋混凝土结构房屋填充墙的施工工艺和施工方法。

教学目标

任务名称	权重	知识目标	能力目标
1. 脚手架工程	25%	了解脚手架分类 掌握扣件式钢管脚手架结构体系和搭设要求 了解其他形式的脚手架	能理解各脚手架工作原理及组成 了解各脚手架的搭设要点 能正确进行脚手架的质量验收
2. 砖砌体施工	25%	了解砖砌体的块材和砂浆材料性能 掌握砖砌体的组成方式和施工工艺 掌握砖砌体的质量要求	能编写简单的砌体施工技术交底 能根据验收规范进行质量检验
3. 砌块砌体施工	10%	了解砌块砌体的材料 掌握砌块砌体砌筑方法 了解中、小型砌块的施工工艺	能正确识别砌块的材质 能制定简单的施工方案
4. 石砌体施工	10%	了解毛石砌体基础施工 了解毛石挡土墙施工	掌握毛石砌体的施工要点 能正确进行毛石砌体的质量验收
5. 砖混结构配筋砌体施工	15%	了解砖基础施工特点 掌握构造柱施工要求 掌握圈梁施工要求	能理解砖混结构房屋的施工顺序 能指导构造柱的施工 能指导圈梁的施工
6. 钢筋混凝土结构填充墙施工	15%	了解填充墙墙体材料 掌握填充墙施工方法	能理解填充墙的施工方法 能采取正确措施预防质量通病

任务 3.1　脚手架工程

任务描述

本任务首先要求依据建筑物的高度和工程特点正确选择脚手架的种类，然后根据脚手架的搭设要求编制施工方案。

任务分析

脚手架是建筑物施工过程中重要的临时措施，脚手架种类的选择和搭设的质量不仅直接影响操作人员的人身安全，而且还影响着建筑施工的进度、效率和质量。因此，脚手架工程一直是建筑施工现场安全技术和管理的工作重点。脚手架搭设之前，应根据工种的特点和施工工艺确定搭设方案，内容应包括：基础处理、搭设要求、杆件间距及连墙杆设置位置、连接方法，并绘制施工详图及大样图。搭设高度超过规范规定的要进行计算。可以参考资料《建筑施工扣件式钢管脚手架安全技术规范》（JGJ 130）。

知识课堂

脚手架是建筑工程施工中堆放材料和工人进行操作的临时设施，是为保证高空作业安全，顺利进行施工而搭设的工作平台或作业支架，是建筑施工中不可缺少的设施。因此，脚手架在砌筑工程、混凝土工程、装修工程中有着广泛的应用。通过对钢管扣件式脚手架、碗扣式脚手架、附着升降式脚手架、吊挂式及里脚手架的学习，掌握各类脚手架的搭设要求、优缺点及使用范围。

脚手架工程

3.1.1　脚手架的分类和基本要求

1. 脚手架的分类

脚手架可根据用途、与施工对象的位置关系、支承特点、使用的材料以结构形式等划分为多种类型。

（1）按用途划分。

1）操作用脚手架。操作用脚手架包括结构作业脚手架和装修作业脚手架。其架面施工荷载标准值分别规定为 $3\ kN/m^2$ 和 $2\ kN/m^2$。

2）防护用脚手架。架面施工荷载标准值可按 $1\ kN/m^2$ 计。

3）承重、支撑用脚手架。架面施工荷载按实际使用值计。

（2）按与施工对象的位置关系划分。

1）外脚手架。外脚手架沿建筑物外围从地面搭起，既可用于外墙砌筑，又可用于外装饰施工。其主要形式有多立杆式、框式、桥式等。多立杆式应用最广，框式次之，桥式应用最少。

2）里脚手架。里脚手架搭设于建筑物内部，每砌完一层墙后，即将其转移到上一层楼面，进行新的一层砌体砌筑，它可用于内外墙的砌筑和室内装饰施工。里脚手架用料虽少，但装拆频繁，故要求轻便灵活，装拆方便。其结构形式有折叠式、支柱式和门架式等多种。

(3)按支承特点划分。

1)落地式脚手架：搭设（支座）在地面、楼面、屋面或其他平台结构之上的脚手架。

2)悬挑式脚手架：采用悬挑方式支固的脚手架，其挑支方式又可分为三种，即架设于专用悬挑梁上；架设于专用悬挑三角桁架上；架设于由撑拉杆件组合的支挑结构上。其支挑结构有斜撑式、斜拉式、拉撑式和顶固式等多种。

3)附墙悬挂脚手架：在上部或中部挂设于墙体挑挂件上的定型脚手架。

4)悬吊脚手架：悬吊于悬挑梁或工程结构之下的脚手架。

5)附着升降式脚手架（简称"爬架"）：附着于工程结构，依靠自身提升设备实现升降的悬空脚手架。

6)水平移动脚手架：带行走装置的脚手架或操作平台架。

(4)按所用材料分为：金属脚手架、木脚手架和竹脚手架。

(5)按结构形式分为：多立杆式、碗扣式、门型、方塔式、附着式升降脚手架及悬吊式脚手架等。

2. 脚手架的基本要求

脚手架是建筑工程的辅助工具，在建筑物施工过程中，都需要搭设脚手架，当建筑物竣工后应全部拆除，不留任何痕迹。脚手架与施工安全有着密切的关系，必须符合以下基本要求：

(1)要有足够的坚固性和稳定性，施工期间在允许荷载和气候条件下不产生变形、倾斜或摇晃现象，确保施工人员人身安全。

(2)要有足够的工作面，能满足工人操作、材料堆放以及运输的需要。

(3)构造简单，装拆方便，并能多次周转使用。

(4)因地制宜，就地取材，尽量节约架子用料。

3. 脚手架工程的安全要求

脚手架虽然是临时设施，但对其安全性应予以足够的重视，脚手架的不安全因素一般有：不重视脚手架施工方案设计，对超常规的脚手架仍按经验搭设；不重视外脚手架的连墙件的设置及地基基础的处理；对脚手架的承载力了解不够，施工荷载过大。所以，脚手架的搭设应该严格遵守安全技术要求。

(1)一般要求。

1)具有足够的强度、刚度和稳定性，确保施工期间在规定荷载作用下不发生破坏。

2)具有良好的结构整体性和稳定性，保证使用过程中不发生晃动、倾斜、变形，以保障使用者的人身安全和操作的可靠性。

3)应设置防止操作者高空坠落和零散材料掉落的防护措施。

4)架子工作业时，必须戴安全帽、系安全带、穿软底鞋。脚手材料应堆放平稳，工具应放入工具袋内，上下传递物件不得抛掷。

5)使用脚手架时必须沿外墙设置安全网，以防材料下落伤人和高空操作人员坠落。

6)不得使用腐朽和严重开裂的竹、木脚手板，或虫蛀、枯脆、劈裂的材料。

7)在雨、雪、冰冻的天气施工，架子上要有防滑措施，并在施工前将积雪、冰渣清除干净。

8)复工工程应对脚手架进行仔细检查，发现立杆沉陷、悬空、节点松动、架子歪斜等情况，应及时处理。

(2)防电、避雷。脚手架与电压为 $1\sim 20\ kV$ 以下架空输电线路的距离不应小于 $2\ m$，同时应有隔离防护措施。

脚手架应有良好的防电避雷装置。钢管脚手架、钢塔架应有可靠的接地装置，每 $50\ m$ 应设一处，经过钢脚手架的电线要严格检查，谨防破皮漏电。施工照明通过钢脚手架时，应使用 12 V 以下的低压电源。电动机具必须与钢脚手架接触时，要有良好的绝缘措施。

3.1.2 扣件式钢管脚手架

扣件式钢管脚手架是由钢管杆件用扣件连接而成的临时结构架，具有工作可靠、装拆方便和适应性强等优点，是目前我国使用最为普遍的脚手架品种。虽然一次性投资较大，但其周转次数多，摊销费用低，能适应建筑物平立面的变化。

扣件式钢管脚手架由立杆、大横杆、小横杆、斜撑、脚手板等组成，取材方便，钢、木、竹等均可应用。扣件式钢管脚手架属于多立杆式外脚手架的一种，其特点是：每步架高可根据施工需要灵活布置；搭设灵活，装卸方便，利于施工操作；搭设高度大，坚固耐用。

根据使用的要求，扣件式钢管脚手架可以搭设成双排式和单排式两种形式(图 3-1)。双排式脚手架是沿墙外侧设两排立杆，大横杆沿墙外侧垂直于立杆搭设，小横杆的两端支承在大横杆上；单排式脚手架是沿墙外侧仅设一排立杆，小横杆一端与大横杆连接，另一端支承在墙上。

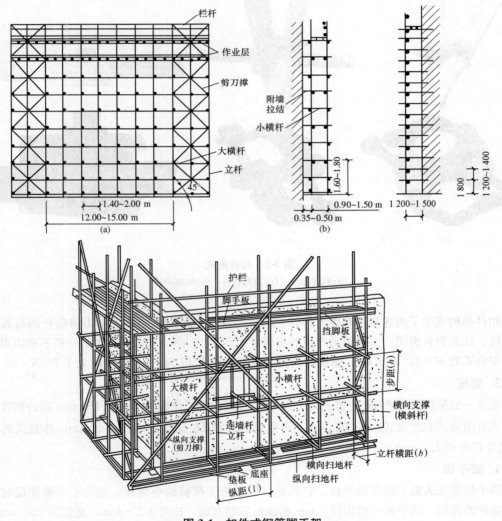

图 3-1 扣件式钢管脚手架
(a)立面；(b)侧面(双、单排)

3.1.2.1 扣件式钢管脚手架的基本组成

扣件式钢管脚手架是由标准的钢管杆件（立杆、横杆、斜杆）和特制扣件组成的脚手架骨架与脚手板、防护构件、连墙件等组成的，是目前最常用的一种脚手架。

1. 钢管杆件

钢管杆件一般采用 $\phi 48.3 \times 3.6$ 钢管，外径为 48.3 mm、壁厚为 3.6 mm 的焊接钢管或无缝钢管，每根钢管的最大质量不应大于 25.8 kg，以便适合人工操作。用于立杆、大横杆、剪刀撑和斜杆的钢管最大长度为 4～6.5 m。用于小横杆的钢管长度宜为 1.5～2.5 m，以适应脚手板的宽度。

2. 扣件

扣件用于钢管之间的连接，其基本形式有以下三种（图 3-2）。

(1) 回转扣件，用于两根钢管成任意角度相交的连接。
(2) 直角扣件，用于两根钢管成垂直相交的连接。
(3) 对接扣件，用于两根钢管的对接连接。

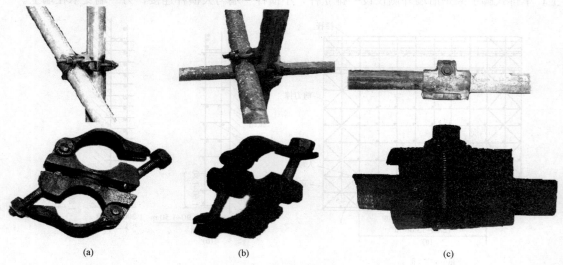

图 3-2 扣件形式
(a)回转扣件；(b)直角扣件；(c)对接扣件

扣件是构成架子的连接件和传力件，它通过与立杆之间形成的摩擦阻力将横杆的荷载传递给立杆。试验资料表明，由摩阻力产生的抗滑能力约为 10 kN，考虑施工中的一些不利因素，可采用安全系数 $K=2$，取 5 kN。螺栓拧紧扭力矩不应小于 40 N·m，且不应大于 65 N·m。

3. 底座

底座一般采用厚为 8 mm、边长为 150～200 mm 的钢板作底板，上焊 150 mm 高的钢管。底座形式有内插式和外套式两种（图 3-3）。内插式的外径 D_1 比立杆内径小 2 mm；外套式的内径 D_2 比立杆外径大 2 mm。

4. 脚手板

脚手板是工人施工操作的平台，它承受并传递施工荷载给小横杆。当设于非操作层时，起安全防护的作用。脚手板一般用厚 2 mm 的钢板压制而成，长度为 2～4 m，宽度为 250 mm，表面应有防滑措施（图 3-4）。也可采用厚度不小于 50 mm 的杉木板或松木板，长度为 3～4 m，宽度为 200～250 mm；或者采用竹脚手板，其有竹笆板和竹片板两种形式。

脚手板一般应设置在三根小横杆上，采用三点支撑。当脚手板长度小于 2 m 时，可采用两点支撑，但应将脚手板两端可靠地固定在小横杆上，以防止倾翻。脚手板宜采用对接平铺，也可采用搭接铺设。

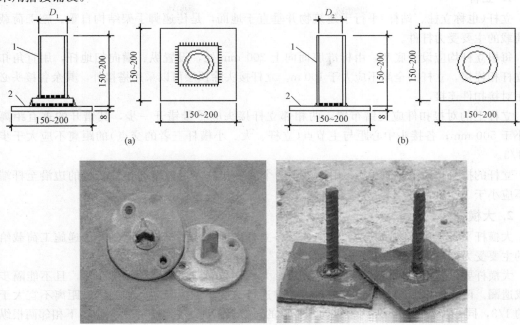

图 3-3　扣件式钢管脚手架底座
(a)内插式底座；(b)外套式底座
1—承插钢管；2—钢板底座

图 3-4　脚手板

3.1.2.2　扣件式钢管脚手架的构造体系

作用在脚手架上的荷载，一般有施工荷载(操作人员和材料及设备等的自重)和脚手架自重。各种荷载的作用部位和分布可按实际情况采用。脚手架用小横杆附在砖墙上(单排)或用拉撑件与建筑物拉结。荷载的传递顺序是：脚手板→小横杆→大横杆→立杆→底座→地基。脚手架为空间体系，为计算方便，多简化成平面力系。

扣件式钢管脚手架主要杆件为立柱，其他杆件如小横杆、大横杆等其承受荷载能力均为已知,只要控制施工荷载不超过其允许承载力即可,因此,在一般情况下,扣件式钢管脚手架只要按照规定搭设,就不需要进行验算。

1. 立杆

立杆(也称立柱、站杆)平行于建筑物并垂直于地面,是传递脚手架结构自重、施工荷载与风荷载的主要受力杆件。

每根立杆均应设置底座,由标准底面向上 200 mm 处,设置纵、横向扫地杆,用直角扣件与立杆相连接,立杆的全高不应大于 100 m。立杆接头除顶层可以采用搭接外,其余各接头必须采用对接扣件连接。

立杆上的对接扣件应交错布置,两相邻立杆接头应尽量错开一步,其错开的垂直距离不应小于 500 mm;各接头中心距与主节点(立杆、大、小横杆三者的交点)的距离不应大于步距的 1/3。

立杆的搭接长度不小于 1 m,用不少于两个旋转扣件固定,端部扣件盖板的边沿至杆端距离不应小于 100 mm。

2. 大横杆

大横杆平行于建筑物,其是在纵向连接各立杆的通长水平杆,是承受并传递施工荷载给立柱的主要受力杆件。

大横杆要设置水平,长度不应小于 2 跨,大横杆与立杆要用直角扣件扣紧,且不能隔步设置或遗漏。两大横杆的接关必须采用对接扣件连接。接头位置与立杆轴心线的距离不宜大于跨度的 1/3,同一步架中内、外两根纵向水平杆的对接接头应尽量错开一跨,上、下相邻两根纵向水平杆的对接接头也应尽量错开一跨,错开的水平距离不应小于 500 mm。

3. 小横杆

小横杆垂直于建筑物,其是在横向连接脚物架内、外排立杆的水平杆件(采用单排脚物架时,一端连接立杆,另一端搭在建筑物的外墙上),是承受并传递施工荷载给立柱的主要受力杆件。

小横杆设置在立杆与大横杆的相交处,用直角扣件与大横杆扣紧,且应贴近立杆布置,小横杆与立杆轴心线的距离不应大于 150 mm;当为单排脚手架时,小横杆的两端应用直角扣件固定在大横杆上。

4. 支撑

支撑有剪刀撑(纵向支撑)和横向支撑(又称横向斜拉杆、之字撑)两类。剪刀撑设置在脚手架外侧面、与外墙面平行的十字交叉斜杆,可增强脚手架的纵向刚度;横向支撑是设置在脚手架内、外排立杆之间的,呈之字形的斜杆,可增强脚手架的横向刚度。

可见,支撑是为保证脚手架的整体刚度和稳定性,并提高脚手架的承载力而设置的;双排脚手架应设剪刀撑与横向支撑,单排脚手架应设剪刀撑。

剪刀撑的设置应符合下列要求:

(1)24 m 以下的单、双排脚手架,均应在外侧立面的两端各设置一道剪刀撑,由底至顶连续设置;中间每道剪刀撑的净距不应大于 15 m。

(2)24 m 以上的双排脚手架应在外侧立面整个长度和高度上连续设置剪刀撑。

(3)每道剪刀撑跨越立杆的根数宜为 5~7 根,与地面的倾角宜为 45°~60°。

(4)剪刀撑的连接除顶层可采用搭接外,其余各接头必须采用对接扣件连接。搭接长度不小于 1 m,用不少于两个旋转扣件连接。

(5)剪刀撑的斜杆应用旋转扣件固定在与之相交的小横杆的伸出端或立杆上,旋转扣件中心线与主节点的距离不应大于 150 mm。

横向支撑的设置应符合下列要求:

(1)横向支撑的每一道斜杆应在1~2步内,由底至顶呈之字形连续布置,两端用旋转扣件固定在立杆上或小横杆上。

(2)一字形、开口形双排脚手架的两端均必须设置横向支撑,中间每隔6跨设置一道。

(3)24 m以下的封闭型双排脚手架可不设横向支撑,24 m以上者除两端应设置横向支撑外,中间应每隔6跨设置一道。

5. 连墙件

连墙件(又称连墙杆)是连接脚手架与建筑物的部件,是脚手架中既要承受、传递风荷载,又要防止脚手架在横向失稳或倾覆的重要受力部件。

连墙件的布置形式、间距大小对脚手架的承载能力有很大影响,它不仅可以防止脚手架的倾覆,而且还可以加强立杆的刚度和稳定性。在正常情况下,连墙件不受力的作用,然而一旦脚手架发生变形,其就会承受压力或拉力,起到分散荷载的作用。

连墙件根据传力性能、构造形式的不同,可分为刚性连墙件和柔性连墙件。通常采用刚性连墙件,使脚手架与建筑物连接可靠。但当脚手架高度在24 m以下时,可用柔性连墙件,如用 $\phi 4$ mm镀锌钢丝或 $\phi 6$ 钢筋,这种连接必须配用顶撑顶在混凝土圈梁、柱等结构上,以防止向内倾倒;24 m以上的双排脚手架必须设刚性连墙件与墙体连接;刚性连墙件的布置间距与脚手架的搭设高度有很大关系,见表3-1。

表3-1 固定件布置间距

脚手架的类型	脚手架高度 H/m	垂直距离/m	水平间距/m	每根连墙件覆盖面积/m^2
双排	≤50	≤6(3步)	≤6(3跨)	≤40
	>50(须计算复核)	≤4(2步)	≤6(3跨)	≤27
单排	≤24	≤6(3步)	≤6(3跨)	≤40

连墙件不仅防止架子外倾,同时增加立杆的纵向刚度,如图3-5所示。

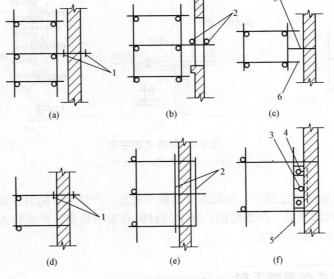

图3-5 连墙件的做法

(a)、(b)、(c)双排;(d)单排(剖面);(e)、(f)单排

1—扣件;2—短钢管;3—铅丝与墙内埋设的钢筋环拉住;4—顶墙横杆;5—木楔;6—短钢管

3.1.2.3 扣件式钢管脚手架的搭设要求

(1)扣件式钢管脚手架搭设范围内的地基要夯实找平,做好排水处理,防止积水浸泡地基。

(2)立杆中大横杆步距和小横杆间距可按表3-2选用,最下一层步距可放大到1.8 m,以便于底层施工人员的通行和运输。

表3-2　扣件式钢管脚手架构造尺寸和施工要求

用途	构造形式	里立杆与墙面的距离/m	立杆间距/m		操作层小横杆间距/m	大横杆步距/m	小横杆挑向墙面的悬/m
			横向	纵向			
砌筑	单排	0.5	1.2~1.5	2	0.67	1.2~1.4	0.45
	双排		1.5	2	1	1.2~1.4	
装饰	单排	0.5	1.2~1.5	2.2	1.1	1.6~1.8	0.45
	双排		1.5	2.2	1.1	1.6~1.8	

(3)立杆底座须在底下垫以木板或垫块。杆件搭设时应注意立杆垂直,竖立第一节立柱时,每6跨应暂设一根抛撑(垂直于大横杆,一端支承在地面上),直至固定件架设好后方可根据情况拆除。

(4)剪刀撑设置在脚手架两端的双跨内和中间每隔30 m净距的双跨内,仅在架子外侧与地面呈45°布置。搭设时将一根斜杆扣在小横杆的伸出部分,同时随着墙体的砌筑,设置连墙杆与墙锚拉,扣件要拧紧。

(5)对于超过50 m的高层建筑脚手架应专门设计,并按批准的施工组织设计进行搭设。其常用的做法是:每隔若干层(约30 m)沿建筑四周外墙设置一排由工字钢或者槽钢组成的三角悬挑梁,钢梁通过预埋件固定于混凝土外墙或柱上,如图3-6所示。脚手架按有关规定在钢梁上搭设。

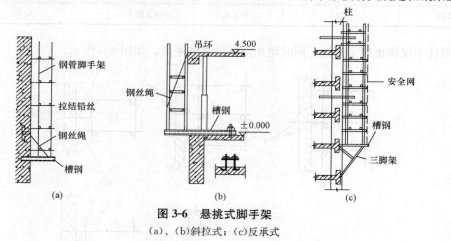

图3-6　悬挑式脚手架
(a)、(b)斜拉式;(c)反承式

(6)脚手架的拆除按由上而下,逐层向下的顺序进行,严禁上下同时作业。严禁将整层或数层固定件拆除后再拆脚手架。严禁抛扔,卸下的材料应集中设置。严禁行人进入施工现场,要统一指挥,上下呼应,保证安全。

3.1.3　碗扣式钢管脚手架

碗扣式钢管脚手架是一种杆件轴心相交(接)的承插锁固式钢管脚手架,采用带连接件的定型杆件,组装简便,具有比扣件式钢管脚手架更强的稳定承载能力。其不仅可以组装各式脚手架,而且更适合构造各种支撑架,特别是重载支撑架。这种新型脚手架的核心部件是碗扣接头,由上、下碗扣,横杆接头和上碗扣的限位销等组成,如图3-7所示。其特点是杆件全部轴向连接,结构简单,力学性能好,接头构造合理,工作安全可靠,装拆方便,不存在扣件丢失的问题。

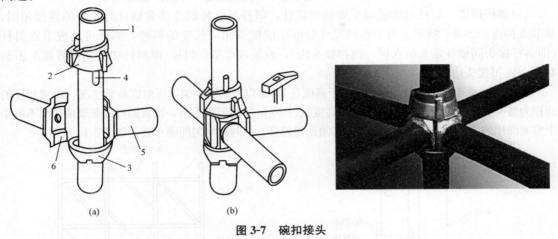

图3-7 碗扣接头
(a)连接前;(b)连接后
1—立杆;2—上碗扣;3—下碗扣;4—限位销;5—横杆;6—横杆接头

1. 碗扣式钢管脚手架的组成与构配件

碗扣式钢管脚手架的主要构配件由立杆、顶杆、横杆、斜杆和底座等组成,如图3-8所示。立杆和顶杆有两种,在杆上均焊有间距为60 cm的下碗扣和限位销,安装时,将上碗扣的缺口对准限位销后,即可将上碗扣向上抬起(沿立杆向上滑动),将横杆接头插入下碗扣圆槽内,随后将上碗扣沿限位销滑下并顺时针旋转以扣紧横杆接头(使用锤子敲击几下即可达到扣紧要求)。碗扣式接头拼接完全避免了拧螺栓作业,工人用一把铁锤即可快速、高效地完成全部作业,每一碗扣接头同每一碗扣接头可同时连接4根横杆,构成任意高度的脚手架。

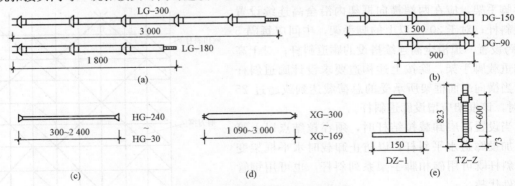

图3-8 碗扣式脚手架主要构配件
(a)立杆;(b)顶杆;(c)横杆;(d)斜杆;(e)底座

立杆接长时,接头应错开,至顶层再用两种顶杆找平。辅助构件用于作业面及附壁拉结等的杆件,如用于作业面的间横杆、脚手板、斜道板、挡脚板、挑梁和架梯等;用于连接的立杆连接销、前角销、连接撑等;用于其他用途的立杆托撑、立杆可调撑、横托撑和安全网支架等。

专用构件有支撑柱垫座、支撑柱转角座、支撑柱可调座、提升滑轮、悬挑架和爬升挑架等。

2. 碗扣式钢管脚手架的搭设操作要求

碗扣式钢管脚手架用于构造双排外脚手架时，一般立杆横向间距取 1.2 m，横杆步距取 1.8 m，立杆纵向间距可根据建筑物结构、脚手架搭设高度及作业荷载等具体要求确定，有 0.9 m、1.2 m、1.5 m、1.2 m 和 2.4 m 等多种尺寸供选用，并选择相应的横杆。

(1) 斜杆设置。斜杆可增强脚手架的稳定性，斜杆与立杆的连接和横杆与立杆的连接相同，其节点构造如图 3-9 所示。对于不同尺寸的框架应配备相应长度的斜杆，斜杆可装成节点斜杆（即斜杆接头同横杆接头装在同一碗扣接头内），或装成非节点斜杆（即斜杆接头同横杆接头不装在同一碗扣接头内）。

斜杆应尽量布置在框架节点上，对于高度在 30 m 以上的脚手架，可根据荷载情况，设置斜杆的面积为整架立面面积的 1/5～1/2；对于高度超过 30 m 的高层脚手架，设置斜杆的框架面积得不得小于整架面积的 1/2。在拐角边缘及端部必须设置斜杆，中间可均匀间隔布置，如图 3-10 所示。

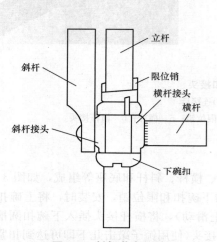

图 3-9 斜杆节点构造

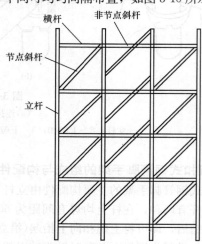

图 3-10 斜杆布置构造图

横向框架内设置斜杆即廊道斜杆，对于提高脚手架的稳定强度尤为重要。对于一字形及开口形脚手架，应在两端横向框架内沿全高连续设置节点斜杆；对于 30 m 以上的脚手架，中间应每隔 5～6 跨设置一道沿全高连续搭设的廊道斜杆；对于高层和重载脚手架，除按上述构造要求设计廊道斜杆外，当横向平面框架所承受的总荷载达到或超过 25 kN 时，该框架应增设廊道斜杆。

当设置高层卸载拉结杆时，须在拉结点以上第一层加设廊道水平斜杆，以防止卸载时水平框架变形。斜杆既可用碗扣脚手架系列斜杆，也可用钢管和扣件代替。

(2) 剪刀撑。竖向剪刀撑的设置应与碗扣式斜杆的设置相配合，一般高度在 30 m 以下的脚手架，可每隔 4～5 跨设置一组沿全高连续搭设的剪刀撑，每道剪刀撑跨越 5～7 根立杆，设剪刀撑跨内不再设碗扣式斜杆；对于高度在 30 m 以上的高层脚手架，应

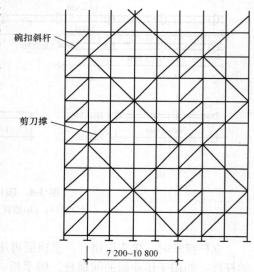

图 3-11 剪刀撑设置构造

沿脚手架外侧的全高方向连续设置,两组剪刀撑之间用碗扣式斜杆,其设置构造如图 3-11 所示。纵向水平剪刀撑对于增强水平框架的整体性、均匀传递连墙撑的作用具有重要的意义。对于 30 m 以上高层脚手架,应每隔 3~5 步架设置一层连续的、闭合的纵向水平剪刀撑。

(3)连墙撑。连墙撑是脚手架与建筑物之间的连接件,对提高脚手架的横向稳定性、承受偏心荷载和水平荷载等具有重要作用。一般情况下,对于高度在 30 m 以下的脚手架,可四跨三步设置一个(约 40 m²);对于高层及重载脚手架,则要适当加密,50 m 以下的脚手架至少应三跨三步布置一个(约 25 m²),50 m 以上的脚手架至少应三跨二步布置一个(约 20 m²)。连墙撑设置应尽量采用梅花形布置方式。另外,当设置宽挑架、提升滑轮、安全网支架和高层卸荷拉结杆等构件时,应增设连墙撑,对于物料提升架也要相应地增设连墙撑数目。连墙撑应尽量连接在横杆层碗扣接头内,同脚手架、墙体保持垂直,并随建筑物及架子的升高及时设置,其构造如图 3-12 所示;其他搭设要求同扣件式钢管脚手架。

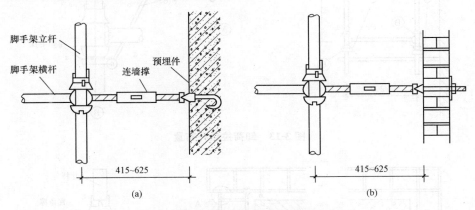

图 3-12 碗扣式连墙撑设置构造
(a)混凝土墙固定连墙撑;(b)砖墙固定连墙撑

(4)高层卸荷拉结杆。高层卸荷拉结杆主要是为了减轻脚手架荷载而设计的一种构件。高层卸荷拉结杆设置要根据脚手架的高度和作业荷载而定,一般每 30 m 高卸荷一次,但总高度在 50 m 以下的脚手架不用卸荷。卸荷层应将拉结杆同每一根立杆连接卸荷。设置时将拉结杆一端用预埋件固定在墙体上,另一端固定在脚手架横杆层下碗扣底下,中间用索具螺旋调节拉力,以达到悬吊卸荷的目的,其构造形式如图 3-13 所示。卸荷层要设置水平廊道斜杆,以增强水平框架刚度。另外,要将横托与建筑物顶紧,以平衡水平力。应在上下两层增设连墙撑。

对一般建筑物的外脚手架,应将在拐角处两直角交叉的排架连在一起,以增强脚手架的整体稳定性。连接形式可以采用直接拼接法和直角撑搭接法两种,如图 3-14 所示。直角撑搭接可实现任意部位的直角交叉。

碗扣脚手架还可搭设为单排脚手架、满堂脚手架、支撑架、移动式脚手架、提升井架和悬挂挑式脚手架等。

3. 碗扣式钢管脚手架的拆除

当脚手架使用完成后,应制订拆除方案,拆除前应对脚手架做一次全面检查,清除所有多余物件,并设立拆除区,严禁人员进入。拆除顺序应自上而下逐层拆除,不允许上、下两层同时拆除。连墙撑只能在拆到该层时才允许拆除。在拆架前应先拆除连墙撑。

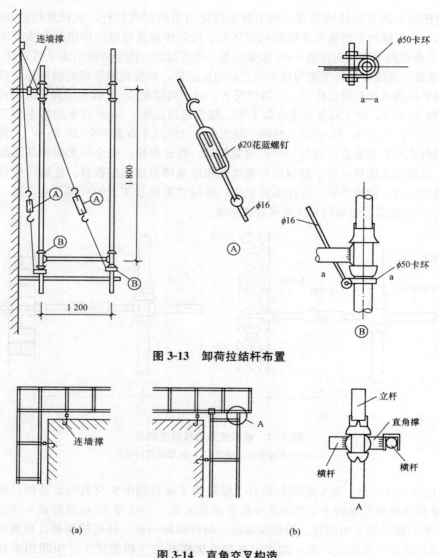

图 3-13 卸荷拉结杆布置

图 3-14 直角交叉构造
(a)直接拼接；(b)直角撑搭接

3.1.4 钢梁悬挑脚手架

悬挑脚手架是利用建筑结构外边缘向外伸出的悬挑构架作施工上部结构，或作外装修用的外脚手架。脚手架的荷载全部或大部分传递给已施工完成的下部建筑物承受。它是由钢管挑架或型钢支承架、扣件式钢管脚手架及连墙件等组合而成的。这种脚手架要求必须有足够的强度、刚度和稳定性，并能将脚手架的荷载有效传递给建筑结构。悬挑脚手架适用于下列三种情况（这里仅介绍常用的钢梁悬挑脚手架）：

(1)±0.000 以下结构工程不能及时回填土，而主体结构必须进行的工程，否则影响工期。

(2)高层建筑主体结构四周有裙房，脚手架不能直接支承在地面上。

(3)超高层建筑施工时，脚手架搭设高度超过了架子的允许搭设高度，因此，将整个脚手架按允许搭设高度分成若干段，每段脚手架支承在建筑结构向外悬挑的结构上。

3.1.4.1 钢梁悬挑脚手架构造

1. 构配件

（1）悬挑梁。悬挑脚手架的悬挑梁（工字钢、槽钢）应符合现行国家标准《碳素结构钢》（GB/T 700）中 Q235－A 级的有关规定。

（2）钢管、扣件。悬挑脚手架所用的各种钢管、扣件、脚手板、安全网等构配件同"落地式钢管脚手架"的要求。

2. 构造要求

钢梁悬挑脚手架主要由悬挑梁（工字钢、槽钢）和钢管扣件式脚手架组成。

（1）悬挑梁。钢悬挑梁宜优先选用工字钢，这是由于工字钢具有截面对称性，受力稳定性好。悬挑梁工字钢型号可根据悬挑跨度和架体搭设高度，按表 3-3 选用。悬挑钢梁构造尺寸示意如图 3-15 所示。

表 3-3 悬挑梁工字钢型号、长度

架体高度 H/m 悬挑长度 H/m	工字钢选用型号		悬挑钢梁长度 L/m	锚固端中心位置 L_2/m
	<10 m	10～24 m		
1.50	14#	16#	4.1	2.3
1.75	16#	18#	4.7	1.6
2.00	18#	20 a#	5.3	3.0
2.25	18#	22 a#	6.0	3.4
2.50	20 a#	22 b#	6.6	3.8
2.75	20 a#	25 a#	7.3	4.2
3.00	22 a#	28 a#	7.8	4.5

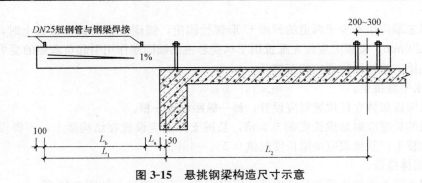

图 3-15 悬挑钢梁构造尺寸示意

（2）悬挑脚手架架体构造，可按表 3-4 采用。

表 3-4 悬挑脚手架架体构造

架体位于地面上高度 Z/m	立杆步距 h/m	立杆横距/m	立杆纵距/m
≤60	≤1.8	≤1.05	≤1.5
60～80	≤1.7		
81～90	≤1.6		
91～100	≤1.5		

(3)悬挑脚手架构造要求,可按表3-5采用。

表3-5 悬挑脚手架构造要求

项 目	要 求	说 明
支承悬挑梁的主体结构	混凝土梁板结构	板厚≥120 mm
悬挑梁	工字钢,U形螺栓固定	
架体高度	≤24 m	超过时应分段搭设,架体所处高度≤100 m
作业层活荷载标准值	≤2 kN/m²	装修用
	≤2~3 kN/m²	结构用
作业层数量	≤3层	装修用
	≤3层	结构用
脚手板层数	≤3层	作业层垂直高度大于12 m时,应铺设隔层脚手板或隔层安全网

注:当架体高度>100 m时,脚手板限搭二层,作业层限设二层。

3.1.4.2 钢梁悬挑脚手架搭设工艺

1. 搭设工艺流程

钢梁悬挑脚手架搭设工艺流程:预埋 U 形螺栓→水平悬挑梁→纵向扫地杆→立杆→横向扫地杆→小横杆→大横杆→剪刀撑→连墙件→铺脚手板→扎防护栏杆→扎安全网。

2. 搭设操作要求

(1)预埋 U 形螺栓。

1)预埋 U 形螺栓的直径为 20 mm,宽度为 160 mm,高度经计算确定;螺栓丝扣应采用机床加工并冷弯成型,不得使用板牙套丝或挤压滚丝,长度不小于 120 mm,U 形螺栓宜采用冷弯成型。

2)悬挑梁末端应由不少于两道的预埋 U 形螺栓固定,锚固位置设置在楼板上时,楼板的厚度不得小于 120 mm;楼板上应预先配置用于承受悬挑梁锚固端作用引起负弯矩的受力钢筋;平面转角处悬挑梁末端锚固位置应相互错开。

(2)安装水平悬挑梁。

1)悬挑梁应按架体立杆位置对应设置,每一纵距设置一根。

2)悬挑梁的长度应取悬挑长度的 2.5 倍,悬挑支撑点应设置在结构梁上,不得设置在外伸阳台上或悬挑板上;悬挑端应按梁长度起拱 0.5%~1%。

(3)悬挑架体搭设。

1)悬挑脚手架架体的底部与悬挑构件应固定牢靠,不得滑动,如图 3-16 所示。

2)悬挑脚手架架体立杆、水平杆、扫地杆、扣件及横向斜撑的搭设,按"落地式钢管脚手架"执行。

3)悬挑脚手架的外立面剪刀撑应自下而上连续设置。

4)连墙件必须采用刚性构件与主体结构可靠连接,其设置间距为:水平间距≤$3l_a$;竖向间距≤$2h$。

(4)固定钢丝绳。悬挑脚手架宜采取钢丝绳保险体系,按悬挑脚手架设计间距要求固定钢丝绳,如图 3-17 所示。

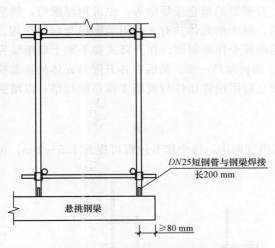
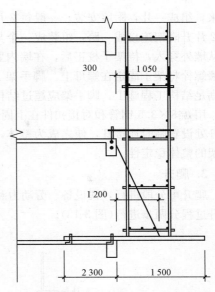

图 3-16　悬挑脚手架架体底部做法　　　　图 3-17　钢丝绳保险体系

3.1.5　附着升降式脚手架

附着升降式脚手架是沿结构外表面满搭的脚手架，在结构和装修工程施工中应用较为方便，但费料耗工，一次性投资大，工期也长。因此，近年来在高层建筑及筒仓、竖井、桥墩等施工中发展了多种形式的外挂脚手架，其中应用较为广泛的是附着升降式脚手架，包括自升降式、整体升降式、互升降式三种类型。

附着升降式脚手架的主要特点是：脚手架不需满搭，只搭设满足施工操作及安全各项要求的高度；地面不需做支承脚手架的坚实地基，也不占施工场地；脚手架及其上承担的荷载传递给与之相连的结构，对这部分结构的强度有一定要求；随施工进程，脚手架可随之沿外墙升降，结构施工时由下往上逐层提升，装修施工时由上往下逐层下降。

3.1.5.1　自升降式脚手架

自升降式脚手架的升降运动是通过手动或电动倒链交替对活动架和固定架进行升降来实现的。从升降架的构造来看，活动架和固定架之间能够进行上下相对运动。当脚手架工作时，活动架和固定架均用附墙螺栓与墙体锚固，两架之间无相对运动；当脚手架需要升降时，活动架与固定架中的一个架子仍然锚固在墙体上，使用倒链对另一个架子进行升降，两架之间便会产生相对运动。通过活动架和固定架交替附墙，互相升降，脚手架即可沿着墙体上的预留孔逐层升降。具体操作过程如下。

1. 施工前准备

按照脚手架的平面布置图和升降架附墙支座的位置，在混凝土墙体上设置预留孔。预留孔尽可能与固定模板的螺栓孔结合布置，孔径一般为 40～50 mm。为使升降顺利进行，预留孔中心必须在一直线上。脚手架爬升前，应检查墙上预留孔位置是否正确，如有偏差，应预先修正，墙面突出严重时，也应预先修平。

2. 安装

该脚手架的安装在起重机配合下按脚手架平面图进行。先把上、下固定架用临时螺栓连接起来，组成一片，附墙安装。一般每2片为一组，每步架上用4根 $\phi 48\times 3.5$ 钢管作为大横杆，把2片升降架连接成一跨，组装成一个与邻跨没有牵连的独立升降单元体。附墙支座的附墙螺栓从墙外穿入，待架子校正后，在墙内紧固。对壁厚的筒仓或桥墩等，也可预埋螺母，然后用附墙螺栓将架子固定在螺母上。脚手架工作时，每个单元体共有8个附墙螺栓与墙体锚固。为了满足结构工程施工，脚手架应超过结构一层的安全作业需要。在升降式脚手架上墙组装完毕后，用 $\phi 48\times 3.5$ 钢管和对接扣件在上固定架上面再接高一步。最后在各升降单元体的顶部扶手栏杆处设置临时连接杆，使之成为整体，内侧立杆用钢管扣件与模板支撑系统拉结，以增强脚手架的整体稳定性。

3. 爬升

爬升可分段进行，视设备、劳动力和施工进度而定，每个爬升过程可提升 1.5～2 m，每个爬升过程分两步进行(图 3-18)。

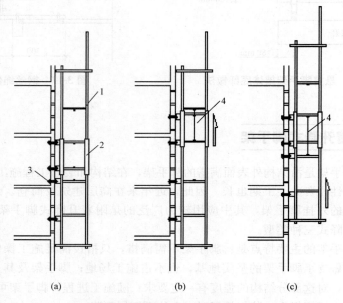

图 3-18　自升降式脚手架的爬升过程
(a)爬升前的位置；(b)活动架爬升(半个层高)；(c)固定架爬升(半个层高)
1—活动架；2—固定架；3—附墙螺栓；4—倒链

(1)爬升活动架。解除脚手架上部的连接杆，在一个升降单元体两端升降架的吊钩处，各配置1只倒链，倒链的上、下吊钩分别挂入固定架和活动架的相应吊钩内。操作人员位于活动架上，倒链受力后卸去活动架附墙支座的螺栓，活动架即被倒链挂在固定架上，然后在两端同步提升，活动架即呈水平状态徐徐上升。爬升到达预定位置后，将活动架用附墙螺栓与墙体锚固，卸下倒链，活动架爬升完毕。

(2)爬升固定架。同爬升活动架相似，在吊钩处用倒链的上、下吊钩分别挂入活动架和固定架的相应吊钩内，倒链受力后卸去固定架附墙支座的附墙螺栓，固定架即被倒链挂吊在活动架上。然后在两端同步抽动倒链，固定架即徐徐上升，同样爬升至预定位置后，将固定架用附墙螺栓与墙体锚固，卸下倒链，固定架爬升完毕。

至此，脚手架完成了一个爬升过程。待爬升一个施工高度后，重新设置上部连接杆，使脚手架进入工作状态，以后按此循环操作，脚手架即可不断爬升，直至结构到顶。

4. 下降

下降与爬升操作顺序相反，顺着爬升时用过的墙体预留孔倒行，脚手架即可逐层下降，同时把留在墙面上的预留孔修补完毕，最后脚手架返回地面。

5. 拆除

拆除时设置警戒区，由专人监护，统一指挥。先清理脚手架上的垃圾杂物，然后自上而下逐步拆除。拆除升降架可用起重机、卷扬机或倒链。升降机拆下后要及时清理整修和保养，以利重复使用，运输和堆放均应设置地楞，以防止变形。

3.1.5.2 整体升降式脚手架

在超高层建筑的主体施工中，整体升降式脚手架具有明显的优越性，它结构整体好、升降快捷方便、机械化程度高、经济效益显著，是一种很有推广使用价值的超高建（构）筑外脚手架，被建设部列入重点推广的 10 项新技术之一。

整体升降式外脚手架以电动倒链为提升机，使整个外脚手架沿建筑物外墙或柱整体向上爬升。搭设高度依建筑物施工层的层高而定，一般取建筑物标准层 4 个层高加 1 步安全栏的高度为架体的总高度。脚手架为双排，宽以 0.8~1 m 为宜，里排杆与建筑物的净距为 0.4~0.6 m。脚手架的横杆和立杆间距都不宜超过 1.8 m，可将 1 个标准层高分为 2 步架，以此步距为基数确定架体横杆与立杆的间距。

架体设计时可将架子沿建筑物外围分成若干单元，每个单元的宽度参考建筑物的开间而定，一般为 5~9 m。具体操作如下。

1. 施工前的准备

按平面图先确定承力架及电动倒链挑梁安装的位置和个数，在相应位置上的混凝土墙或梁内预埋螺栓或预留螺栓孔。各层的预留螺栓或预留孔位置要求上下一致，误差不超过 10 mm。

加工制作型钢承力架、挑梁、斜拉杆。准备电动倒链、钢丝绳、脚手管、扣件、安全网、木板等材料。

因整体升降式脚手架的高度一般为 4 个施工层层高，在建筑物施工时，由于建筑物的最下几层层高往往与标准层不一致，且平面形状也往往与标准层不同，所以，一般在建筑物主体施工到 3~5 层时开始安装整体脚手架。下面几层施工时往往要先搭设落地外脚手架。

2. 安装

先安装承力架，承力架内侧用 M25~M30 的螺栓与混凝土边梁固定，承力架外侧用斜拉杆与上层边梁拉结固定，用斜拉杆中部的花篮螺栓将承力架调平；再在承力架上面搭设架子，安装承力架上的立杆；然后搭设下面的承力桁架。再逐步搭设整个架体，随搭随设置拉结点，并设斜撑。在比承力架高 2 层的位置安装工字钢挑梁，挑梁与混凝土边梁的连接方法与承力架相同。电动倒链挂在挑梁下，并将电动倒链的吊钩挂在承力架的花篮挑梁上。在架体上每个层高满铺厚木板，架体外面挂安全网。

3. 爬升

短暂开动电动倒链，将电动倒链与承力架之间的吊链拉紧，使其处在初始受力状态。松开架体与建筑物的固定拉结点。松开承力架与建筑物相连的螺栓和斜拉杆，开动电动倒链开始爬升。在爬升过程中应随时观察架子的同步情况，如发现不同步应及时停机进行调整。爬升到位后，先安装承力架与混凝土边梁的紧固螺栓，并将承力架的斜拉杆与上层边梁固定，然后安装架体上部与建筑物的各拉结点。待检查符合安全要求后，脚手架可开始使用，进行上一层的主体施工。在新一层主体施工期间，将电动倒链及其挑梁摘下，用滑轮或手动倒链转至上一层重新安装，为下一层爬升做准备（图 3-19）。

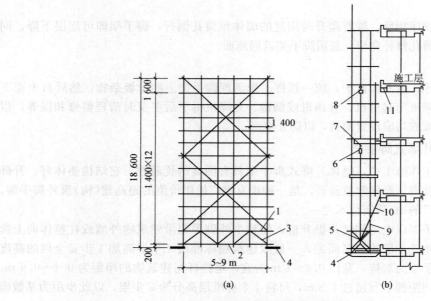

图 3-19 整体升降式脚手架
(a)立面图；(b)侧面图
1—上弦杆；2—下弦杆；3—承力桁架；4—承力架；5—斜撑；
6—电动倒链；7—挑梁；8—倒链；9—花篮螺栓；10—拉杆；11—螺栓

4. 下降

下降与爬升的操作顺序相反，利用电动倒链顺着爬升用的墙体预留孔倒行，脚手架即可逐层下降，同时将留在墙面上的预留孔修补完毕，最后脚手架返回地面。

5. 拆除

爬架拆除前应清理脚手架上的杂物。其拆除方式与互升式脚手架类似。

3.1.6 其他形式的脚手架

3.1.6.1 吊篮

高处作业吊篮应用于高层建筑外墙装修、装饰、维护、检修、清洗、粉饰等工程施工(图 3-20)。

1. 吊篮的分类

(1)按用途：可分为维修吊篮和装修吊篮。前者为篮长≤4 m、载重量≤5 kN 的小型吊篮，一般为单层；后者的篮长可达 8 m 左右，载重量为 5~10 kN，并有单层、双层、三层等多种形式，可满足装修施工的需要。

(2)按驱动形式：吊篮可分为手动、气动和电动三种。

(3)按提升方式：吊篮可分为卷扬式(又有提升机设于吊箱或悬挂机构之分)和爬升式(又有 α 式卷绳和 S 式卷绳之分)两种。

2. 使用及安全注意事项

(1)吊篮在升降时应设专人指挥，升降操作应同步，防止提升(降)差异。在阳台、窗口等处，应设专人负责推动吊篮，预防吊篮碰撞建筑物或吊篮倾斜。

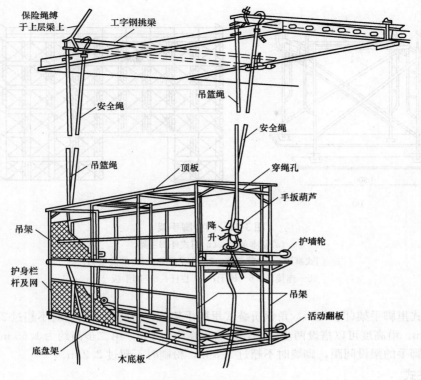

图 3-20 吊篮

(2)吊篮内的作业人员不应超过两个。吊篮正常工作时,人员应从地面进入吊篮内,不得从建筑物顶部、窗口等处或其他孔洞处进入吊篮。

(3)不得将吊篮作为垂直运输设备,不得采用吊篮运送物料。

(4)吊篮作升降运行时,不得将两个或三个吊篮连在一起升降,并且工作平台高差不得超过 150 mm。

(5)当吊篮提升到使用高度后,应将保险安全绳拉紧卡牢,并将吊篮与建筑物锚拉牢固。吊篮下降时,应先拆除与建筑物拉接的装置,再将保险安全绳放长到要求下降的高度后卡牢,然后用机具将吊篮降落到预定高度(此时保险钢丝绳刚好拉紧),最后将吊篮与建筑物拉接牢固后,方可使用。

3.1.6.2 门型脚手架

门型脚手架由门式框架、剪刀撑和水平梁架或脚手板构成基本单元,如图 3-21(a)所示。
将基本单元连接起来即构成整片脚手架,如图 3-21(b)所示。
门型脚手架的主要部件之间的连接形式为制动片式。

3.1.6.3 里脚手架

里脚手架搭设于建筑物内部,每砌完一层墙后,即将其转移到上一层楼面,进行新的一层墙体砌筑。里脚手架也用于外墙砌筑和室内装饰施工。

里脚手架用料少,装拆较频繁,要求轻便灵活,装拆方便。其结构形式有折叠式、支柱式和门架式。

1. 折叠式

折叠式里脚手架适用于民用建筑的内墙砌筑和内粉刷。根据材料不同,可分为角钢、钢管

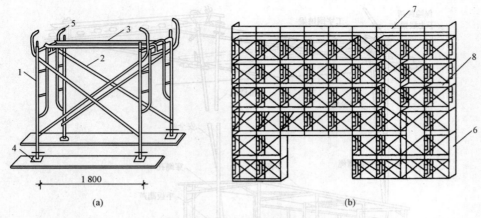

图 3-21 门型脚手架
(a)基本单元；(b)门式外脚手架
1—门式框架；2—剪刀撑；3—水平梁架；4—螺旋基脚；
5—连接器；6—梯子；7—栏杆；8—脚手板

和钢筋折叠式里脚手架(图 3-22)。角钢折叠式里脚手架的架设间距，砌墙时不超过 2 m，粉刷时不超过 2.5 m。沿高度可以搭设两步脚手，第一步高约为 1 m，第二步高约为 1.65 m。钢管和钢筋折叠式里脚手的架设间距，砌墙时不超过 1.8 m，粉刷时不超过 2.2 m。

2. 支柱式

支柱式里脚手架由若干支柱和横杆组成。其适用于砌墙和内粉刷。其搭设间距，砌墙时不超过 2 m，粉刷时不超过 2.5 m。支柱式里脚手架的支柱有套管式和承插式两种形式。套管式支柱(图 3-23)是将插管插入立管中，以销孔间距调节高度，在插管顶端的凹形支托内搁置方木横杆，横杆上铺设脚手架。架设高度为 1.5～2.1 m。

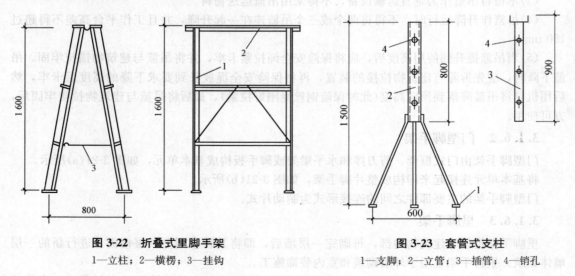

图 3-22 折叠式里脚手架
1—立柱；2—横楞；3—挂钩

图 3-23 套管式支柱
1—支脚；2—立管；3—插管；4—销孔

3. 门架式

门架式里脚手架由两片 A 形支架与门架组成(图 3-24)。其适用于砌墙和粉刷。支架间距：砌墙时不超过 2.2 m，粉刷时不超过 2.5 m，其架设高度为 1.5～2.4 m。

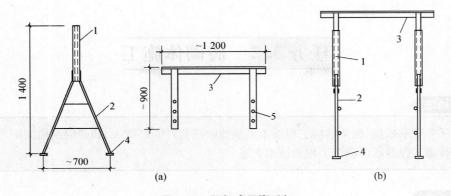

图 3-24 门架式里脚手架
(a)A形支架与门架;(b)安装示意
1—立管;2—支脚;3—门架;4—垫板;5—销孔

3.1.7 脚手架工程的绿色施工

　　脚手架总的趋势是向着轻质高强结构、标准化、装配化和多功能方向发展。其材料由木、竹发展为金属制品;搭设工艺将逐步采用组装方法,尽量减少或不用扣件、螺栓等零件;脚手架的主要杆件,不宜采用木、竹材料。其材质宜采用强度高、质量轻的薄壁型钢、铝合金制品等。

　　随着我国大量现代化大型建筑体系的出现,应大力开发和推广应用新型脚手架。其中,新型脚手架是指碗扣式脚手架、门式脚手架;在桥梁施工中推广应用方塔式脚手架;在高层建筑施工中推广整体爬架和悬挑式脚手架。

　　各地有关部门首先应制定政策鼓励施工企业采用新型脚手架,尤其是高大空间的脚手架,为保证施工安全,应避免使用扣件式钢管脚手架,尽快淘汰竹(木)脚手架。同时,对扣件式钢管脚手架和碗扣式脚手架的产品质量及使用安全问题,应大力开展整治工作,引导施工企业采用安全可靠的新型脚手架。插销式脚手架是国际主流脚手架,这种脚手架结构合理,技术先进,安全可靠,当前在国内一些重大工程中已得到大量应用。

　　脚手架工程的绿色施工应以扩大使用功能及其应用的灵活程度为方向。各种先进的脚手架系列已不仅局限于满足搭设几种常用的脚手架,而是作为一种常备的多功能的施工工具设备,力求适应现代施工各个领域中不同项目的要求和需要。

　　努力提升脚手架的环保要求,成立制作、安装、拆除一体化与专业化的脚手架承包公司等。

第二课堂

1. 实地考察一个建筑工地脚手架的搭设方法和操作过程。
2. 简述脚手架的作用、要求、类型。
3. 简述钢管扣件式脚手架的搭设要求。

任务 3.2　砖砌体施工

任务描述

本任务要求依据《砌体结构工程施工质量验收规范》(GB 50203)和砖混结构的施工特点，编写宿舍楼工程的墙体砌筑工程的技术交底。

任务分析

编写砖砌体施工技术交底是施工管理的基础工作，必须熟练掌握。首先要分析在建工程的特点和现有的技术力量，然后制定具体、实用、可行的交底。本方案在编写时需要写明施工所用材料、主要机具、作业条件、操作工艺流程、质量标准及成品保护措施等内容，操作工艺流程要详细写明每一个过程怎么做，做到什么程度，是重点内容。

知识课堂

砖砌体工程

3.2.1　砖砌体材料

1. 砖的种类

砖按所用原材料可分为烧结普通砖、页岩砖、煤矸石砖、粉煤灰砖、灰砂砖和炉渣砖等；按生产工艺可分为烧结砖和非烧结砖，其中，非烧结砖又可分为压制砖、蒸养砖和蒸压砖等；按有无孔洞可分为空心砖和实心砖(图 3-25)。

(1)烧结普通砖、灰砂砖、粉煤灰砖。

砖的尺寸：240 mm×115 mm×53 mm。

砖的等级：MU30、MU25、MU20、MU15、MU10。

(2)烧结多孔砖(承重)。

砖的尺寸：P 型：240 mm×115 mm×90 mm；M 型：190 mm×190 mm×90 mm。

砖的等级：MU30、MU25、MU20、MU15、MU10。

图 3-25　空心砖、粉煤灰砖和灰砂砖

2. 砖的准备

选砖：砖的品种、强度等级必须符合设计要求，并应规格一致；用于清水墙、柱表面的砖，外观要求应尺寸准确，边角整齐，色泽均匀，无裂纹、掉角、缺棱和翘曲等严重现象。

砖浇水：为避免砖吸收砂浆中过多的水分而影响粘结力，砖应提前 1~2 d 浇水湿润，并可除去砖面上的粉末。烧结普通砖含水率宜为 10%~15%，但浇水过多会产生砌体走样或滑动。气候干燥时，石料也应先洒水润湿。但灰砂砖、粉煤灰砖不宜浇水过多，其含水率宜控制在 5%~8%。

3.2.2 砌筑砂浆

砂浆是由胶结材料、细集料、掺加料和水配制而成的。砌筑砂浆是在砖、石、砌块等块材表面铺成砂浆层，起粘结和传递应力的作用。其按胶结材料的不同，可分为水泥砂浆、水泥混合砂浆和石灰砂浆。砂浆种类及其等级的选择，应根据设计要求确定。

1. 材料要求

水泥砂浆和水泥混合砂浆可用于砌筑潮湿环境和强度要求较高的砌体，但对于基础一般只用水泥砂浆。石灰砂浆宜用于砌筑环境干燥以及强度要求不高的砌体，不宜用于潮湿环境的砌体及基础，因为石灰属气硬性胶凝材料，在潮湿环境中，石灰膏不但难以结硬，而且会出现溶解流散现象。

砌筑砂浆使用的水泥品种、强度等级应根据砌体部位和所处环境来选择。水泥砂浆采用的水泥强度等级不宜大于 42.5 MPa，水泥混合砂浆采用的水泥强度等级不宜大于 52.5 MPa。如遇水泥强度等级不明或出厂日期超过三个月等情况，应经试验鉴定后方可使用，不同强度等级的水泥不能混合使用。

砌筑砂浆用砂，砖砌体宜选用中砂，粒径不得大于 2.5 mm；毛石砌体宜采用粗砂，最大粒径应为砂浆层厚度的 1/4~1/5，砂中不得含有杂物和土粒等。由于砂的含泥量对砂浆强度、稠度及耐久性影响较大，对砂浆强度等级大于或等于 M5 的砂浆，砂中含泥量不应超过 5%，强度等级为 M2.5 的水泥混合砂浆，砂的含泥量不应超过 10%。同时，拌制砂浆应采用不含有害物质的洁净水或饮用水。

为改善砌筑砂浆的和易性，常加入掺加料，如石灰膏、黏土粉、电石膏、粉煤灰和生石灰等。掺入生石灰或石灰膏时，应用孔径不大于 3 mm×3 mm 的网过滤；采用熟石灰时，其熟化时间不得少于 7 d；严禁使用脱水硬化的石灰膏作为掺加料。

2. 砂浆强度

砌筑砂浆的强度等级有 M2.5、M5.0、M7.5、M10、M15 等，各个强度等级的 28 d 抗压强度应不小于表 3-6 的规定。

表 3-6　用 42.5 级普通硅酸盐水泥拌制的砂浆强度增长关系

龄期 /d	不同温度下的砂浆强度百分率（以在 20 ℃时养护 28 d 的强度为 100%）							
	1 ℃	5 ℃	10 ℃	15 ℃	20 ℃	25 ℃	30 ℃	35 ℃
1	4	6	8	11	15	19	23	25
3	18	25	30	36	43	48	54	60
7	38	46	54	62	69	73	78	82
10	46	55	64	71	78	84	88	92
14	50	61	71	78	85	90	94	98
21	55	67	76	85	93	96	102	104
28	59	71	81	92	100	104	—	—

3. 砂浆的制备与使用

砂浆的配合比应经试验确定，试配砂浆时，应按设计强度等级提高15%。施工中如用水泥砂浆代替同强度等级的水泥混合砂浆砌筑砌体，用水泥砂浆和易性较差，砌体强度有所下降（一般下降15%左右）。因此，应提高水泥砂浆的配制强度（一般提高一级），方可满足设计要求。

砂浆的配料要准确，水泥的配料精度应控制在±2%以内；砂、石灰膏、黏土膏、粉煤灰的配料精度应控制在±5%以内。

砂浆应采用机械搅拌，拌和时间自投料完毕算起，不得小于1.5 min。砂浆应具有良好的保水性，水泥砂浆的分层厚度不应大于20 mm。若砂浆出现泌水现象，应在砌筑前再次拌和，砂浆的稠度应符合表3-7的规定。

表3-7 砌筑砂浆的稠度

项次	砌体种类	砂浆稠度/mm
1	烧结普通砖砌体、粉煤灰砖砌体	70～90
2	轻集料混凝土小型砌块砌体、混凝土砖砌体、普通混凝土小型空心砌块砌体、灰砂砖砌体	50～70
3	烧结多孔砖砌体、烧结空心砖砌体、轻集料混凝土小型空心砌块砌体、蒸压加气混凝土砌块砌体	60～80
4	石砌体	30～50

现场搅拌的砂浆应随拌随用，拌制的砂浆应在3 h内使用完毕；当施工期间最高气温超过30 ℃时，应在2 h内使用完毕。对掺用缓凝剂的砂浆，其使用时间可根据其缓凝时间的试验结果确定。

每一层楼或每250 m³砌体中的各种设计强度等级的砂浆，每台搅拌机应至少检查一次，每次至少制作一组试块（每组6块）。在砂浆强度等级或配合比变更时，还应制作试块。

3.2.3 砖砌体施工

1. 砖墙的组砌形式

通砖墙的砌筑形式主要有一顺一丁、三顺一丁、梅花丁、二平一侧、全顺式五种。

(1) 一顺一丁 [图 3-26(a)]。一顺一丁砌法，是一皮中全部顺砖与一皮中全部丁砖相互间隔砌成，上、下皮间的竖缝互相错开1/4砖长。其效率较高，适用于砌一砖、一砖半及二砖墙。

(2) 三顺一丁 [图 3-26(b)]。三顺一丁砌法是三皮中全部顺砖与一皮中全部丁砖间隔砌成，上、下皮顺砖间竖缝错开1/2砖长，上、下皮顺砖与丁砖竖缝错开1/4砖长。这种砌筑方法，由于顺砖较多，砌筑效率较高，适用于砌筑一砖或一砖以上的墙厚。

(3) 梅花丁 [图 3-26(c)]。梅花丁砌法（又称沙包式、十字式）是每皮中丁砖顺砖相隔，上皮丁砖坐中于下皮顺砖，上、下皮间竖缝相互错开1/4砖长。这种砌法内、外竖缝每皮上、下都能错开，故整体性较好，灰缝整齐，比较美观，但砌筑效率较低。砌筑清水墙或当砖的规格不一致时，采用这种砌法较好。

一顺一丁

一顺一丁(24墙)

三顺一丁

为了使砖墙的转角处各皮间竖缝相互错开，必须在外角处砌七分头砖（即3/4砖长，如图3-27所示）。砖墙的丁字接头处，应分皮互相砌通，内角相交处竖缝应错开1/4砖长，并在横端头处加砌七分头砖（图3-27）。砖墙的十字接头处，应分皮相互砌通，交角处的竖缝相互错开1/4砖长（图3-27）。

(4)二平一侧[图3-27(a)]。二平一侧由二皮平砌砖与一皮侧砌砖相隔砌成。其较费工，仅适用180 mm或300 mm厚的墙。

(5)全顺式[图3-27(b)]。全顺式即顺砖，上、下皮竖缝相互错开1/2砖长。这种形式仅适用于半砖墙。

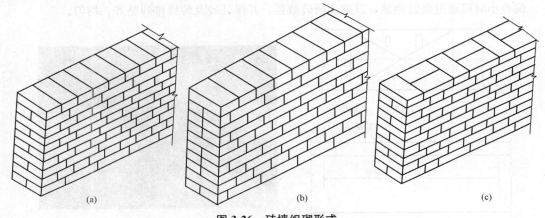

图3-26 砖墙组砌形式
(a)一顺一丁；(b)三顺一丁；(c)梅花丁

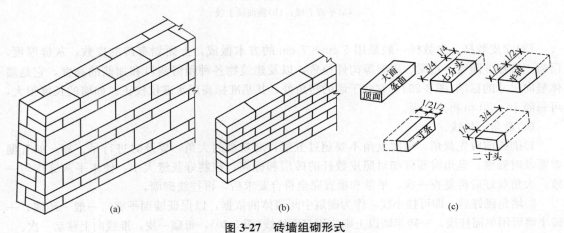

图3-27 砖墙组砌形式
(a)二平一侧；(b)全顺式；(c)半砖名称

2. 砖墙的砌筑工艺

砌砖施工通常包括抄平、放线，摆砖，立皮数杆，盘角、挂线，砌砖等工序。如果是清水墙，则还要进行勾缝。

(1)抄平、放线（图3-28）。砌砖墙前，先在基础面或楼面上按标准的水准点定出各层标高，并用水泥砂浆或C10细石混凝土找平。

建筑物底层墙身可按龙门板上轴线定位钉为准拉麻线，沿麻线挂下线坠，将墙身中心轴线放到基础面上，并据此以墙身中心轴线为准弹出纵横墙身边线，定出门洞口位置。为保证各楼层墙身轴线的重合，并与基础定位轴线一致，可利用预先引测在外墙面上的墙身中心轴线，借助经纬仪将墙身中心轴线引测到楼层上；或悬挂线坠，对准外墙面上的墙身中心轴线，从而向上引测。轴线的引测是放线的关键，必须按图纸要求尺寸用钢尺进行校核。然后，按楼层墙身中心线，弹出各墙边线，画出门窗洞口位置。

(2)摆砖(图3-28)。摆砖是指在放线的基面上按选定的组砌方式用干砖试摆(不铺灰)。摆砖的目的是核对所放的墨线在门窗洞口、附墙垛等处是否符合砖的模数，以尽可能减少斩砖，并使砌体灰缝均匀，组砌得当。

一般在房屋外纵墙方向摆顺砖，在山墙方向摆丁砖，摆砖由一个大角摆到另一个大角，砖与砖留10 mm缝隙。

偏差小时可通过竖缝调整，以减小斩砖数量，并保证砖及砖缝排列整齐、均匀。

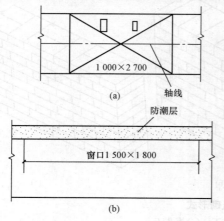

图3-28　放线与摆砖
(a)平面上线；(b)斜面墙上线

(3)立皮数杆。皮数杆一般是用5 cm×7 cm的方木做成，上面划有砖的皮数，灰缝厚度，门窗、楼板、圈梁、过梁、屋架等构件位置，以及建筑物各种预留洞口和加筋的高度，它是墙体竖向尺寸的标准(图3-29)。它立于墙的转角处，其基准标高用水准仪校正。如墙的长度很大，可每隔10～20 m再立一根。

(4)盘角、挂线。

1)砌砖前应先盘角，每次盘角不要超过五层，对新盘的大角，要及时进行吊、靠。如有偏差要及时修整。盘角时要仔细对照皮数杆的砖层和标高，控制好灰缝大小，使水平灰缝均匀一致。大角盘好后再复查一次，平整和垂直完全符合要求后，再挂线砌墙。

2)墙角砌好后，即可挂小线，作为砌筑中间墙体的依据，以保证墙面平整，一般一砖墙、一砖半墙可用单面挂线，一砖半墙以上则应用双面挂线(图3-30)，每砌一皮，准线向上移动一次。

(5)砌砖、勾缝。

1)砌筑操作方法各地不一，但应保证砌筑质量要求。通常采用"三一砌砖法"，即一块砖、一铲灰、一揉压，并随手将挤出的砂浆刮去的砌筑方法。其优点是灰浆饱满，粘结力好，整体性好，墙面清洁，质量高。铺浆法是用灰勺、大铲或铺灰器在墙顶上铺一段砂浆，然后用力将砖挤入砂浆中一定厚度并放平，其优点是施工速度快，灰缝饱满，但通常铺浆长度不得超过750 mm，气温超过30 ℃时不得超过500 mm。

2)勾缝是砌清水墙的最后一道工序，可以用砂浆随砌随勾缝，叫作原浆勾缝；也可砌完墙后再用1∶1.5水泥砂浆或加色砂浆勾缝，称为加浆勾缝。勾缝具有保护墙面和增加墙面美观的作用，为了确保勾缝质量，勾缝前应清除墙面粘结的砂浆和杂物，并洒水润湿。在砌完墙后，应画出 1 cm 的灰槽，灰缝可勾成凹、平、斜或凸形状。勾缝完成后还应清扫墙面。

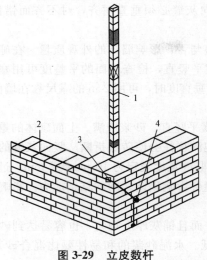

图 3-29 立皮数杆

1—皮数杆；2—准线；3—竹片；4—圆钢钉

图 3-30 双面挂线

3.2.4 影响砌体结构强度的主要因素

1. 块材和砂浆的强度

块材和砂浆的强度是决定砌体抗压强度的最主要因素。试验表明，以砖砌体为例，砖强度等级提高一倍时，可使砌体抗压强度提高 50% 左右；砂浆强度等级提高一倍时，砌体抗压强度约可提高 20%，但水泥用量要增加 50% 左右。

一般来说，砖本身的抗压强度远高于砌体的抗压强度，砌体强度随块体和砂浆强度等级的提高而增大，但提高块体和砂浆强度等级不能按相同的比例提高砌体的强度。

2. 砂浆的性能

砂浆的变形性能和砂浆的流动性、保水性对砌体抗压强度也有影响。砂浆强度等级越低，变形越大，砌体强度也越低。砂浆的流动性（即和易性）和保水性好，易使之铺砌成厚度和密实性都较均匀的水平灰缝，从而提高砌体强度。但是，如果流动性过大（采用过多塑化剂），砂浆在硬化后的变形率也越大，反而会降低砌体的强度。所以，性能较好的砂浆应具有良好的流动性和较高的密实性。

3. 块体的外形和灰缝厚度

块体的外形对砌体强度也有明显的影响，块体的外形比较规则、平整，则砌体强度相对较高。如灰砂砖具有比塑压黏土砖更为整齐的外形，当砖的强度等级相同时，灰砂砖砌体的强度要高于塑压黏土砖砌体的强度。

砂浆灰缝的厚度对砌体强度有影响，越厚则越难保证均匀与密实，越影响砌体强度，所以当块体表面平整时，应尽量减薄灰缝厚度。

4. 砌筑质量

砌筑施工质量控制等级分为 A、B、C 三级，一般按 B 级控制质量。砌筑工程质量的基本要求是：横平竖直、砂浆饱满、上下错缝、接槎牢固。

(1) 横平竖直。

1) 横平。横平即要求每一皮砖必须保持在同一水平面上，每块砖必须摆平。为此，在施工时首先须做好基础或露面抄平工作。砌筑时严格按皮数杆挂线,将每批砖砌平。

2)竖直。竖直即要求砌体表面轮廓垂直平整,竖向灰缝必须垂直对齐,对不齐而错位时,称为游丁走缝,影响砌体的外观质量。

墙体垂直与否,直接影响砌体的稳定性,墙面平整与否,影响墙体的外观质量。在施工过程中要做到"三皮一吊,五皮一靠",随时检查砌体的横平竖直,检查墙面的平整度可用塞尺塞进靠尺与墙面的缝隙中,检查此缝隙的大小;检查墙面垂直度时,可用 2 m 的靠尺靠在墙面上,将线锤挂在靠尺上端缺口内,使线与尺上中心线重合。

(2)砂浆饱满。对砌砖工程,要求每一皮砖的灰缝横平竖直、砂浆饱满。上面砌体的重量主要通过砌体之间的水平灰缝传递到下面,水平灰缝不饱满往往会使砖块折断。竖向灰缝的饱满程度,影响砌体抗透风和抗渗水的性能。水平缝厚度和竖缝宽度规定为 10 mm±2 mm,过厚的水平灰缝容易使砖块浮滑,墙身侧倾,过薄的水平灰缝会影响砌体之间的粘结能力。影响砂浆饱满度的主要因素有以下几项:

1)砂浆的和易性。和易性好的砂浆不仅操作方便,而且铺灰厚度均匀,也容易达到砂浆饱满度的要求,虽然混合砂浆的抗压强度比水泥砂浆的低。水泥砂浆的和易性要比混合砂浆差,因此,砌体结构施工时经常用混合砂浆进行砌筑。

2)砖的湿润程度。干砖上墙使砂浆的水分被吸收,影响砖与砂浆间的粘结力和砂浆饱满度。因此,砖在砌筑前必须浇水湿润,使其含水率达到 10%~15%。

3)砌筑方法。掌握正确的砌筑方法可以保证砌体的砂浆饱满度,通常采用"三一"砌砖法较好。

4)规定实心砖砌体水平灰缝的砂浆饱满度不得低于 80%。每步架至少抽查 3 处(每处 3 块砖)饱满度平均值不得低于 80%。检查常用的方法是:掀起砖,将百格网放在砖底浆面上,看粘有砂浆的部分占格数以百分计。

(3)上下错缝。上下错缝是指砖砌体上、下两皮砖的竖缝应当错开,竖缝相互错开至少 1/4 砖长,以避免上下通缝。在垂直荷载作用下,砌体会由于"通缝"丧失整体性而影响砌体强度。同时,内外搭砌使同皮的里外砌体通过相邻上、下皮的砖块搭砌而组砌得牢固。

(4)接槎牢固。"接槎"是指相邻砌体不能同时砌筑而设置的临时间断,它可便于先砌砌体与后砌砌体之间的接合。为使接槎牢固,须保证接槎部分的砌体砂浆饱满,砖砌体应尽可能砌成斜槎,斜槎的长度不应小于高度的 2/3[图 3-31(a)],临时间断处的高度差不得超过一步脚手架的高度。当留斜槎确有困难时,可从墙面引出不小于 120 mm 的直槎[图 3-31(b)],并沿高度间距不大于 500 mm 加设拉结筋,拉结筋每 120 mm 墙厚放置 1 根 φ6 钢筋,埋入墙的长度每边均不小于 500 mm,但砌体的 L 形转角处不得留直槎。

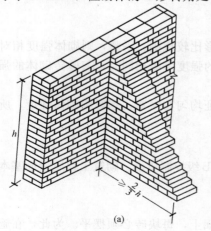
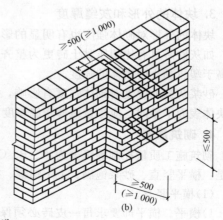

(a) (b)

图 3-31 接槎构造

(a)斜槎砌筑;(b)直槎砌筑

砖墙或砖柱顶面尚未安装楼板或屋面板时，如有可能遇到大风，其允许自由高度不得超过有关的规定，否则应采取可靠的临时加固措施。

3.2.5 脚手眼的设置

不得在下列墙件或部位设置脚手眼：
(1) 120 mm 厚墙、清水墙、料石墙、独立柱和附墙柱；
(2) 过梁上与过梁成 60°角的三角形范围及过梁净跨度 1/2 的高度范围内；
(3) 宽度小于 1 m 的窗间墙；
(4) 门窗洞口两侧石砌体 300 mm，其他砌体 200 mm 范围内；转角处石砌体 600 mm，其他砌体 450 mm 范围内；
(5) 梁或梁垫下及其左、右 500 mm 范围内；
(6) 设计不允许设置脚手眼的部位；
(7) 轻质墙体；
(8) 夹心复合墙外叶墙；
(9) 脚手眼补砌时，应清除脚手眼内掉落的砂浆、灰尘；脚手眼处砖填塞用砖应湿润，并应填实砂浆。对于设计要求的洞口、沟槽、管道应于砌筑时正确留出或预埋，未经设计同意，不得打凿墙体和在墙体上开凿水平沟槽。宽度超过 300 mm 的洞口上部，应设置钢筋混凝土过梁。不应在截面长边小于 500 mm 的承重墙体、独立柱内埋设管线。

第二课堂

1. 查阅相关资料，将任务中未完成的部分补充完整。
2. 论述砌筑砂浆原材料的质量要求、质量指标、搅拌、使用等要求及常见质量通病预防。
3. 论述一般砖砌体的施工流程和操作要点。
4. 简述砖砌体工程的质量要求。

任务 3.3　砌块砌体施工

任务描述

本任务要求依据《砌体结构工程施工质量验收规范》(GB 50203)和砌块砌体结构的施工特点，编写一个以砌块砌体为承重结构工程的技术交底。

任务分析

在实际工程中，砌体结构大多是以砖砌体为承重结构的，如砖混结构的宿舍楼、住宅楼等，在 6 度区，最高房屋高度可以到 21 m，最多可以建七层楼。以砌块砌体为承重结构工程并不多见，且大都是配筋混凝土小型空心砌块房屋。在 6 度区，最高房屋高度可以达到 60 m。砌块砌体结构和砖砌体结构的施工方法有很多相似的地方。可以参见国家建筑标准设计图集《配筋混凝土砌块砌体建筑结构设计计算示例》(08CG10)和《蒸压加气混凝土砌块砌体结构技术规范》(CECS 289)。

3.3.1 砌块砌体材料

砌块砌体施工

1. 砌块的种类

采用砌块代替烧结普通砖作为建筑工程的墙体材料,是墙体改革的一个重要途径。砌块是以天然材料或工业废料为原材料制作的,它的主要特点是施工方法非常简便,改变了手工砌筑的落后方式,降低了工人的劳动强度,提高了生产效率。

砌块按使用目的可分为承重砌块与非承重砌块(包括隔墙砌块和保温砌块);按是否有孔洞可分为实心砌块与空心砌块(包括单排孔砌块和多排孔砌块);按砌块大小可分为小型砌块(块材高度小于 380 mm)和中型砌块(块材高度为 380~940 mm);按使用的原材料可分为普通混凝土砌块、粉煤灰硅酸盐砌块、煤矸石混凝土砌块、浮石混凝土砌块、火山灰混凝土砌块、蒸压加气混凝土砌块等(图 3-32)。

图 3-32 加气混凝土轻质砌块、煤矸石空心砌块、粉煤灰砌块

2. 砌块的等级

单排孔混凝土和轻集料混凝土砌块的抗压强度等级分为 MU20、MU15、MU10、MU7.5、MU5。

3.3.2 混凝土小型空心砌块施工

1. 施工要点

(1)施工时所用的混凝土小型空心砌块的产品龄期不应小于 28 d。

(2)砌筑小砌块时,应清除表面污物和芯柱及小砌块孔洞底部的毛边,剔除外观质量不合格的小砌块。

(3)在天气炎热的情况下,可提前洒水湿润小砌块;对轻集料混凝土小砌块,可提前浇水湿润。小砌块表面有浮水时,不得施工。

(4)小砌块应底面朝上反砌于墙上。承重墙严禁使用断裂的小砌块。

(5)小砌块应从转角或定位处开始,在内、外墙同时砌筑,纵、横墙交错搭接。外墙转角处应使小砌块隔皮露端面;T 字交接处应使横墙小砌块隔皮露端面,纵墙在交接处改砌两块辅助规格小砌块(尺寸为 290 mm×190 mm×190 mm,一端开口),所有露端面用水泥砂浆抹平,如图 3-33 所示。

(6)小砌块墙体应对孔错缝搭砌,搭接长度不应小于 90 mm。墙体的个别部位不能满足上述要求时,应在灰缝中设置拉结钢筋或钢筋网片,但竖向通缝不能超过两皮小砌块。

(7)小砌块砌体的灰缝应横平竖直,全部灰缝均应铺填砂浆;水平灰缝的砂浆饱满度不得低于90%;竖向灰缝的砂浆饱满度不得低于80%;砌筑中不得出现瞎缝、透明缝。水平灰缝厚度和竖向灰缝宽度应控制在8～12 mm。当缺少辅助规格小砌块时,砌体通缝不应超过两皮砌块。

(8)小砌块砌体临时间断处应砌成斜槎,斜槎长度不应小于斜槎高度的2/3(一般按一步脚手架高度控制);如留斜槎有困难,除外墙转角处及抗震设防地区,砌体临时间断处不应留直槎外,从砌体面伸出200 mm砌成阴阳槎,并沿砌体高每三皮砌块(600 mm)设拉结筋或钢筋网片,接槎部位宜延至门窗洞口,如图3-34所示。

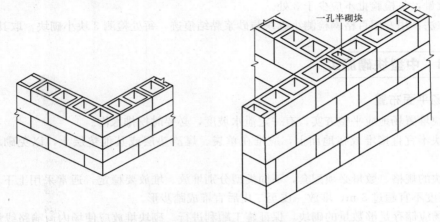

图3-33 小砌块墙转角处及T字交接处砌

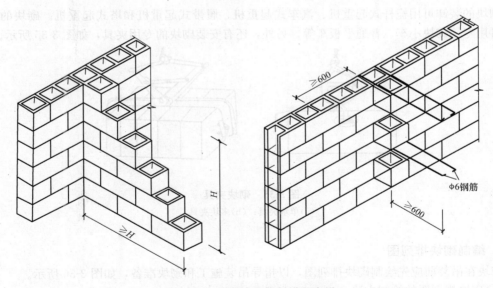

图3-34 小砌块砌体斜槎和直槎

2. 砌体质量

混凝土小型空心砌块砌体的质量分为合格和不合格两个等级。

混凝土小型空心砌块砌体的质量合格应符合规定:主控项目全部符合规定;一般项目应80%及以上抽检处符合规定或偏差值在允许偏差范围内。

混凝土小型空心砌块砌体主控项目如下：

(1)施工所用的小砌块和砂浆的强度等级必须符合设计要求。

抽检数量：每一生产厂家，每1万块小砌块至少应抽检一组。用于多层以上建筑基础和底层的小砌块抽检数量不应少于两组。砂浆试块的抽检数量同砖砌体的有关规定。

检验方法：查小砌块和砂浆试块试验报告。

(2)施工所用的砂浆宜选用专用的小砌块砌筑砂浆。砌体水平灰缝的砂浆饱满度，应按净面积计算不得低于90%；竖向灰缝的砂浆饱满度不得小于80%，竖缝凹槽部位应用砌筑砂浆填实，不得出现瞎缝、透明缝。

抽检数量：每检验批不应少于3处。

检验方法：用专用百格网检测小砌块与砂浆黏结痕迹，每处检测3块小砌块，取其平均值。

3.3.3 中型块砌施工

1. 现场平面布置

(1)砌块堆置场地应平整夯实，有一定泄水坡度，必要时挖排水沟。

(2)砌块不宜直接堆放在地面上，应堆在草袋、煤渣垫层或其他垫层上，以免砌块底部被污染。

(3)砌块的规格、数量必须配套，不同类型分别堆放。堆放要稳定，通常采用上下皮交错堆放，堆放高度不宜超过3m，堆放一皮至二皮后宜堆成踏步形。

(4)现场应储存足够数量的砌块，保证施工顺利进行。砌块堆放应使场内运输路线最短。

2. 机具准备

砌块的装卸可用桅杆式起重机、汽车式起重机、履带式起重机和塔式起重机。砌块的水平运输可用专用砌块小车、普通平板车等。另外，还有安装砌块的专用夹具，如图3-35所示。

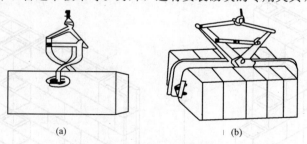

图3-35 砌块夹具

(a)单块夹具；(b)多块夹具

3. 编制砌块排列图

砌块在吊装前应先绘制砌块排列图，以指导吊装施工和砌块准备，如图3-36所示。

(1)砌块排列图的绘制方法：

1)在立面图上用1:50或1:30的比例绘制出纵、横墙面，然后将过梁、平板、大梁、楼梯、混凝土垫块等在图上标出，再将管道等孔洞标出；

2)在纵、横墙上画水平灰缝线，按砌块错缝搭接的构造要求和竖缝的大小，尽量以主砌块为主、以其他各种型号砌块为辅进行排列。需要镶砖时，尽量对称分散布置。

(2)砌块排列应遵守的技术要求如下：

1)上、下皮砌块错缝搭接长度一般为砌块长度的1/2(较短的砌块必须满足这个要求)，或不得小于砌块皮高的1/3，以保证砌块牢固搭接；

2)外墙转角处及纵、横墙交接处应用砌块相互搭接，如纵、横墙不能互相搭接，则应每二皮设置一道钢筋网片。

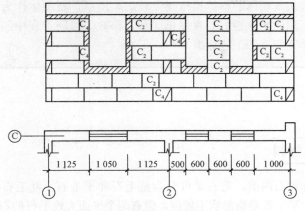

图 3-36　砌块排列图

4. 砌块施工工艺

砌块施工工艺顺序：铺灰(长≤3～5 m)→砌块就位→校正→灌缝→镶砖。砌块施工工艺流程主要有以下内容：

(1)铺灰砌块墙体所采用的砂浆，应具有较好的和易性；砂浆稠度宜为50～80 mm；铺灰应均匀平整，长度一般不超过5 m，在炎热天气及严寒季节应适当缩短。

(2)砌块吊装就位。吊装砌块一般用摩擦式夹具，夹砌块时应避免偏心。砌块就位时，应使夹具中心尽可能与墙身中心线在同一垂直线上，对准位置徐徐下落于砂浆层上，待砌块安放稳定后，方可松开夹具。

(3)校正砌块吊装就位后，用锤球或托线板检查砌块的垂直度，用拉准线的方法检查砌块的水平度。

(4)灌缝竖缝可用夹板在墙体内外夹住，然后灌砂浆，用竹片插或用铁棒捣，使其密实。

(5)镶砖。镶砖工作要紧密配合安装，在砌块校正后进行，不要在安装好一层墙身后才镶砖。

第二课堂

1. 查阅相关资料，将任务补充完整。
2. 简述小型空心砌块的施工要点。

任务 3.4　石砌体施工

任务描述

寻找周边的石砌体结构，仔细观察，写出石砌体和砖砌体、砌块砌体的不同，并编写一个砌筑毛石基础的技术交底。

任务分析

在实际工程中，石砌体主要用作挡土墙和毛石基础，因块材大小不一，形状不规则，施工难度较大，且砌筑成墙体的整体抗压强度较弱，所以，石砌体作为承重墙体的建筑现在已经没有了。但石砌体耐久性好，在基础工程、市政、道路工程中经常用到。编写技术交底可以参考石砌体工程施工工艺标准。

知识课堂

3.4.1 石砌体材料

石砌体

砌筑用石有毛石和料石两类。毛石又可分为乱毛石和平毛石。乱毛石是指形状不规则的石块；平毛石是指形状不规则，但有两个平面大致平行的石块。毛石的中部厚度不宜小于150 mm。料石按其加工面的平整度可分为细料石、粗料石和毛料石三种。料石的宽度、厚度均不宜小于200 mm，长度不宜大于厚度的4倍。

因石材的大小和规格不一，通常用边长为70 mm的立方体试块进行抗压试验，取3个试块破坏强度的平均值作为确定石材强度等级的依据。石材的强度等级划分为MU100、MU80、MU60、MU50、MU40、MU30和MU20。

石砌体的组砌形式应符合规定：内外搭砌，上下错缝，拉结石、丁砌石交错设置。

3.4.2 毛石基础

毛石基础（图3-37）是用毛石与水泥砂浆或水泥混合砂浆砌成。所用毛石强度等级一般为MU20，砂浆宜用水泥砂浆，强度等级应不低于MU5，应采用铺浆法砌筑。砂浆必须饱满，叠砌面的粘灰面积应大于80%；砌体的灰缝厚度宜为20~30 mm，石块之间不得有相互接触现象。毛石砌体宜分皮卧砌。

图3-37 毛石基础

毛石基础可作墙下条形基础或柱下独立基础。按其断面形式有矩形、阶梯形和梯形。基础的顶面宽度应比墙厚大200 mm，即每边宽出100 mm，每阶高度一般为300~400 mm，并至少砌二皮毛石。上级阶梯的石块应至少压砌下级阶梯的1/2，相邻阶梯的毛石应相互错缝搭砌。

毛石应上下错缝、内外搭砌。不得采用外面侧立毛石中间填心的砌筑方法；同时也不允许出现过桥石(仅在两端搭砌的石块)、铲口石(尖石倾斜向外的石块)和斧刃石(尖石向下的石块)(图 3-38)。

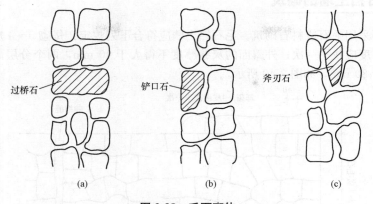

图 3-38 毛石砌体
(a)过桥石；(b)铲口石；(c)斧刃石

砌筑毛石基础的第一皮石块应坐浆，并将石块的大面向下。同时，毛石基础的转角处、交接处应用较大的平毛石砌筑。墙体的第一皮及转角处、交接处和洞口，应采用较大的平毛石。

3.4.3 料石基础

砌筑料石基础的第一皮石块应用丁砌层坐浆砌筑，以上各层料石可按一顺一丁进行砌筑。阶梯形料石基础，上级阶梯的料石至少压砌下级阶梯料石的 1/3，如图 3-39 所示。

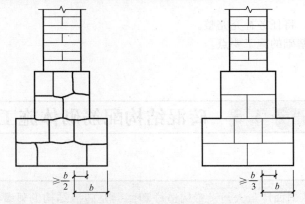

图 3-39 阶梯形毛石基础与阶梯形料石基础

料石砌体也应该采用铺浆法砌筑。料石砌体的砂浆铺设厚度应略高于规定的灰缝厚度，其高出厚度：细料石宜为 3~5 mm；粗料石、毛料石宜为 6~8 mm。砌体的灰缝厚度：细料石砌体不宜大于 5 mm；粗料石、毛料石砌体不宜大于 20 mm。

料石基础的第一皮料石应坐浆丁砌，以上各层料石可按一顺一丁进行砌筑。料石墙体厚度等于一块料石宽度时，可采用全顺砌筑形式；料石墙体厚度等于两块料石宽度时，可采用两顺一丁或丁顺组砌的形式。在料石和毛石或砖的组合墙中，料石砌体、毛石砌体、砖砌体应同时砌筑，并每隔 2~3 皮料石层用"丁砌层"与毛石砌体或砖砌体拉结砌合。"丁砌层"的长度宜与组合墙厚度相同。

3.4.4 石挡土墙的砌筑

石挡土墙可采用毛石或料石砌筑。毛石挡土墙应符合下列规定：每砌 3~4 皮为一个分层高度，每个分层高度应找平一次；外露面的灰缝厚度不得大于 40 mm，两个分层高度之间分层处的错缝不得小于 80 mm，如图 3-40 所示。

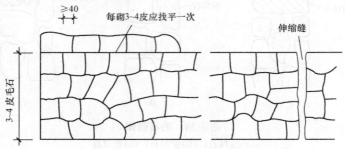

图 3-40 毛石挡土墙立面

料石挡土墙宜采用丁顺组砌的砌筑方式。当中间部分用毛石填砌时，丁砌料石伸入毛石部分的长度不应小于 200 mm。

挡土墙的泄水孔当设计无规定时，施工应符合下列规定：泄水孔应均匀设置，在每米高度上间隔 2 m 左右设置一个泄水孔；泄水孔与土体之间铺设长宽各为 300 mm、厚 200 mm 的卵石或碎石作疏水层。

第二课堂

1. 查阅相关资料，将任务补充完整。
2. 简述砌筑毛石基础的施工要点。

任务 3.5 砖混结构配筋砌体施工

任务描述

砖混结构现在依旧面广量大。设置构造柱和圈梁是砖混结构的显著特点，也是抗震设防的重要手段。本任务要求深刻理解构造柱和圈梁的抗震原理，并熟记《砌体结构设计规范》(GB 50003)中有关构造柱和圈梁的设置位置规定及构造要求规定，编写构造柱和圈梁施工方法的技术交底。

任务分析

构造柱是墙体的一部分，因此不能按普通柱子施工，设置马牙槎是构造柱施工的独特特点。圈梁是墙体的一部分，也不能按普通梁施工。

3.5.1 构造柱

构造柱不是一般意义的柱(受压构件),而是墙体的约束构件,其作用是使多层砌体房屋减轻和避免突然倒塌的危险,是保证多层砌体房屋大震不倒的重要措施。试验和震害表明,构造柱和圈梁一起将墙体分片包围,对墙体的约束和防止墙体开裂后砖的散落能起到非常显著的作用。

配筋砌体
(砖混结构施工)

1. 多层普通砖、多孔砖房

多层普通砖、多孔砖房,应按表3-8的要求设置现浇钢筋混凝土构造柱。

表 3-8 砖房构造柱设置要求

房屋的层数				设置部位	
6度	7度	8度	9度		7、8度时,楼电梯间的四角;隔15 m 或单元横墙与外纵墙交接处
四、五	三、四	二、三		外墙四角、错层部位横墙与外纵墙交接处,大房间内外墙交接处,较大洞口两侧	隔开间横墙(轴线)与外墙交接处,山墙与内纵墙交接处;7~9度时,楼、电梯间的四角
六、七	五	四	二		内墙(轴线)与外墙交接处,内墙的局部较小的墙垛处;7~9度时,楼、电梯间的四角;9度时内纵墙与横墙(轴线)交接处
八	六、七	五、六	三、四		

2. 构造柱的构造措施

(1)构造柱最小截面可采用 240 mm×180 mm,纵向钢筋宜采用 4φ12,箍筋间距不宜大于 250 mm,且在柱的上、下端宜适当加密;7度时超过六层、8度时超过五层,构造柱纵向钢筋宜采用 4φ14,箍筋间距不应大于 200 mm;房屋四角的构造柱可适当加大截面及配筋。

(2)构造柱与墙连接处应砌成马牙槎,每一个马牙槎的高度不宜超过 300 mm,混凝土小型空心砌块不应超过 200 mm,并应沿墙高每隔 500 mm 设 2φ6 拉结钢筋,每边伸入墙内不宜小于 1 m。

(3)构造柱与圈梁连接处,构造柱的纵筋应穿过圈梁,保证构造柱纵筋上下贯通。在柱与圈梁相交的节点处应适当加密柱的箍筋,加密范围在圈梁上、下均不小于 450 mm 或 1/6 层高;箍筋距离不宜大于 100 mm。

(4)构造柱可不单独设置基础,但应伸入室外地面下 500 mm,或与埋深小于 500 mm 的基础圈梁相连。

(5)构造柱的竖向受力钢筋应在基础梁和楼层圈梁中锚固,并应符合受拉钢筋的锚固要求。

(6)构造柱的混凝土强度等级不宜低于 C20。

圈梁与构造柱的设置如图 3-41 所示。

3. 构造柱的施工

(1)构造柱施工程序为:绑扎钢筋→砌砖墙→支模板→浇混凝土柱。

(2)构造柱钢筋的规格、数量、位置必须正确,绑扎前必须进行除锈和调直处理。

(3)构造柱从基础到顶层必须垂直,对准轴线,在逐层安装模板前,必须根据柱轴线随时校正竖筋的位置和垂直度。

(4)构造柱的模板可用木模板、竹胶板或组合钢模板。在每层砖墙及其马牙槎砌好后,立即支设模板,模板必须与所在墙的两侧严密贴紧,支撑牢靠,防止模板缝漏浆。

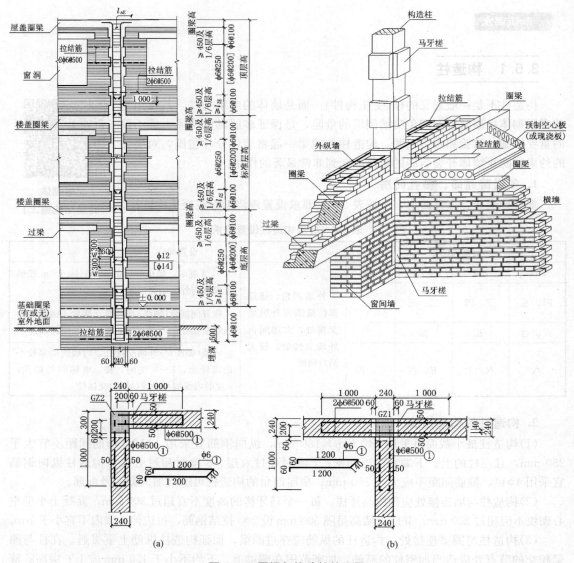

图 3-41 圈梁与构造柱的设置

(5)构造柱浇灌混凝土前,必须将马牙槎部位和模板浇水湿润,将模板内的落地灰、砖渣等杂物清理干净,并在结合面处注入适量与构造柱混凝土相同的去石水泥砂浆。

(6)构造柱的混凝土坍落度宜为 50~70 mm,石子粒径不宜大于 20 mm。混凝土随拌随用,应将拌和好的混凝土在 1.5 h 内浇灌完。

(7)捣实构造柱混凝土时,宜用插入式混凝土振动器,应分层振捣,振动棒随振随拔,每次振捣层的厚度不应超过振捣棒长度的 1.25 倍。振捣棒应避免直接碰触砖墙,严禁通过砖墙传振。

(8)构造柱的混凝土浇灌可以分段进行,每段高度不宜大于 2.0 m。在施工条件较好并能确保混凝土浇灌密实时,也可每层一次浇灌。

3.5.2 圈梁

钢筋混凝土圈梁是多层砖房的有效抗震措施之一。圈梁可以增强房屋的整体性,限制墙体斜裂缝的开展和延伸，减轻地震时地基不均匀对房屋的影响，提高楼盖的水平刚度。

1. 圈梁构造要求

(1) 装配式钢筋混凝土楼、屋盖或木楼、屋盖的砖房，横墙承重时应按表3-9的要求设置圈梁；纵墙承重时每层均应设置圈梁，且抗震横墙上的圈梁间距应比表中要求适当加密。

(2) 现浇或装配整体式钢筋混凝土楼、屋盖与墙体有可靠连接的房屋，应允许不另设圈梁，但楼板沿墙体周边应加强配筋并应与相应的构造柱钢筋可靠连接。

表3-9 砖房现浇钢筋混凝土圈梁设置要求

墙类	烈度		
	6、7	8	9
外墙和内纵墙	屋盖处及每层楼盖处	屋盖处及每层楼盖处	屋盖处及每层楼盖处
内横墙	同上；屋盖处间距不应大于7 m；楼盖处间距不应大于15 m；构造柱对应部位	同上；屋盖处沿所有横墙，间距不应大于7 m；楼盖处间距不应大于7 m；构造柱对应部位	同上；各层所有横墙

(3) 圈梁应闭合，遇有洞口圈梁应上、下搭接。圈梁宜与预制板设在同一标高处或圈梁紧靠板底。

(4) 圈梁的截面高度不应小于120 mm；6、7度最小纵筋为4Φ10，8度最小纵筋为4Φ12，9度最小纵筋为4Φ14。

2. 圈梁的施工

圈梁的施工应按照钢筋混凝土结构施工的一般要求进行。圈梁的支设模板常用的方法以下几种：

(1) 挑扁担法：在圈梁底面下一皮砖留一孔洞，在孔洞穿入木枋做扁担，再竖立两侧模板，用夹条及斜撑支牢[图3-42(b)]。

(2) 倒卡法：在圈梁下面一皮砖的灰缝中，每隔1 m嵌入一根Φ10钢筋支承侧模，再用钢管卡具或木制卡具卡于侧模上口。当混凝土达到一定强度拆除模板时，将Φ10钢筋抽出。

(3) 钢模板挑扁担法：该法常用钢模板，下口夹牢一皮砖以固定宽度，上口用马钉或卡具固定宽度。

(a)

(b)

图3-42 构造柱与圈梁的设置

第二课堂

1. 查阅相关资料，将任务补充完整。
2. 简述构造柱的施工程序。
3. 论述圈梁的设置位置及施工方法。

4. 案例分析题

某住宅建筑,建筑层高为 3.0 m,用 240 mm×115 mm×90 mm 标准多孔砖砌筑。其中,楼面采用 120 mm 厚现浇板,现浇板与承重墙体的现浇圈梁整体浇筑。圈梁设计截面高度为 240 mm,底层地圈梁已完成,其面标高为 -0.020 m,楼地面装饰层预留 40 mm 厚面层,门窗洞口高度为 2 700 mm,试确定底层墙和二层标准层墙体的砌筑高度和组砌层(皮)数。

任务 3.6　钢筋混凝土结构填充墙施工

任务描述

填充墙常用轻质材料,是黏土砖的主要替代品,节能、绿色、环保。在工程实践中有大量的填充墙施工任务。要求依据《砌体结构工程施工质量验收规范》(GB 50203)和填充墙的施工特点,编写一个填充墙体的技术交底。

任务分析

钢筋混凝土作为结构的多层及高层建筑常用的结构体系有:框架结构、剪力墙结构、框架-剪力墙结构和筒体结构。这些结构体系中很多墙体由填充墙组成,填充墙只起围护和分隔作用,并不承担竖向荷载。填充墙的施工方法和砖砌体很相似。

知识课堂

3.6.1　填充墙常用材料

(1)钢筋混凝土结构填充墙常用加气混凝土砌块、空心砖、轻集料混凝土小型空心砌块等。

(2)使用加气混凝土砌块、轻集料混凝土小型空心砌块砌筑时,其产品龄期应超过 28 d。

(3)填充墙砌筑严禁使用烧结实心砖。

3.6.2　填充墙的施工

(1)填充墙砌体应在主体结构及相关分部已施工完毕,并经有关部门验收合格后进行。砌筑砌体前应对基层进行清理,将楼层上的浮浆灰尘清扫干净并浇水湿润。块材的湿润程度应符合规范及施工要求。

(2)在填充墙施工前应先将构造柱钢筋绑扎完毕,构造柱竖向钢筋与原结构上预留插孔的搭接长度应满足设计要求。

(3)砌体与框架柱、钢筋混凝土墙体连接处须设墙体拉结筋,常用的预留方式有预埋钢板焊接方式连接拉结筋;用膨胀螺栓固定先焊在铁板上的预留拉结筋;采用植筋方式埋设拉结筋。填充墙应沿框架柱全高每隔 500 mm 设 2Φ6 拉筋,拉筋

填充墙砌
体工程施工

加气混凝土
砌块砌筑

墙体拉结筋

伸入墙内的长度，6、7度时不应小于墙长的1/5且不应小于700 mm，8、9度时宜沿墙全长贯通。

（4）墙高度超过4 m时，应在墙高中部设置与柱连接的通长的钢筋混凝土水平连系梁；当填充墙的长度大于5 m时，墙顶部与梁应有拉结措施；墙长超过层高的2倍时，宜设置钢筋混凝土构造柱[图3-43(a)]。

（5）砌筑加气混凝土砌块和轻集料混凝土小型空心砌块时，墙底部应砌200 mm高烧结普通砖或浇筑200 mm高C20混凝土坎台，切锯加气混凝土砌块时应用专用工具。

（6）卫生间、浴室等潮湿房间在砌体的底部应现浇筑宽度不小于120 mm、高度不小于100 mm的混凝土导墙，待达到一定强度后再在上面砌筑墙体。

（7）填充墙砌筑必须内外搭接，上下错缝，灰缝平直，砂浆饱满。

（8）门窗洞口的侧壁也应用烧结普通镶框砌筑，并与砌块相互咬合。填充墙砌至接近梁底、板底时，应留设一定空隙，待填充墙砌筑完毕并应至少间隔14 d后采用烧结普通砖侧砌，并用砂浆填塞密实，以提高砌块砌体与钢筋混凝土的连接[图3-43(b)]。

 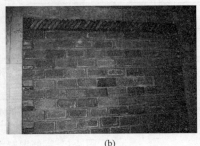

(a)　　　　　　　　　　　　　　　(b)

图3-43　砌块填充墙

3.6.3　质量要求

（1）砖、砌块和砌筑砂浆的强度等级应符合设计要求。

（2）填充墙砌体一般尺寸允许偏差应符合表3-10的规定。

（3）填充墙砌体的灰缝厚度和宽度应正确。空心砖、轻集料混凝土小型砌块的砌体灰缝应为8～12 mm，蒸压加气混凝土砌块砌体的水平灰缝厚度及竖向灰缝宽度分别宜为15 mm和20 mm。

表3-10　填充墙砌体的一般尺寸允许偏差值表

项次	项目		允许偏差/mm	检验方法
1	轴线位移		10	用尺检查
2	垂直度	小于或等于3 m	5	用2 m靠尺或吊线、尺检查
		大于3 m	10	
3	表面平整度		8	用2 m靠尺或楔形尺检查
4	门窗洞口高、宽(后塞口)		±5	用尺检查
5	外墙上、下窗口偏移		20	用经纬仪或吊线检查

第二课堂

1. 查阅相关资料，将任务补充完整。
2. 简述加气混凝土填充墙砌筑的工艺流程和砌筑要点。

项目4　钢筋混凝土工程施工

项目描述

钢筋混凝土结构是我国应用最广泛的一种结构形式,因此,在建筑施工领域里钢筋混凝土工程无论在人力、物资消耗和对工期的影响方面都占有极其重要的地位。钢筋混凝土结构工程由模板工程、钢筋工程和混凝土工程三部分组成。在施工中三者应密切配合,进行流水施工。其施工工艺如图4-1所示。

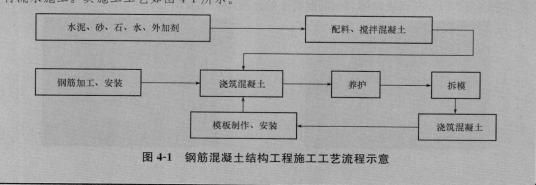

图4-1　钢筋混凝土结构工程施工工艺流程示意

教学目标

任务名称	权重	知识目标	能力目标
1. 模板工程	25%	模板的基本要求与分类 现浇结构常见构件模板施工 模板拆除 模板工程施工质量及验收规范	能理解模板的分类 能理解几种常见模板的构造 能进行模板的拆除 能正确进行模板的质量验收
2. 钢筋工程	30%	钢筋的种类、性能及验收要求 钢筋的加工工艺和连接方法 钢筋配料计算和安装方法	掌握钢筋的进场验收、连接方法及安装质量验收标准 能进行钢筋配料计算
3. 混凝土工程	30%	混凝土的浇捣、养护和质量检查 混凝土工程质量事故的防治 大体积混凝土的浇筑	能进行混凝土配合比计算 制定大体积混凝土浇筑方案 掌握施工缝的留设部位
4. 预应力混凝土工程	15%	预应力混凝土的优越性 预应力混凝土施工工艺	掌握先张法施工工艺 掌握后张法施工工艺

任务 4.1 模板工程

任务描述

本任务要求依据《混凝土结构工程施工质量验收规范》(GB 50204)、《混凝土结构工程施工规范》(GB 50666)和框架结构的施工特点,编写办公楼工程的模板工程的技术交底。

任务分析

编写模板工程的技术交底是从事施工管理的基础工作,必须熟练掌握。首先,要分析在建工程的特点和现有的技术力量;然后,制订具体、实用、可行的交底方案。本方案在编写时需要写明施工所用材料、主要机具、作业条件、操作工艺流程、质量标准及成品保护措施等内容,操作工艺流程要详细写明每一个过程怎么做,做到什么程度,这是重点内容。

知识课堂

混凝土结构依靠模板系统成型。直接与混凝土接触的是模板面板,一般将模板面板、主次龙骨(肋、背楞、钢楞、托架)、连接撑拉锁固件、支撑结构等,统称为模板;也可将模板与其支架、立柱等支撑系统的施工,称为模板工程。

模板工程(一)

现浇混凝土施工,每 1 m³ 混凝土构件,平均需用模板 4~5 m²。模板工程所耗费的资源,在一般的梁板、框架和板墙结构中,费用约占混凝土结构工程总造价的 30%,劳动量占 28%~45%,工期占 50% 左右,在高大空间、大跨、异形等难度大和复杂的工程中所占比重更大。

近年来,随着多种功能混凝土施工技术的开发,模架施工技术也在不断发展。采用安全、先进、经济的模架技术,对于确保混凝土构件的成型要求、降低工程事故风险、提高劳动生产率、降低工程成本和实现文明施工,具有十分重要的意义。

模板工程(二)

模板工程施工的基本流程为:编制模板施工方案→搭设模板支架→安装模板楞木及面板→浇筑混凝土→养护至规定强度后拆模→模板清理。

4.1.1 模板的基本要求与分类

1. 模板的基本要求

模板与其支撑体系组成模板系统。模板系统是一个临时架设的结构体系。其中,模板是新浇混凝土成型的模具,它与混凝直接接触,使混凝土构件具有所要求的形状、尺寸和表面质量;支撑体系是指支撑模板,承受模板、构件及施工中各种荷载的作用,并使模板保持所要求的空间位置的临时结构。因此,模板及其支撑体系应符合下列要求:

(1)保证成型后混凝土结构和构件的形状、尺寸和相互位置的正确;
(2)有足够的承载力、刚度和稳定性,能可靠地承受浇筑混凝土的自重、侧压力以及施工荷载;
(3)构造简单,装拆方便,便于钢筋的绑扎与安装、混凝土的浇筑与养护等工艺要求;

(4)模板接缝严密,不得漏浆;
(5)经济适用,能多次周转使用。

2. 模板的分类

(1)按其所用材料,可分为木模板、胶合板模板、钢模板、钢木模板、竹胶合板模板、塑料模板、铝合金模板等。

(2)按其结构构件的类型,可分为基础模板、柱模板、楼板模板、楼梯模板、墙模板、壳模板和烟囱模板等。

(3)按施工方法,可分为现场装拆式模板、固定式模板和移动式模板。

1)现场装拆式模板是按照设计要求的结构形状、尺寸及空间位置在现场组装,当混凝土达到拆模强度后即拆除模板。现场装拆式模板多用定型模板和工具式支撑。

2)固定式模板多用于制作预制构件,是按构件的形状尺寸在现场或预制厂制作,涂刷隔离剂,浇筑混凝土。当混凝土达到规定的强度后,即脱模、清理模板,再重新涂刷隔离剂,继续制作下一批构件。

3)移动式模板是随着混凝土的浇筑,模板可沿垂直方向或水平方向移动,如烟囱、水塔、墙柱混凝土浇筑采用的滑升模板、爬升模板、提升模板、大模板,高层建筑楼板采用的飞模,筒壳混凝土浇筑采用的水平移动式模板等。

图 4-2、图 4-3 所示分别为模板制作实例和组合钢模板。

图 4-2 模板制作实例

图 4-3 组合钢模板

4.1.2 几种模板简介

1. 木模板

现阶段木模板主要用于异形构件。木模板选用的木材品种,应根据它的构造及工程所在地区来确定,多采用红松、白松和杉木。木模板的主要优点是可随意制作拼装,尤其适用于浇筑外形复杂、数量不多的混凝土结构或构件,如图 4-4 所示。另外,因木材导热系数低,在混凝土冬期施工时,木模板具有保温作用,但由于木材消耗量大,重复利用率低,本着绿色施工的原则,我国从 20 世纪 70 年代初开始"以钢代木",减少资源浪费。目前,木模板在现浇钢筋混凝土结构施工中的使用率已大大降低,逐步被胶合板、钢模板代替。

木模板的基本元件是拼板,它由板条和拼条(木档)组成,如图 4-5 所示。板条厚为 25~50 mm,宽度不宜超过 200 mm,以保证在干缩时,缝隙均匀,浇水后缝隙要严密且板条不翘曲,但梁底板的板条宽度不受限制,以免漏浆。拼条截面尺寸为 25 mm×35 mm~50 mm×50 mm,拼条间距根据施工荷载大小及板条的厚度而定,一般取 400~500 mm。

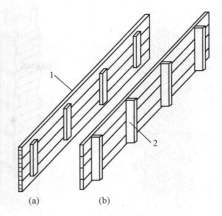

图 4-4　木模板的搭设

图 4-5　拼板的构造
(a)一般拼板；(b)梁侧板的拼板
1—板条；2—拼条

(1)基础模板。基础的特点是高度不大而体积较大，基础模板一般利用地基或基坑(槽)进行支撑。安装时，要保证上、下模板不发生相对位移。如为杯形基础，则还要在其中放入杯口模板。图 4-6 所示为阶梯形基础模板与支模。

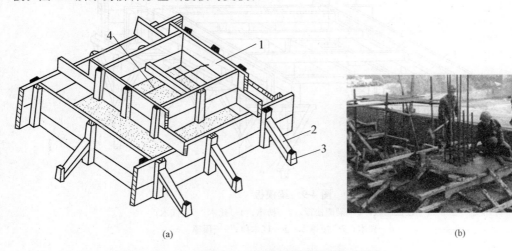

图 4-6　阶梯形基础模板与支模
(a)阶梯形基础模板；(b)阶梯形基础支模
1—拼板；2—斜撑；3—木桩；4—钢丝

(2)柱模板。柱的特点是断面尺寸不大但比较高。如图 4-7 所示，柱模板由内拼板夹在两块外拼板之内组成，也可用短横板代替外拼板钉在内拼板上。图 4-8 所示为柱模的固定。

(3)梁模板。梁模板由底模板和侧模板及支撑系统组成，其构造如图 4-9 所示。

当梁跨度≥4 m 时，底模应起拱，如设计无要求，起拱高度宜为全跨长度的 1/1 000～3/1 000。

(4)楼板模板。楼板模板多用定型模板组成，它支承在搁栅上，搁栅支承在梁侧模外的横档上，跨度大的楼板，搁栅中间可以再加支撑作为支架系统。

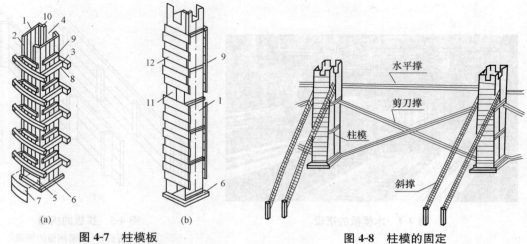

图 4-7 柱模板　　　　图 4-8 柱模的固定
(a)拼板柱模板；(b)短横板柱模板
1—内拼板；2—外拼板；3—柱箍；4—梁缺口；
5—清理孔；6—木框；7—盖板；8—拉紧螺栓；
9—拼条；10—三角木条；11—浇筑孔；12—短横板

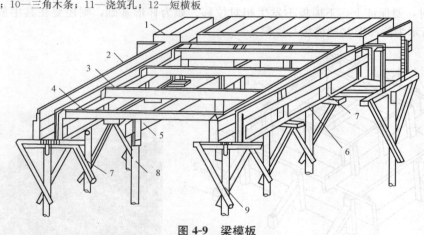

图 4-9 梁模板
1—楼板模板；2—梁侧楼板；3—楞木；4—托木；5—杠木；
6—夹木；7—短撑木；8—杠木撑；9—顶撑

2. 竹胶合板模板

混凝土模板用胶合板有木胶合板和竹胶合板两种。胶合板用作混凝土模板有以下优点：

(1)板幅大，自重轻，板面平整。其既可减少安装工作量，节省现场人工费用，又可减少混凝土外露表面的装饰及磨去接缝的费用。

竹胶合模板施工工艺

(2)承载能力大，特别是经表面处理后耐磨性好，能多次重复使用。

(3)材质轻，模板的运输、堆放、使用和管理等都较为方便。

(4)保温性能好，能防止温度变化过快，冬期施工有助于混凝土的保温。

(5)锯截方便，易加工成各种形状的模板。

(6)便于按工程的需要弯曲成型，可用作曲面模板。

竹胶合板是用毛竹篾编织成席覆面，竹片编织作芯，经蒸煮干燥处理后，采用酚醛树脂在高温高压下多层粘合而成,如图 4-10 所示。我国竹林资源丰富,且竹材具有生长快、生产周期短的特点。另外,一般竹材顺纹抗拉强度为松木的 2.5 倍,为红松的 1.5 倍;横纹抗压强度为杉木的 1.5 倍,为红松的 2.5 倍。因此,在我国木材资源短缺的情况下,以竹材为原料制作混凝土模板用竹胶合板,具有收缩率小、膨胀率和吸水率低,以及承载能力大的特点,其是一种具有发展前途的新型建筑模板。

(1)常用竹胶合板模板的规格尺寸。其规格尺寸有 1 830 mm(长)×915(宽)mm、1 830 mm×1 220 mm、2 000 mm×1 000 mm、2 135 mm×915 mm、2 240 mm×1 220 mm 和 3 000 mm×1 500 mm,厚度为 9 mm、12 mm、15 mm、18 mm,其中以 12 mm 为常用。竹胶合板模板也可以根据用户需要的规格生产。

(2)侧板、底板制作。在梁、柱构件的模板系统中都有侧板这一模板种类,如图 4-11 所示。竹胶合板侧板作梁侧板使用时,它是水平侧立安置;作柱侧板使用时,它是竖直侧立安置。竹胶合板侧板的制作步骤是:首先,按照构件尺寸锯解竹胶合板模板,然后按模板长度加工楞木并钉固到模板外侧两边(楞木与模板边缘找齐)。如果模板较宽,则楞木的根数应适当增加。其次,按照楞木净里间距加工木档,并按图示样式钉固。楞木、木档的断面尺寸一般是 50 mm×50 mm~50 mm×100 mm,作梁侧板时取小尺寸,作柱侧板或梁底模时取稍大尺寸。钉固时,钉子应从模板钉入楞木和木档,或从楞木钉入木档。

图 4-10　竹胶合板模板

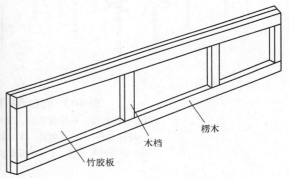

图 4-11　竹胶合板侧板

(3)竹胶合板柱模板的支设。竹胶合板柱模板的构造如图 4-12 所示。其主要由侧模(包括加劲肋)、柱箍、底部固定框、清理孔四个部分组成。柱的断面较小,混凝土浇筑速度快,柱侧模上所受的新浇筑混凝土压力较大,因此,特别要求柱模板拼缝严密,底部固定牢靠。柱箍可选用钢制柱箍,也可选用木制柱箍。选用前者较为多见,其间距应视柱子高度、混凝土的坍落度确定,下部柱箍间距较小,上部柱箍间距可适当加大,并保证其垂直度。另外,对较高柱模,为保证浇筑混凝土不离析,沿柱高度每隔 2 m 开设浇筑孔。支设柱模板时,通常在四个大角加设垫木。混凝土浇筑中由于浇筑速度快,柱模板也要承受很大的侧压力,一般矩形柱截面单侧边长大于 700 mm 时,需设穿柱拉杆。

图 4-12　竹胶合板柱模板

竹胶合板柱模板的支设步骤与木模板相似。支撑系统则较常选用脚手架杆，围绕模板系统扎设固定架。

(4)竹胶合板梁、板结构模板的支设。混凝土楼面结构多为梁、板结构，梁和板的模板通常一起拼装。竹胶合板梁、板结构模板的构造如图 4-13(a)所示，图 4-13(b)则是从剖面上看模板系统和支撑系统的构造组成。支设时，首先用脚手架杆和扣件架设起具有空间结构的、稳定的支撑系统，立、横杆间距应满足强度和稳定性要求，立杆之间适当安设剪刀撑。用扣件钢管做梁板模板的支模架，是目前国内主流的支模方式。其优点为搭设灵活，通用性强；其缺点为扣件的传力不直接，受人为因素影响大。要保证扣件钢管排架的承载力，控制立杆的步高、顶层扣件的拧紧力矩和每步的双向水平杆不少搭是关键(图 4-14)。

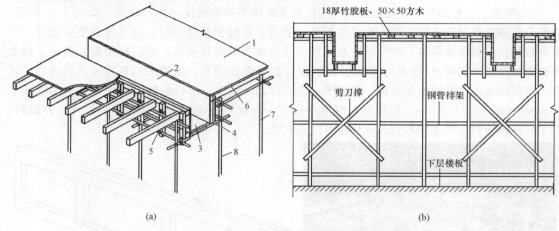

图 4-13 竹胶合板梁、板结构模板
(a)竹胶板梁、板模板系统；(b)模板和支撑系统的构造组成
1—楼板模板；2—梁侧模；3—梁底模；4—夹条；5—短撑木；
6—楼板模板小楞；7—楼板模板钢管排架；8—梁模钢管架

图 4-14 钢管排架的搭设

梁模板由底模及侧模组成。底模承受竖向荷载，要求具有较大的刚度且下设支撑；侧模承受混凝土侧压力，其底部用木夹条夹住，顶部由支承楼板模板的小楞或斜撑顶住。在相邻两个梁侧模之间的水平架杆上铺设楼板模板小楞 50 mm×100 mm 木方，方向与架杆垂直，间距为 400～500 mm。为了增加稳定性，可在两者交接处用钢丝扎紧。下一步则在模板小楞上直接铺设楼板模板，楼板模板优先采用板厚为 12～18 mm、幅面大的整张竹胶合板，以加快模板装拆

速度，提高板面平整度。另外，结合施工单位的实际条件，也可采用组合钢模板等。

模板安设完成后，若面板边缘与墙面、柱面等竖向接触物的缝隙过大，则可用细板条或双面胶条塞严实，以防漏浆。

3. 组合钢模板

通用组合式模板是按模数制设计，工厂成型，有完整的、配套使用的通用配件，具有通用性强、装拆方便、周转次数多等特点。其包括组合钢模板、钢框竹(木)胶合板模板、塑料模板、铝合金模板等。在现浇钢筋混凝土结构施工中，用它能事先按照设计要求组拼成梁、柱、墙、楼板的大型模板，整体吊装就位，也可采用散装、散拆方法。但组合钢模板的刚度差、易变形，现主要应用在工业建筑、多层住宅的构造柱及楼梯等施工中。要得到施工高质量的混凝土圆截面柱，一般采用定型加工的钢模，脱模后立即包裹塑料薄膜，保湿养护，防止混凝土表面失水干裂。

组合钢模板的部件主要包括钢模板、连接件、支承件三大部分。

(1) 钢模板。钢模板包括平面模板、阳角模板、阴角模板、连接角模等通用模板及倒棱模板、梁腋模板、柔性模板、搭接模板、可调模板、嵌补模板等专用模板，如图 4-15 和图 4-16 所示。单块钢模板由面板、边框和加劲肋焊接而成。面板厚 2.5 mm 或 2.75 mm，边框和加劲肋上面按一定距离(如 150 mm)钻孔，可利用 U 形卡和 L 形插销等拼装成大块模板。

钢模板的宽度以 50 mm 进级，长度以 150 mm 进级，其规格和型号已做到标准化、系列化。如型号为 P3015 的钢模板，P 表示平模板，3015 表示宽×长为 300 mm×1 500 mm。又如型号为 Y1015 的钢模板，Y 表示阳角模板，1015 表示宽×长为 100 mm×1 500 mm。如拼装时出现不足模数的空隙时，用镶嵌木条补缺。用钉子或螺栓将木条与板块边框上的孔洞连接。

(2) 连接件。

1) U 形卡。U 形卡用于钢模板纵、横向拼接，将相邻钢模板卡紧固定。U 形卡安装间距一般不大于 300 mm，即每隔一孔卡插一个，安装方向一顺一倒相互交错，如图 4-17(a) 所示。

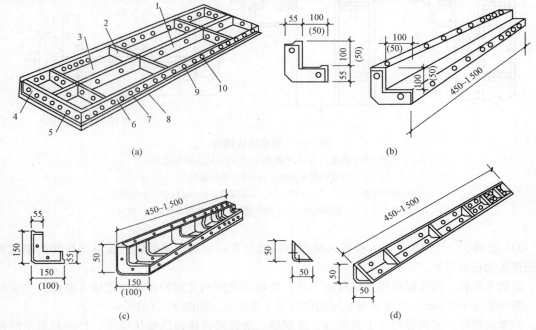

图 4-15 钢模板类型图(单位：mm)

(a) 平面模板；(b) 阳角模板；(c) 阴角模板；(d) 连接角模
1—中纵肋；2—中横肋；3—面板；4—横肋；5—插销孔；
6—纵肋；7—凸棱；8—凸鼓；9—U 形卡孔；10—钉子孔

图 4-16 钢定型模板(平面模板、阳角模板、阴角模板)

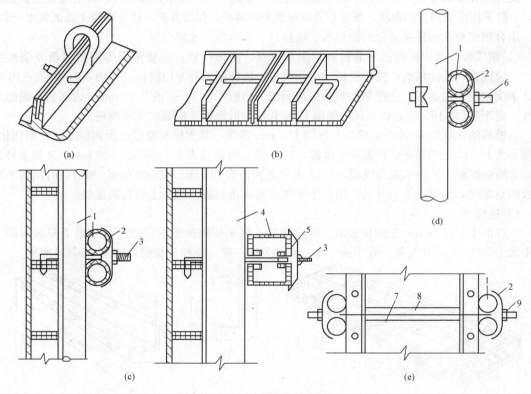

图 4-17 钢模板连接件

(a)U 形卡连接;(b)L 形插销连接;(c)钩头螺栓连接;
(d)紧固螺栓连接;(e)对拉螺栓连接

1—圆钢管钢楞;2—"3"形扣件;3—钩头螺栓;4—内卷边槽钢钢楞;
5—蝶形扣件;6—紧固螺栓;7—对拉螺栓;8—塑料套管;9—螺母

2)L 形插销。L 形插销插入模板两端边框的插销孔内,用于增强钢模板纵向拼接的刚度和保证接头处板面平整,如图 4-17(b)所示。

3)钩头螺栓。钩头螺栓用于钢模板与内、外钢楞之间的连接固定,使之成为整体。安装间距一般不大于 600 mm,长度应与采用的钢楞尺寸相适应,如图 4-17(c)所示。

4)紧固螺栓。紧固螺栓用于紧固内、外钢楞,增强拼接模板的整体刚度,长度与采用的钢楞尺寸相适应,如图 4-17(d)所示。

5)对拉螺栓。对拉螺栓用来拉结两侧模板,保证两侧模板的间距,使模板具有足够的刚度和强度，能承受混凝土的侧压力及其他荷载，使模板不致变形，如图4-17(e)所示。

6)扣件。扣件用于将钢模板与钢楞紧固，与其他的配件一起将钢模板拼装成整体。按钢楞的不同形状尺寸，分别采用碟形扣件和"3"形扣件，其规格分为大、小两种。

(3)支承件。支承件包括钢管支架、门式支架、碗扣式支架、盘销(扣)式脚手架、钢支架、四管支柱、斜撑、调节托、钢楞、方木、梁卡具等，如图4-18~图4-20所示。

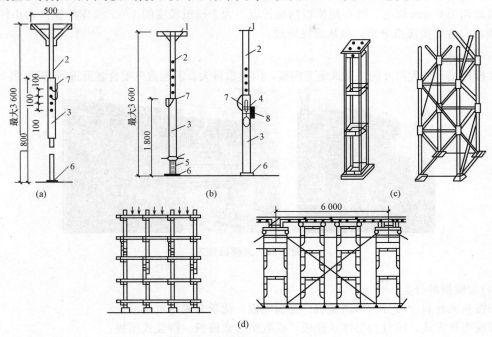

图4-18 钢支架(单位：mm)
(a)钢管支架；(b)调节螺杆钢管支架；
(c)组合钢支架和钢管井架；(d)扣件式钢管和门型脚手架支架
1—顶板；2—插管；3—套管；4—转盘；5—螺杆；6—底板；7—插销；8—转动手柄图

图4-19 斜撑

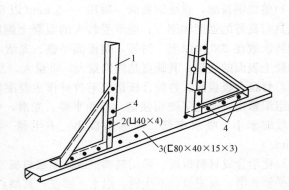

图4-20 梁卡具(单位：mm)
1—调节杆；2—三脚架；3—底座；4—螺栓

不同规格的钢模板不得混装、混运。运输时，必须采取有效措施，防止模板滑动、倾倒。长途运输时，应采用简易集装箱，支承件应捆扎牢固，连接件应分类装箱。预组装模板运输时，应分隔垫实，支捆牢固，防止松动变形。装卸模板和配件时应轻装轻卸，严禁抛掷，并应防止碰撞损坏。严禁用钢模板作其他非模板用途。

模板和配件拆除后,应及时清除粘结的灰浆,对变形和损坏的模板和配件,宜采用机械整形和清理。维修质量不合格的模板及配件。对暂不使用的钢模板,板面应涂刷脱模剂或防锈油。背面油漆脱落处,应补刷防锈漆,焊缝开裂时应补焊并按规格分类堆放。钢模板宜存放在室内或棚内,板底支垫距离地面100 mm以上。露天堆放,地面应平整、坚实,有排水措施,模板底支垫离地面200 mm以上,两点距模板两端长度不大于模板长度的1/6。入库的配件,小件要装箱入袋,大件要按规格分类,整数成垛堆放。

4. 大模板

大模板是一种大尺寸的工具式定型模板,因其重量大,需起重机配合装拆进行施工(图4-21)。

图4-21 大模板施工

(1)大模板的分类。
1)按板面材料,可分为木质模板、金属模板、化学合成材料模板;
2)按组拼方式,可分为整体式模板、模数组合式模板、拼装式模板;
3)按构造外形,可分为平模、小角模、大角模、筒子模。

(2)大模板的板面材料。大模板的板面是直接与混凝土接触的部分,它承受着混凝土浇筑时的侧压力,要求具有足够的刚度,表面平整,能多次重复使用。钢板、木(竹)胶合板以及化学合成材料面板等均可作为面板的材料,其中常用的为钢板和木(竹)胶合板。

1)整块钢板面。整块钢板面一般用4~6 mm(以6 mm为宜)钢板拼焊而成。这种面板的优点是具有良好的强度和刚度,能承受较大的混凝土侧压力及其他施工荷载,重复利用率高,一般周转次数在200次以上。另外,钢板面平整、光洁,耐磨性好,易于清理,这些均有利于提高混凝土表面的质量;其缺点是耗钢量大,重量大,易生锈,不保温,损坏后不易修复。

2)竹胶合板板面。竹胶合板是以毛竹材作主要架构和填充材料,经高压成坯的建材。其优点是组织紧密,质地坚硬而强韧,板面平整、光滑,可锯、可钻,耐水、耐磨、耐撞击、耐低温,收缩率小、吸水率低、导热系数小、不生锈。其厚度一般有9 mm、12 mm、15 mm、18 mm。

3)化学合成材料板面。采用玻璃钢或硬质塑料板等化学合成材料作板面。其优点是自重轻、板面平整光滑、易脱模、不生锈、遇水不膨胀;其缺点是刚度小、怕撞击。

(3)大模板的构造形式。大模板主要是由板面系统、支撑系统、操作平台和附件组成。其可分为桁架式大模板、组合式大模板、拆装式大模板、筒形模板以及外墙大模板。

组合式大模板(图4-22)是目前最常用的一种模板形式。它通过固定于大模板板面的角模,能将纵、横墙的模板组装在一起,房间的纵、横墙体混凝土可以同时浇筑,故房屋整体性好。它还具有稳定、拆装方便、墙体阴角方正、施工质量好等特点,并可以利用模数条模板加以调整,以适应不同开间、进深的需要。

面板要求平整、刚度好；板面需喷涂脱模剂以利于脱模。两块相对的大模板通过对销螺栓和顶部卡具固定；外墙外模板可支承于三脚架的钢平台上（三脚架挂于下层）、悬挂于内墙模板上或采用爬模（图4-23）。

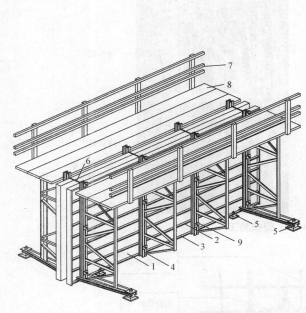

图4-22 组合式大模板构造

1—面板；2—次肋；3—支撑桁架；4—主肋；
5—调整螺旋；6—卡具；7—栏杆；8—脚手板；9—对销螺栓

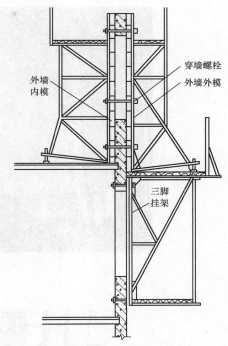

图4-23 大模板的连接与支承

5. 爬升模板

爬升模板简称爬模，是通过附着装置支承在建筑结构上，以液压油缸或千斤顶为爬升动力，以导轨为爬升轨道，随建筑结构逐层爬升、循环作业施工的一种模板工艺，它是钢筋混凝土竖向结构施工继大模板、滑动模板之后的一种较新工艺。爬升模板由于综合了大模板和滑动模板的优点，已形成了一种施工中模板不落地，混凝土表面质量易于保证的快捷、有效的施工方法，特别适用于高耸建（构）筑物竖向结构浇筑施工。图4-24所示为南京电视塔的爬模施工，内套架和外套架交替固定于塔身，外套架带模板爬升。

爬升模板施工工艺一般具有以下特点：

(1) 施工方便、安全。爬升模板顶升脚手架和模板，在爬升过程中，全部施工静荷载及活荷载都由建筑结构承受，从而保证了安全施工。

(2) 可减少耗工量。架体爬升、楼板施工和绑扎钢筋等各工序互不干扰。

(3) 工程质量高，施工精确度高。

(4) 提升高度不受限制，就位方便。

(5) 通用性和适用性强，可用于多种截面形状的结构施工，还可用于有一定斜度的建（构）筑物施工，如桥墩、塔身、大坝等。

目前，爬升模板技术有多种形式，常用的有模板与爬架互爬技术、新型导轨式液压爬模技术、新型液压钢平台爬升技术。

在超高层建筑主体结构施工中,其混凝土核芯筒体结构也可采用爬模施工。模板的翻转使用和提升利用临时钢平台系统(图 4-25),钢平台的提升采用多台涡轮和蜗杆组合的提升机(也称升板机)。

图 4-24　爬模施工

图 4-25　临时钢平台系统

6. 滑动模板

滑动模板(简称滑模)施工是以滑膜千斤顶、电动提升机或手动提升器为提升动力,带动模板(或滑框)沿着混凝土(或模板)表面滑动而成型的现浇混凝土结构的施工方法的总称,简称滑模施工(图 4-26)。采用滑模施工要比常规施工节约木材(包括模板和脚手板等)70%左右;采用滑模施工可以节约劳动力 30%~50%;采用滑模施工要比常规施工的工期短、速度快,可以缩短施工周期 30%~50%。

目前,滑模施工工艺不仅广泛应用于贮仓、水塔、烟囱、桥墩、立井筑壁、框架等工业构筑物,而且在高层和超高层民用建筑中也得到了广泛的应用。滑模施工由单纯狭义的滑模工艺向广义的滑模工艺发展,包括与爬模、提模、翻模、倒模等工艺相结合,以取得最佳的经济效益和社会效益。

采用滑升模板施工的现浇混凝土工程,称为滑模工程。其一般可分为:仓筒(或筒壁)结构滑模工程(如烟囱、凉水塔贮仓等)、框架或框架-剪力墙结构滑模工程、框筒和筒中筒结构滑模

图 4-26 滑模施工

工程以及板墙结构滑模工程等。

滑模装置主要由模板系统、操作平台系统、液压系统、施工精度控制系统和水电配套系统等部分组成(图 4-27)。

滑升模板施工

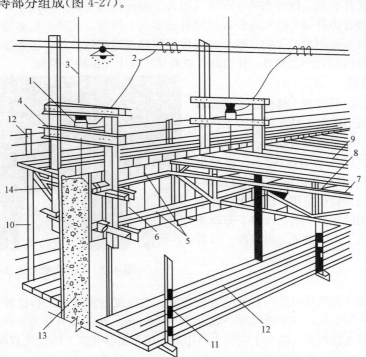

图 4-27 滑模装置

1—千斤顶；2—高压油管；3—支承杆；4—提升架；5—上、下围圈；6—模板；7—桁架；
8—捆栅；9—铺板；10—外吊架；11—内吊架；12—栏杆；13—墙体；14—挑三脚架

(1)模板系统包括模板、围圈和提升架。

1)模板。模板又称围板，固定于围圈上，用以保证构件截面尺寸及结构的几何形状。模板随着提升架上滑直接与新浇混凝土接触，承受新浇混凝土的侧压力和模板滑动时的摩阻力。模板按其所在部位及作用不同，可分为内模板、外模板、堵头模板以及变截面工程的收分模板等。模板可采用钢材、木材或钢木混合制成，也可采用胶合板等其他材料制成。

2)围圈。围圈是模板的支撑构件,又称围梁,用以保证模板的几何形状。模板的自重,模板承受的摩阻力、侧压力以及操作平台直接传来的自重和施工荷载,均通过围圈传递至提升架的立柱。

3)提升架。提升架又称千斤顶架,是滑模装置的主要受力构件,用以固定千斤顶、围圈和保持模板的几何形状,并直接承受模板、围圈和操作平台的全部垂直荷载和混凝土对模板的侧压力。

(2)操作平台系统。操作平台系统是滑模施工的主要工作面,主要包括主操作平台、外挑操作平台、吊脚手架等。施工需要时,还可设置上辅助平台。它是供材料、工具、设备堆放和施工人员进行操作的场所。

(3)液压提升系统。液压提升系统是滑升的动力,主要由支承杆、液压千斤顶、液压控制台和油路等部分组成。

(4)施工精度控制系统。施工精度控制系统主要包括提升设备本身的限位调平装置、滑模装置在施工中的水平度、垂直度的观测和调整控制设施等。

(5)水电配套系统。水电配套系统包括动力、照明、信号、广播、通信、电视监控以及水泵、管路设施等。

滑升模板的工作原理是以预先竖立在建筑物内的圆钢杆为支承,利用千斤顶沿着圆钢杆爬升的力量,使安装在提升架上的竖向设置的模板逐渐向上滑升,其动作犹如体育锻炼中的爬竿运动。由于这种模板是相对设置的,模板与模板之间形成墙槽或柱槽。当灌注混凝土时,两侧模板就借助千斤顶的动力向上滑升,使混凝土在凝结过程中徐徐脱去模板。

7. 永久性模板

永久性模板在钢筋混凝土结构施工时起模板作用,而当浇筑的混凝土结硬后模板不再取出而成为结构本身的组成部分(图4-28)。房屋建筑中,各种形式的压型钢板(波形、密肋形等)、预应力钢筋混凝土薄板作为永久性模板,在钢结构建筑物的楼板中应用广泛。永久性模板简化了现浇结构的支模工艺,改善了劳动条件,节约了拆模用工,加快了工程进度,提高了工程质量。

图4-28 压型钢板作永久性模板

8. 模壳

钢筋混凝土现浇密肋楼板能很好地适应大空间、大跨度的需要,密肋楼板由薄板和间距较小的双向或单向密肋组成,其薄板厚度一般为60~100 mm,小肋高一般为300~500 mm,从而加大了楼板截面的有效高度,减少了混凝土的用量。用大型模壳施工的现浇双向密肋楼板结构,可省去大梁、减少内柱,使建筑物的有效空间大大增加,层高也相应降低。在相同跨度的条件下,可减少混凝土30%~50%,钢筋用量也有所降低,使楼板的自重减轻。密肋楼板能取得好的技术经济效益,关键因素取决于模壳和支撑系统(图4-29)。

(1)模壳。模壳按材料可分为塑料模壳、玻璃钢模壳;按模壳的形状,可分为"T"形模壳和"M"形模壳;按模壳的模数,可分为标准模壳和非标准模壳。标准模壳的常用尺寸有600 mm×600 mm、800 mm×800 mm、900 mm×900 mm、1 000 mm×1 000 mm、1 100 mm×1 100 mm、1 200 mm×1 200 mm、1 500 mm×1 500 mm共7种系列,模壳高度为300~500 mm,翼缘厚度为50 mm。常用的标准模壳为1 200 mm×1 200 mm系列,每个塑料模壳的质量在30 kg左右,玻璃钢模壳的质量略轻于塑料模壳,每个重为27~28 kg。非标准模壳一般可根据设计尺寸委托厂家定做。

(2)支撑系统。支撑的布置与模壳的施工速度、工程质量密切相关,设计时应考虑标准化、通用化、易组装、拆卸施工方便、经济合理等问题。支撑力的传递路径为:模壳支撑在龙骨的角模上,龙骨支撑在钢柱上,钢柱支撑在混凝土楼板上,支撑柱一般可采用碗扣式脚手架或可调式支架,固定铁件一般采用槽钢或角钢制作,用于固定主龙骨。模壳模板还可根据现场施工情况,采取早拆支模系统,缩短模壳单次使用时间,提高周转率(图4-30)。

图4-29 模壳施工

图4-30 可调式支架

9. 台模

台模也称飞模,因其形状像一个台面,使用时利用起重机械将该模板体系直接从浇筑完毕的楼板下整体吊运飞出,周转到上层布置而得名。

台模是一种水平模板体系,属于大型工具式模板,主要由台面、支撑系统(包括纵、横梁,各种支架支腿)、行走系统(如升降和滑轮)和其他配套附件(如安全防护装置)等组成。其适用于大开间、大柱网、大进深的现浇钢筋混凝土楼板施工,对于无柱帽现浇板柱结构楼盖尤其适用。

台模的优点是:只需一次组装成型,不再拆开,每次整体运输吊装就位,简化了支拆脚手架模板的程序,加快了施工进度,节约了劳动力。而且,其台面面积大,整体性好,板面拼缝好,能有效提高混凝土的表面质量。通过调整台面尺寸,还可以实现板、梁的一次浇筑。同时,使用该体系可节约模架堆放场地。

台模的缺点是:对构筑物的类型要求较高,如不适用于框架或框架-剪力墙体系,对于梁柱接头比较复杂的工程,也难以采用台模体系。由于它对工人的操作能力要求较高,起重机械的配合也同样重要,而且在施工中需要采取多种措施保证其使用安全性,故施工企业应灵活选择台模进行施工。

台模的种类形式较多,应用范围也不一样。如按照台模的构架材料分类,可分为钢架台模、铝合金台模和铝木结合台模等;如按照台模的结构形式分类,可分为立柱式台模、桁架式台模和悬空式台模等。

台模的规格尺寸主要根据建筑物的开间和进深尺寸以及起重机械的吊运能力来确定。施工时,先施工内墙墙体,然后吊入台模,浇筑楼板混凝土。脱模时,只要将台架下降,就可将台模推出墙面放在临时挑台上,用起重机吊至下一单元使用。如图4-31所示,为南京邮电大学教学楼的混凝土楼板施工采用了台模体系。

10. 隧道模

隧道模是一种组合式定性钢制模板,是用来同时施工浇筑房屋的纵、横墙体,楼板及上一层的导墙混凝土结构的模板体系(图4-32)。若将许多隧道模排列起来,则一次浇灌就可以完成一个楼层的楼板和全部墙体。对于开间大小都统一的建筑物,这种施工方法较为适用。该种模板体系的外形结构类似于隧道形式，故称之为隧道模。采用隧道模施工的结构构件表面光滑，能达到清水混凝土的效果，与传统模板相比，隧道模的穿墙孔位少，稍加处理即可进行油漆、贴墙纸等装饰作业。

图 4-31　台模体系

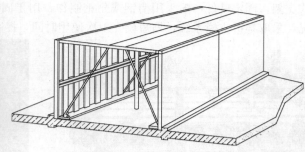

图 4-32　隧道模

采用隧道模施工对建筑的结构布局和房间的开间、进深、层高等尺寸要求较严格，比较适用于标准开间。因其使用效率较高，施工周期短，用工量较少，隧道模与常用的组合钢模板相比，可节省一半以上的劳动力，工期缩短50%以上。

隧道模有断面呈Ⅱ形的整体式隧道模和断面呈Γ形的双拼式隧道模两种。整体式隧道模自重大、移动困难，目前已很少应用；双拼式隧道模应用较广泛，特别在内浇外挂和内浇外砌的高、多层建筑中应用较多。

双拼式隧道模的工作过程：由两个半隧道模和一道独立的调节插板模板组成。根据调节插板宽度，使隧道模适应不同的开间，在不拆除中间模板及支撑的情况下，半隧道模可提早拆除，增加周转次数。半隧道模的竖向墙体模板和水平楼板模板间用斜撑连接。在半隧道模下部设行走装置，一般是在模板纵向方向，沿墙体模板下部设置两个移动滚轮，在行走装置附近设置两个螺旋或液压顶升装置。模板就位后，顶升装置将模板整体顶起，使行走轮离开楼板，施工荷载全部由千斤顶承担。脱模时，松动顶升装置，使半隧道模在自重作用下，完成下降脱模，移动滚轮落至楼板面。半隧道模脱模后，将专用支卸平台从半隧模的一端插入墙模板与斜撑之间，将半隧道模吊升至下一工作面。

11. 早拆模板

20世纪80年代中期，我国从国外引进了早拆模板体系，并应用成功。进入20世纪90年代初期，早拆模板体系开始在国内的建筑工程施工中推广应用，由于多年的工程应用和施工经验的积累，该施工技术不断走向成熟和规范，是建设部十项推广新技术之一。早拆模板体系利用结构混凝土早期形成的强度和早拆装置、支架格构的布置，在施工阶段人为把结构构件跨度缩小，拆模时实施两次拆除，第一次拆除部分模架，形成单向板或双向板支撑布局，所保留的模架待混凝土构件达到拆模条件时再拆除。

（1）早拆模板施工特点。

1）操作便捷、工作效率高。早拆模板支架构造简单，操作方便、灵活，施工工艺容易掌握，与常规支模工艺相比较，工作效率可提高2～3倍，可加快施工速度，缩短施工工期。

2）施工安全可靠，可保证工程质量。早拆模板体系支撑尺寸规范，减少了搭设时的随意性，避免出现不稳定结构和节点可变状态的可能性，施工安全、可靠；结构受力明确，支架整齐，施工过程规范化，可确保工程质量。

3）功能多，适应能力强。早拆模板施工，可与多种规格系列的模板及龙骨配合使用。

4）降低耗材，追求绿色文明施工。在早拆模板体系施工过程中，避免了周转材料的中间堆放环节,模板支架整齐、规范,立横杆用量少,没有斜杆,施工人员通行方便,便于清扫,有利于文明施工和现场管理。

5)加快材料周转,经济效益显著。与传统支模方式比较,材料周转快,投入少,模板及龙骨可比常规的投入减少30%~50%,同时降低了材料进出场运输费、损坏和丢失所支出的费用,经济效益显著。

(2)早拆模板的施工原理。根据现行的国家标准《混凝土结构工程施工质量验收规范》(GB 50204)中的规定,板的结构跨度≤2 m时,混凝土强度达到设计强度的50%方可拆模;板的结构跨度为2.0~8.0 m时,混凝土强度达到设计强度的75%方可拆模;板的结构跨度>8.0 m时,混凝土强度达到设计强度的100%方可拆模。因此,早拆模板施工的基本原理是:在施工阶段把楼板的结构跨度人为控制在2 m以内,通过降低楼板自重荷载,在混凝土强度达到设计强度的50%时实现提早拆模。

(3)早拆模板的基本构造。

1)支撑构件。早拆模板支撑体系可采用插卡式、碗扣式、独立钢支撑、门式脚手架等多种形式,但必须配置早拆装置,以符合早拆的要求。

2)早拆装置。早拆装置是实现模板和龙骨早拆的关键部件,它由支撑顶板、升降托架、可调节丝杠组成,如图4-33所示。支撑顶板平面尺寸不宜小于100 mm×100 mm,厚度不应小于8 mm。早拆装置的加工应符合国家或行业现行的材料加工标准及焊接标准。

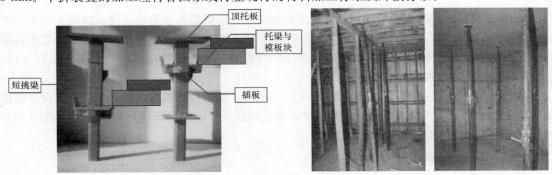

图4-33 早拆模板

3)模板及龙骨。模板可根据工程需要及现场实际情况,选用组合钢模板、钢框竹木胶合板、塑料板模板等。龙骨可根据现场实际情况,选用专用型钢、方木、钢木复合龙骨等。

(4)早拆模板的适用范围。早拆模板适用于工业与民用建筑现浇钢筋混凝土楼板施工,适用条件为:楼板厚度不小于100 mm且混凝土强度等级不低于C20;第一次拆除模架后保留的竖向支撑间距≤2 000 mm。早拆模板不适用于预应力楼板的施工。

(5)早拆模板的拆除。楼板混凝土强度达到设计强度的50%且上层墙体结构大模板吊出,施工层无过量堆积物时,拆除模板顺序:降下早拆升降托架→拆除模板→拆除主、次龙骨→拆除托架→拆除不保留的支撑→为作业层备料。

1)调节支撑头螺母,使其下降,模板与混凝土脱开,实现模板拆除;

2)保留早拆支撑头,继续支撑,进行混凝土养护。

4.1.3 模板拆除

混凝土结构浇筑后,达到一定强度方可拆模。模板拆卸时间应按照结构特点和混凝土所达到的强度来确定。拆模要掌握好时机,应保证混凝土及时达到必要的强度,以便于模板周转和加快施工进度。

4.1.3.1 模板拆除的时间

(1)侧模拆除时,应在混凝土强度能保证其表面及棱角不因拆除模板而受损坏,预埋件或外露钢筋插铁不因拆模碰挠而松动。

(2)底模及其支架拆除时,结构混凝土强度应符合设计要求。当设计无要求时,应在与结构同条件养护的试块达到表4-1规定的强度时,方可拆除。

表4-1 承重模板拆除时的混凝土强度要求

构件类型	构件跨度/m	达到设计的混凝土立方体抗压强度标准值的百分率/%
板	≤2	≥50
	>2、≤8	≥75
	>8	≥100
梁、拱、壳	≤8	≥75
	>8	≥100
悬臂构件	—	≥100

(3)位于楼层间连续支模层的底层支架的拆除时间,应根据各支架层已浇筑混凝土强度的增长情况以及顶部支模层的施工荷载在连续支模层及楼层间的荷载传递计算确定。模板支架拆除后,应对其结构上部施工荷载及堆放料具进行严格控制,或经验算在结构底部增加临时支撑。悬挑结构按施工方案加临时支撑。

(4)采用快拆支架体系,且立柱间距不大于2 m时,板底模板可在混凝土强度达到设计强度值的50%时,保留支架体系并拆除模板板块;梁底模板应在混凝土强度达到设计强度值的75%时,保留支架体系并拆除模板板块。

4.1.3.2 拆模顺序与方法

(1)模板拆除的顺序和方法,应按照配板设计的规定进行,遵循先支后拆、后支先拆、先拆除非承重部分、后拆除承重部分以及自上而下的原则。拆模时,严禁用大锤和撬棍硬砸、硬撬。

(2)组合大模板宜大块整体拆除。

(3)支承件和连接件应逐渐拆卸,模板应逐块拆卸传递,拆除时不得损伤模板和混凝土。

(4)当拆除4~8 m跨度的梁下立柱时,应先从跨中开始,对称地分别向两端拆除。拆除时,严禁采用连梁底板向旁侧一片拉倒的拆除方法。

(5)对于多层楼板模板的立柱,当上层及以上楼板正在浇筑混凝土时,下层楼板立柱的拆除,应根据下层楼板结构混凝土强度的实际情况,经过计算确定。

(6)梁、板模板应先拆梁侧模,再拆板底模,最后拆除梁底膜,并应分段分片进行,严禁成片撬落或拉拆。

4.1.3.3 拆除模板的安全技术措施及注意事项

模板及支架拆除工作的安全,包括吊落地面和转运、存放的安全。要注意防止顶模板掉落、支架倾倒、落物和碰撞等伤害事故的发生。模板拆除应有可靠的技术方案和安全保证措施,并应经过技术主管部门或负责人批准。

(1)模板的拆除工作应设专人指挥。作业区应设围栏,其内不得有其他工种作业,并应设专人负责监护。

(2)高处拆除模板时，应符合有关高处作业的规定，应搭脚手架并设置防护栏杆，防止上下在同一垂直面操作。搭设临时脚手架必须牢固，不得用拆下的模板作脚手板。

(3)操作层上临时卸下的模板不得集中堆放，要及时清运。高处拆下的模板及支撑应用垂直升降设备运至地面，不得乱抛、乱扔。

(4)拆模必须拆除得干净、彻底，如遇特殊情况需中途停歇，应将已拆松动、悬空、浮吊的模板或支架进行临时支撑牢固或相互连接稳固。对活动部件必须一次拆除。

(5)已拆除了模板的结构，应在混凝土强度达到设计强度值后方可承受全部设计荷载。若在未达到设计强度以前，需在结构上加置施工荷载时，应另行核算。强度不足时，应加设临时支撑。

(6)遇6级或6级以上大风时，应暂停室外的高处作业。雨、雪、霜后应先清扫施工现场，方可进行工作。

4.1.4 模板工程施工质量及验收规范

4.1.4.1 一般规定

模板工程应编制施工方案。爬升式模板工程、工具式模板工程及高大模板支架工程的施工方案，应按有关规定进行技术论证。

模板及支架应根据安装、使用和拆除工况进行设计，并应满足承载力、刚度和整体稳固性要求。

模板及支架的拆除，应符合现行国家标准《混凝土结构工程施工规范》(GB 50666)的规定和施工方案的要求。

4.1.4.2 模板安装

安装模板前，应事先熟悉设计图纸，掌握建筑物结构的形状尺寸，并根据现场条件，初步考虑好立模及支撑的程序，以及与钢筋绑扎、混凝土浇捣等工序的配合，尽量避免工种之间的相互干扰。

模板的安装包括放样、立模、支撑加固、吊正找平、尺寸校核、堵设缝隙及清仓、去污等工序。安装过程中，应注意下述事项：

(1)模板竖立后，须切实校正位置和尺寸，垂直方向用垂球校对，水平长度用钢尺丈量两次以上，使模板的尺寸符合设计标准。

(2)模板各结合点与支撑必须坚固、紧密、牢固、可靠，尤其是采用振捣器捣固的结构部位，更应注意，以免在浇捣过程中发生裂缝、鼓肚等不良情况。但为了增加模板的周转次数，减少模板拆模损耗，模板结构的安装应力求简便，尽量少用圆钉，多用螺栓、木楔、拉条等进行加固连接。

(3)凡属承重的梁板结构，跨度大于4 m以上时，由于地基的沉陷和支撑结构的压缩变形，跨中应预留起拱高度。

(4)为避免拆模时建筑物受到冲击或振动，安装模板时，撑柱下端应设置硬木楔形垫块，所用支撑不得直接支承于地面，应安装在坚实的桩基或垫板上，使撑木有足够的支承面积，以免沉陷变形。

(5)模板安装完毕，最好立即浇筑混凝土，以防日晒雨淋，导致模板变形。为保证混凝土表面光滑和便于拆卸，宜在模板表面涂抹肥皂水或润滑油。在夏季或气候干燥的情况下，为防止模板干裂缝隙漏浆，浇筑混凝土前需洒水养护。如发现模板因干燥产生裂缝，应事先用木条或油灰填塞衬补。

(6)安装边墙、柱等模板时，在浇筑混凝土以前，应将模板内的木屑、刨片、泥块等杂物清除干净，并仔细检查各连接点及接头处的螺栓、拉条、楔木等有无松动、滑脱现象。在浇筑混凝土的过程中，木工、钢筋、混凝土、架子等工种均应有专人"看仓"，以便发现问题随时加固修理。

模板工程的施工质量检验应按主控项目、一般项目规定的检验方法进行检验。检验批合格质量应符合下列规定：主控项目的质量经抽样检验合格；一般项目的质量经抽样检验合格；当采用计数检验时，除有专门要求外，一般项目的合格点率应达到80%及以上，而且不得有严重缺陷；具有完整的施工操作依据和质量验收记录。

1. 主控项目

(1)模板及支架用材料的技术指标应符合现行国家有关标准的规定。进场时应抽样检验模板和支架材料的外观、规格和尺寸。

检查数量：按国家现行有关标准的规定确定。

检验方法：检查质量证明文件；观察，尺量。

(2)现浇混凝土结构模板及支架的安装质量，应符合现行国家有关标准的规定和施工方案的要求。

检查数量：按现行国家有关标准的规定确定。

检验方法：按现行国家有关标准的规定执行。

(3)后浇带处的模板及支架应独立设置。

检查数量：全数检查。

检验方法：观察。

(4)支架竖杆或竖向模板安装在土层上时，应符合下列规定：

1)土层应坚实、平整，其承载力或密实度应符合施工方案的要求。

2)应有防水、排水措施；对冻胀性土，应有预防冻融措施。

3)支架竖杆下应有底座或垫板。

检查数量：全数检查。

检验方法：观察；检查土层密实度检测报告、土层承载力验算或现场检测报告。

2. 一般项目

(1)模板安装应符合下列规定：

1)模板的接缝应严密；

2)模板内不应有杂物、积水或冰雪等；

3)模板与混凝土的接触面应平整、清洁；

4)用作模板的地坪、胎模等应平整、清洁，不应有影响构件质量的下沉、裂缝、起砂或起鼓；

5)对清水混凝土及装饰混凝土构件，应使用能达到设计效果的模板。

检查数量：全数检查。

检验方法：观察。

(2)隔离剂的品种和涂刷方法应符合施工方案的要求。隔离剂不得影响结构性能及装饰施工；不得沾污钢筋、预应力筋、预埋件和混凝土接槎处；不得对环境造成污染。

检查数量：全数检查。

检验方法：检查质量证明文件；观察。

(3)模板的起拱应符合现行国家标准《混凝土结构工程施工规范》(GB 50666)的规定，并应符合设计及施工方案的要求。

检查数量：在同一检验批内，对梁，跨度大于18 m时应全数检查，跨度不大于18 m时应抽查构件数量的10%，且不应少于3件；对板，应按照有代表性的自然间抽查10%，且不应少于3间；对大空间结构，板可按纵、横轴线划分检查面，抽查10%，且不应少于3面。

检验方法：水准仪或尺量。

(4) 现浇混凝土结构多层连续支模应符合施工方案的规定。上、下层模板支架的竖杆宜对准。竖杆下垫板的设置应符合施工方案的要求。

检查数量：全数检查。

检验方法：观察。

(5) 固定在模板上的预埋件和预留孔洞不得遗漏，且应安装牢固。有抗渗要求的混凝土结构中的预埋件，应按设计及施工方案的要求采取防渗措施。

预埋件和预留孔洞的位置应满足设计和施工方案的要求。当设计无具体要求时，其位置偏差应符合表 4-2 的规定。

检查数量：在同一检验批内，对梁、柱和独立基础，应抽查构件数量的 10%，且不应少于 3 件；对墙和板，应按有代表性的自然间抽查 10%，且不应少于 3 间；对大空间结构，墙可按相邻轴线间高度 5 m 左右划分检查面，板可按纵、横轴线划分检查面，抽查 10%，且均不应少于 3 面。

检验方法：观察，尺量。

表 4-2 预埋件和预留孔洞的允许偏差

项目		允许偏差/mm
预埋钢板中心线位置		3
预埋管、预留孔中心线位置		3
插筋	中心线位置	5
	外露长度	+10，0
预埋螺栓	中心线位置	2
	外露长度	+10，0
预留孔	中心线位置	10
	尺寸	+10，0
注：检查中心线位置时，应沿纵、横两个方向量测，并取其中的较大值。		

(6) 现浇结构模板安装的偏差及检验方法应符合表 4-3 的规定。

检查数量：在同一检验批内，对梁、柱和独立基础，应抽查构件数量的 10%，且不应少于 3 件；对墙和板，应按有代表性的自然间抽查 10%，且不应少于 3 间；对大空间结构，墙可按相邻轴线间高度 5 m 左右划分检查面，板可按纵、横轴线划分检查面，抽查 10%，且均不应少于 3 面。

表 4-3 现浇结构模板安装的允许偏差及检验方法

项目		允许偏差/mm	检验方法
轴线位置		5	尺量
底模上表面标高		±0	水准仪或拉线、尺量
截面内部尺寸	基础	±10	尺量
	柱、墙、梁	±5	尺量
	楼梯相邻踏步高差	5	尺量
柱、墙垂直高	层高≤6 m	8	经纬仪或吊线、尺量
	层高>6 m	10	经纬仪或吊线、尺量
相邻模板表面高差		2	尺量
表面平整度		5	2 m 靠尺和塞尺量测
注：检查轴线位置，当有纵、横两个方向时，沿纵、横两个方向量测，并其中偏差的较大值。			

(7)预制构件模板安装的偏差及检验方法,应符合表 4-4 的规定。

检查数量:首次使用及大修后的模板应全数检查;使用中的模板抽查10%,且不应少于5件,不足5件时应全数检查。

表 4-4 预制构件模板安装的允许偏差及检验方法

项目		允许偏差/mm	检验方法
长度	板、梁	±4	尺量两侧边,取其中较大值
	薄腹梁、桁架	±8	
	柱	0,−10	
	墙板	0,−5	
宽度	板、墙板	0,−5	尺量两端及中部,取其中较大值
	梁、薄腹梁、桁架	+2,−5	
高(厚)度	板	+2,−3	尺量两端及中部,取其中较大值
	墙板	0,−5	
	梁、薄腹梁、桁架、柱	+2,−5	
侧向弯曲	梁、板、柱	$L/1\,000$ 且 $\leqslant 15$	拉线、尺量最大弯曲处
	墙板、薄腹梁、桁架	$L/1\,500$ 且 $\leqslant 15$	
板的表面平整度		3	2 m 靠尺和塞尺量测
相邻模板表面高平差		1	尺量
对角线差	板	7	尺量两对角线
	墙板	5	
翘曲	板、墙板	$L/1\,500$	调平尺在两端量测
设计起拱	梁、薄腹梁、桁架、柱	±3	拉线、钢尺量跨中

注:L 为构件长度(mm)。

第二课堂

1. 查阅相关资料,将任务补充完整。
2. 模板的种类有哪些?各种模板有何特点?
3. 现浇结构拆模时应注意哪些问题?

任务 4.2 钢筋工程

任务描述

本任务讲述了钢筋的种类和力学性能,配料、加工及连接,钢筋工程的隐蔽验收等内容。在掌握这些知识后,要求编写教学楼主体施工阶段钢筋工程的技术交底。

> **任务分析**
>
> 钢筋是建筑物的骨架,是最重要的受力材料;钢筋工程的质量直接影响建筑物的安全性,是施工管理人员的重点和焦点工作,参建各方都会予以足够的重视。钢筋工程的技术交底需要写明施工准备所用工具、设备,钢筋连接的方法,详细的钢筋绑扎、安装工艺流程及质量验收标准等内容,还必须符合《混凝土结构工程施工质量验收规范》(GB 50204)的规定。

知识课堂

4.2.1 钢筋的种类及性能

4.2.1.1 钢筋的种类

混凝土都有较高的抗压强度,但抗拉强度较低。用钢筋增强混凝土,可以扩大混凝土的使用范围,同时混凝土又对钢筋起保护作用。钢筋混凝土结构的钢筋,主要由碳素结构钢和低合金高强度结构钢加工而成。其主要品种有热轧钢筋、余热处理钢筋、冷轧带肋钢筋、冷拔低碳钢丝及钢绞线等。

1. 热轧光圆钢筋

热轧光圆钢筋是经热轧成型,横截面通常为圆形,表面光滑的成品钢筋,其牌号由 HPB+屈服强度值构成。《钢筋混凝土用钢 第1部分:热轧光圆钢筋》(GB/T 1499.1—2017)规定,推荐钢筋直径为 6 mm、8 mm、10 mm、12 mm、16 mm、20 mm 六种。热轧光圆钢筋的牌号为 HPB300(图 4-34)。

热轧光圆钢筋的塑性和焊接性能好,强度较低,是广泛应用于钢筋混凝土的构造筋。

2. 热轧带肋钢筋

根据《钢筋混凝土用钢 第2部分:热轧带肋钢筋》(GB/T 1499.2—2018)规定,热轧带肋钢筋分为普通热轧钢筋和热轧后带有控制冷却并自回火处理带肋钢筋两种。按屈服强度特征值分为 HRB400、HRB500、HRB600 级(图 4-35)。其强度值见表 4-5。

图 4-34 热轧光圆钢筋

图 4-35 热轧带肋钢筋

3. 冷轧带肋钢筋

《混凝土结构设计规范(2015 年版)》(GB 50010—2010)规定:普通纵向受力钢筋宜采用普通热轧带肋钢筋 HRB400、HRB500,细晶粒热轧带肋钢筋 HRBF400、HRBF500,也可采用 HRB335、HPB300、余热处理带肋钢筋 RRB400;箍筋宜采用 HRB400、HRBF400、HPB300、

HRB500、HRBF500 级钢筋，也可以采用 HRB335 级钢筋。

冷轧带肋钢筋是用低碳钢热轧圆盘条经冷轧后，在其表面带有沿长度方向均匀分布的三面或两面横肋的钢筋。冷轧带肋钢筋可分为 CRB550、CRB650、CRB800、CRB970 四个牌号，其代号由 CRB 和钢筋的抗拉强度的最小值构成。冷轧带肋钢筋的公称直径范围为 4～12 mm。

表 4-5 常用热轧钢筋的品种及强度值

牌号	符号	公称直径 d/mm	屈服强度标准值 f_{yk}/(N·mm^{-2})	极限强度标准值 f_{stk}/(N·mm^{-2})	抗拉强度设计值 f_y/(N·mm^{-2})	抗压强度设计值 f'_y/(N·mm^{-2})
HPB300	ϕ	6～14	300	420	270	270
HRB335	ϕ	6～14	335	455	300	300
HRB400 HRBF400 RRB400	ϕ ϕ^F ϕ^R	6～50	400	540	360	360
HRB500 HRBF500	ϕ ϕ^F	6～50	500	630	435	435

4.2.1.2 化学成分对钢材性能的影响

1. 碳

碳元素对钢的强度、硬度、塑性、韧性影响都很大，是决定钢材性质的主要元素。一般来说，随着含碳量的增加，钢材的强度和硬度相应提高，而塑性和韧性相应降低。另外，含碳量过高，还会增加钢的冷脆性和时效敏感性，降低抗腐蚀性和可焊性。

2. 硅

硅的主要作用是提高钢材的强度，而对钢的塑性及韧性影响不大，特别是当含量较低（小于 1%）时，对塑性和韧性基本上无影响。但当硅的含量超过 1% 时，其冷脆性增加，可焊性变差。

3. 锰

锰可提高钢的强度和硬度，几乎不降低塑性和韧性。其还可以起到去硫脱氧作用，从而改善钢的热加工性质。但锰含量较高（大于 1%）时，在提高强度的同时，塑性和韧就会性有所下降，可焊性变差。锰含量达 11%～14% 时，称为高锰钢，具有较高的耐磨性。

4. 磷

磷与碳相似，能使钢的屈服点和抗拉强度提高，塑性和韧性下降，显著增加钢的冷脆性。磷还是降低钢材可焊性的元素之一，但磷可使钢的耐磨性和耐腐蚀性提高。

5. 硫

硫在钢中以 FeS 的形式存在，FeS 是一种低熔点化合物，当钢材在红热状态下进行加工或焊接时，FeS 已熔化，使钢的内部产生裂纹，这种在高温下产生裂纹的特性称为热脆性。热脆性大大降低了钢的热加工性和可焊性。另外，硫元素的存在，会降低钢材的冲击韧性、疲劳强度和抗腐蚀性，因此，钢中要严格限制硫的含量。

4.2.1.3 钢筋的主要力学性能

在钢筋混凝土结构中所使用的钢材是否符合标准，直接关系着工程的质量，因此，在使用前，必须对钢筋进行一系列的检查与试验。钢材的性能包括力学性能和工艺性能。在常规的建筑钢材质量检测中，一般都检测拉伸性能和冷弯性能。

1. 拉伸性能

低碳钢从受拉直至断裂，会经历弹性阶段、屈服阶段、强化阶段和颈缩阶段四个阶段。拉伸性能是钢材最主要的技术性能，包括屈服强度、抗拉强度、伸长率等重要技术指标。

拉伸试验

(1) 屈服强度。在应力超过 A 点以后 [图 4-36(a)]，应力与应变就不再成正比关系。当应力达到 $B_{上}$ 点时，即使应力不增加，塑性变形仍明显增长，钢材出现了"屈服"现象。[图 4-36(a)]中，B_F 点对应的应力值 σ_s 规定为屈服点（或称屈服强度）。钢材受力达到屈服点以后，变形即迅速发展，拉伸试验尽管尚未破坏，但已不能满足使用要求，故结构设计时一般以屈服点（σ_s）作为钢材强度取值的依据。中碳钢与高碳钢（硬钢）的屈服现象不明显[图 4-36(b)]，因此，这类钢材的屈服强度规定为：残余伸长为原始标距长度的 0.2% 时所对应的应力（$\sigma_{0.2}$）。

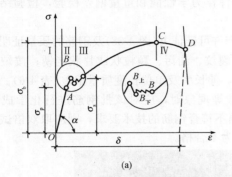
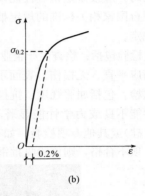

图 4-36　应力-应变曲线
(a)低碳钢应力-应变曲线；(b)高碳钢应力-应变曲线

(2) 抗拉强度。当应力超过屈服强度后，钢材的内部组织又重新组合，性能得到了强化，抵抗塑性变形的能力进一步提高。在 BC 阶段，钢材又恢复了抵抗变形的能力，故称强化阶段。其中，C 点对应的应力值称为极限强度，又叫作抗拉强度，用 σ_b 表示。

(3) 伸长率。伸长率即试件拉断后，标距的伸长与原始标距的百分比，伸长率用 δ 表示，即

$$\delta = (L_1 - L_0)/L_0 \times 100\% \tag{4-1}$$

式中　L_0——试件标距原始长度(mm)；

L_1——试件拉断后标距长度(mm)。

在塑性指标中，伸长率 δ 的大小与试件尺寸有关，常用的试件计算长度规定为其直径的 5 倍或 10 倍，伸长率分别用 δ_5 或 δ_{10} 表示。对于同一种钢材，其 δ_5 大于 δ_{10}。通常，以伸长率 δ 的大小来区别塑性的好坏，δ 越大，表示塑性越好。

2. 冷弯性能

冷弯是指钢材在常温下承受弯曲变形的能力，通过检验试件经规定的弯曲程度后，弯曲处拱面及两侧面有无裂纹、起层、鳞落和断裂等情况进行评定，一般用弯曲角度 α 以及弯芯直径 d 与钢材的厚度或直径 a 的比值来表示。弯曲角度越大，d 与 a 的比值越小，表明冷弯性能越好（图 4-37）。

冷弯试验

冷弯也是检验钢材塑性的一种方法，但冷弯检验对钢材塑性的评定比拉伸试验更严格、更敏感。冷弯有助于暴露钢材的某些缺陷，如气孔、杂质和裂纹等。焊接时，局部脆性及接头缺陷都可通过冷弯而发现，所以也可以用冷弯的方法来检验钢的焊接质量。

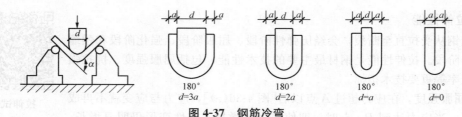

图 4-37 钢筋冷弯

建筑钢材在加工工程中，如发现脆断、焊接不良或力学性能显著不正常等现象，应根据现行国家标准对该批钢筋进行化学成分检验或其他专项检验。

3. 钢筋进场验收

钢筋进场时，应按规定检查性能及重量，检查生产企业的生产许可证证书及钢筋的质量证明书，并按现行国家相关标准的规定抽取试件作力学性能和重量偏差检验，检验结果必须符合有关标准的规定。

钢筋质量检验包括：检查生产企业的生产许可证证书(图 4-38)及钢筋的质量证明书；进行外观检查，钢筋应平直、无损伤，表面不得有裂纹、油污、颗粒状或片状老锈；按炉(批)号及直径见证取样送检，包括屈服强度、抗拉强度、伸长率及单位长度质量偏差(表 4-6)。当发现钢筋脆断、焊接性能不良或力学性能显著不正常等现象时，应对该批钢筋进行化学成分检验(碳、硫、磷、锰、硅)或其他专项检验。如有一项不符合钢筋的技术要求，则应取双倍试件(样)进行复试，再有一项不合格，则该验收批钢筋判为不合格。

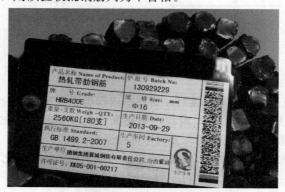

图 4-38 钢筋的出厂标牌

表 4-6 钢筋单位长度质量偏差

公称直径/mm	实际质量与理论质量的偏差
≤12	±7%
14～20	±5%
≥22	±4%

经产品认证符合要求的钢筋，其检验批量可扩大一倍。在同一工程项目中，同一厂家、同一牌号、同一规格的钢筋连续三次进场检验均合格时，其后的检验批量可扩大一倍。

热轧钢筋(余热处理钢筋)的检验，每批由同一牌号、同一炉罐号、同一规格的钢筋组成，质量不大于 60 t。

(1)外观检查。从每批钢筋中抽取 5% 进行外观检查。钢筋表面不得有裂纹、结疤和折叠。钢筋表面允许有凸块，但不得超过横肋的高度，钢筋表面上其他缺陷的深度和高度不得大于所在部位尺寸的允许偏差。

钢筋可按实际质量或公称质量交货。当钢筋按实际质量交货时，应随机抽取10根6 m长钢筋称重，如质量偏差大于允许偏差，则应与生产厂交涉，以免损害用户利益。

(2)力学性能试验。每批抽取5个试件，先进行质量偏差检验，再取其中2个试件进行力学性能检验。取样长度：冷拉试件长度与冷弯试件长度应根据试样直径和所使用的设备确定。在切取试样时，应将钢筋端头的500 mm去掉后再切取。对一、二级抗震等级，检验所得的强度实测值应符合下列规定：

1)钢筋的抗拉实测值与屈服强度实测值的比值不应大于1.25；

2)钢筋的屈服强度实测值与强度标准值的比值不应大于1.3。

4. 钢筋的存放

(1)验收后的钢筋，应按不同等级、牌号、规格及生产厂家分批、分别堆放，不得混杂且宜立牌以资识别。钢筋应设专人管理，建立严格的管理制度。

(2)钢筋宜堆放在料棚内，条件不具备时，应选择地势较高、无积水、无杂草且高于地面200 mm的地方放置，堆放高度应以最下层钢筋不变形为宜，必要时应加遮盖。

(3)钢筋不得和酸、盐、油等物品存放在一起，堆放地点应远离有害气体，以防钢筋锈蚀或污染。图4-39所示为钢筋堆放情况。

图4-39 钢筋堆放情况

4.2.2 钢筋的配料及加工

4.2.2.1 钢筋的配料

钢筋的配料是根据构件配筋图，先绘出各种形状和规格的单根钢筋简图，并加以编号，然后分别计算钢筋的下料长度和根数，填写配料单，申请加工。

钢筋下料长度计算
（钢筋工程）

1. 计算下料长度

结构施工图中所指钢筋长度是钢筋外缘之间的长度，即外包尺寸，这是施工中量度钢筋长度的基本依据。钢筋因弯曲或弯钩其长度会变化，配料中不能直接根据图纸尺寸下料，必须了解混凝土保护层厚度(表4-7)，钢筋弯曲、弯钩规定，再根据图示尺寸计算其下料长度。

表4-7 混凝土保护层的最小厚度 c　　　　　　　　　　　　　mm

环境类型	板、墙、壳	梁、柱、杆
一	15	20
二 a	20	25
二 b	25	35
三 a	30	40
三 b	40	50

注：1. 混凝土强度等级不大于C25时，表中保护层厚度数值应增加5 mm。
2. 钢筋混凝土基础宜设置混凝土垫层，基础中钢筋的混凝土保护层厚度应从垫层顶面算起，且不应小于40 mm。

直钢筋下料长度＝构件长度＋搭接长度－保护层厚度＋弯钩增加长度
弯起钢筋下料长度＝直段长度＋斜段长度＋搭接长度－弯曲调整值＋弯钩增加长度
箍筋下料长度＝直段长度＋弯钩增加长度－弯曲调整值
箍筋下料长度＝箍筋周长＋箍筋调整值

2. 钢筋弯曲调整值

钢筋有弯曲时，在弯曲处的内侧发生收缩，外皮却出现延伸，中心线则保持原有尺寸，同时弯曲处形成圆弧。钢筋长度的量度方法是沿直线量外包尺寸，因此钢筋弯曲以后，量度尺寸大于下料尺寸，两者之间的差值称为弯曲调整值。在计算下料长度时，必须加以扣除，根据理论推理和实践经验，列于表4-8中。

表4-8　钢筋弯曲量度差值

钢筋弯曲角度	30°	45°	60°	90°	135°
钢筋弯曲调整值	$0.35d$	$0.5d$	$0.85d$	$2d$	$2.5d$

注：d 为钢筋直径。

3. 钢筋弯钩长度增加值

弯钩形式最常用180°、90°和135°三种。180°弯钩常用于HPB300级钢筋；90°弯钩常用于柱立筋的下部、附加钢筋和无抗震要求的箍筋；135°弯钩常用于HRB335级、HRB400级钢筋和有抗震要求的箍筋。

当弯弧内直径为$2.5d$（HRB335级、HRB400级钢筋为$4d$）、平直部分为$3d$时，其弯钩增加长度的计算值：半圆弯钩为$6.25d$，直弯钩为$3.5d$，斜弯钩为$4.9d$，如图4-40所示。

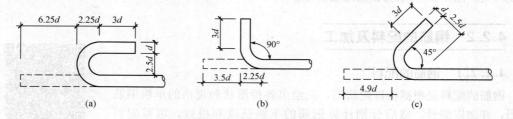

图4-40　钢筋弯钩计算简图
(a)180°弯钩；(b)90°弯钩；(c)135°弯钩

4. 弯起钢筋斜长

弯起钢筋斜长系数见表4-9，弯起钢筋斜长计算简图如图4-41所示。

表4-9　弯起钢筋斜长系数表

弯起角度	$\alpha=30°$	$\alpha=45°$	$\alpha=60°$
斜边长度 s	$2h_0$	$1.41h_0$	$1.15h_0$
底边长度 l	$1.732h_0$	h_0	$0.575h_0$
增加长度 $s-l$	$0.268h_0$	$0.41h_0$	$0.575h_0$

5. 箍筋长度调整值

为了箍筋计算方便，一般将箍筋弯钩长度增加值和弯曲量度差值两项合并成一项为箍筋调整值，如图4-42所示并见表4-10。计算时，将箍筋外包尺寸或内皮尺寸加上箍筋调整值即箍筋下料长度。

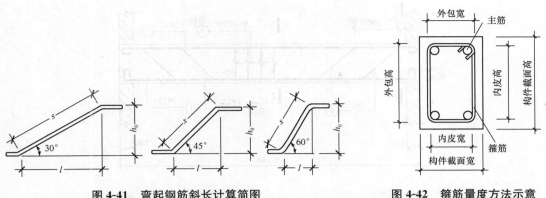

图 4-41 弯起钢筋斜长计算简图　　　　　图 4-42 箍筋量度方法示意

表 4-10 箍筋调整值　　　　　　　　　　　　　　　　　　mm

箍筋量度方法	箍筋直径			
	4～5	6	8	10～12
量外包尺寸	40	50	60	70
量内皮尺寸	80	100	120	150～170

除焊接封闭环式箍筋外，箍筋的末端应作弯钩，弯钩形式应符合设计要求；当设计无具体要求时，应符合下列规定：

(1)箍筋弯钩的弯弧内直径除应满足上述要求外，还应不小于受力钢筋直径。

(2)箍筋弯钩的弯折角度：对一般结构，不应小于 90°；对于有抗震等要求的结构，应为 135°。

(3)箍筋弯后的平直部分长度：对一般结构，不宜小于箍筋直径的 5 倍；对于有抗震要求的结构，不应小于箍筋直径的 10 倍。

根据钢筋下料长度计算结果和配料选择，汇总编制钢筋配单。在钢筋配料单中，必须反映出工程部位、构件名称、钢筋编号、钢筋简图及尺寸、钢筋直径、钢号、数量、下料长度、钢筋质量等。列入加工计划的配料单，将每一编号的钢筋制作一块料牌(图 4-43)作为钢筋加工的依据，并在安装中作为区别各工程部位、构件和各种编号钢筋的标志。钢筋配料单和料牌应严格校核，必须准确无误，以免返工浪费。

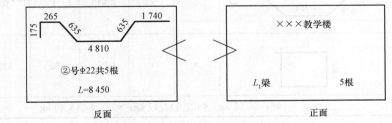

图 4-43 钢筋料牌(单位：mm)

【例 4-1】 钢筋配料计算。某建筑物简支梁配筋如图 4-44 所示，试计算钢筋下料长度。钢筋保护层厚度取 25 mm，梁编号为 L_1 共 10 根。

【解】 1)绘出各钢筋简图，见表 4-11。

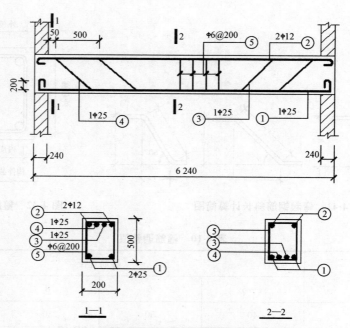

图 4-44 某建筑物简支梁配筋图(单位：mm)

表 4-11 钢筋配料单

构件名称	钢筋编号	简图	钢号	直径/mm	下料长度/mm	单根根数	合计根数	质量/kg
L_1 梁 共 10 根	①	200 ⌐────6 190────⌐	Φ	25	6 802	2	20	523.70
	②	⌐────6 190────⌐	Φ	12	6 340	2	20	112.47
	③	765 / 619 \ 3 784 / \	Φ	25	6 815	1	10	262.35
	④	265 / 619 \ 4 784 / \	Φ	25	6 815	1	10	262.35
	⑤	162 / 462 □	Φ	6	1 250	32	320	88.52
合计		Φ6：88.52 kg；Φ12：112.47 kg；Φ25：1 048.40 kg						

2) 计算钢筋下料长度。

①号钢筋下料长度。

$$(6\,240 + 2 \times 200 - 2 \times 25) - 2 \times 2 \times 25 + 2 \times 6.25 \times 25 = 6\,802 \text{(mm)}$$

②号钢筋下料长度。

$$6\,240 - 2 \times 25 + 2 \times 6.25 \times 12 = 6\,340 \text{(mm)}$$

③号弯起钢筋下料长度。

上直段钢筋长度＝240＋50＋500－25＝765(mm)
斜段钢筋长度＝(500－2×25－2×6)×1.414＝619(mm)
中间直段钢筋长度＝6 240－2×(240＋50＋500＋438)＝3 784(mm)
下料长度＝(765＋619)×2＋3 784－4×0.5×25＋2×6.25×25＝6 815(mm)

④号钢筋下料长度计算为 6 815 mm。

⑤号箍筋下料长度。

宽度＝200－2×25＝150(mm)
高度＝500－2×25＝450(mm)
下料长度＝(150＋450)×2＋50＝1 250(mm)
箍筋数量＝(6 240－2×25)÷200＋1＝31.95，取 32 根。

计算结果汇总于表 4-11 中。

4.2.2.2 钢筋代换

1. 钢筋代换原则

(1)必须征得设计单位同意并办理设计变更文件后，才允许进行钢筋代换。
(2)代换后必须满足构造规定：如受力钢筋和箍筋的最小直径、间距、锚固长度、配筋百分率以及混凝土保护层厚度等。
(3)代换钢筋还必须满足截面对称的要求。
(4)梁内纵向受力钢筋与弯起钢筋应分别代换，以保证正截面与斜截面强度。
(5)偏心受压(拉)构件，应按受力方向分别代换。
(6)同一截面不同种类和直径的钢筋代换时，钢筋直径差一般不大于 5 mm。
(7)钢筋代换后用量不宜大于设计用量的 5%，也不应低于 2%。
(8)抗裂性要求高的构件不宜用 HPB300 级钢筋代换 HRB335 级、HRB400 级带肋钢筋。
(9)当构件受裂缝宽度控制时，代换后应进行裂缝宽度验算。如代换后裂缝宽度增大(但不超过允许的最大裂缝宽度)，还应对构件作挠度验算。
(10)钢筋代换，还要保证用料的经济性和加工操作的方便。

2. 钢筋代换方法

(1)等强度代换：当结构构件按强度控制时，可按强度相等的原则代换，称"等强度代换"，即代换前后钢筋的"钢筋抗力"不小于施工图纸上原设计配筋的钢筋抗力。即

$$A_{s2} \cdot f_{y2} \geqslant A_{s1} \cdot f_{y1} \tag{4-2}$$

将圆面积公式：$A_s = \dfrac{\pi d^2}{4}$ 代入式(4-2)，有：

$$n_2 d_2^2 f_{y2} \geqslant n_1 d_1^2 f_{y1} \tag{4-3}$$

当原设计钢筋与拟代换的钢筋直径相同时($d_1 = d_2$)：

$$n_2 f_{y2} \geqslant n_1 f_{y1} \tag{4-4}$$

当原设计钢筋与拟代换的钢筋级别相同时($f_{y1} = f_{y2}$)：

$$n_2 d_2^2 \geqslant n_1 d_1^2 \tag{4-5}$$

式中 f_{y1}，f_{y2}——分别为原设计钢筋和拟代换钢筋的抗拉强度设计值(N/mm^2)；
A_{s1}，A_{s2}——分别为原设计钢筋和拟代换钢筋的计算截面面积(mm^2)；
n_1，n_2——分别为原设计钢筋和拟代换钢筋的根数(根)；
d_1，d_2——分别为原设计钢筋和拟代换钢筋的直径(mm)。

(2)等面积代换：当构件按最小配筋率配筋时，可按代换前后钢筋面积相等的原则进行代换，称为"等面积代换"，即

$$A_{s1}=A_{s2}$$

或

$$n_2 d_2^2 \geqslant n_1 d_1^2$$

4.2.2.3 钢筋的加工

钢筋加工包括冷拉、冷拔调直、除锈、下料剪切、接长、弯曲等工作，但是冷拉钢筋与冷拔低碳钢丝已逐渐淘汰。随着施工技术的发展，钢筋加工已逐步实现机械化和联动化。

1. 钢筋调直

钢筋在使用前必须经过调直，否则会影响钢筋受力，甚至会使混凝土提前产生裂缝，如未调直就直接下料，会影响钢筋的下料长度，并影响后续工序的质量。钢筋调直应符合下列要求：

(1)钢筋的表面应洁净。使用前应无表面油渍、漆皮、锈皮等。

(2)钢筋应平直，无局部弯曲，钢筋中心线同直线的偏差不超过其全长的1‰。成盘的钢筋或弯曲的钢筋均应调直后，才允许使用。

(3)钢筋调直后，其表面伤痕不得使钢筋截面面积减少5%以上。

钢筋调直一般采用机械调直，常用的调直机械有钢筋调直机(图4-45)、弯筋机、卷扬机等。钢筋调直机用于圆钢筋的调直和切断，并可清除其表面的氧化皮和污迹。

图4-45 钢筋调直机

2. 钢筋除锈

钢筋由于保管不善或存放时间过久，就会受潮生锈。在生锈初期，钢筋表面呈黄褐色，称为水锈或色锈。这种水锈除在焊点附近必须清除外，一般可不处理，但是若钢筋锈蚀进一步发展，钢筋表面已形成一层锈皮，受锤击或碰撞可见其剥落，这种铁锈不能很好地和混凝土粘结，影响钢筋和混凝土的握裹力，并且在混凝土中会继续发展，需要清除。

钢筋除锈方式有三种：一是手工除锈，如用钢丝刷、砂堆、麻袋砂包、砂盘(图4-46)等除锈；二是机械除锈，如采用电动除锈机除锈(图4-47)、喷砂除锈等，这对钢筋局部除锈较为方便；三是在钢筋冷拉或调直过程中除锈，这对大量钢筋除锈较为经济。

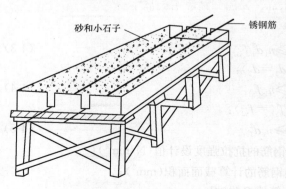

图4-46 砂盘除锈

图4-47 电动除锈机

3. 钢筋切断

钢筋切断有手工切断、机械切断、氧气切割三种方法。

(1)手工切断的工具有断线钳(用于切断 5 mm 以下的钢丝)、手动液压钢筋切断机(用于切断直径在 16 mm 以下的钢筋、直径在 25 mm 以下的钢绞线)。

(2)机械切断一般采用钢筋切断机,它将钢筋原材料或已调直的钢筋切断,其主要类型有机械式、液压式和手持式钢筋切断机(图 4-48)。机械式钢筋切断机有偏心轴立式、凸轮式和曲柄连杆式等形式。

(3)直径大于 40 mm 的钢筋,一般用氧气切割。

图 4-48 钢筋切断机

4.2.2.4 钢筋弯曲

钢筋下料后,应按弯曲设备特点及钢筋直径和弯曲角度进行画线,以利于弯曲成设计所要求的尺寸。如弯曲钢筋两边对称,画线工作宜从钢筋中线开始向两边进行;当弯曲形状比较复杂时,可先放出实样,再进行弯曲。钢筋弯曲宜采用钢筋弯曲机,钢筋弯曲机可弯直径为 6~40 mm 的钢筋(图 4-49)。直径小于 25 mm 的钢筋,当无弯曲机时,可采用扳钩弯曲。

图 4-49 钢筋弯曲机

4.2.3 钢筋的连接

由于钢筋通过连接接头传力的性能总不如整根钢筋,因此,设置钢筋的连接原则为:混凝土结构中受力钢筋的连接接头宜设置在受力较小处;在同一根受力钢筋上宜少设接头;在结构的重要构件和关键传力部位,纵向受力钢筋,不宜设置连接接头。

(1)直径大于 12 mm 的钢筋,应优先采用焊接接头或机械连接接头。

(2)其他构件中的钢筋采用绑扎搭接时,受拉钢筋直径不宜大于 25 mm,受压钢筋直径不宜大于 28 mm。

(3)轴心受拉及小偏心受拉杆件的纵向受力钢筋,不得采用绑扎搭接。

(4)直接承受动力载荷的结构构件中,其纵向受拉钢筋不得采用绑扎搭接接头。

钢筋连接方式有焊接、机械连接、绑扎连接等。绑扎连接由于需要较长的搭接长度,浪费钢筋且连接不可靠,故宜限制使用。焊接连接的方法较多,成本较低,质量可靠。机械连接设备简单,节约能源,不受气候影响,可全天候施工,连接可靠,技术易于掌握,适用范围广,尤其适用于焊接有困难的现场。

4.2.3.1 钢筋焊接

钢筋焊接方式有闪光对焊、电渣压力焊、电弧焊、电阻点焊、气压焊、埋弧压力焊等。其中，闪光对焊用于焊接长钢筋；电阻点焊用于焊接钢筋网；埋弧压力焊用于钢筋与钢板的焊接；电渣压力焊用于现场焊接竖向钢筋。

钢筋焊接施工的一般规定如下：

(1) 焊工必须持证操作，施焊前应进行现场条件下的焊接工艺试验，试验合格后，方可正式施焊。

(2) 焊剂应存放在干燥的库房内，受潮时，使用前应经 250 ℃～300 ℃烘焙 2 h。

(3) 在环境温度低于 -5 ℃条件下施焊，闪光对焊宜采用预热闪光焊或闪光—预热—闪光焊；电弧焊宜增大焊接电流、减小焊接速度；当环境温度低于 -20 ℃时，不宜进行各种焊接。

(4) 雨天、雪天不宜在现场施焊。必须施焊时，应采取有效遮蔽措施，焊后未冷却接头不得碰到冰雪。

(5) 进行闪光对焊、电阻点焊、电渣压力焊、埋弧压力焊时，应观察电源电压波动情况。当电源电压下降 5%～8%时，应提高焊接变压器级数；当大于或等于 8%时，不得进行焊接。

(6) 妥善管理氧气、乙炔、液化石油气等易燃易爆品，制订并实施各项安全技术措施，防止烧伤、触电、火灾、爆炸以及烧坏焊接设备事故的发生。

(7) 凡施焊的各种钢筋、钢板均应有质量证明书；焊条、焊剂应有产品合格证；必须选用与焊接方式对应的焊条、焊剂。

(8) 钢筋焊接施工前，应清除钢筋、钢板焊接部位以及钢筋与电极接触处表面上的锈斑、油污、杂物等；当钢筋端部有弯折、扭曲时，应予以矫直或切除。

1. 闪光对焊

闪光对焊是利用电流通过对接的钢筋时产生的电阻热作为热源使金属熔化，产生强烈飞溅，并施加一定压力而使其焊合在一起的焊接方式。对焊不仅能提高工效，节约钢材，还能充分保证焊接质量。闪光对焊机可分为手动闪光对焊机和自动闪光对焊机。

闪光对焊机由机架、导向机构、移动夹具和固定夹具、送料机构、夹紧机构、电气设备、冷却系统及控制开关等组成，如图 4-50 和图 4-51 所示。闪光对焊机适用于水平钢筋非施工现场连接，以及径为 10～40 mm 的各种热轧钢筋的焊接。

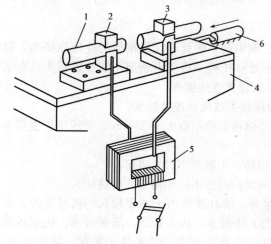

图 4-50 闪光对焊机
1—焊接的钢筋；2—固定电极；3—可动电极；
4—机座；5—变压器；6—平动顶压机构

图 4-51 闪光对焊示意

根据钢筋级别、直径和所用焊机的功率，闪光对焊工艺可分为连续闪光焊、预热闪光焊、闪光－预热－闪光焊三种。

(1)连续闪光焊。

1)连续闪光焊的工艺过程包括连续闪光和顶锻过程。施焊时，闭合电源使两钢筋端面轻微接触，此时端面接触点很快熔化并产生金属蒸气飞溅，形成闪光现象；接着徐徐移动钢筋，形成连续闪光过程，同时接头被加热；待接头烧平、闪去杂质和氧化膜、白热熔化时，立即施加轴向压力迅速进行顶锻，使两根钢筋焊牢。

2)连续闪光焊宜用于焊接直径在 25 mm 以内的 HPB300 级、HRB335 级和 HRB400 级钢筋。

(2)预热闪光焊。

1)预热闪光焊的工艺过程包括预热、连续闪光及顶锻过程，即在连续闪光焊前增加了一次预热过程，使钢筋预热后再连续闪光烧化，进行加压顶锻。

2)预热闪光焊适宜焊接直径大于 25 mm 且端部较平坦的钢筋。

(3)闪光－预热－闪光焊，即在预热闪光焊前面增加了一次闪光过程，使不平整的钢筋端面烧化平整，预热均匀，最后进行加压顶锻。它适宜焊接直径大于 25 mm 且端部不平整的钢筋。

2. 电渣压力焊

钢筋电渣压力焊是将两根钢筋安放成竖向对接形式(图 4-52)，利用焊接电流通过两钢筋端面间隙，在焊剂层下形成电弧过程和电渣过程，产生电弧热和电阻热，熔化钢筋，加压完成的一种焊接方法。钢筋电渣压力焊机操作方便，效率高，适用于竖向或斜向受力钢筋的连接，钢筋牌号为 HPB300 光圆钢筋、HRB335 月牙肋带肋钢筋，直径为 14～40 mm。

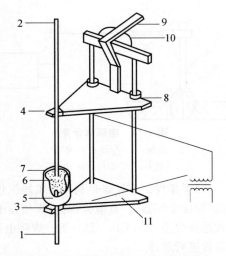

图 4-52　钢筋电渣压力焊机的构造

1、2—钢筋；3—固定电极；4—活动电极；
5—焊剂盒；6—导电剂；7—焊药；8—滑动架；
9—手柄；10—支架；11—固定架

电渣压力焊机可分为自动电渣压力焊机及手工电渣压力焊机两种。其主要由焊接电源（BX2-1000 型焊接变压器）、焊接夹具、操作控制系统、辅件(焊剂盒、回收工具)等组成。图 4-53 所示，为电动凸轮式钢筋自动电渣压力焊机基本构造示意。将上、下两钢筋端部埋于焊剂之中，两端面之间留有一定间隙。电源接通后，采用接触方式引燃电燃，焊接电弧在两钢筋之间燃烧，电弧热将两钢筋端部熔化，熔化的金属形成熔池，熔融的焊剂形成熔渣(渣池)，覆盖于熔池之上。熔池受到熔渣和焊剂蒸气的保护，不与空气接触而发生氧化反应。随着电弧的燃烧，两根钢筋端部熔化量增加，熔池和渣池加深，此时应不断将上钢筋下送。至其端部直接与渣池接触时，电弧熄灭。焊接电流通过液体渣池产生的电阻热，继续对两钢筋端部加热，渣池温度可达 1 600 ℃～2 000 ℃。待上、下钢筋端部达到全断面均匀加热时，迅速将上钢筋向下顶压，液态金属和熔渣全部挤出，随即切断焊接电源。冷却后打掉渣壳，露出带金属光泽的焊包。

3. 电弧焊

电弧焊是利用弧焊机使焊条与焊件之间产生高温，电弧使焊条和电弧燃烧范围内的焊件熔化，待其凝固便形成焊缝或接头(图 4-54 和图 4-55)。其具有设备简单、操作灵活、成本低等特点，而且焊接性能好，但工作条件差、效率低。其适用于构件厂内和施工现场焊接碳素钢、低合金结构钢、不锈钢、耐热钢和对铸铁的补焊，可在各种条件下进行各种位置的焊接。电弧焊又可分为手弧焊、埋弧压力焊等。

图 4-53　电动凸轮式钢筋自动电渣压力焊机基本构造示意

图 4-54　电弧焊示意
1—电源；2—导线；3—焊钳；
4—焊条；5—焊件；6—电弧

图 4-55　交流弧焊机

(1)手弧焊。手弧焊是利用手工操纵焊条进行焊接的一种电弧焊。手弧焊用的焊机有交流弧焊机（焊接变压器）、直流弧焊机（焊接发电机）等。焊条的种类很多，根据钢材等级和焊接接头形式选择焊条，如 E43、E50 等。焊接电流和焊条直径，应根据钢筋级别、直径、接头形式和焊接位置进行选择。

钢筋电弧焊的接头形式主要有以下几种（图 4-56）：

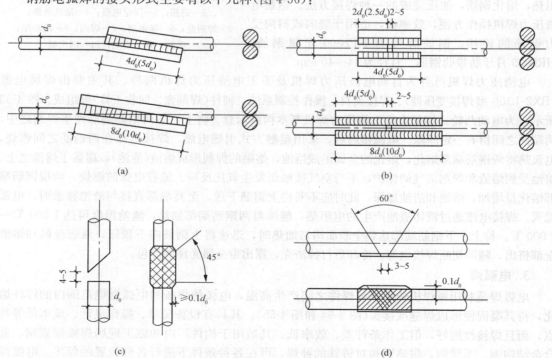

图 4-56　钢筋电弧焊的接头形式
(a)搭接焊接头；(b)帮条焊接头；(c)立焊的坡口焊接头；(d)平焊的坡口焊接头

1) 搭接焊接头。适用于焊接直径为 10~40 mm 的 HPB300 级、HRB335 级、HRB400 级钢筋。焊接时，先将主钢筋的端部按搭接长度预弯，使被焊钢筋与其在同一轴线上，并采用两端点焊定位。焊接宜采用双面焊，当双面施焊有困难时，也可采用单面焊。

2) 帮条焊接头。适用范围同搭接焊接头。帮条钢筋宜与主筋同级别、同直径，如帮条与被焊接钢筋的级别不相同，还应按钢筋的计算强度进行换算。所采用帮条的总截面面积应满足：当被焊接钢筋为 HPB300 级时，应不小于被焊接钢筋截面的 1.2 倍；为 HRB335 级、HRB400 级时，则应不小于 1.5 倍。主筋端面之间的间隙应为 2~5 mm，帮条和主筋间用四点对称定位焊加以固定。钢筋搭接长度或帮条长度见表 4-12。

表 4-12 钢筋搭接长度或帮条长度

钢筋级别	焊缝形式	搭接长度或帮条长度
HPB300 级	单面焊	≥8d
	双面焊	≥4d
HRB335 级、HRB400 级	单面焊	≥10d
	双面焊	≥5d

3) 坡口（剖口）焊接头。坡口（剖口）焊接头分为平焊和立焊两种。其适用于直径为 16~40 mm 的 HPB300 级、HRB335 级、HRB400 级、HRB500 级钢筋。当焊接 HRB500 级钢筋时，应先将焊件加温处理。坡口（剖口）焊接头较上两种接头节约钢材。

4) 钢筋与预埋件接头。钢筋与预埋件接头可分对接接头和搭接接头两种。对接接头又可分为角焊和穿孔塞焊。当钢筋直径为 6~25 mm 时，可采用角焊；当钢筋直径为 20~30 mm 时，宜采用穿孔塞焊。

(2) 埋弧压力焊。埋弧压力焊是将钢筋与钢板安放成 T 形形状，利用焊接电流通过时在焊剂层下产生电弧，形成熔池，加压完成的一种压焊方法。其具有生产效率高、质量好等优点，适用于各种预埋件、T 形接头、钢筋与钢板的焊接。预埋件钢筋压力焊适用于热轧直径为 6~25 mm 的 HPB300 光圆钢筋、HRB335 月牙肋带肋钢筋的焊接，钢板为普通碳素钢，厚度为 6~20 mm。埋弧压力焊机主要由焊接电源、焊接机构和控制系统（控制箱）三部分组成，如图 4-57 所示。工作线圈（副线圈）分别接入活动电极（钢筋夹头）及固定电极（电磁吸铁盘）。焊机结构采用摇臂式，摇臂固定在立柱上，可作左右回转活动；摇臂本身可作前后移动，以使焊接时能取得所需要的工作位置。摇臂末端装有可上下移动的工作头，其下端是用导电材料制成的偏心夹头，夹头接工作线圈，形成活动电极。工作平台上装有平面型电磁吸铁盘，拟焊钢板放置其上，接通电源，能被吸住而固定不动。

在埋弧压力焊时，钢筋与钢板之间引燃电弧之后，由于电弧作用使局部用材及部分焊剂熔化和蒸发，蒸发气体形成了一个空腔。空腔被熔化的焊剂所形成的熔渣包围，焊接电弧就在这个空腔内燃烧，在焊接电弧热的作用下，熔化的钢筋端部和钢板金属形成焊接熔池。待钢筋整个截面均匀加热到一定温度，将钢筋向下顶压，随即切断焊接电源，冷却凝固后就形成了焊接接头。

4. 电阻点焊

电阻点焊主要用于钢筋的交叉连接，如焊接钢筋网片、钢筋骨架等。采用电焊代替绑扎，可提高工效，节约劳动力，成品刚性好，便于运输，并可节约钢材。

电阻点焊机的工作原理如图 4-58 所示，其是利用电流通过焊件时产生的电阻热作为热源，并施加一定的压力，使交叉连接的钢筋接触处形成一个牢固的焊点，将钢筋焊合起来。点焊时，将表面清理好的钢筋叠合在一起，放在两个电极之间预压夹紧，使两根钢筋交接点紧密接触。

当踏下脚踏板时，带动压紧机构使上电极压紧钢筋，同时断路器也接通电路，电流经变压器次级线圈引到电极，接触点处在极短的时间内产生大量的电阻热，使钢筋加热到熔化状态，在压力作用下将两根钢筋交叉焊接在一起。当放松脚踏板时，电极松开，断路器随着杠杆下降，断开电路，点焊结束。

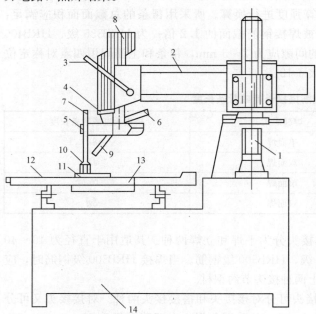

图 4-57　埋弧压力焊机

1—立柱；2—摇臂；3—压柄；4—工作头；5—钢筋夹头；
6—手柄；7—钢筋；8—焊剂料箱；9—焊剂漏口；10—铁圈；
11—预埋钢板；12—工作平台；13—焊剂储斗；14—机座

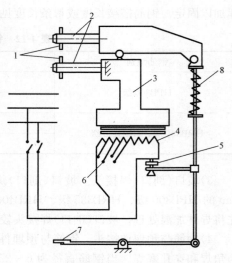

图 4-58　电阻点焊机的工作原理

1—电极；2—电极臂；3—变压器的次级线圈；
4—变压器的初级线圈；5—断路器；
6—变压器的调节开关；7—踏板；8—压紧机构

常用的电阻点焊机有单点点焊机和钢筋焊接网成型机（图 4-59）。单点点焊机用于较粗钢筋的焊接；钢筋焊接网成型机用于焊接钢筋网片。另外，现场还可采用手提式点焊机。焊点应进行外观检查和强度试验，热轧钢筋的焊点应进行抗剪强度的试验。冷加工钢筋除进行抗剪试验外，还应进行拉伸试验。外观检查时，应按同一类型制品分批抽查 10%，均不得少于 3 件。强度检查时，试件应从每批成品中切取。

5. 气压焊

气压焊是利用氧气和乙炔气，按一定的比例混合燃烧的火焰，将被焊钢筋两端加热，使其达到热塑状态，经施加适当压力，使其接合的固相焊接法。钢筋气压焊适用于 14～40 mm 各种热轧钢筋，也可进行不同直径钢筋之间的焊接，还可用于钢轨焊接。被焊材料有碳素钢、低合金钢、不锈钢和耐热合金等。钢筋气压焊设备轻便，可进行水平、垂

图 4-59　钢筋焊接网成型机

气压焊竖向焊缝　　气压焊水平焊缝

直、倾斜等全方位焊接,具有节省钢材、施工费用低廉等优点。钢筋气压焊接机由供气装置(氧气瓶、溶解乙炔瓶等)、多嘴环管加热器、加压器(油泵、顶压油缸等)、焊接夹具及压接器等组成,如图4-60所示。

钢筋气压焊采用氧—乙炔火焰对着钢筋对接处连续加热,在淡白色羽状火焰前端要触及钢筋或伸到接缝内时,火焰始终不离开接缝,待接缝处钢筋红热时,加足顶锻压力使钢筋端面闭合。钢筋端面闭合后,将加热焰调成乙炔稍多的中性焰,以接合面为中心,多嘴加热器沿钢筋轴向,在两倍钢筋直径范围内均匀摆动加热,摆幅由小变大,摆速逐渐加快。当钢筋表面变成炽白色、氧化物变成芝麻粒大小的灰白色球状物继而聚集成泡沫,开始随多嘴加热器摆动方向移动时,再加足顶锻压力,并保持压力到使接合处对称均匀变粗。其直径为钢筋直径的1.4~1.6倍,变型长度为钢筋直径的1.2~1.5倍,即可终断火焰使焊接完成。

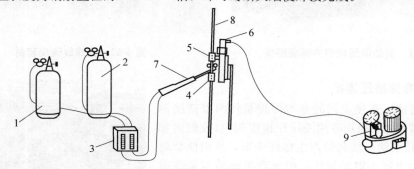

图4-60 气压焊设备示意
1—乙炔;2—氧气;3—流量计;4—固定卡具;5—活动卡具;
6—压接器;7—加热器与焊炬;8—被焊接的钢筋;9—电动油泵

4.2.3.2 钢筋机械连接

钢筋连接时,宜选用机械连接接头,并优先采用直螺纹接头。钢筋机械连接方法有钢筋滚扎直螺纹连接、钢筋套筒挤压连接、钢筋镦粗直螺纹套筒连接等。钢筋机械连接接头的设计、应用与验收应符合行业标准《钢筋机械连接技术规程》(JGJ 107)和各类机械连接接头技术规程的规定。这类连接方式是利用钢筋表面轧制或特制的螺纹(或横肋)和套筒之间的机械咬合作用来传递钢筋所受拉力或压力。

1. 直螺纹套筒连接

直螺纹套筒连接是将钢筋连接端头用滚轧加工工艺滚轧成规整的直螺纹,再用相配套的直螺纹套筒将两钢筋相对拧紧,从而实现连接。直螺纹套筒连接质量好,强度高;钢筋连接操作方便,速度快;无明火作业,风雨无阻,可全天候施工。其可用于水平、竖直等各种不同位置钢筋的连接。直螺纹套筒连接根据螺纹成型方式不同可分为直接滚轧直螺纹、挤压肋滚轧直螺纹、剥肋滚轧直螺纹三种。

直螺纹套筒连接

钢筋滚轧直螺纹连接是利用金属材料塑性变形后冷作硬化增强金属强度的特性,使接头母材等强的连接方法。根据滚轧直螺纹成型方式,又可分为剥肋滚轧直螺纹、挤压肋滚轧直螺纹、直接滚轧螺纹三种类型。

(1)剥肋滚压直螺纹:是将钢筋的横肋和纵肋进行剥切处理,使钢筋滚丝前的柱体圆度精度高,直径达到同一尺寸,然后再进行螺纹滚压成型,从剥肋到滚压直螺纹成型过程由专用套丝机一次完成。剥肋滚压直螺纹的精度高,操作简便,性能稳定,耗材量少(图4-61~图4-63)。

(2)挤压肋滚轧直螺纹：先将钢筋的横肋和纵肋进行滚压或挤压处理，使钢筋滚丝前的柱体达到螺纹加工的圆度尺寸，然后再进行螺纹滚压成型，螺纹经滚压后材质发生硬化，强度提高6%~8%，全部直螺纹成型过程由专用滚压套丝机一次完成。

(3)直接滚轧螺纹：加工简单，设备投入少，但螺纹精度差，钢筋粗细不均导致螺纹直径出现差异，接头质量受到了一定的影响。

图 4-61 剥肋滚压成型的钢筋接头

图 4-62 直螺纹连接套筒

2. 钢筋套筒挤压连接

钢筋套筒挤压连接工艺的基本原理是将两根待接钢筋插入钢连接套筒，采用专用液压压接钳侧向（或侧向和轴向）挤压连接套筒，使套筒产生塑性变形，从而使套筒的内周壁变形而嵌入钢筋螺纹，由此产生抗剪力来传递钢筋连接处的轴向力。挤压连接又可分为径向挤压连接和轴向挤压连接两种。轴向挤压连接由于现场施工不方便及接头质量不够稳定，没有得到推广。而径向挤压连接得到了大面积推广应用。

钢筋径向挤压连接（图 4-64 和图 4-65）是沿套筒直径方向从套筒中间依次向两端挤压套筒，使之冷塑性变性，将插在套管里的两根钢筋紧紧咬合成一体。其主要设备有挤压机、超高压油泵、平衡器、吊挂小车、划标志用工具及检查压痕卡板等。其宜用于连接直径为 12~40 mm 的 HRB335 级、HRB400 级月牙肋钢筋。

图 4-63 钢筋螺纹加工

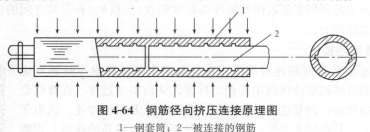

图 4-64 钢筋径向挤压连接原理图

1—钢套筒；2—被连接的钢筋

图 4-65 挤压接头现场施工

施工要点：

(1)钢筋及钢套筒压接之前，要将钢筋压接部位清理干净，钢筋端部必须平直。

(2)应在钢筋端都做上能够准确判断钢筋伸入套筒内长度的位置标记。

(3)钢套筒必须有明显的压痕位置标记，尺寸应满足要求。

(4)压接前应检查设备是否正常，调整油泵的压力，根据要压接钢筋的直径，选配相应的压模。

4.2.3.3 钢筋绑扎连接

钢筋成型应优先采用焊接，并在车间预制好后直接运往现场安装，只有当条件不足时，才在现场绑扎成型。

1. 准备工作

(1)钢筋绑扎、安装前，应先按照图纸核对钢筋配料单和钢筋加工牌，研究与有关工种的配合，确定施工方法。

(2)确定安装顺序。钢筋绑扎与安装的主要工作内容包括：放样画线、排筋绑扎、垫撑铁和保护层垫块、检查校正及固定预埋件等。为保证工程顺利进行，在熟悉图纸的基础上，要考虑钢筋绑扎安装顺序。板类构件排筋顺序一般先排受力钢筋后排分布钢筋；梁类构件一般先摆纵筋(摆放有焊接接头和绑扎接头的钢筋应符合规定)，再排箍筋，最后固定。

(3)做好材料、机具的准备。钢筋绑扎与安装的主要材料、机具包括钢筋钩、吊线垂球、木水平尺、麻线、长钢尺、钢卷尺、扎丝、垫保护层用的砂浆垫块或塑料卡、撬杆、绑扎架等。对于结构较大或形状较复杂的构件，为了固定钢筋，还需要一些钢筋支架、钢筋支撑。扎丝一般采用18～22号钢丝或镀锌钢丝。扎丝长度一般以钢筋钩拧2～3圈后，钢丝出头长度为20 cm左右(图4-66)。

(4)放线。放线要从中心点开始向两边量距放点，定出纵向钢筋的位置。水平筋的放线可放在纵向钢筋或模板上。

图 4-66　绑扎钢筋

2. 钢筋绑扎要求

(1)绑扎时应注意钢筋位置是否准确，绑扎是否牢固，搭接长度及绑扎点位置是否符合现行相关规范的要求。

(2)柱、梁的箍筋，除设计有特殊要求外，应与受力钢筋垂直；箍筋弯钩叠合处，应沿受力钢筋方向错开设置。

(3)柱中竖向钢筋搭接时，角部钢筋的弯钩平面与模板面的夹角，矩形柱应为45°，多边形柱应为模板内角的平分角。

(4)板、次梁与主梁交叉处，板的钢筋在上，次梁的钢筋居中，主梁的钢筋在下；当有圈梁或垫梁时，主梁的钢筋应放在圈梁上。主筋两端的搁置长度应保持均匀一致。

(5)绑扎接头的搭接长度应符合表4-13的规定。

表 4-13　纵向受拉钢筋的最小搭接长度

钢筋类型		混凝土强度等级								
		C20	C25	C30	C35	C40	C45	C50	C55	≥C60
光圆钢筋	300级	39d	34d	30d	28d	25d	24d	23d	22d	21d

续表

钢筋类型		混凝土强度等级								
		C20	C25	C30	C35	C40	C45	C50	C55	≥C60
带肋钢筋	335 级	38d	33d	29d	27d	25d	23d	22d	21d	21d
	400 级	—	40d	35d	32d	29d	28d	27d	26d	25d
	500 级	—	48d	43d	39d	36d	34d	32d	31d	30d

注：d 为搭接钢筋直径。两根直径不同钢筋的搭接长度，以较细钢筋的直径计算。

(6) 接头面积允许百分率。同一连接区段内，纵向受力钢筋搭接接头面积百分率为该区段内有搭接接头的纵向受力钢筋截面面积与全部纵向受力钢筋截面面积的比值。当直径不同的钢筋搭接时，按直径较小的钢筋计算。

1) 钢筋绑扎搭接接头连接区段的长度为 $1.3l_l$（l_l 为搭接长度），凡搭接接头中点位于该长度范围内的搭接接头均属同一连接区段（图 4-67）。位于同一连接区段内的受拉钢筋搭接接头面积百分率如下：

① 对梁类、板类及墙类构件，不宜大于 25%；
② 对柱类构件，不宜大于 50%；
③ 当工程中确有必要增大受拉钢筋搭接接头面积百分率时，对梁类构件，不宜大于 50%；
④ 对板、墙、柱及预制构件的拼接处，可根据实际情况放宽。

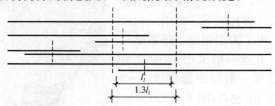

图 4-67 同一连接区段内的纵向受拉钢筋绑扎搭接接头

2) 钢筋机械连接与焊接连接区段的长度为 35d（d 为连接钢筋的较小直径）。凡接头中点位于该连接区段长度内的机械连接接头均属于同一连接区段。

① 位于同一连接区段内的纵向受拉钢筋接头面积百分率不宜大于 50%，但对板、墙、柱及预制构件的拼接处，可根据实际情况放宽。纵向受压钢筋的接头百分率可不受限制。
② 直接承受动力荷载结构构件中的机械连接接头，除应满足设计要求的抗疲劳性能外，位于同一连接区段内的纵向受力钢筋接头面积百分率不应大于 50%。

4.2.4 钢筋隐蔽验收

钢筋工程属隐蔽工程，浇筑混凝土前应组织对钢筋和预埋件进行验收，并做好隐蔽工程记录，相关各方签字确认，以备查证。

钢筋隐蔽工程验收前，应提供钢筋出厂合格证与检验报告及进场复验报告，钢筋焊接接头和机械连接接头力学性能试验报告。

(1) 主控项目。
1) 受力钢筋的品种、级别、规格和数量；
2) 纵向受力钢筋的连接方式；

(2)一般项目。

1)钢筋接头的位置、接头面积百分率、绑扎搭接长度;

2)箍筋、横向钢筋的品种、规格、数量、间距;

3)钢筋安装位置的偏差,包括绑扎钢筋网长宽和网眼尺寸,绑扎钢筋骨架长宽高,间距,排距,保护层厚度,绑扎箍筋、横向钢筋间距,钢筋弯起点位置等;

4)预埋件(预埋管线、箱盒、预留孔洞)的规格、数量、位置及固定。

图4-68所示为工程技术人员正在对柱、板钢筋进行验收。

图4-68 钢筋的验收

第二课堂

1. 查阅相关资料,将任务补充完整。
2. 计算钢筋的下料长度(图4-69)。

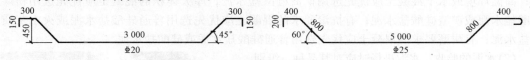

图4-69 钢筋配料简图

3. 钢筋的接头连接方式有哪些?其各有什么特点?
4. 某梁设计主筋为3Φ18级钢筋,今现场无该级别钢筋,拟用Φ20级钢筋代换,试计算需要几根?若用Φ10级钢筋代换,当梁宽为250 mm时,按一排布置能否排下?

任务4.3 混凝土工程

任务描述

本任务讲述了混凝土的原材料性能,混凝土的主要技术性质,混凝土的搅拌、运输、浇筑、振捣、养护和混凝土的质量验收等内容,在掌握这些知识后,要求编写教学楼主体施工阶段混凝土工程的技术交底。

> **任务分析**
>
> 如果将钢筋比作建筑物的筋骨,那混凝土就是建筑物的血肉,二者协同工作,共同承受建筑物的荷载。所以,混凝土工程也是工作的重点。混凝土工程的技术交底需要写明原材料要求、作业条件、施工器具、操作工艺流程及质量验收标准等内容,还必须符合《混凝土结构工程施工质量验收规范》(GB 50204)的规定。

知识课堂

4.3.1 混凝土配料

4.3.1.1 混凝土的原材料

混凝土是指由胶凝材料(水泥),水和粗、细集料及外加剂和混合材料按适当比例拌和,浇筑后经凝结、硬化成型,具有强度和耐久性等性能要求的人造石材。

1. 水泥

(1)水泥的选用。水泥的品种和成分不同,其凝结时间、早期强度、水化热和吸水性等性能也不相同,应按适用范围选用。

在普通气候环境或干燥环境下的混凝土、严寒地区的露天混凝土应优先选用普通硅酸盐水泥;高强度混凝土(大于C40)、要求快硬的混凝土、有耐磨要求的混凝土应优先选用硅酸盐水泥;高温环境或水下混凝土应优先选用矿渣硅酸盐水泥;厚大体积的混凝土应优先选用粉煤灰硅酸盐水泥或矿渣硅酸盐水泥;有抗渗要求的混凝土应优先选用普通硅酸盐水泥或火山灰质硅酸盐水泥;有耐磨要求的混凝土应优先选用普通硅酸盐水泥或硅酸盐水泥。

(2)水泥的验收。水泥进场时应对其品种、级别、包装、出厂日期等进行检查,并对强度、安定性等指标进行复检,其质量必须符合国家标准(图4-70)。

1)检查数量:按同一厂家、同一品种、同一标号、同一强度等级、同一批号且连续进场的水泥,袋装不超过200 t为一批,散装不超过500 t为一批,每批抽样不少于一次。

2)检查方法:检查质量证明文件和抽样检验报告。

3)重新检验:当使用中对水泥质量有怀疑或水泥出厂超过三个月(快硬硅酸盐水泥超过一个月)应

图4-70 水泥的抽样

视为过期水泥,使用时须重新检验,确定强度等级,按复验结果使用。

安定性不合格的水泥不能使用。在钢筋混凝土结构、预应力混凝土结构中,严禁使用含氯化物的水泥。

(3)水泥的贮存。入库的水泥应按品种、强度等级、出厂日期分别堆放,并挂牌标识;做到先进先用,不同品种的水泥不得混掺使用。水泥要防止受潮,仓库地面、墙面要干燥。存放袋装水泥时,水泥要离地、离墙30 cm以上,且堆高不宜超过10包(图4-71)。散装水泥应储存在水泥罐中(图4-72)。

图 4-71 工地水泥仓库

图 4-72 散装水泥罐

2. 细集料(砂)

(1)细集料的种类。按颗粒大小,凡粒径为 0.16～4.75 mm 的颗粒,称为细集料。细集料一般按成因不同分为天然砂和人工砂(图 4-73)。天然砂按其产源不同可分为河砂、湖砂、山砂和海砂;人工砂包括机制砂和混合砂。随着地方资源的枯竭,混凝土技术的发展,使用机制砂将成为发展的方向,这样既充分利用了资源,又保护了环境。海砂中含有的氯离子会腐蚀钢筋,所以,海砂在使用前须经淡水淡化。

图 4-73 天然砂

(2)细集料的粗细程度和颗粒级配。

1)砂的粗细程度:是指不同粒径的砂粒,混合在一起后的总体砂的粗细程度。粗细程度用筛分测定,称为细度模数。细度模数(M_x)越大,表示砂越粗。按细度模数的不同,将砂分为粗、中、细三种:粗砂的细度模数为 3.7～3.1;中砂的细度模数为 3.0～2.3;细砂的细度模数为 2.2～1.6。混凝土用砂以细度模数为 2.5～3.5 的中粗砂最为合适。

2)砂的颗粒级配:是指大小不同粒径的砂颗粒相互搭配的比例,级配越合理,砂粒之间的空隙越小。由于在混凝土中砂粒之间的空隙是由水泥浆所填充的,为节约水泥和提高混凝土的密实性,就应尽量采用颗粒级配良好的砂。

(3)砂中有害物质含量。混凝土细集料中氯离子含量有规定,按干砂的质量百分率计算不得大于 0.06%;天然砂含泥量、泥块含量应符合表 4-14 的规定。

表 4-14 天然砂含泥量和泥块含量

项目	指标		
	Ⅰ类	Ⅱ类	Ⅲ类
含泥量(按质量百分比计)/%	<1.0	<3.0	<5.0
泥块含量(按质量百分比计)/%	0	<1.0	<2.0
注:表中Ⅰ类指用于大于 C60 混凝土,Ⅱ类指用于 C30～C60 混凝土,Ⅲ类指用于<C30 混凝土。			

3. 粗集料(卵石、碎石)

粗集料是指凡粒径大于 4.75 mm 的颗粒。普通混凝土常用的粗集料为 5～40 mm 粒径,按表观形状不同，可分为卵石和碎石两类（图 4-74 和图 4-75）。

图 4-74　天然卵石

图 4-75　人工碎石

（1）粗集料的最大粒径。粗集料公称粒径的上限为该粒级石子的最大粒径。粗集料的公称粒径，是用其最小粒径至最大粒径的尺寸标出，如 5～20 mm、5～31.5 mm 等。为了节省水泥，粗集料的最大粒径虽然在条件允许时，尽量选较大值，但还要受到结构截面尺寸、钢筋疏密和施工方法等因素的限制。最大粒径不得超过结构截面最小尺寸的 1/4，且不得大于钢筋间最小净距的 3/4。对于混凝土实心板，集料的最大粒径不宜超过板厚的 1/2，且不得超过 50 mm。对于泵送混凝土，碎石最大粒径与输送管内径之比，宜小于或等于 1∶2，卵石宜小于或等于 1∶2.5。

（2）粗集料的颗粒级配。粗集料的级配也是通过筛分析试验来确定的。石子的级配越好，其空隙率及总表面积越小，不仅可节约水泥，混凝土的和易性、密实性和强度也较高。碎石和卵石的颗粒级配应优先采用连续级配。

（3）泥和泥块含量的允许含量。卵石、碎石中含泥量和泥块含量应符合表 4-15 的规定。

表 4-15　卵石、碎石中含泥量和泥块含量

项目	指标		
	Ⅰ 类	Ⅱ 类	Ⅲ 类
泥含量（按质量计）/%＜	0.5	1.0	1.5
泥块含量（按质量计）/%＜	0	0.5	0.7

注：表中Ⅰ类指用于大于 C60 混凝土，Ⅱ类指用于 C30～C60 混凝土，Ⅲ类指用于＜C30 混凝土。

（4）强度。碎石和卵石的强度，采用岩石立方体强度和压碎指标两种方法检验。工程上常采用压碎指标进行现场质量控制。压碎指标值越小，表示石子抵抗受压破坏的能力越强。

4．混凝土拌合及养护用水

饮用水都可用来拌制和养护混凝土，污水、工业废水不得用于混凝土中。海水不得用来拌制配筋结构的混凝土。

对水质有怀疑时，应将待检验水与蒸馏水分别做水泥凝结时间和砂浆或混凝土强度对比试验。

5．混凝土外加剂

混凝土外加剂是指为了改善混凝土的性能，在混凝土拌制过程中掺入的，一般不超过水泥用量的 5% 的一类材料的总称。工程中常用的外加剂主要有减水剂、引气剂、早强剂、缓凝剂、防冻剂等。

(1)减水剂。减水剂是指在混凝土坍落度基本相同的条件下,能够减少拌和用水量的外加剂。在混凝土拌合物中掺入减水剂后,根据使用的目的不同,可提高混凝土拌合物的流动性,提高混凝土的强度,节约水泥,改善混凝土的耐久性能。不同类别的减水剂见表4-16。

表4-16 不同类别的减水剂

种类	水质素系	萘系	树脂系
类别	普通减水剂	高效减水剂	早强减水剂(高效减水剂)
主要品种	木质量磺酸钙(木钙粉、M型减水剂)木钠、木镁等	NNO、NF、建-1、FDN、UNF、JN、MF等	FG-2、ST、TF
适宜掺量/%（占水泥重）	0.2~0.3	0.2~1	0.5~2
减水率	10%左右	10%以上	20%~30%
早强效果	—	显著	显著(7 d可达28 d强度)
缓凝效果	1~3 h	—	—
引气效果	1%~2%	部分品种<2%	—
适用范围	一般混凝土工程及滑模、泵送、大体积及夏季施工的混凝土工程	适用于所有混凝土工程,更适于配制高强度混凝土及流态混凝土工程	因价格昂贵,宜用于特殊要求的混凝土工程

(2)引气剂。引气剂是指混凝土在搅拌过程中,能引入大量均匀分布、稳定而封闭的微小气泡,以减少混凝土拌合物的泌水、离析,并能显著提高混凝土硬化后的抗冻性、抗渗性的外加剂。

目前,常用的引气剂为松香热聚物和松香皂等。引气剂的掺用量极小,一般仅为水泥质量的0.005%~0.015%,并具有一定的减水效果,减水率为8%左右,混凝土的含气量为3%~5%。一般情况下,含气量每增加1%,混凝土的抗压强度下降4%~6%。引气剂可用于抗渗混凝土、抗冻混凝土、抗硫酸盐侵蚀的混凝土、泌水严重的混凝土、贫混凝土、轻混凝土以及对饰面有要求的混凝土等,但引气剂不宜用于蒸养混凝土和预应力混凝土。

(3)早强剂。早强剂是指能提高混凝土早期强度,并对后期强度无显著影响的外加剂。早强剂可在不同温度下加速混凝土的强度发展,常用于要求早期强度较高、抢修及冬期施工等混凝土工程。早强剂可分为氯盐类、硫酸盐类、有机胺类及复合类早强剂等。三乙醇胺及其复合早强剂的应用较为普遍。有的早强剂(氯盐)对钢筋有锈蚀作用,在配筋结构中使用时其掺量不大于水泥重量的1%,并禁止用于预应力结构和大体积混凝土。

(4)缓凝剂。缓凝剂是指能延缓混凝土凝结时间,并对混凝土后期强度发展无不利影响的外加剂。缓凝剂主要有四类:糖类,如糖蜜;木质素磺酸盐类,如木钙、木钠;羟基羧酸及其盐类,如柠檬酸、酒石酸;无机盐类,如锌盐、硼酸盐等。常用的缓凝剂是糖蜜和木钙,其中糖蜜的缓凝效果最好。

糖蜜的适宜掺量为水泥重量的0.1%~0.3%,混凝土凝结时间可延长2~4 h,掺量过大会使混凝土长期酥松不硬,强度严重下降,但对钢筋无锈蚀作用。

缓凝剂主要适用于夏季及大体积的混凝土、泵送混凝土、长时间或长距离运输的预拌混凝土,不适用于5 ℃以下施工的混凝土、有早强要求的混凝土及蒸养混凝土。

(5)防冻剂。防冻剂是指在规定温度下,能显著降低混凝土的冰点,使混凝土液相不冻结或仅部分冻结,以保证水泥的正常水化作用,并在一定的时间内获得预期强度的外加剂。常用的防冻剂有氯盐类(氯化钙、氯化钠)、氯盐阻锈类(以氯盐与亚硝酸钠阻锈剂复合而成)、无氯盐类(以亚硝酸盐、硝酸盐、碳酸盐及尿素复合而成)。

氯盐类防冻剂适用于无筋混凝土,氯盐阻锈类防冻剂可用于钢筋混凝土,无氯盐类防冻剂可用于钢筋、混凝土和预应力钢筋混凝土。另外,含有六价铬盐、亚硝酸盐等有毒成分的防冻剂,严禁用于饮水工程及与食品接触的部位。

(6)速凝剂。能使混凝土迅速凝结硬化的外加剂称为速凝剂。速凝剂掺入混凝土后,能使混凝土在 5 min 内初凝,在 10 min 内终凝,1 h 就可产生强度,1 d 强度提高 2~3 倍,但后期强度会下降,28 d 强度约为不掺时的 80%~90%。

速凝剂主要用于矿山井巷、铁路隧道、引水涵洞、地下工程以及喷锚支护时的喷射混凝土或喷射砂浆工程。

6. 掺合料

在制备混凝土拌合物时,为了节约水泥、改善混凝土性能、调节混凝土强度等级而加入的天然的或者人造的矿物材料,统称为混凝土掺合料。外掺料一般为当地的工业废料或廉价地方材料。外掺料质量应符合现行国家标准的规定,其掺量应经试验确定。

掺入适量粉煤灰既可节约水泥、改善和易性,还可降低水化热、改善混凝土在耐高温、抗腐蚀等方面的性能。掺入适量火山灰既可替代部分水泥,又可提高混凝土抗海水、硫酸盐等侵蚀的能力。

4.3.1.2 混凝土的主要技术性质

1. 混凝土的和易性

混凝土的和易性是指混凝土在搅拌、运输、浇筑等施工过程中保持成分均匀、不分层离析,成型后混凝土密实均匀的性能。它包括流动性、黏聚性和保水性三个方面的性能。流动性是指混凝土拌合物在自重或外力作用下,能产生流动并均匀密实地填满模板的性能;黏聚性是指混凝土拌合物各组成材料之间具有一定的凝聚力,在运输和浇筑过程中不致发生分层离析现象,使混凝土保持整体均匀的性能;保水性是指混凝土拌合物具有一定保持内部拌和水分,不易产生泌水的性能。

(1)和易性的测定。《普通混凝土拌合物性能试验方法标准》(GB/T 50080)规定,用坍落度法来测定混凝土拌合物的流动性。

坍落度法:将混凝土拌合物按规定的方法装入坍落度筒内,提起坍落度筒后拌合物因自重而向下坍落,下落的尺寸(以 mm 计)即该混凝土拌合物的坍落度值(图 4-76),并辅以直观和经验来评定其黏聚性和保水性,由此来综合评定混凝土拌合物的和易性。普通混凝土的坍落度为 30~90 mm。泵送混凝土的坍落度为 100~230 mm,泵送高度越高,坍落度越大,反之越小。

图 4-76 坍落度的测定

坍落度小于 10 mm 的干硬性混凝土拌合物应采用维勃稠度法测定和易性。坍落度的允许偏差见表 4-17。

表 4-17 坍落度的允许偏差

项目	坍落度/mm		
设计值/mm	≤40	50～90	≥100
允许偏差/mm	±10	±20	±30

(2)影响和易性的因素。影响拌合物和易性的主要因素有用水量、水泥浆用量、砂率和外加剂的使用。另外，组成材料的品种与性质、施工条件等都对和易性有一定的影响。

1)用水量。拌合物流动性随用水量的增加而增大。若用水量过大，拌合物黏聚性和保水性都变差，会产生严重泌水、分层或流浆，同时强度与耐久性也随之降低。

2)水泥浆用量。在混凝土拌合物中，水泥浆的多少显著影响和易性。在水胶比不变的情况下，水泥浆越多，则拌合物的流动性越大；若水泥浆过多，不仅增加了水泥用量，还会出现流浆现象，使拌合物的黏聚性变差，对混凝土的强度和耐久性会产生不利影响。因此，混凝土拌合物中水泥浆的用量应以满足流动性和强度的要求为宜，不宜过量。

3)砂率。混凝土中砂的质量占砂石总质量的百分率称为砂率。砂率太大和太小都会使混凝土和易性下降，采用合理的砂率，可以使拌合物获得较好的流动性以及良好的黏聚性与保水性，而且使水泥用量最省。

4)材料品种的影响。在常用水泥中，由普通水泥配制的混凝土拌合物的流动性和保水性较好；由矿渣水泥配制的混凝土拌合物的流动性较大，但黏聚性和保水性较差；火山灰水泥需水量大，在相同用水量的条件下，所配混凝土流动性较差，但黏聚性和保水性较好。当混凝土中掺入外加剂或粉煤灰时，和易性将显著改善。

粗集料粒形较圆、颗粒较大、表面光滑、级配较好时，拌合物流动性较大。使用细砂，拌合物流动性较小；使用粗砂，拌合物黏聚性和保水性较差。

5)外加剂的影响。混凝土拌合物掺入减水剂或引气剂后，流动性明显提高，引气剂还可有效改善混凝土拌合物的黏聚性和保水性，其分别对硬化混凝土的强度与耐久性起着十分有利的作用。

2. 混凝土的强度

(1)混凝土强度等级。混凝土的强度等级按立方体抗压强度标准值划分。混凝土的强度等级分为 C15、C20、C25、C30、C35、C40、C45、C50、C55、C60、C65、C70、C75、C80 共 14 个等级。"C"代表混凝土，C 后面的数字为立方体抗压强度标准值(MPa)。

混凝土立方体抗压强度标准值是指在混凝土立方体极限抗压强度总体分布中，具有 95％ 强度保证率的混凝土立方体抗压强度值，以 $f_{cu,k}$ 表示。

混凝土强度合格性测定，是指按标准方法制作的边长为 150 mm 的立方体试件，在标准养护条件(温度为 20±2 ℃，相对湿度大于 95％)下，养护到 28 d，用标准试验方法测得的抗压强度值，用 f_{cu} 表示，单位为 N/mm²。

混凝土是脆性材料，抗拉强度很低，拉压比为 1/10～1/20，拉压比随着混凝土强度等级的提高而降低。

(2)影响混凝土强度的因素。

1)水泥强度等级与水胶比。水泥强度等级和水胶比是影响混凝土强度的决定性因素。因为混凝土的强度主要取决于水泥石的强度及其与集料之间的粘结力，而水泥石的强度及其与集料之间的粘结力，又取决于水泥的强度等级和水胶比的大小。在相同配合比、相同成型工艺、相同养护条件的情况下，水泥强度等级越高，配制的混凝土强度越高。

在水泥品种、水泥强度等级不变时，混凝土在振动密实条件下，水胶比越小，强度越高。

2) 集料品种、规格与质量。碎石表面粗糙、有棱角，与水泥石的胶结力较强，而且相互间有嵌固作用，所以在其他条件相同时，碎石混凝土强度高于卵石混凝土。当水胶比小于 0.40 时，碎石混凝土强度比卵石混凝土高约 1/3。因此，当配制高强度混凝土时，往往选择碎石。

3) 养护条件。温度及湿度对混凝土强度的影响，本质上是对水泥水化的影响。养护温度越高，水泥早期水化越快，混凝土的早期强度越高。湿度是决定水泥能否正常水化的必要条件。浇筑后的混凝土所处环境湿度相宜，水泥水化反应顺利进行，混凝土强度得以充分发展。若环境湿度较低，水泥不能正常进行水化作用，甚至停止水化，混凝土强度将严重降低或停止发展。

4) 龄期。在正常养护条件下，混凝土强度随龄期的增长而增大，最初 7~14 d 发展较快，28 d 后强度发展趋于平缓，所以，混凝土以 28 d 龄期的强度作为质量评定依据。

5) 施工方法、施工质量及其控制。混凝土的搅拌、运输、浇筑、振捣、现场养护是一项复杂的施工过程，受到各种不确定性随机因素的影响。配料的准确、振捣密实程度、拌合物的离析、现场养护条件的控制，以至施工单位的技术和管理水平都会造成混凝土强度的变化。因此，必须采取严格有效的控制措施和手段，以保证混凝土的施工质量。

3. 混凝土的耐久性

混凝土在实际使用条件下抵抗所处环境各种不利因素的作用，长期保持其使用性能和外观完整性，维持混凝土结构的安全和正常使用的能力称为混凝土耐久性。混凝土的耐久性是一项综合性指标，它主要包括抗冻性、抗渗性、抗侵蚀性、抗碳化性能、抗碱-集料反应及抗风化性能等。

影响混凝土耐久性的主要因素是混凝土内的孔隙状况。一般来说，孔隙率小的混凝土具有更好的耐久性，可以通过以下方法降低孔隙率：掺入引气剂、减水剂或防冻剂等合适的外加剂；减小水胶比；选择级配良好的集料；加强振捣，提高混凝土的密实性和加强养护等。

4.3.1.3 混凝土施工配料

施工配料是按现场使用搅拌机的装料容量进行搅拌一次（盘）的装料数量的计算。它是保证混凝土质量的重要环节之一，影响施工配料的因素主要有两个，一是原材料的过秤计量；二是砂石集料要按实际含水率进行施工配合比的换算。

1. 原材料计量

要严格控制混凝土配合比，严格对每盘混凝土的原材料过秤计量，每盘称量允许偏差为：水泥及掺合料±2%，砂石±3%，水及外加剂±2%。衡器应定期校验，雨天应增加砂石含水率的检测次数。

2. 施工配合比的换算

(1) 混凝土施工配制强度的确定。为使混凝土强度保证率不小于 95%，必须使混凝制备强度高于设计强度等级。混凝土施工配制强度按下式计算：

$$f_{cu,0} \geq f_{cu,k} + 1.645\sigma$$

式中 $f_{cu,0}$——混凝土的施工配制强度（N/mm²）；

$f_{cu,k}$——设计的混凝土强度标准值（N/mm²）；

σ——混凝土强度标准差（N/mm²）。

混凝土强度标准差（σ）是评定混凝土质量均匀性的一种指标。σ 值越小，则混凝土质量越稳定，施工管理水平越高。

混凝土强度标准差，可根据施工单位近期（统计周期不超过三个月，预拌混凝土厂和预制混凝土构件厂统计周期可取为一个月）同一品种、同一强度等级的混凝土强度资料进行计算。当混凝土强度等级不大于 C30 时，如计算所得 $\sigma<3.0$ MPa，取 $\sigma=3.0$ MPa；当混凝土强度等级高于 C30 且小于 C60 时，如计算所得 $\sigma<4.0$ MPa，取 $\sigma=4.0$ MPa。当施工单位不具有近期同一品种、同一强度等级混凝土的强度资料时，σ 值可按表 4-18 取值。

表 4-18 σ 取值表

混凝土设计强度等级	≤C20	C25~C45	C50~C55
$\sigma/(N\cdot mm^{-2})$	4.0	4.0	6.0

(2)施工配合比换算方法。施工时应及时测定砂、石集料的含水率，并将混凝土配合比换算成在实际含水率情况下的施工配合比。

设混凝土实验室配合比为：水泥∶砂∶石＝1∶X∶Y，水胶比为 W/B，现场砂、石含水率分别为 W_x、W_y，则施工配合比为

水泥∶砂∶石∶水＝$1:X(1+W_x):Y(1+W_y):(W-X\cdot W_x-Y\cdot W_y)$

水胶比 W/B 不变，但加水量应扣除砂、石中的含水量。

(3)配料计算。根据施工配合比及搅拌机一次出料量计算出一次投料量，使用袋装水泥时可取整袋水泥量，但超量不大于 10%。

【例 4-2】 已知 C30 混凝土的实验室配合比为 1∶2.55∶4.12，水胶比 W/B 为 0.65，经测定砂的含水率为 3%，石子的含水率为 1%，每 1 m³ 混凝土的水泥用量为 300 kg，求施工配合比。若采用 JZ250 型搅拌机，出料容量为 0.25 m³，求每搅拌一次的材料用量。

【解】(1)混凝土施工配合比为

水泥∶砂∶石∶水＝$1:X(1+W_x):Y(1+W_y):(W-X\cdot W_x-Y\cdot W_y)$
$=1:2.55\times(1+0.03):4.12\times(1+0.01):(0.65-2.55\times0.03-4.12\times0.01)$
$=1:2.63:4.16:0.53$

(2)每拌一次材料用量：

水泥：$300\times0.25=75$(kg)，则

砂：$75\times2.63=197.25$(kg)

石：$75\times4.61=312.0$(kg)

水：$75\times0.53=39.75$(kg)

4.3.2 混凝土的搅拌

1. 搅拌机的选择

混凝土拌和的方法有人工拌和与机械拌和两种。机械拌和混凝土应用较为广泛，能提高拌和质量和生产率。混凝土搅拌机按搅拌原理可分为自落式和强制式两类。选择搅拌机时，要根据工程量大小、混凝土的坍落度、集料尺寸等而定，既要满足技术上的要求，也要考虑经济效果和节约能源。

搅拌机

(1)自落式搅拌机。自落式搅拌机是以重力机理设计的。其搅拌筒内壁焊有弧形叶片，当搅拌筒绕水平轴旋转时，弧形叶片不断将物料提高一定高度，然后自由落下而互相混合(图 4-77 和图 4-78)。自落式搅拌机宜于搅拌塑性混凝土和低流动性混凝土。

(2)强制式搅拌机。强制式搅拌机主要是根据剪切机理设计的。在这种搅拌机中有转动的叶片，这些不同角度和位置的叶片转动时通过物料，克服了物料的惯性、摩擦力和粘滞力，强制

其产生环向、径向、竖向运动(图 4-79 和图 4-80)。这种由叶片强制物料产生剪切位移而达到均匀混合的机理,称为剪切搅拌机理。强制式搅拌机适用于搅拌干硬性混凝土和轻集料混凝土。

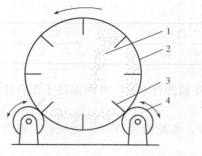
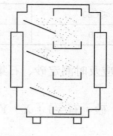

图 4-77 自落式搅拌机工作原理　　　　　　　　　图 4-78 自落式搅拌机
1—混凝土拌合料;2—搅拌筒;3—搅拌叶片;4—托轮

图 4-79 JS4000 双卧轴强制式搅拌机　　　　　　　图 4-80 强制式搅拌机

(3) 大型混凝土搅拌站。混凝土的现场拌制已属于限制技术,在规模大、工期长的工程中设置半永久性的大型搅拌站是发展方向。将混凝土集中在有自动计量装置的混凝土搅拌站集中拌制,用混凝土运输车向施工现场供应商品混凝土,有利于实现建筑工业化、提高混凝土质量、节约原材料和能源、减少现场和城市环境污染、提高劳动生产率(图 4-81 和图 4-82)。

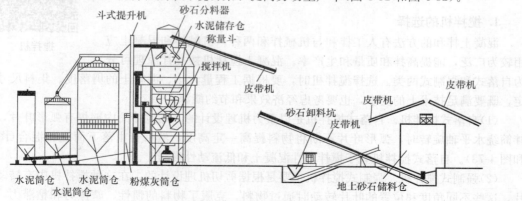

图 4-81 大型混凝土集中搅拌站竖向布置示意

图 4-82　大型混凝土搅拌站

2. 搅拌制度的确定

为了获得质量优良的混凝土拌合物，除正确选择搅拌机外，还必须正确确定搅拌制度，即装料容量、搅拌时间和投料顺序等。

(1)装料容量。搅拌机容量有几何容量、进料容量和出料容量三种标志。几何容量是指搅拌筒内的几何容积；进料容量是指搅拌前搅拌筒可容纳的各种原材料的累计体积；出料容量是每次从搅拌筒内可卸出的最大混凝土体积。

为保证混凝土得到充分的拌和，装料容量通常是搅拌机几何容量的 1/2～1/3，出料容量为装料容量的 0.55～0.72（称为出料系数）。

(2)搅拌时间。从原材料全部投入搅拌筒中时起到开始卸料时止所经历的时间称为搅拌时间。在一定范围内随搅拌时间的延长而强度有所提高，但过长时间的搅拌既不经济也不合理。因为搅拌时间过长，不坚硬的粗集料在大容量搅拌机中会因脱角、破碎等而影响混凝土的质量。加气混凝土也会因搅拌时间过长而使含气量下降。

搅拌时间与搅拌机的类型、鼓筒尺寸、集料的品种和粒径以及混凝土的坍落度等有关。混凝土搅拌的最短时间（即自全部材料装入搅拌筒中起到卸料止），可按表 4-19 采用。

表 4-19　混凝土搅拌的最短时间　　　　　　　　　　　　　　　　　　　　s

混凝土坍落度/mm	搅拌机机型	搅拌机出料量/L		
		<250	250～500	>500
≤40	强制式 60	60	90	120
	自落式	90	120	150
>40	强制式 60	60	60	90
	自落式	90	90	120

注：1. 当掺有外加剂时搅拌时间应适当延长。
　　2. 全轻混凝土宜采用强制式搅拌机，砂轻混凝土可采用自落式搅拌机，搅拌时间均应延长 60～90 s。
　　3. 高强度混凝土应采用强制式搅拌机搅拌，搅拌时间应适当延长。

(3)投料顺序。常用投料顺序有一次投料法、二次投料法、水泥裹砂法。

1)一次投料法，即在上料斗中先装石子，再加水泥和砂，然后一次投入搅拌机，在鼓筒内先加水或在料斗提升进料的同时加水。

这种上料顺序使水泥夹在石子与砂中间，上料时不致飞扬，又不致粘住斗底，且水泥和砂先进入搅拌筒形成水泥砂浆，可缩短包裹石子的时间。

2）二次投料法。

①预拌水泥砂浆法：先将水泥、砂和水加入搅拌筒内进行充分搅拌，成为均匀的水泥砂浆，再投入石子搅拌成均匀的混凝土。

②预拌水泥净浆法：将水泥和水充分搅拌成均匀的水泥净浆后，再加入砂和石子搅拌。

二次投料法搅拌的混凝土与一次投料法相比较，混凝土强度提高约15%，在强度相同的情况下，可节约水泥15%～20%。

3）水泥裹砂法。此法又称为SEC法，由此法制备的混凝土也称造壳混凝土。其搅拌程序是：先加一定量的水，将砂表面的含水量调节到某一规定的数值后，再将石子加入与湿砂拌匀，然后将全部水泥投入，与润湿后的砂、石拌和，使水泥在砂、石表面形成一层低水胶比的水泥浆壳（此过程称为"成壳"），最后将剩余的水和外加剂加入，搅拌成混凝土。

采用SEC法制备的混凝土与一次投料法比较，强度可提高20%～30%，混凝土不易产生离析现象，泌水少，工作性能好。

4.3.3 混凝土的运输

混凝土运输

4.3.3.1 混凝土运输的基本要求

（1）运输过程中，应保持混凝土的均匀性，避免产生分层离析现象。

（2）混凝土运至浇筑地点，应符合浇筑时所规定的坍落度。

（3）混凝土应以最少的中转次数，最短的时间，从搅拌地点运至浇筑地点，保证混凝土从搅拌机卸出后到浇筑完毕的延续时间。

（4）在不允许留设施工缝的情况下，混凝土的运输必须保证混凝土的浇筑工作能连续进行，应按混凝土的最大浇筑量来选择混凝土运输方法及设备的型号和数量。

4.3.3.2 混凝土的运输分类

混凝土运输可分为地面运输、垂直运输和楼面运输。地面运输时，短距离多用双轮手推车、机动翻斗车；长距离宜用自卸汽车、混凝土搅拌运输车。垂直运输可采用各种井架、龙门架和塔式起重机作为垂直运输工具。对于浇筑量大、浇筑速度比较稳定的大型设备基础和高层建筑，宜采用混凝土泵，也可采用自升式塔式起重机或爬升式塔式起重机运输。

1. 人工运输

人工运输混凝土常用手推车（图4-83）、架子车和斗车等。用手推车和架子车时，要求运输道路路面平整，随时清扫干净，防止混凝土在运输过程中受到强烈振动。道路的纵坡，一般要求水平，局部坡度不宜大于15%，一次爬高不宜超过2～3 m，运输距离不宜超过200 mm。

图4-83 独轮及双轮手推车

2. 机动翻斗车

机动翻斗车是混凝土工程中使用较多的水平运输机械(图 4-84)。其轻便灵活、转弯半径小、速度快且能自动卸料。车前装有容量为 476 L 的翻斗，载重量约为 1 t，最高时速为主 20 km/h，适用于短途运输混凝土或砂石料。

3. 混凝土搅拌运输车

混凝土搅拌运输车(图 4-85)是运送混凝土的专用设备。它的特点是在运量大、运距远的情况下，能保证混凝土的质量均匀。其一般在混凝土制备点(商品混凝土站)与浇筑点距离较远时使用。它的运送方式有两种：一是在 10 km 范围内作短距离运送时，只作运输工具使用，即将拌和好的混凝土接送至浇筑点，在运输途中为防止混凝土分离，让搅拌筒只作低速搅动，使混凝土拌合物不致分离、凝结；二是在运距较长时，搅拌、运输两者兼用，即先在混凝土拌合站将干料——砂、石、水泥按配合比装入搅拌鼓筒内，并将水注入配水箱，开始只作干料运送，然后在到达距使用点 10～15 min 路程时，启动搅拌筒回转，并向搅拌筒注入定量的水，这样，在运输途中边运输边搅拌成混凝土拌合物，送至浇筑点卸出。

图 4-84　小型机动翻斗车

图 4-85　混凝土搅拌运输车

4. 混凝土输送泵

泵送混凝土是将混凝土拌合物从搅拌机出口通过管道连续不断地泵送到浇筑仓面的一种施工方法。混凝土泵可同时完成水平运输和垂直运输工作。泵送混凝土的设备主要由混凝土输送泵、输送管道和布料装置构成。

混凝土输送泵

(1)混凝土输送泵。混凝土输送泵有活塞泵、气压泵和挤压泵等几种类型，其中以活塞泵应用较多。活塞泵又根据其构造原理不同可分为机械式和液压式两种。工程上使用较多的是液压活塞式混凝土泵，它是先通过液压缸的压力油推动活塞，再通过活塞杆推动混凝土缸中的工作活塞来压送混凝土。

混凝土输送泵可分为拖式(固定)泵(图 4-86)和车载泵(移动式)(图 4-87)两种形式。

图 4-86　拖式泵

图 4-87　车载泵

1)混凝土拖式输送泵。混凝土拖式输送泵也称固定泵,最大水平输送距离为 1 500 m,垂直高度为 400 m,混凝土输送能力为 75(高压)~120(低压)m³/h,适合高层建(构)筑物的混凝土水平及垂直输送。图 4-88 所示为施工现场中国"三一重工"的 HBT90CH 超高压拖泵。

世界第一高楼"哈利法塔"不但高度惊人,其高强度混凝土也达到惊人的 33 万 m³,最大泵送高度达史无前例的 570 m。

2)混凝土车载式输送泵。其转场方便快捷,占地面积小,有效减轻施工人员的劳动强度,提高生产效率,尤其适合设备租赁企业使用。

图 4-88 HBT90CH 超高压拖泵

混凝土输送管用钢管制成,直径一般为 110 mm、125 mm、150 mm,标准管长为 3 m,也有 2 m、1 m 的配管,弯头有 900°、450°、300°、150°等不同角度的弯管。管径的选择根据混凝土集料的最大粒径、输送距离、输送高度及其他施工条件决定。

泵送混凝土时应注意以下事项:

①泵送混凝土时必须要求混凝土连续供应以保证混凝土泵连续工作。

②混凝土泵送时要求管线宜直、转弯宜缓、接头严密。

③泵送前应先用适量与混凝土相同组分的水泥砂浆润湿管线内壁。

④如混凝土供应脱节不能连续泵送时,泵机应每隔 4~5 min 交替进行正转和反转两个行程,以防混凝土泌水和离析;当泵送间歇时间超过 45 min 或当混凝土出现离析时,应立即用压力水冲洗管内残留的混凝土。

⑤泵送过程中受料斗内应具有足够的混凝土以防吸入空气产生阻塞,泵送结束后应及时将残留在缸体内及输送管道内的混凝土清洗干净。

⑥为防止堵泵,料斗上方应设置一金属网以隔离大石块,并将其及时捡出。

⑦夏季或冬期施工时,应注意对输送管采取隔热降温或保温措施。

(2)混凝土泵车。混凝土泵车均装有 3~5 节折叠式全回转布料臂(图 4-89)。其最大理论输送能力为 150 m³/h,最大布料高度为 51 m,布料半径为 46 m,布料深度为 34.8 m。可在布料杆的回转范围内直接进行浇筑,如图 4-90 和图 4-91 所示。

图 4-89 中联重科 THB 泵车

图 4-90 上海环球金融中心地下室工程浇筑混凝土

图 4-91 广州西塔停机坪的 C100 混凝土泵送施工

(3)混凝土布料杆。可根据现场混凝土浇筑的需要将布料杆设置在合适位置,布料杆有固定式、内爬式(图4-92)、移动式(图4-93)、船用式等。HGT41型内爬式布料杆(图4-94)的布料半径为41 m,塔身高度为24 m,爬升速度为0.5 m/min,臂架为四节卷折全液压形式,回转角度为365°,末端软管长度为3 m。

图4-92　中联重科HG28E内爬式布料杆

图4-93　移动式布料杆

图4-94　HGT41型布料杆

4.3.3.3 混凝土运输的注意事项

(1)尽可能使运输线路短直、道路平坦,车辆行驶平稳,减少运输时的震荡;避免运输的时间和距离过长、转运次数过多。

(2)混凝土容器应平整光洁、不吸水、不漏浆,装料前用水湿润,炎热气候或风雨天气宜加盖,以防止水分蒸发或进水。在冬季应考虑保温措施。

(3)运至浇筑地点的混凝土发现有离析和初凝现象时须二次搅拌均匀后方可入模,已凝结的混凝土应报废,不得用于工程中。

(4)溜槽运输的坡度不宜大于30°,混凝土移动速度不宜大于1 m/s。如溜槽的坡度太小、混凝土移动太慢,可在溜槽底部加装小型振动器;当溜槽太斜或用皮带运输机运输,混凝土移动太快时,可在末端设置串筒或挡板,以保证垂直下落和落差高度。

(5)当混凝土浇筑高度超过3 m时,应采用成组串筒,以保证混凝土的自由落差不大于2 m。

(6)当混凝土浇筑高度超过8 m时,应设置带节管的振动串筒或多级料斗。

4.3.4 混凝土的浇筑、振捣

混凝土成型就是将混凝土拌合料浇筑在符合设计尺寸要求的模板内,加以捣实,使其具有良好的密实性,达到设计强度的要求。混凝土成型过程包括浇筑与振捣,是混凝土工程施工的关键,将直接影响构件的质量和结构的整体性。

4.3.4.1 混凝土的浇筑

1. 浇筑前的准备工作

(1)对模板及其支架进行检查。应确保标高、位置尺寸正确,强度、刚度、稳定性及严密性满足要求;模板中的垃圾、泥土和钢筋上的油污应加以清除;木模板应浇水润湿,但不允许有积水。

(2)对钢筋及预埋件应请工程监理人员共同检查钢筋的级别、直径、排放位置及保护层厚度是否符合设计和规范要求,并认真做好隐蔽工程记录。

(3)准备和检查材料、机具等;注意天气预报,不宜在雨、雪天气浇筑混凝土。

(4)做好施工组织工作和技术、安全交底工作。混凝土浇筑技术交底内容包括混凝土配合比,计量方法,工程量,施工进度,施工缝留设,浇筑标高、部位,浇筑顺序,技术措施和操作要求等。

2. 浇筑工作的一般要求

(1)混凝土应在初凝前浇筑,如混凝土在浇筑前有离析现象,须重新拌和后才能浇筑。

(2)混凝土浇筑时的自由倾落高度:对于素混凝土或少筋混凝土,由料斗进行浇筑时,不应超过2 m;对竖向结构(柱、墙),粗集料粒径大于25 mm时倾落高度不超过3 m,粗集料粒径小于等于25 mm时则倾落高度不超过6 m;对于配筋较密或不便捣实的结构,不宜超过60 cm,否则应采用串筒、溜槽和振动串筒下料,以防产生离析,如图4-95所示。

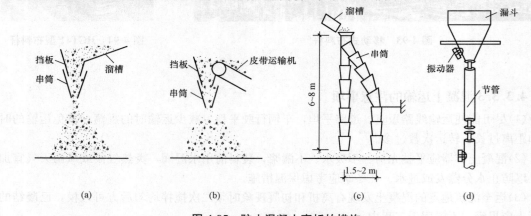

图 4-95 防止混凝土离析的措施
(a)溜槽运输;(b)皮带运输;(c)串筒;(d)振动串筒

(3)浇筑竖向结构混凝土前,底部应先浇入50~100 mm厚与混凝土成分相同的水泥砂浆,以避免产生蜂窝、麻面及烂根现象。

(4)混凝土浇筑时的坍落度应符合设计要求。

(5)为了使混凝土振捣密实,混凝土必须分层浇筑。其浇筑层厚度见表4-20。

表 4-20 混凝土浇筑层厚度 mm

捣实混凝土的方法		浇筑层厚度
插入式振捣		振捣器作用部分长度的1.25倍
表面振动		200
人工捣固	在基础、无筋混凝土或配筋稀疏的结构中	250
	在梁、墙板、柱结构中	200
	在配筋密列的结构中	150
轻集料混凝土	插入式振捣器	300
	表面振动(振动时需加荷)	200

(6)为保证混凝土的整体性,浇筑工作应连续进行。当由于技术上或施工组织上的原因必须间歇时,其间歇时间应尽可能缩短,并应在前层混凝土凝结之前,将次层混凝土浇筑完毕。混凝土运输、输送入模及间隙的全部时间不得超过表 4-21 的规定。

表 4-21 混凝土运输、输送入模及间隙的全部时间限值 mm

条件	气温	
	≤25 ℃	>25 ℃
不掺外加剂	180	150
掺外加剂	240	210

(7)在混凝土浇筑过程中,应随时注意模板及其支架、钢筋、预埋件及预留孔洞的情况,当出现不正常的变形、位移时,应及时采取措施进行处理,以保证混凝土的施工质量。

(8)在混凝土浇筑过程中,应及时认真填写施工记录。

3. 混凝土施工缝的留设

由于施工技术或施工组织的原因,不能连续将混凝土结构整体浇筑完成,而必须停歇较长的时间,其停歇时间已超过混凝土的初凝时间,致使混凝土已初凝;当继续浇筑混凝土时,便形成了接缝,即施工缝。

(1)施工缝的留设位置。施工缝设置的原则,一般宜留设在结构受剪力较小且便于施工的部位。

1)柱子的施工缝宜留设在基础顶面、梁或吊车梁牛腿的下面、吊车梁的上面、无梁楼盖柱帽的下面,如图 4-96 所示。

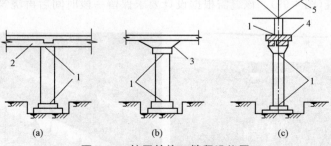

图 4-96 柱子的施工缝留设位置
(a)肋形楼板柱;(b)无梁楼板柱;(c)吊车梁柱
1—施工缝;2—梁;3—柱帽;4—吊车梁;5—屋架

2)与板连成整体的大截面梁，施工缝应留设在板底以下 20～30 mm 处；当板下有梁托时，留置在梁托下部。

3)单向板的施工缝，可留设在平行于短边的任何位置处。

4)有主、次梁的楼板，宜顺着次梁方向浇筑，施工缝应留设在次梁跨度的中间 1/3 范围内，如图 4-97 所示。

5)楼梯梯段施工缝宜设置在梯段板跨度端部的 1/3 范围内，如图 4-98 所示。

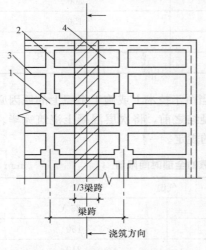

图 4-97 主、次梁楼板施工缝位置
1—柱；2—主梁；3—次梁；4—板

图 4-98 楼梯施工缝位置

6)双向受力的楼板、大体积混凝土结构、拱、薄壳、多层框架等及其他复杂的结构，应按设计要求留设施工缝。

(2)施工缝的处理。

1)在施工缝处继续浇筑混凝土时，应待已浇筑混凝土的抗压强度不小于 1.2 MPa 时方可进行。

2)继续浇筑前，应除去施工缝表面的水泥薄膜、松动石子和软弱的混凝土层，处理方法有风砂枪喷毛、高压水冲毛、风镐凿毛或人工凿毛，并加以充分湿润和冲洗干净，不得有积水。

3)浇筑时，施工缝处宜先铺水泥浆(水泥：水＝1∶0.4)或与混凝土成分相同的水泥砂浆一层，厚度为 30～50 mm，以保证接缝的质量；在浇筑过程中，施工缝应细致捣实，使其紧密结合。

4. 后浇带的设置

后浇带是在现浇混凝土结构施工中，克服由于温度变化、混凝土收缩而可能产生有害裂缝而设置的临时施工缝(图 4-99)。该缝需根据设计要求保留一段时间后再浇筑混凝土，将整个结构连成整体。

图 4-99 后浇带的留设

后浇带的留设位置应按设计要求和施工技术方案确定。后浇带的设置距离，应在考虑有效降低温度和收缩应力的条件下，通过计算来获得。在正常的施工条件下，有关规范对此的规定是：如混凝土置于室内和土中，后浇带的设置距离为30 m，露天为20 m。后浇带的保留时间应根据设计确定，若设计无要求，一般混凝土后浇带两侧的混凝土28 d后才能浇筑，养护时间为14 d；防水混凝土两侧的混凝土42 d后才能浇筑后浇带，养护时间为28 d。后浇带的宽度应考虑施工简便，避免应力集中。一般其宽度为700～1 000 mm。后浇带内的钢筋应完好保存，如图4-100所示。

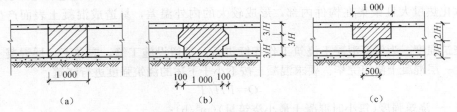

图 4-100　后浇带的留设示意
(a)平接式；(b)企口式；(3)台阶式

后浇带混凝土浇筑应严格按照施工技术方案进行。在浇筑混凝土前，必须将整个混凝土表面按照施工缝的要求进行处理。填充后浇带混凝土可采用微膨胀或无收缩水泥，也可采用普通水泥加入相应的外加剂拌制，但必须要求填筑混凝土的强度等级比原来结构强度提高一级。

5. 浇筑方法

(1)框架结构的浇筑。框架结构的主要构件有基础、柱、梁、楼板等。其中，框架梁、板、柱等构件是沿垂直方向重复出现的，因此一般按结构层来分层施工。如果平面面积较大，还应分段进行（一般以伸缩缝划分施工段），以便各工序流水作业。混凝土的浇筑顺序是先浇捣柱子，在柱子浇捣完毕后，停歇1～1.5 h，使混凝土达到一定强度后，再浇捣梁和板。

1)台阶式柱基础的浇筑。浇筑单阶柱基时可按台阶分层一次浇筑完毕，不允许留设施工缝，每层混凝土一次卸足，顺序是先边角后中间，务必使混凝土充满模板。

浇筑多阶柱基时为防止垂直交角处出现吊脚（上台阶与下口混凝土脱空），可在第一级混凝土捣固下沉2～3 cm暂不填平，在继续分层浇筑第二级混凝土时，沿第二级模板底圈将混凝土做成内外坡，外圈边坡的混凝土在第二级混凝土振捣过程中自动摊平，待第二级混凝土浇筑后，将第一级混凝土齐模板顶边拍实抹平。

2)柱子混凝土的浇筑。宜在梁板模板安装后钢筋未绑扎前浇筑，以便利用梁板模板作横向支撑和柱浇筑操作平台用；一排柱子的浇筑顺序应从两端同时向中间推进，以防柱模板在横向推力下向一方倾斜；当柱子断面小于400 mm×400 mm，并有交叉箍筋时，可在柱模侧面每段不超过2 m的高度开口，插入斜溜留槽分段浇筑；开始浇筑柱时，底部应先填50～100 mm厚与混凝土成分相同的水泥砂浆，以免底部产生蜂窝现象；随着柱子浇筑高度的上升，混凝土表面将积聚大量浆水，因此混凝土的水胶比和坍落度也应随浇筑高度的上升予以递减。

3)梁、板混凝土的浇筑。在浇筑与柱连成整体的梁或板时，应在柱浇筑完毕后停歇1～1.5 h，使其获得初步沉实，排除泌水，而后再继续浇筑梁或板。肋形楼板的梁、板应同时浇筑，其顺序是先根据梁高分层浇筑成阶梯形，当达到板底位置时即与板的混凝土一起浇筑，而且倾倒混凝土的方向应与浇筑方向相反；当梁的高度大于1 m时，可先单独浇梁，并在板底以下20～30 mm处留设水平施工缝。浇筑无梁楼盖时，在柱帽下50 mm处暂停，然后分层浇筑柱帽，下料应对准柱帽中心，待混凝土接近楼板底面时，再连同楼板一起浇筑。

(2)剪力墙混凝土的浇筑。剪力墙混凝土浇筑除按一般规定进行外,还应注意门窗洞口应以两侧同时下料,浇筑高差不能太大,以免门窗洞口发生位移或变形。同时应先浇筑窗台下部,后浇筑窗间墙,以防窗台下部出现蜂窝孔洞。

(3)大体积混凝土的浇筑。混凝土结构物实体最小几何尺寸不小于1 m的大体量混凝土,或预计会因混凝土中胶凝材料水化引起的温度变化和收缩而导致有害裂缝产生的混凝土,称为大体积混凝土。大体积混凝土一般多为工业建筑中的设备基础及高层建筑中厚大的桩基承台或基础底板等。其特点是混凝土浇筑面和浇筑量大,整体性要求高,不能留设施工缝,以及浇筑后水泥的水化热量大且聚集在构件内部,形成较大的内外温差,易造成混凝土表面产生收缩裂缝等。

1)浇筑强度。为保证混凝土浇筑工作连续进行,不留设施工缝,应在下一层混凝土初凝之前,将上一层混凝土浇筑完毕。要求混凝土按不小于下述的浇筑强度进行浇筑:

$$Q=FH/T$$

式中　Q——浇筑强度(每小时混凝土最小浇筑量)(m^3/h);
　　　F——每个浇筑层(段)的面积(m^2);
　　　H——浇筑层厚度(m);
　　　T——下层混凝土从开始浇筑到初凝所容许的时间间隔。

2)浇筑方案。大体积钢筋混凝土结构施工时,应分层浇筑、分层捣实,但又要保证上下层混凝土在初凝前结合好,可根据结构大小、混凝土供应情况采用如下方式浇筑,如图4-101所示。

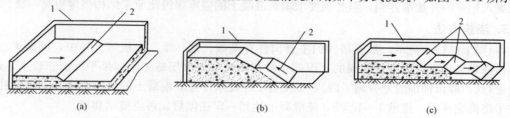

图 4-101　大体积混凝土浇筑方案
(a)全面分层;(b)分段分层;(c)斜面分层
1—模板;2—新浇筑的混凝土

①全面分层。在整个结构内全面分层浇筑混凝土,要做到第一层全部浇筑完毕,在初凝前再回来浇筑第二层,如此逐层进行,直到浇筑完成。采用此方案,结构平面尺寸不宜过大,施工时从短边开始,沿长边进行。必要时也可从中间向两端或从两端向中间同时进行。

②分段分层。混凝土从底层开始浇筑,进行一定距离后回来浇筑第二层,如此依次向前浇筑以上各层。每段的长度可根据混凝土浇筑到末端后,下层末端的混凝土还未初凝来确定。分段分层浇筑方案适用于厚度不太大而面积或长度较大的结构。

③斜面分层。适用于结构的长度大大超过厚度而混凝土的流动性又较大时,采用分层分段方案混凝土往往不能形成稳定的分层踏步,这时可采用斜面分层浇筑方案。施工时将混凝土一次浇筑到顶,让混凝土自然地流淌,形成一定的斜面。这时混凝土的振捣工作应从浇筑层下端开始,逐渐上移,以保证混凝土施工质量。这种方案很适合混凝土泵送工艺,可免除混凝土输送管的反复拆装。

3)大体积防水混凝土的施工,应采取以下措施:
①采用低热或中热水泥,掺加粉煤灰、磨细矿渣粉等掺合料;
②掺入减水剂、缓凝剂、膨胀剂等外加剂;

③在炎热季节施工时,采取降低原材料温度、减少混凝土运输时吸收外界热量等降温措施;

④在混凝土内部预埋管道,进行水冷散热;

⑤采取保温保湿养护。混凝土中心温度与表面温度的差值不应大于 25 ℃,混凝土表面温度与大气温度的差值不应大于 25 ℃。养护时间不应少于 14 d。

(4)免振捣混凝土。免振捣混凝土又称自密实混凝土,它是在 20 世纪 70 年代初由联邦德国发明并首先用于工程的流态混凝土发展而来的,这种混凝土在日本得到极其迅速的发展。到 20 世纪 90 年代中期,日本已生产了自密实免振捣混凝土 80 万 m^3,我国也已经有自密实免振捣混凝土的工程实际应用。目前,人们对高流动免振捣混凝土的认识归结为:通过外加剂(包括高性能减水剂、超塑化剂、稳定剂等)、超细矿物粉体等胶材料和粗细集料的选择与搭配和配合比的精心设计,使混凝土拌合物屈服剪应力减小到适宜范围,同时又具有足够的塑性黏度,使集料悬浮于水泥浆中,不出现离析和泌水等问题,在基本不用振捣的条件下通过自重实现自由流淌,充分填充模板内及钢筋之间的空间形成密实且均匀的结构。

4.3.4.2 混凝土的捣实

1. 振动捣实混凝土的原理

匀质的混凝土拌合料介于固态和液态之间,内部颗粒依靠其摩擦力、黏聚力处于悬浮状态。当混凝土拌合料受到振动时,混凝土中的固体颗粒都处于强迫振动状态,使颗粒之间的黏着力和内摩擦力大大降低,混凝土的黏度急剧下降,受振混凝土呈现液化而具有"重质液体状态",因而能流向模板内的各个角落并充满模板。同时,混凝土中的集料在其自重作用下向新的稳定位置沉落,粗颗粒之间的空隙则被水泥砂浆所填满。混凝土拌合物中的气体以气泡状态浮升至表面排出,使集料和水泥浆在模板中得到紧密的排列。混凝土振捣应能使模板内各部位密实、均匀,不应漏振、欠振、过振。

2. 振动捣实机械

振动捣实机械按其工作方式不同可分为内部振动器、表面振动器、外部振动器等几种。

(1)内部振动器。内部振动器又称插入式振动器[图 4-102(a)],是施工现场使用最多的一种,适用于基础、柱、梁、墙等深度或厚度较大的结构构件的混凝土捣实。

1)振动器选用。坍落度小的用高频,坍落度大的可用低频;集料粒径小的用高频,集料粒径大的用低频。

2)振捣方法。

①垂直振捣:垂直振捣的特点是容易掌握插点距离、控制插入深度(不超过振动棒长度的 1.25 倍),不易产生漏振,不易触及模板、钢筋,混凝土振后能自然沉实、均匀密实,如图 4-102(b)所示。

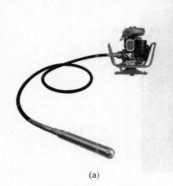

(a) (b) (c)

图 4-102 插入式振动器的使用

(a)插入式振动器;(b)垂直振捣;(c)斜向振捣

②斜向振捣：操作省力，效率高，出浆快，易于排出空气，不会产生严重的离析现象，振动棒拔出时不会形成孔洞，如图 4-102(c)所示。

插点的分布有行列式和交错式两种（图 4-103）。对普通混凝土插点间距不大于 $1.5R$（R 为振动器作用半径，$R=300\sim400$ mm）；对轻集料混凝土则不大于 $1.0R$。与模板、钢筋的距离不大于作用半径的 0.5 倍，应将振动棒上下来回抽动 $50\sim100$ mm，插入下一层未初凝混凝土中的深度不小于 50 mm，每一插点的振捣时间以 $20\sim30$ s 为宜。

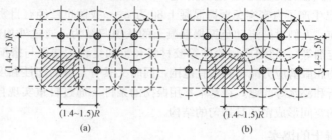

图 4-103　插点的分布
(a)行列式；(b)交错式

3)插入式振动器的操作要点是：直上和直下、快插与慢拔；插点要均布，切勿漏点插；上下要振动，层层要扣搭；时间掌握好，密实质量佳。

（2）表面振动器。表面振动器主要有平板振动器、振动梁、混凝土整平机和渠道衬砌机等。其作用深度较小，多用在混凝土表面进行振捣。平板振动器适用于楼板、地面及薄型水平构件的振捣，振动梁和混凝土整平机常用于混凝土道路的施工（图 4-104～图 4-106）。

图 4-104　平板振动器　　　　　　　　图 4-105　混凝土整平机

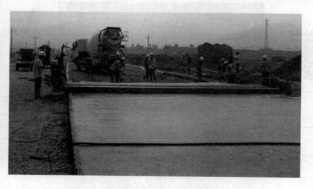

图 4-106　振动梁振捣路面混凝土

(3)外部振动器。外部振动器又称附着式振动器,它通过螺栓或夹钳等固定在模板外部,通过模板将振动传给混凝土拌合物,因而模板应有足够的刚度。它宜于振捣断面小且钢筋密的构件,如薄腹梁、箱形桥面梁等及地下密封的结构,用于无法采用插入式振捣器的场合。其有效作用范围可通过实测确定。

4.3.5 混凝土的养护

混凝土浇捣后,必须在适当的温度和湿度条件下才能凝固硬化完成。为了保证混凝土有适宜的硬化条件,使其强度不断增长,必须对混凝土进行养护。

混凝土养护方法可分为自然养护和人工养护。

4.3.5.1 自然养护

当日平均气温高于5 ℃时,用保水材料或草帘对混凝土加以覆盖后适当浇水,使混凝土在一定的时间内在湿润状态下硬化的方法。

1. 覆盖浇水养护

(1)开始养护的时间:当最高气温低于25 ℃时,混凝土浇筑完后应在12 h以内加以覆盖和浇水;当最高气温高于25 ℃时,应在6 h以内开始养护。

(2)养护延续时间:主要与水泥品种、混凝土的性能要求有关。对硅酸盐水泥、普通硅酸盐水泥和矿渣硅酸盐水泥拌制的混凝土,不得少于7 d;对掺有缓凝型外加剂或有抗渗性要求的混凝土,不得少于14 d。

(3)浇水次数:浇水次数应使混凝土保持足够的湿润状态为准。养护初期,水泥的水化反应较快,需水也较多,所以要特别注意在浇筑以后头几天的养护工作。另外,在气温高,湿度低时,也应增加洒水的次数。

(4)混凝土的养护用水与拌制水相同。

(5)当日平均气温低于5 ℃时,不得浇水。

2. 塑料薄膜保湿养护

塑料薄膜保湿养护是以塑料薄膜为覆盖物,使混凝土与空气隔绝,水分不再蒸发,水泥靠混凝土中的水分完成水化作用而凝结硬化。它可以改善施工条件,节省人工,节约用水,保证混凝土的养护质量(图4-107)。保湿养护可分为塑料布养护和喷涂塑料薄膜养生液养护。

(a) (b) (c)

图4-107 混凝土的保湿养护
(a)排桩;(b)框架柱;(c)现浇板

3. 养生液法养护

喷涂塑料薄膜养生液养护适用于不易洒水养护的异型或大面积混凝土结构。它是将过氯乙烯树脂料溶液用喷枪喷涂在混凝土表面上，溶液挥发后在混凝土表面形成一层塑料薄膜，将混凝土与空气隔绝，阻止其中水分的蒸发以保证水化作用的正常进行。有的薄膜在养护完成后自行老化脱落，否则不宜于喷洒在以后要作粉刷的混凝土表面上。在夏季，薄膜成型后要防晒，否则易产生裂纹。混凝土采用喷涂养护液养护时，应确保不漏喷。

在长期暴露的混凝土表面上一般采用灰色养护剂或清亮材料养护。灰色养护剂的颜色接近混凝土的颜色，而且对表面还有粉饰和加色作用，到风化后期阶段，它的外观要比用白色养护剂好得多。清亮养护剂是透明材料，不能粉饰混凝土，只能保持原有的外观。

4.3.5.2 人工养护

人工养护就是用人工来控制混凝土的养护温度和湿度，使混凝土强度增长。常用的方法有蒸汽养护、热水养护、太阳能养护等。其主要用来养护预制构件，现浇构件大多用自然养护。

人工养护应在混凝土浇筑完毕后的 12 h 以内对混凝土加以覆盖并保湿养护，保证混凝土浇水养护的时间。

1. 蒸汽养护

混凝土的蒸汽养护（图 4-108）可分为静停、升温、恒温、降温四个阶段。混凝土的蒸汽养护应符合下列规定：

(1)静停期间应保持环境温度不低于 5 ℃，灌注结束 4~6 h 且混凝土终凝后方可升温。

(2)升温速度不宜大于 10 ℃/h。

(3)恒温期间混凝土内部温度不宜超过 60 ℃，最大不得超过 65 ℃，恒温养护时间应根据构件脱模强度要求、混凝土配合比情况以及环境条件等通过试验确定。

(4)降温速度不宜大于 10 ℃/h。

2. 电热毯养护

天津大光明桥用电热毯加热养护环氧沥青混凝土桥面，如图 4-109 所示。

图 4-108　蒸汽养护

图 4-109　电热毯养护

4.3.6　混凝土质量检查

混凝土的质量检查包括施工过程中的质量检查和施工后的质量检查。

(1)施工过程中的检查。对混凝土拌制和浇筑过程中材料的质量及用量、搅拌地点和浇筑地点的坍落度等进行检查，每一工作班内至少检查两次；当混凝土配合比由于外界影响有变动时，应及时检查；对混凝土搅拌时间也应随时进行检查。对于预拌混凝土，应注意在施工现场进行坍落度检查。

(2)施工后的检查。对已完工的混凝土进行外观质量检查和强度检查。对有抗冻、抗渗等特殊要求的混凝土,还应进行抗冻、抗渗性能检查。

4.3.6.1 混凝土外观质量检查

混凝土结构构件拆模后,应由监理(建设)单位、施工单位对混凝土的外观质量和尺寸偏差进行检查,并做好记录。

(1)外观上检查其表面有无麻面、蜂窝、露筋、裂缝、孔洞等缺陷,预留孔道是否通畅无堵塞,应由监理(建设)单位、施工单位等各方根据其对结构性能和使用功能影响的严重程度来确定。

(2)现浇结构拆模后的尺寸偏差项目包括:轴线位置;垂直度(层高、全高);标高(层高、全高);截面尺寸;电梯井(井筒长、宽对定位中心线),井筒全高(H)垂直度;预埋设施中心线位置;预留洞中心线位置。

图 4-110 所示为常见的混凝土成型质量缺陷。图 4-111 所示为常见的混凝土成品质量保护措施。

图 4-110 常见的混凝土成型质量缺陷
(a)墙体蜂窝;(b)露筋;(c)柱子烂根;(d)负筋严重偏位;(e)剪力墙烂根

4.3.6.2 混凝土的强度检验

混凝土的强度检验主要是抗压强度检验,它既是评定混凝土是否达到设计强度的依据,也是混凝土工程验收的控制性指标,又可为结构构件的拆模、出厂、吊装、张拉、放张提供混凝土实际强度的依据。

1. 试块制作

用于检验结构构件混凝土质量的试件,应在混凝土浇筑地点随机制作,采用标准养护。标准养护就是在温度为(20 ± 3)℃和相对湿度为90%以上的潮湿环境或水中的标准条件下进行养护。评定强度用试块需在标准养护条件下养护 28 d,再进行抗压强度试验,所得结果就作为判

图 4-111 常见的混凝土成品质量保护措施
(a)混凝土柱成品保护；(b)电梯井成品阳角保护；(c)混凝土楼梯护角保护

定结构或构件是否达到设计强度等级的依据。

2. 试件组数确定

在工程施工中，试件留置的组数应符合下列规定：

(1)每拌制 100 盘且不超过 100 m^3 的同配合比的混凝土，其取样不得少于一次；

(2)每工作班拌制的同配合比的混凝土不足 100 盘时，其取样不得少于一次；

(3)一次连续浇筑超过 1 000 m^3 时，同一配合比的混凝土每 200 m^3 取样不得少于一次；

(4)每一现浇楼层、同一配合比的混凝土，取样不得少于一次。

每次取样应至少留置一组(3 个)标准养护试件，同条件养护试件的留置组数，可根据实际需要确定。对于预拌混凝土，其试件的留置也应符合上述规定。

3. 每组试件强度代表值

每组三个试件应在同盘混凝土中取样制作，并按下面的规定确定该组试件的混凝土强度代表值：

(1)取三个试件强度的算术平均值；

(2)当三个试件强度中的最大值或最小值之一与中间值之差超过中间值的 15% 时，取中间值；

(3)当三个试件强度中的最大值和最小值与中间值之差均超过中间值的 15% 时，该组试件不应作为强度评定的依据。

4. 强度评定

混凝土强度应分批进行验收。同一验收批的混凝土应由强度等级相同、龄期相同及生产工艺和配合比基本相同的混凝土组成。对现浇混凝土结构构件，还应按单位工程的验收项目划分验收批，每个验收项目应按现行国家标准《建筑工程施工质量检验统一标准》(GB 50300)确定。

对同一验收批的混凝土强度，应以同批内标准试件的全部强度代表值来评定。

5. 混凝土非破损检验

由于施工质量不良、管理不善导致试件与结构中混凝土质量不一致，或对试件试验结果有怀疑时，可采用钻芯取样或回弹法、超声回弹综合法等非破损检验方法（图 4-112），按有关规定进行强度推定，作为是否进行处理的依据。

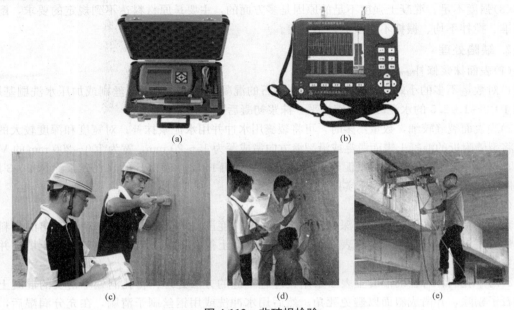

图 4-112 非破损检验
(a)数字回弹仪；(b)非金属超声检测仪；(c)回弹法检测；(d)超声回弹综合法检测；(e)混凝土结构钻芯取样

4.3.6.3 混凝土质量缺陷

1. 缺陷分类及产生原因

(1)麻面。麻面是结构构件表面上呈现无数的小凹点，而无钢筋暴露的现象。它是模板表面粗糙、未清理干净、润湿不足，模板拼缝不严而漏浆，混凝土振捣不实、气泡未排出以及养护不好所致。

(2)露筋。露筋即钢筋没有被混凝土包裹而外露。其主要是由于未放垫块或垫块位移、钢筋位移、结构断面较小、钢筋过密等使钢筋紧贴模板，以致混凝土保护层厚度不够所造成的。有时也因缺边、掉角而露筋。

(3)蜂窝。蜂窝是混凝土表面无水泥砂浆，露出石子的深度大于 5 mm，但小于保护层的蜂窝状缺陷。它主要是由于配合比不准确、浆少石子多，或搅拌不均、浇筑方法不当、振捣不合理，造成砂浆与石子分离、模板严重漏浆等原因产生。

(4)孔洞。孔洞是指混凝土结构内存在着孔隙，局部或全部无混凝土。它是由于集料粒径过大，或钢筋配置过密造成混凝土下料中被钢筋挡住，或混凝土流动性差，或混凝土分层离析，振捣不实，混凝土受冻、混入泥块杂物等所致。

(5)缝隙及夹层。缝隙及夹层是施工缝处有缝隙或夹有杂物。其产生原因是施工缝处理不当以及混凝土中含有垃圾杂物。

(6)缺棱、掉角。缺棱、掉角是指梁、柱、板、墙以及洞口的直角边上的混凝土局部残损掉落。其产生的主要原因是混凝土浇筑前模板未充分润湿，棱角处混凝土中水分被模板吸去，水化不充分使强度降低，以及拆模时棱角损坏或拆模过早。拆模后保护不好也会造成棱角损坏。

（7）裂缝。裂缝有温度裂缝、干缩裂缝和外力引起的裂缝。其原因主要是温差过大，养护不良，水分蒸发过快以及结构和构件下地基产生不均匀沉陷，模板、支撑没有固定牢固，拆模时受到剧烈振动等。

（8）强度不足。混凝土强度不足的原因是多方面的，主要是原材料达不到规定的要求，配合比不准、搅拌不均、振捣不实及养护不良等。

2. 缺陷处理

（1）表面抹浆修补。

1）对数量不多的小蜂窝、麻面、露筋、露石的混凝土表面，可用钢丝刷或加压水洗刷基层，再用1∶2～1∶2.5的水泥砂浆填满抹平，抹浆初凝后要加强养护。

2）当表面裂缝较细，数量不多时，可将裂缝用水冲并用水泥浆抹补；对宽度和深度较大的裂缝应将裂缝附近的混凝土表面凿毛或沿裂缝方向凿成深为15～20 mm，宽为100～200 mm的V形凹槽，扫净并洒水润湿，先用水泥浆刷第一层，然后用1∶2～1∶2.5的水泥砂浆涂抹2～3层，将总厚控制在10～20 mm，并压实抹光。

（2）细石混凝土填补。

1）当蜂窝比较严重或露筋较深时，应按其全部深度凿去薄弱的混凝土和个别突出的集料颗粒，然后用钢丝刷或加压水洗刷表面，再用比原混凝土等级提高一级的细集料混凝土填补并仔细捣实。

2）对于孔洞，可在旧混凝土表面采用处理施工缝的方法处理：将孔洞处不密实的混凝土突出的石子剔除，并凿成斜面以避免死角；然后用水冲洗或用钢丝刷子清刷，在充分润湿后，浇筑比原混凝土强度等级高一级的细石混凝土。细石混凝土的水胶比宜在0.5以内，并可掺入适量混凝土膨胀剂，分层捣实并认真做好养护工作。

（3）环氧树脂修补。

1）当裂缝宽度在0.1 mm以上时，可用环氧树脂灌浆修补。修补时先用钢丝刷清除混凝土表面的灰尘、浮渣及散层，使裂缝处保持干净，然后将裂缝做成一个密闭性空腔，有控制地留出进出口，借助压缩空气将浆液压入缝隙，使它充满整个裂缝。这种方法具有很好的强度和耐久性，与混凝土有很好的粘结作用。

2）对混凝土强度严重不足的承重构件应拆除返工，尤其对结构要害部位更应如此。对强度降低不大的混凝土可不拆除，但应与设计单位协商，通过结构验算，根据混凝土实际强度提出处理方案。

第二课堂

1. 查阅相关资料，将任务补充完整。

2. 已知某HZS180大型商品混凝土搅拌站要配制强度等级为C35的混凝土，实验室配合比为水泥∶砂子∶石子∶水＝1∶2.24∶3.66∶0.47，经测定砂子的含水率为2.5%，石子的含水率为1%，每1 m³混凝土的水泥用量为360 kg，采用JS3000型搅拌主机，出料容量为3 m³。求：①施工配合比；②每搅拌一次的材料用量。

3. 试述混凝土结构施工缝的留设原则、留设位置和处理方法。

4. 混凝土运输有哪些要求？有哪些运输工具机械？

任务 4.4　预应力混凝土工程

任务描述

本任务讲述了预应力混凝土工作原理,预应力锚固体系,张拉设备,先张法施工工艺、后张法施工工艺和无粘结预应力施工工艺等内容。在掌握这些知识后,要求编写某箱形桥梁采用后张法工程施工的技术交底。

任务分析

同普通混凝土比较,预应力混凝土有许多优点,在桥梁工程中得到了广泛的应用,且有广阔的应用前景,但预应力混凝土质量要求严格,施工难度大,必须遵循施工工艺和施工规范,如《预应力混凝土结构设计规范》(JGJ 369)、《公路钢筋混凝土及预应力混凝土桥涵设计规范》(JTG D62)等。

知识课堂

4.4.1　概述

1. 预应力混凝土工作原理

普通钢筋混凝土构件的抗拉极限应变只有 $0.1 \times 10^{-3} \sim 0.15 \times 10^{-3}$,构件混凝土受拉开裂时,受拉钢筋的应力仅达到 1/4~1/3,钢筋的抗拉强度不能充分利用。

预应力混凝土是在构件承受外荷载前,预先在构件的受拉区对混凝土施加预压应力。使用阶段的构件在外荷载作用下产生拉应力时,先要抵消预压应力,这就推迟了混凝土裂缝的出现并限制了裂缝的开展,从而提高构件的抗裂度和刚度。

2. 建立预压应力的方法

预应力混凝土是通过对受拉区的预应力钢筋进行张拉、锚固、放张,借助预应力钢筋的弹性回缩,使受拉区混凝土事先获得预压应力来实现的。

预应力混凝土有以下几类:

(1)按预应力大小,可分为全预应力混凝土和部分预应力混凝土。

(2)按施加预应力方式,可分为先张法预应力混凝土和后张法预应力混凝土。

(3)按预应力筋的粘结状态,可分为有粘结预应力混凝土和无粘结预应力混凝土。

(4)按施工方式,可分为预制预应力混凝土和现浇预应力混凝土。

3. 预应力混凝土的优点

(1)有效利用高强度钢材。

(2)减小结构构件的截面尺寸、自重,能增大结构构件跨度,降低结构构件占用空间。

(3)提高使用荷载下结构的抗裂性和刚度。

(4)质量好、降低工程造价、结构耐久性好。

(5)技术含量高、操作要求严,需要增添专用设备。

4. 预应力工艺的应用

(1)先张法的应用。先张法主要应用于房屋建筑中的空心板、多孔板、槽形板、双T板、V形折板、托梁、檩条、槽瓦、屋面梁等；道路桥梁工程中的轨枕、桥面空心板、简支梁等；在基础工程中应用的预应力方桩及管桩(图4-113)等。

(a)　　　　　　　　　　　　　　(b)

图 4-113　先张法预应力的应用

(a)预应力管桩；(b)桥面预应力空心板

(2)后张法的应用。后张法不但用于房屋建筑中的吊车梁、屋面梁、屋架，桥梁中的T形梁、箱形梁等构件，且在大跨度的现浇结构及空间结构中的应用也日趋成熟；在特种结构，如塔体的竖向预应力、筒体的环向预应力也有突破，尤其为桥梁工程的悬索结构、斜拉结构提供了丰富的发展空间(图4-114)。而且其还扩大应用到高层、高耸、大跨、重载与抗震结构，能源工程，海洋工程，海洋运输等许多新的领域。

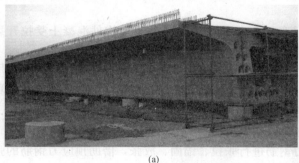

(a)　　　　　　　　　　　　　　(b)

图 4-114　后张法预应力的应用

(a)预应力箱梁；(b)斜拉索张拉

4.4.2　预应力钢筋

预应力钢筋是指在预应力结构中用于建立预加应力的单根或成束的预应力钢丝、预应力钢绞线或钢筋等。

预应力钢筋宜采用预应力钢丝、预应力钢绞线和预应力螺纹钢筋。

1. 预应力钢丝

预应力钢丝可分为中强度预应力钢丝和消除应力钢丝两种。每种又都有光面和螺旋肋之分。螺旋肋钢丝是通过专用拔丝模冷拔使钢丝表面沿长度方向产生规则间隔肋条的钢丝。其直径为

5 mm、7 mm、9 mm，消除应力钢丝的极限强度标准值可达到 1 570～1 860 N/mm²。螺旋肋能增加与混凝土的握裹力，可用于先张法构件。图 4-115 所示为螺旋肋钢丝。

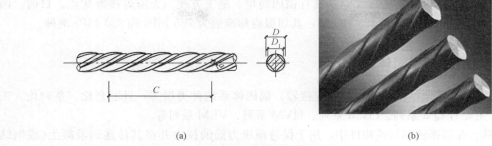

图 4-115　螺旋肋钢丝
(a)螺旋肋钢丝外形；(b)螺旋肋钢丝近照

2. 预应力钢绞线

预应力钢绞线是由多根碳素钢丝在绞线机上呈螺旋形纹合，并经低温回火消除应力制成的。预应力钢绞线的整根破断力大、柔性好，施工方便，具有广阔的发展前景，但价格比钢丝贵。预应力钢绞线可分为光面预应力钢绞线、无粘结钢绞线、模拔钢绞线、镀锌钢绞线、环氧涂层钢绞线、不锈钢钢绞线等。

(1)光面预应力钢绞线。常用光面预应力钢绞线的规格有 1×3(三股)和 1×7(七股)两种。七股的直径为 9.5～21.6 mm，极限强度标准值为 1 720～1 960 N/mm²。后张法预应力均采用 1×7 钢绞线，1×3 钢绞线仅用于先张法构件(图 4-116)。

图 4-116　光面预应力钢绞线
(a)光面预应力钢绞线的外形；(b)光面预应力钢绞线近照

(2)无粘结钢绞线。无粘结钢绞线是用防腐润滑油脂涂敷在钢绞线表面上、外包塑料护套制成，主要用于后张法中无粘结预应力筋，也可用于暴露或腐蚀环境中的体外索、拉索等(图 4-117)。

图 4-117　无粘结钢绞线
(a)无粘结钢绞线外形；(b)无粘结钢绞线实物；(c)无粘结钢绞线生产线

3. 精轧螺纹钢筋

精轧螺纹钢筋是用热轧方法在钢筋表面上轧出不带肋的螺纹外形。钢筋的接长用连接螺纹套筒，端头锚固用螺母。精轧螺纹钢筋具有锚固简单、施工方便、无需焊接等优点。目前，国内生产的精轧螺纹钢筋品种有 $\phi 25$ 和 $\phi 32$，其屈服点标准值为 785 MPa 和 930 MPa 两种。

4.4.3 预应力锚固体系

预应力锚固体系包括锚具、夹具和连接器。锚固体系的种类很多，且配套化、系列化、工厂化生产，主要有 QM 系列、OVM 系列、HVM 系列、VLM 系列等。

（1）锚具。在后张法结构或构件中，用于保持预应力筋的拉力并将其传递到混凝土（或钢结构）上所用的夹持预应力筋的永久性锚固装置。后张法锚固体系包括锚具、锚垫板和螺旋筋。

（2）夹具。在先张法构件施工时，用于保持预应力筋的拉力并将其固定在生产台座（或设备）上的临时性锚固装置；在后张法结构或构件施工时，在张拉千斤顶或设备上夹持预应力筋的临时性锚固装置（又称工具锚）。

（3）连接器。用于连接预应力筋的装置。

锚具、夹具和连接器的代号见表 4-22。

表 4-22 锚具、夹具和连接器的代号

分类代号		锚具	夹具	连接器	分类代号		锚具	夹具	连接器
夹片式	圆形	YJM	YJJ	YJL	锥塞式	钢质	GZM	—	—
	扁形	BJM				热铸	RZM	—	—
支承式	镦头	DTM	DTJ	DTL	握裹式	挤压	JYM	JYJ	JYL
	螺母	LMM	LMJ	LML		压花	YHM		

锚具、夹具和连接器的标记由产品代号、预应力钢筋直径、预应力钢材根数三部分组成（生产企业的体系代号只在需要时加注）。

示例：YJM14-12 表示锚固 12 根直径为 14.2 mm 的预应力混凝土用钢绞线的圆形夹片式群锚锚具。

4.4.3.1 种类及性能要求

1. 锚具的类型

锚具的类型见表 4-23。

表 4-23 锚具的类型

锚具类型	常见锚具	备注
夹片式	单孔夹片锚具	
	多孔夹片锚具	
支承式	镦头锚具	1. 按在构件中的位置又可分为张拉端锚具、固定端锚具两种。 2. 锚具一般由设计单位按结构要求、产品性能和张拉施工方法选用。
	螺母锚具	
锥塞式	钢质锥形锚具	
	锥形螺杆锚	
握裹式	挤压锚具	
	压花锚具	

2. 锚具的性能要求

锚具的性能要求应符合国家标准《预应力筋用锚具、夹具和连接器》(GB/T 14370)。

(1)静载锚固性能：锚具应同时满足 $\eta_a \geqslant 0.95$，$\varepsilon_{apu} \geqslant 2.0\%$；夹具应满足 $\eta_g \geqslant 0.92$。

(2)动载锚固性能：满足循环次数为 200 万次的疲劳试验要求。

(3)工艺性能：应满足分级张拉、补张拉和放松预应力筋等张拉工艺要求；锚固多根预应力筋用的锚具，除具有整束张拉的性能外，宜具有单根张拉的可能性；夹具应具有良好的自锚性能、松锚性能和安全的重复使用功能，主要部件宜镀膜防腐。

4.4.3.2 锚具

1. 夹片式锚具

夹片式锚具(图 4-118)可分为单孔夹片锚具和多孔夹片锚具。其由工作锚板、工作夹片、锚垫板、螺旋筋组成。其可锚固预应力钢绞线，也可锚固 $7\phi5$、$7\phi7$ 的预应力钢丝束，主要用作张拉端锚具。夹片式锚具具有自动跟进、放张后自动锚固、锚固效率系数高、锚固性能好、安全可靠等特点。

(a)　　　　　　　　　　(b)　　　　　　　　　　(c)

图 4-118　夹片式锚具

(a)QM 夹片式锚具；(b)夹片式锚具的组装；(c)VLM 单孔夹片式锚具

2. 扁形张拉端锚具

扁形张拉端锚具(图 4-119)由扁形工作锚板、工作夹片、扁形锚垫板、扁形螺旋筋组成。扁锚的张拉端口扁小，钢绞线可逐根张拉，也可整体张拉。其适用于楼板、低高度箱梁及桥面横向预应力张拉。

(a)　　　　　　　　　　　　　　　(b)

图 4-119　扁形张拉端锚具

(a)多孔夹片式扁锚；(b)扁锚的工作锚板与夹片

3. 镦头锚具

镦头锚具可张拉 $\phi P5$、$\phi P7$ 高强度钢丝束，常用镦头锚具分为 A 型和 B 型，A 型由锚杯和螺母组成，用于张拉端；B 型为锚板，用于固定端(图 4-120)。预应力筋采用钢丝镦头器镦头成型，配套张拉使用 YDC 系列穿心式千斤顶。其主要用于后张法施工中。

4. 精轧螺纹钢锚具、连接器

其由螺母和垫板组成，可锚固 ϕ25、ϕ32 高强度精轧螺纹钢筋，主要用于先张法、后张法施工的预应力箱梁、纵向预应力及大型预应力屋架。连接器主要用于螺纹钢筋的接长（图 4-121）。

图 4-120　镦头锚具与预应力钢丝束　　　　图 4-121　精轧螺纹钢锚具、连接器

5. 挤压式锚具（P 型）

P 型锚具由挤压头、螺旋筋、P 型锚板、约束圈组成。它是在钢绞线端部安装钢丝衬圈和挤压套，利用挤压机将挤压套挤过模孔，使其产生塑性变形而握紧钢绞线，形成可靠锚固。其用于后张预应力构件的固定端对钢绞线的挤压锚固，如图 4-122 所示。

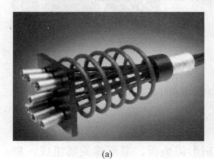

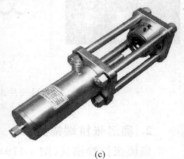

(a)　　　　　　　　　　　(b)　　　　　　　　　　　(c)

图 4-122　挤压式锚具
(a)固定端 P 型锚具组件；(b)挤压好的挤压头；(c)JY 型挤压机

6. 钢质锥形锚具

钢质锥形锚具（又称弗氏锚具）由锚圈和锚塞组成，可锚固 6～30ϕP5 或 12～24ϕP7 的高强度钢丝束，常用于后张法预应力混凝土结构和构件中，配套 YDZ 系列专用千斤顶张拉（图 4-123）。

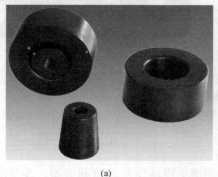

(a)　　　　　　　　　　　　　　　　(b)

图 4-123　千斤顶张拉
(a)GZ 型钢质锥形锚具；(b)张拉好的钢质锥形锚具

4.4.3.3 夹具

1. 钢丝的夹具

先张法中钢丝的夹具分两类：一类是将预应力筋锚固在台座上的锚固夹具；另一类是张拉时夹持预应力筋用的夹具。锚固夹具与张拉夹具都是重复使用的工具。夹具的种类繁多，图 4-124 所示为传统的单根钢丝锚固夹具。其中，圆锥齿板式常用于冷拔钢丝，圆锥槽式常用于消除应力钢丝。

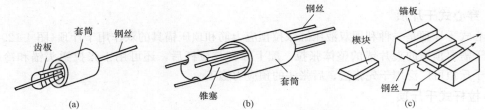

图 4-124　钢丝用锚固夹具
(a)圆锥齿板式；(b)圆锥槽式；(c)楔形

图 4-125 和图 4-126 所示为常用的钢丝张拉夹具。

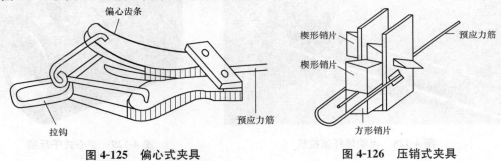

图 4-125　偏心式夹具　　　　图 4-126　压销式夹具

2. 钢绞线的夹具

QM 预应力体系中的 JXS 型、JXL 型、JXM 型夹具(图 4-127)是专为先张台座法预应力钢绞线张拉的需要而设计的，可适应 $\phi 9.5\ mm$、$\phi 12.2\ mm$、$\phi 12.7\ mm$、$\phi 14.2\ mm$、$\phi 14.7\ mm$、$\phi 17.8\ mm$ 等规格钢绞线的先张台座张拉。

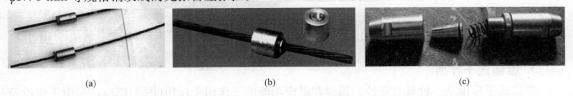

图 4-127　夹具
(a)JXS 型先张夹具；(b)JXM 型先张夹具；(c)JXL 型先张夹具

4.4.4　张拉设备

预应力张拉设备主要有电动张拉设备和液压张拉设备两大类。电动张拉设备仅用于先张法；液压张拉设备可用于先张法与后张法。液压张拉设备由液压千斤顶、高压油泵和外接油管组成。

张拉设备应装有测力仪器，以准确建立预应力值。张拉设备应由专人使用和保管，并定期维护和校验。

4.4.4.1 电动张拉机械

常用的电动张拉机械主要有电动螺杆张拉机（图4-128）、电动卷扬张拉机等，常用于先张法施工中。

4.4.4.2 液压张拉设备

1. 穿心式千斤顶

穿心式千斤顶是一种利用双液压缸张拉预应力筋和顶压锚具的双作用千斤顶（图4-129）。其既可用于需要顶压的夹片锚的整体张拉，配上撑脚与拉杆后，还可用于张拉镦头锚和冷铸锚。穿心式千斤顶可广泛用于先张法、后张法的预应力施工。

2. 拉杆式千斤顶

拉杆式千斤顶为空心拉杆式千斤顶（图4-130），选用不同的配件可组成几种不同的张拉形式。其可张拉DM型螺丝端杆锚、JLM精轧螺丝钢锚具、LZM冷铸锚等。

图 4-128　电动螺杆张拉机　　　　　　图 4-129　穿心式千斤顶

图 4-130　拉杆式千斤顶

3. 锥锚式千斤顶

锥锚式千斤顶是一种具有张拉、顶锚和退楔功能的三作用千斤顶（图4-131），专用于张拉及顶压锚固带钢质锥形锚的钢丝束。

4. 前卡式千斤顶

前卡式千斤顶是一种张拉工具锚内置于千斤顶前端的穿心式千斤顶（图4-132），可自动夹紧和松开工具锚夹片，简化施工工艺，节省张拉时间，而且缩短了预应力筋预留张拉长度。其主要用于各种有粘结筋和无粘结筋的单根张拉。

5. 扁锚整体张拉千斤顶

扁锚整体张拉千斤顶是一种整体预应力张拉千斤顶（图4-133）。其采用双并列油缸的结构，扁锚采用整体一次张拉，克服了扁锚由于单孔张拉而引起构件应力不均匀、预应力筋延伸量不足、构件扭曲现象，并且可提高施工工效。其广泛用于各种锚固体系的扁锚预应力施工。

图 4-131　锥锚式千斤顶　　　　　　　图 4-132　前卡式千斤顶

图 4-133　扁锚整体张拉千斤顶

4.4.4.3　高压油泵

高压油泵是向液压千斤顶的油缸高压供油的设备（图 4-134）。油泵的额定压力应等于或大于千斤顶的额定压力。高压油泵的额定压力为 40~80 MPa。

(a)　　　　　　　　　　　　　　(b)

图 4-134　高压油泵

(a)ZB 型油泵；(b)YBZ 型高压泵站

千斤顶张拉时，张拉力的大小是通过油泵上的油压的读数来控制的。油压表的读数表示千斤顶张拉油缸活塞单位面积的油压力。在理论上如已知张拉力 N，活塞面积 A，则可求出张拉时油表的相应读数 P。预应力钢筋、锚具、张拉机具的配套使用见表 4-24。

表 4-24 预应力钢筋、锚具、张拉机具的配套使用

预应力筋品种	锚具形式		固定端	张拉机械
	张拉端			
	安装在结构之外	安装在结构之内		
钢绞线及钢绞线束	夹片锚具 挤压锚具	压花锚具 挤压锚具	夹片锚具	穿心式
钢丝束	夹片锚具 镦头锚具 挤压锚具	挤压锚具 镦头锚具	夹片锚具 镦头锚具 锥塞锚具	穿心式 穿心式 锥锚式
精轧螺纹钢筋	螺母锚具	—		

4.4.5 先张法施工

先张法是在混凝土构件浇筑前先张拉预应力筋,并用夹具将其临时锚固在台座或钢模上,再浇筑构件混凝土,待其达到一定强度后放松并切断预应力筋。预应力筋就会产生弹性回缩,借助混凝土与预应力筋之间的粘结,对混凝土产生预压应力(图 4-135)。

先张法施工

采用先张法生产时,可采用台座法和机组流水法。采用台座法时,预应力筋的张拉、锚固,混凝土的浇筑、养护及预应力筋放松等均在台座上进行;预应力筋放松前,其拉力由台座承受。采用机组流水法时,构件连同钢模通过固定的机组,按流水方式完成(张拉、锚固、混凝土浇筑和养护)每一生产过程,预应力筋放松前,其拉力由钢模承受。

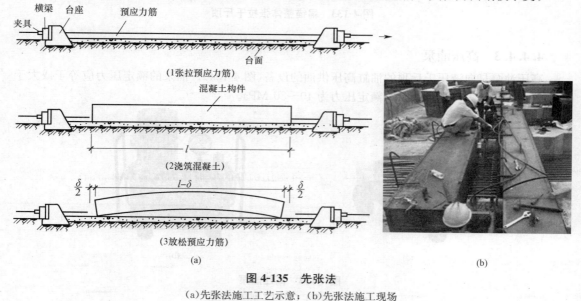

图 4-135 先张法
(a)先张法施工工艺示意;(b)先张法施工现场

4.4.5.1 台座

台座由台面、横梁和承力结构组成,是先张法生产的主要设备。台座承受全部预应力筋的拉力,因此,台座应有足够的强度、刚度和稳定性,以免因台座变形、倾覆和滑移而引起预应

力的损失。按构造形式不同，台座可分为墩式台座、槽式台座和钢模台座等。台座可成批生产预应力构件。

1. 墩式台座

墩式台座由现浇钢筋混凝土做成（图 4-136），台座应具有足够的强度、刚度和稳定性，台座设计应进行抗倾覆验算与抗滑移验算。

 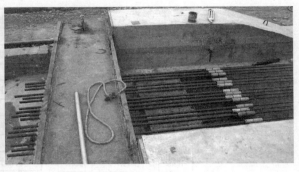

(a) (b)

图 4-136 墩式台座

(a) 墩式长线台座；(b) 墩式台座近景

2. 槽式台座

槽式台座由端柱、传力柱、横梁和台面组成（图 4-137），既可承受张拉力和倾覆力矩，加盖后又可作为蒸汽养护槽。其适用于张拉吨位较大的吊车梁、屋架、箱梁等大型预应力混凝土构件。槽式台座需进行强度和稳定性计算。端柱和传力柱的强度按钢筋混凝土结构偏心受压构件计算。槽式台座端柱抗倾覆力矩由端柱、横梁自重力矩及部分张拉力矩组成。

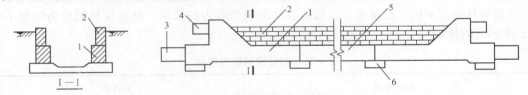

图 4-137 槽式台座

1—钢筋混凝土端柱；2—砖墙；3—下横梁；4—上横梁；5—传力柱；6—柱垫

3. 钢模台座

钢模台座主要在工厂流水线上使用。它是将制作构件的模板作为预应力钢筋锚固支座的一种台座（图 4-138）。模板具有相当的刚度，可将预应力钢筋放在模板上进行张拉。

图 4-138 箱梁端部模板作为张拉台座

4.4.5.2 先张法施工工艺

先张法的工艺流程如图 4-139 所示。其中，关键工序是预应力筋的张拉与固定、混凝土浇筑以及预应力筋的放张。

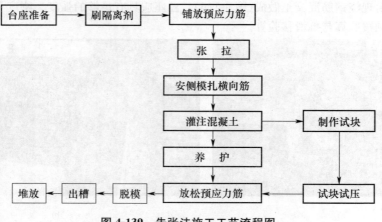

图 4-139 先张法施工工艺流程图

1. 预应力筋的铺设、张拉

(1) 预应力筋(丝)的铺设。长线台座面(或胎模)在铺放钢丝前，应清扫并涂刷隔离剂。一般涂刷皂角水溶性隔离剂，因其易干燥，污染钢筋易清除。涂刷时应均匀不得漏涂，待其干燥后，再铺设预应力筋，一端用夹具锚固在台座横梁的定位承力板上；另一端卡在台座张拉端的承力板上待张拉。在生产过程中，应防止雨水或养护水冲刷掉台面隔离剂。

(2) 预应力筋张拉应力的确定。张拉控制应力 σ_{con} 是指在张拉预应力筋时所达到的规定应力，应按设计规定采用。控制应力的数值直接影响预应力的效果。其张拉控制应力限制不得超过表 4-25 的规定。

表 4-25 张拉控制应力限制

钢筋种类	允许值
消除应力钢丝、钢绞线	$0.75 f_{ptk}$
中强度预应力钢丝	$0.70 f_{ptk}$
预应力螺纹钢筋	$0.85 f_{pyk}$

注：f_{ptk} 为预应力筋极限强度标准值，f_{pyk} 为预应力螺纹钢筋屈服强度标准值。

注：消除应力钢丝、钢绞线、中强度预应力钢丝的张拉控制应力值不应小于 $0.4 f_{ptk}$；预应力螺纹钢筋的张拉控制应力值不宜小于 $0.5 f_{pyk}$。

(3) 张拉程序。预应力筋的张拉一般有下列两种张拉程序，张拉程序可按下列程序之一进行：

一次张拉法：　　　　　　　　　　$0 \rightarrow 103\% \sigma_{con}$

或　超张拉法：　　　　　　　$0 \rightarrow 105\% \sigma_{con}$(持荷 2 min)$\sigma_{con}$

当预应力钢丝张拉工作量大时，宜采用第一种张拉程序。

为了减少应力松弛损失，预应力钢筋宜采用第二种张拉程序。

张拉设备应配套校验，以确定张拉力与仪表读数的关系曲线，保证张拉力的准确，每半年校验一次。设备出现反常现象或检修后应重新校验。张拉设备宜定岗负责,专人专用。

(4)预应力筋伸长值与应力的测定。预应力筋的张拉力,一般用伸长值校核。如实际伸长值与计算伸长值的偏差超过±6%,应暂停张拉,查明原因并采取措施予以调整后,方可继续张拉。预应力筋的理论伸长值 ΔL 按下式计算:

$$\Delta L = \frac{F_p \cdot l}{A_p \cdot E_s}$$

式中　F_p——预应力筋平均张拉力(kN);

　　　l——预应力筋的长度(mm);

　　　A_p——预应力筋的截面面积(mm^2);

　　　E_s——预应力筋的弹性模量(kN/mm^2)。

预应力筋的实际伸长值,宜在初应力约为 $10\%\sigma_{con}$ 时开始测量,并加上初应力以内的推算伸长值。

(5)预应力筋的张拉。

1)预应力筋张拉前的准备。

①查预应力筋的品种、级别、规格、数量(排数、根数)是否符合设计要求;

②预应力筋的外观质量应全数检查,预应力筋应符合展开后平顺,没有弯折,表面无裂纹、小刺、机械损伤、氧化薄钢板和油污等要求;

③检查张拉设备是否完好,测力装置是否校核准确;

④检查横梁、定位承力板是否贴合及严密稳固。

2)预应力筋张拉注意事项。

①台座法张拉预应力筋时,应先张拉靠近台座截面重心处的预应力筋,避免台座承受过大的偏心压力。张拉宜分批、对称进行。

②多根预应力筋同时张拉时,须事先调整初应力,使其相互之间的应力一致。预应力筋张拉锚固后的实际预应力值与设计规定检验值的相对允许偏差为±5%。

③先张法中的预应力筋不允许出现断裂或滑脱。在浇筑混凝土前发生断裂或滑脱的预应力筋必须予以更换。

④锚固时,张拉端预应力筋的回缩量应符合设计要求,设计无要求时不得大于施工规范规定。

⑤张拉锚固后,预应力筋对设计位置的偏差不得大于 5 mm,且不得大于构件截面短边尺寸的 4%。

⑥施工中必须注意安全,严禁正对钢筋张拉的两端站立人员,防止断筋回弹伤人。

2. 混凝土的浇筑与养护

为了减少混凝土的收缩和徐变引起的预应力损失。在确定混凝土配合比时,应优先选用干缩性小的水泥,采用低水胶比,控制水泥用量,采取良好的集料级配并振捣密实。预应力钢丝张拉、绑扎钢筋、预埋铁件安装及立模工作完成后,应立即浇筑混凝土,每条生产线应一次连续浇筑完成。采用机械振捣密实时,要避免碰撞钢丝。混凝土未达到一定强度前,不允许碰撞或踩踏钢丝。

预应力混凝土可采用自然养护或湿热养护,自然养护不得少于 14 d。干硬性混凝土浇筑完毕后,应立即覆盖进行养护。当预应力混凝土采用湿热养护时,要尽量减少由于温度升高而引起的预应力损失。为了减少温差造成的应力损失,采用湿热养护时,在混凝土未达到一定强度前,温差不要太大,一般不超过 20 ℃。

3. 预应力筋的放张

(1)放张要求。放张预应力筋时,混凝土应达到设计要求的强度。如设计无要求,应不得低于设计混凝土强度等级的75%。

放张预应力筋前应拆除构件的侧模,使放张时构件能自由伸缩,以免模板损坏或造成构件开裂。对有横肋的构件(如大型屋面板),其横肋断面应有适宜的斜度,也可以采用活动模板以免放张时构件端肋开裂。

(2)放张顺序。

1)预应力筋放张时,应缓慢放松锚固装置,使各根预应力筋缓慢放松。

2)预应力筋放张顺序应符合设计要求,当设计未规定时,可按下列要求进行:

①承受轴心预应力构件的所有预应力筋应同时放张;承受偏心预压力构件,应先同时放张预压力较小区域的预应力筋,再同时放张预压力较大区域的预应力筋。

②长线台座生产的钢弦构件,剪断钢丝宜从台座中部开始;叠层生产的预应力构件,宜按自上而下的顺序进行放松;板类构件放松时,从两边逐渐对称向中心进行。

(3)放张方法。

1)对于中小型预应力混凝土构件,预应力丝的放张宜从生产线中间处开始,以减少回弹量且有利于脱模;对于大构件应从外向内对称、交错逐根放张,以免构件扭转、端部开裂或钢丝断裂。

2)放张单根预应力筋,一般采用千斤顶放张,如图4-140(a)所示。

3)当构件预应力筋较多时,整批同时放张可采用砂箱、楔块等放松装置,如图4-140(b)、(c)所示。

4)配置预应力筋数量不多的混凝土构件放张时,可以采用钢丝钳剪断、锯割、熔断(仅限于Ⅰ~Ⅲ级冷拉筋)方法放张,但对钢丝、热处理钢筋不得用电弧切割。

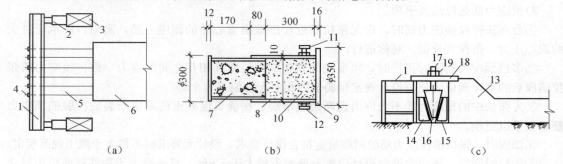

图4-140 预应力筋放张装置
(a)千斤顶放张装置;(b)砂箱放张装置;(c)楔块放张装置
1—横梁;2—千斤顶;3—承力架;4—夹具;5—钢丝;6—构件;7—活塞;
8—套箱;9—套箱底板;10—砂;11—进砂口;12—出砂口;13—台座;
14、15—固定楔块;16—滑动楔块;17—螺杆;18—承力板;19—螺母

4.4.6 后张法施工

后张法是先制作混凝土构件,并在预应力筋的位置预留出相应孔道,待混凝土强度达到设计规定的数值后,穿入预应力筋进行张拉,并利用锚具将预应力筋锚固,最后进行孔道灌浆。

后张法施工

后张法施工由于直接在钢筋混凝土构件上进行预应力筋的张拉,所以不需要固定台座设备,不受地点限制;但工序多、工艺复杂,锚具不能重复利用。后张法主要用于大构件及结构的现场施工。其生产示意如图4-141所示。

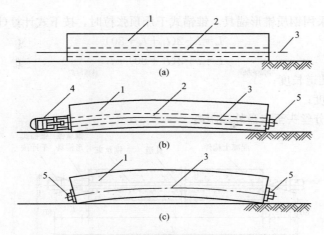

图 4-141 预应力混凝土后张法生产示意
(a)制作混凝土构件；(b)张拉钢筋；(c)锚固和孔道灌浆
1—混凝土构件；2—预留孔道；3—预应力筋；4—千斤顶；5—锚具

4.4.6.1 预应力筋制作

1. 钢绞线

钢绞线是成盘状供应，不需要对焊接长。制作工序是：开盘→下料→编束。

(1)下料：钢绞线下料宜用砂轮切割机切割，不得采用电弧切割。

(2)编束：钢绞线编束宜用 20 号钢丝绑扎，间距为 2～3 m，编束前先将钢绞线理顺，使各根钢绞线松紧一致。

(3)钢绞线下料长度：采用夹片锚具、穿心式千斤顶张拉时，按下式计算(图 4-142)：

两端张拉： $L=l+(l_1+l_2+l_3+100)$

一端张拉： $L=l+2(l_1+100)+l_2+l_3$

式中　l ——构件的孔道长度；

　　　l_1 ——夹片式工作锚厚度；

　　　l_2 ——穿心式千斤顶长度；

　　　l_3 ——夹片式工具锚厚度。

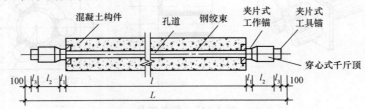

图 4-142 钢绞线下料长度计算简图

2. 钢丝

(1)下料：消除应力钢丝放开后是直的，可直接下料。钢丝在应力状态下切断下料，控制应力为 300 N/mm^2。下料长度的误差要控制在 $L/5\,000$ 以内，且不大于 5 mm。

(2)编束：为保证钢丝束两端钢丝排列顺序一致，穿束与张拉不致紊乱，钢丝必须编束。钢丝编束可分为空心束和实心束，都需用梳丝板理顺钢丝，在距离钢丝端部 5～10 cm 处编扎一道。实心束工艺简单，空心束孔道灌浆效果优于实心束。

(3)下料长度：采用钢质锥形锚具、锥锚式千斤顶张拉时，按下式计算（图 4-143）：

两端张拉： $L=l+2(l_1+l_2+80)$

一端张拉： $L=l+2(l_1+80)+l_2$

式中　l——构件的孔道长度；

　　　l_1——锚环厚度；

　　　l_2——千斤顶分丝头至卡盘外端距离。

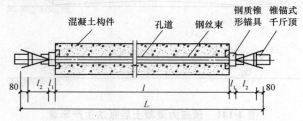

图 4-143　钢丝下料长度计算简图

3. 单根粗钢筋

单根粗钢筋的预应力筋，如果采用一端张拉，则在张拉端用螺丝端杆锚具，在固定端用帮条锚具或镦头锚具；如果采用两端张拉，则两端均用螺丝端杆锚具。螺丝端杆锚具如图 4-144 所示。帮条锚具如图 4-145 所示。镦头锚具由镦头和垫板组成。

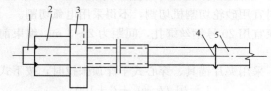

图 4-144　螺丝端杆锚具

1—螺丝端杆；2—螺母；3—垫板；4—焊接接头；5—钢筋

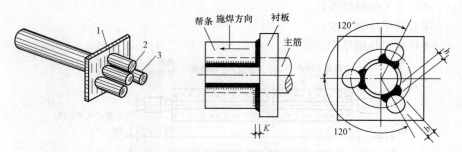

图 4-145　帮条锚具

1—衬板；2—帮条；3—主筋

4.4.6.2　施工工艺

1. 孔道留设

图 4-146 所示为后张法工艺流程。

(1)孔道留设的基本要求。构件中留设孔道主要为穿预应力钢筋（束）及张拉锚固后灌浆用。孔道留设的基本要求如下：

1)孔道直径应保证预应力筋(束)能顺利穿过。
2)孔道应按设计要求的位置、尺寸埋设准确、牢固,浇筑混凝土时不应出现移位和变形。
3)在设计规定位置上留设灌浆孔。
4)在曲线孔道的曲线波峰部位应设置排气兼泌水管,必要时可在最低点设置排水管。
5)灌浆孔及泌水管的孔径应能保证浆液畅通。

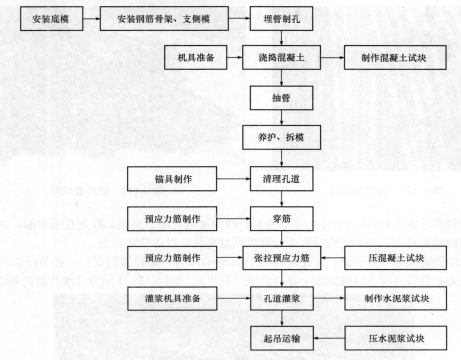

图 4-146　后张法施工工艺流程图

(2)孔道留设的方法。预留孔道形状有直线、曲线和折线形。孔道的留设方法有以下几种:
1)钢管抽芯法。预先将平直、表面圆滑的钢管埋设在模板内预应力筋孔道位置上。在开始浇筑至浇筑后拔管前,间隔一定时间(一般为 15 min)要缓慢匀速地转动钢管;待混凝土初凝后至终凝之前,用卷扬机匀速拔出钢管即在构件中形成孔道。

钢管抽芯法只用于留设直线孔道,钢管长度每根不宜超过 15 m,超过 15 m 用两根钢管,中间套管连接(图 4-147)。钢管两端各伸出构件 500 mm 左右,以便转动和抽管。

抽管时间与水泥品种、浇筑气温和养护条件有关。采用钢筋束镦头锚具和锥形螺杆锚具留设孔道时,张拉端的扩大孔也可用钢管成型,留孔时应注意端部扩孔应与中间孔道同心。

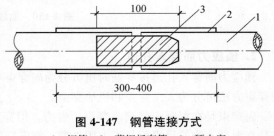

图 4-147　钢管连接方式
1—钢管;2—薄钢板套管;3—硬木塞

2)胶管抽芯法。胶管采用 5~7 层帆布夹层、壁厚为 6~7 mm 的普通橡胶管,用于直线、曲线或折线孔道成型。胶管一端密封,另一端接上阀门,安放在孔道设计位置上。浇筑后不需转动胶管,只需待混凝土初凝后终凝前,将胶管阀门打开放水(或放气)降压,胶管回缩即与混凝土自行脱落。一般按先上后下、先曲后直的顺序将胶管抽出。

3)预埋管法。预埋管法是用钢筋井字架将薄钢管、镀锌钢管和金属螺旋管(图4-148)、塑料波纹管(图4-149)埋入后不再抽出,可用于各类形状的孔道,是目前大力推广的孔道留设方法。此法适用于预应力筋密集或曲线预应力筋的孔道埋设,但在电热后张法施工中,不得采用波纹管或其他金属管埋设的管道。

图4-148 金属螺旋管

图4-149 塑料波纹管

波纹管要求在1 kN径向力作用下不变形,使用前进行灌水试验,检查有无渗漏,防止水泥浆流入管内堵塞孔道;安装就位过程中应避免反复弯曲,以防管壁开裂。

构件中固定用钢筋井字架,间距不得大于0.8~1.0 m;螺旋管固定后,必须用铅丝与钢筋扎牢,以防止浇筑混凝土时螺旋管上浮而造成严重事故。图4-150所示为曲线孔道的固定。

图4-150 曲线孔道的固定

2. 预应力筋穿入孔道

预应力筋穿入孔道按穿筋时机可分为先穿束和后穿束;按穿入数量可分为整束穿和单根穿;按穿束方法可分为人工穿束和机械穿束。

先穿束是在混凝土浇筑前穿束,省力,但穿束占用工期,预应力筋保护不当易生锈;后穿束是在混凝土浇筑后进行,不占用工期,穿筋后即进行张拉,但较费力。

长度在50 m以内的二跨曲线束,多采用人工穿束;对超长束、特重束、多波曲线束应采用卷扬机穿束。目前,穿束机穿束在越来越多的工程中得到使用。

3. 预应力筋张拉

用后张法张拉预应力筋时,混凝土强度应符合设计要求,设计无规定时,不应低于设计强度等级的75%。

(1)张拉控制应力。预应力筋的张拉控制应力应符合设计要求,其张拉控制应力限制不得超过表 4-25 的规定。

(2)张拉方式。根据构件的特点、预应力筋的形状和长度及施工方法,预应力筋张拉有以下几种张拉方法:

1)一端张拉方式:张拉设备放在构件的一端进行张拉,适用于长度≤30 m 的直线预应力筋与锚固损失影响长度 $L_f \geqslant 0.5L$(L 为预应力筋长度)的曲线预应力筋;

2)两端张拉方式:张拉设备放在构件的两端进行张拉,适用于长度>30 m 的直线预应力筋与锚固损失影响长度 $L_f < 0.5L$ 的曲线预应力筋;

3)分批张拉方式:对配有多束预应力筋的构件分批进行张拉,由于后批预应力筋张拉所产生的混凝土弹性压缩对先批张拉的预应力筋造成预应力损失,所以,先批张拉的预应力筋应加上该弹性压缩损失值,使分批张拉的每根预应力筋的张拉力基本相等(图 4-151)。

4)分段张拉方式:在多跨连续梁、板施工时,通长的预应力筋需要逐段进行张拉,第二段及后段的预应力筋利用锚头连接器与前段预应力筋进行接长(图 4-152)。

5)分阶段张拉方式:为平衡各阶段的不同荷载,可采取分阶段逐步施加预应力的方式。

6)补偿张拉方式:在早期预应力损失基本完成后,再进行张拉的方式。

(3)张拉顺序。预应力筋张拉顺序应按设计规定进行;如设计无规定,应采取分批分阶段对称地进行。图 4-153 所示是预应力混凝土屋架下弦杆预应力筋张拉顺序。图 4-154 所示是预应力混凝土吊车梁预应力筋采用两台千斤顶的张拉顺序,对配有多根不对称预应力筋的构件,应采用分批分阶段对称张拉。平卧重叠浇筑的预应力混凝土构件,张拉预应力筋的顺序是先上后下,逐层进行。

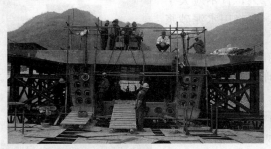

图 4-151 预应力箱梁的分批、对称张拉

图 4-152 梁段的分段张拉施工

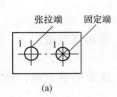

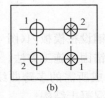

图 4-153 屋架下弦杆预应力筋张拉顺序
(a)两束;(b)四束
1、2—预应力筋张拉顺序

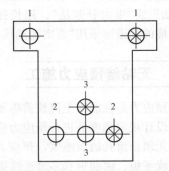

图 4-154 吊车梁预应力筋的张拉顺序
1、2、3—预应力筋的分批张拉顺序

(4)张拉程序。预应力筋的张拉程序，主要根据构件类型、张锚体系、松弛损失取值等因素来确定。用超张拉方法减少预应力筋的松弛损失，预应力筋的张拉程序宜为

$$0 \rightarrow 105\%\sigma_{con}(\text{持荷 2 min})\underrightarrow{\quad}\sigma_{con}$$

如果预应力筋张拉吨位不大，根数很多，而设计中又要求采取超张拉以减少应力松弛损失时，其张拉程序可为

$$0 \rightarrow 103\%\sigma_{con}$$

(5)张拉安全事项。在张拉构件的两端应设置保护装置，如用麻袋、草包装土筑成土墙，以防止螺帽滑脱、钢筋断裂飞出伤人；在张拉操作中，预应力筋的两端严禁站人，操作人员应在侧面工作。

(6)伸长值校核。校核伸长值可综合反映张拉力是否足够、孔道摩阻损失是否偏大、预应力筋是否有异常现象等。因此，张拉时应对伸长值进行校核（图 4-155），实际伸长值与计算伸长值的偏差大于±6%时，应暂停张拉，在采取措施调整后，方可继续张拉。

图 4-155 伸长值校核

4. 孔道灌浆

预应力筋张拉后，应尽快进行孔道灌浆。一可保护预应力筋以免锈蚀；二使预应力筋与混凝土有效黏结，控制超载时裂缝的间距与宽度，减轻梁端锚具的负荷情况。

灌浆料应采用强度等级不低于 32.5 级的普通硅酸盐水泥配制，水胶比不大于 0.45，搅拌后 3 h 泌水率不宜大于 2%，且不应大于 3%。泌水应能在 24 h 内全部重新被水泥浆吸收。灌浆用水泥砂浆的抗压强度不应小于 30 N/mm²。

灌浆前应全面检查构件孔道及灌浆孔、泌水孔、排气孔是否畅通，对抽芯成孔的孔道采用压力水冲洗湿润，对埋波纹管孔道可用压缩空气清孔。宜先灌下层孔道，后灌上层孔道。灌浆工作应缓慢均匀进行，不得中断，并应排气通顺，在出浆口冒出浓浆并封闭排气口后，继续加压至 0.5~0.7 N/mm²，稳压 2 min，再封闭灌浆孔（图 4-156）。

对孔道直径较大且不掺减水剂或膨胀剂进行灌浆时，可采取"二次压浆法"或"重力补浆法"。超长孔道、大曲率孔道、扁管孔道、腐蚀环境的孔道可采用"真空辅助压浆法"。

图 4-156 灌浆管

4.4.7 无粘结预应力施工

无粘结预应力是在混凝土浇筑前将预应力筋铺设在模板内（图 4-157），然后浇筑混凝土，待混凝土达到设计规定强度后进行预应力筋的张拉锚固的施工方法。

该工艺无须预留孔道及灌浆，预应力筋易弯成所需的多跨曲线形状，施工简单方便，最适用于双向连续平板、密肋板和多跨连续梁等现浇混凝土结构。

1. 无粘结预应力筋的制作

无粘结预应力筋主要采用钢绞线和高强度钢丝，采用钢绞线时张拉端采用夹片式锚具（XM 型锚具），埋入端采用压花式埋入锚具；钢丝束的张拉端和埋入端均采用夹片式或镦头式锚具。

2. 无粘结预应力筋的铺设

无粘结筋通常在底部非预应力筋铺设后、水电管线铺设前进行,支座处负弯矩钢筋在最后铺设。

无粘结筋应严格按照设计要求的曲线形状就位并固定牢靠,其竖向位置宜用支撑钢筋或钢筋马凳控制,保证无粘结筋的曲线顺直。经检查无误后,用铅丝将无粘结筋与非预应力筋绑扎牢固,防止钢丝束在浇筑混凝土过程中移位,如图 4-158 所示。

图 4-157 楼面无粘结预应力施工

图 4-158 板中无粘结预应力筋的铺设

3. 无粘结预应力筋的张拉

无粘结预应力筋的张拉程序基本与有粘结后张法相同。

粘结预应力混凝土楼盖结构的张拉顺序,宜先张拉楼板,后张拉楼面梁。板中的无粘结筋可依次张拉,梁中的无粘结筋宜对称张拉。

板中的无粘结筋一般采用前卡式千斤顶单根张拉,并用单孔式夹片锚具锚固(图 4-159)。无粘结筋长度超过 35 m 时,宜两端张拉,超过 70 m 时宜分段张拉。

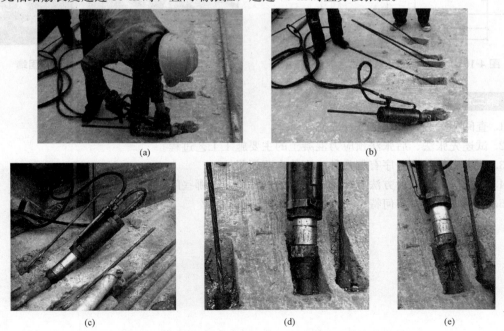

图 4-159 板中的无粘结筋采用前卡式千斤顶单根张拉

(a)安装张拉千斤顶;(b)开始张拉;(c)千斤顶张拉中;
(d)顶锚、回油;(e)张拉结束退出千斤顶

4. 锚头端部处理

无粘结预应力钢丝束两端在构件上预留有一定长度的孔道,其直径略大于锚具的外径。钢丝束张拉锚固后端部便留下孔道,该部分钢丝没有涂层,应封闭处理以保护预应力钢丝。

无粘结预应力束锚头端部处理,目前常采用两种方法:第一种方法是在孔道中注入油脂并加以封闭(图 4-160);第二种方法是在两端留设的孔道内注入环氧树脂水泥砂浆,其抗压强度不应低于 35 MPa。灌浆时同时将锚头封闭,防止钢丝锈蚀,同时也起一定的锚固作用(图 4-161)。

预留孔道中注入油脂或环氧树脂水泥砂浆后,用 C30 级的细石混凝土封闭锚头部位,如图 4-162 所示。

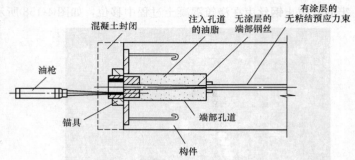

图 4-160 锚头端部油脂封闭

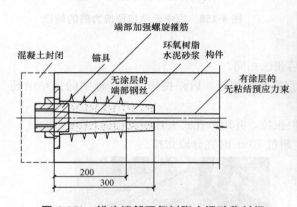

图 4-161 锚头端部环氧树脂水泥砂浆封闭

图 4-162 已封锚的预应力束锚固端

第二课堂

1. 查阅相关资料,将任务补充完整。
2. 试述先张法、后张法预应力混凝土的主要施工工艺过程。
3. 预应力的张拉程序有哪几种?为什么要超张拉?
4. 后张法孔道留设方法有几种?孔道留设需要注意哪些问题?
5. 无粘结预应力有何特点?其施工应注意哪些问题?

项目 5　钢结构吊装工程

项目描述

吊装工程是结构装配式建筑的主要工序。所谓结构装配式，是指建筑物的某些构件在工厂或施工现场预制成各个单体构件或单元，然后利用起重机械按图纸要求在施工现场完成组装。其具有设计标准化、构件定型化、生产工厂化、安装机械化的优点，是建筑业施工现代化的重要途径之一。本项目主要讲述钢结构工程的吊装。

钢结构安装工程就是利用起重机械将预先在工厂制作的结构构件，严格按照设计图纸的要求在施工现场进行组装，以构成一栋完整的建（构）筑物的整个施工过程。与钢筋混凝土结构比较，钢结构强度高、塑性和匀质性好；结构的质量轻；焊接构造简单方便；施工周期短，因而在土木工程中被广泛采用。

通过本项目的学习，应知道主要起重机械的种类及性能；焊接与螺栓连接的方式及技术要求；钢结构单层厂房、多高层钢结构房屋、网架结构的施工方法。

教学目标

任务名称	权重	知识目标	能力目标
1. 起重机械	40%	塔式起重机 自行式起重机 非标准起重装置 索具设备	能正确理解各起重机械的工作原理 能根据相关参数正确选择起重机械 能编制合理的机械吊装方案
2. 钢结构的连接	25%	焊接连接 螺栓连接	掌握焊接的种类和焊接工艺参数 掌握普通螺栓连接和高强度螺栓连接的原理和施工方法 能根据规范进行质量验收
3. 钢结构安装	35%	钢结构单层厂房 钢结构多层、高层建筑 钢结构网架	掌握建筑物各构件的吊装、校正和固定的方法 编制合理的吊装方案 能根据规范进行质量验收

任务 5.1　起重机械

任务描述

本任务要求在掌握塔式起重机、爬升式塔式起重机和轨道式塔式起重机的工作原理和工程特点的基础上,能够根据实际工程特点正确选择起重机械,布置起重机的位置、数量和技术参数,以达到使用要求。

任务分析

塔式起重机以其塔身高、有效作业面广、承载力大、构造简单、易维护的特点,在建筑施工、货物搬运等方面发挥着越来越大的作用。塔式起重机是建筑工地最繁忙的机械,正确选择其型号和工作能力是保证工期和进度的前提。但在应用广泛的同时,塔式起重机本身操作或者使用不当所造成的安全事故也频繁发生,给相关人员造成生命和财产的威胁,因此,保障塔式起重机的安全运行在建筑工地一直是安全工作的头等大事。

知识课堂

结构安装工程中常用的起重机械包括塔式起重机、自行式起重机和非标准起重装置。

5.1.1　塔式起重机

塔式起重机(简称塔机,建筑工地上一般称为塔吊)是建筑工程中广泛应用的一种起重设备,主要用于建筑材料与构件的吊运和建筑结构与工业设备的安装,其主要功能是重物的垂直运输和施工现场内短距离水平运输,特别适用于高层建筑的施工。

起重机械

根据塔式起重机的基本形式及其主要用途,与其他起重机相比,它具有以下主要特点:

塔式起重机

(1)起升高度高。塔机有垂直的塔身,并且还能根据施工需要加节或爬升,因而,能够很好地适应建筑物高度的要求。一般中小型塔机在独立或行走状态下,其起升高度为 30～50 m,大型塔机的起升高度为 60～80 m。对于自升式塔机,其起升高度则可大大增加,一般附着式塔机可利用顶升机构,增加塔身标准节的数量,起升高度可达 100 m 以上,而用于超高层建筑的内爬式塔机,也可利用爬升机构随建筑物施工逐步爬升达到数百米的起升高度。

(2)幅度利用率高。塔机的垂直塔身除能适应建筑物的高度外,还能很方便地靠近建筑物。在塔身顶部安装的起重臂,使塔机的整体结构呈 T 形或 Γ 形,这样就可以充分地利用幅度。一般情况下,塔机的幅度利用率大于 90%。

(3)作业范围大,作业效率高。由于塔机可利用塔身增加起升高度,而其起重臂的长度不断加大,形成一个以塔身为中心线的较大作业空间,通过采用轨道行走方式,可带 100% 额定载荷沿轨道长度范围形成一个连续的作业带,进一步扩大了作业范围,提高了工作效率。

塔机的机型构造形式较多，按其主体结构与外形特征，基本上可按架设形式、变幅形式、回转形式、臂架支承形式区分。按架设形式可分为附着自升式塔式起重机、爬升式塔式起重机、轨道式塔式起重机。

1. 附着自升式塔式起重机

附着自升式塔式起重机是固定在建筑物近旁混凝土基础上的起重机械，它可借助顶升系统随着建筑施工进度而自行向上接高。图 5-1 所示是 QT4-10 型塔式起重机的参数，每顶升一次升高 2.5 m，常用的起重臂长为 30 m，此时最大起重力矩为 1 600 kN·m，起重量为 5～10 t，起重半径为 3～30 m，起重高度为 160 m。

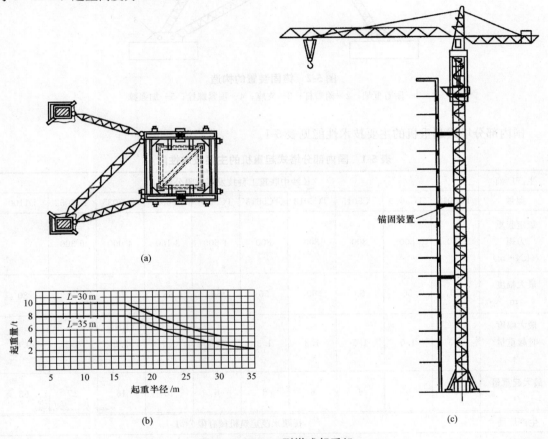

图 5-1　QT4-10 型塔式起重机
(a)锚固装置图；(b)性能曲线；(c)全貌图

附着自升式塔式起重机的塔身接高到设计规定的独立高度后，须使用锚固装置将塔身与建筑物拉结（附着），以降低塔身的自由高度，改善塔式起重机的稳定性。同时，可将塔身上部传来的力矩，以水平力的形式通过附着装置传给已施工的结构。锚固装置的多少与建筑物高度、塔身结构、塔身自由高度有关。一般设置 2～4 道锚固装置即可满足施工需要。进行超高层建筑施工时，不必设置过多的锚固装置。因为锚固装置受到塔身传来的水平力，自上而下衰减很快，所以随着建筑物的升高，在验算塔身稳定性的前提下，可将下部锚固装置周转到上部使用，以便节省锚固装置费用。锚固装置由附着框架、附着杆和附着支座组成，如图 5-2 所示。塔身中心线至建筑物外墙之间的水平距离称为附着距离，多为 4.1～6 m，有时为 10～15 m。当附着距离小于 10 m 时，可用三杆式或四杆式附着形式，否则应采用空间桁架。

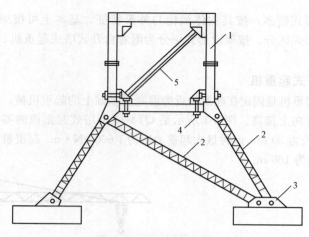

图 5-2 锚固装置的构造

1—附着框架；2—附着杆；3—支座；4—顶紧螺栓；5—加强撑

国内部分塔式起重机的主要技术性能见表 5-1。

表 5-1 国内部分塔式起重机的主要技术性能

生产厂商	长沙中联重工科技发展有限公司									
型号	TC5013	TC5610	TC5015	TC6013	TC5613	TC5616	TC6517	TC7035	TC7052	D1100
额定起重力矩 /(kN·m)	630	800	800	800	800	1 600	3 150	4 000	6 300	
最大幅度 /m	50	56	50	60	56	56	65	70	70	80
最大幅度时起重量 /t	1.3	1.0	1.5	1.3	1.3	1.6	1.7	3.5	5.2	9.6
最大起重量 /t	6	6	6	6	8	8	10	16	25	63
生产厂商	抚顺永茂建筑机械有限公司							
型号	ST5513	ST7030	ST7027	STL230	STL420	STT293	STT403	STT553
额定起重力矩 /(kN·m)	1 000	2 500	3 000	2 500	4 500	3 000	4 200	5 000
最大幅度 /m	55	70	70	55	60	74	80	80
最大幅度时起重量 /t	1.3	3.0	2.7	2.0	4.9	2.7	3.0	3.5
最大起重量 /t	6.0	12	16	16	24	12	18	24

附着自升式塔式起重机(图 5-3)的液压顶升系统主要包括顶升套架、长行程液压千斤顶、支承座、顶升横梁及定位销等。液压千斤顶的缸体安装在塔式起重机上部结构的底端承座上，活塞杆通过顶升横梁(扁担梁)支承在塔身顶部。其顶升过程可分为以下五个步骤，如图 5-4 所示。

(1)将标准节吊到摆渡小车上，并将过渡节与塔身标准节相连的螺栓松开，准备顶升[图 5-4(a)]；

(2)开动液压千斤顶，将塔机上部结构包括顶升套架向上顶升到超过一个标准节的高度，然后用定位销将套架固定。于是塔机上部结构的重量就通过定位销传递到塔身[图 5-4(b)]；

图 5-3　附着自升式塔式起重机

(3)液压千斤顶回缩，形成引进空间，此时将装有标准节的摆渡小车开到引进空间内[图 5-4(c)]；

(4)利用液压千斤顶稍微提起标准节，退出摆渡小车，然后将标准节平稳地落在下面的塔身上，并用螺栓加以连接[图 5-4(d)]；

(5)拔出定位销，下降过渡节，使之与已接高的塔身联成整体[图 5-4(e)]。如一次要接高若干节塔身标准节，则可重复以上工序。

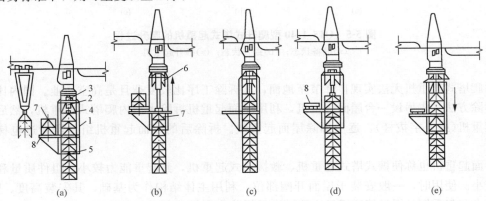

图 5-4　附着自升式塔式起重机的顶升过程
(a)准备状态；(b)顶升塔顶；(c)推入塔身标准节；(d)安装标准节；(e)塔顶与塔身联成整体
1—顶升套架；2—液压千斤顶；3—支承座；4—顶升横梁；
5—定位销；6—过渡节；7—标准节；8—摆渡小车

2. 爬升式塔式起重机

爬升式又称内爬式，是自升式塔式起重机的一种。它是安装在建筑物内部(电梯井或特设间)的结构上，依靠爬升结构随建筑物建造而向上爬升的起重机。其适用于框架结构、剪力墙结构等高层建筑施工。其特点是机身体积小，质量轻，安装简单，特别适用于现场狭窄的高层建筑结构安装。

爬升式塔式起重机由底座、套架、塔身、塔顶、行车式起重臂、平衡臂等部分组成。起重机型号有：QT5-4/40 型、QT3-4 型及用原有 2~6 t(20~60 kN)塔式起重机改装的爬升式塔式起重机。

QT5-4/40 型爬升式塔式起重机(图 5-5)的底座及套架上均设有可伸出和收回的活动支腿，

在吊装构件过程中及爬升过程中分别将支腿支承在框架梁上。每层楼的框架梁上均需埋设地脚螺栓，用以固定活动支腿。QT5-4/40 型爬升式塔式起重机的爬升过程如图 5-5 所示。

(1)将起重小车回至最小幅度，下降吊钩，使起重钢丝绳绕过回转支承上支座的导向滑轮，穿过走台的方洞，用吊钩吊住套架的提环[图 5-5(a)]。

(2)放松固定套架的地脚螺栓，将活动支腿收进套架梁内，提升套架至两层楼高度，摇出套架活动支腿，用地脚螺栓固定，松开吊钩[图 5-5(b)]。

(3)松开底座地脚螺栓，收回活动支腿，开动爬升机构将起重机提升两层楼高度，摇出底座活动支腿，并用地脚螺栓固定[图 5-5(c)]。

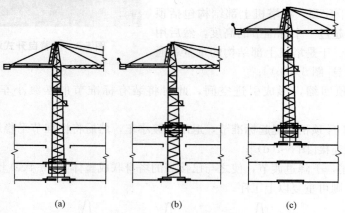

图 5-5　QT5-4/40 型爬升式塔式起重机的爬升过程
(a)准备状态；(b)提升状态；(c)提升起重机

内爬塔式起重机无法实现自降节至地面，其拆除工序比较复杂且是高空作业。国内比较成熟的拆除方法是先另设一台屋面起重机，利用屋面起重机拆除大型内爬塔式起重机，然后用桅杆式起重机(或人字拔杆)，逐步拆除屋面起重机。拆除后的屋面起重机组件需通过电梯运至地面。

屋面起重机也称便携式塔式起重机、救援塔式起重机，其起重能力较小，组件质量和尺寸都比较小。使用时，一般安装于屋面开阔部位，利用主体结构作为基础，其安装高度、臂长、起重能力和起重钢丝绳卷筒容绳量应能够满足拆除内爬塔式起重机的需要。屋面起重机应能实现人工拆解和搬运。拆解后的组件的体积、质量应适合人工搬运和电梯运输。当不能满足人工拆解的要求时，应采用多台屋面起重机，逐级拆除，吊至地面，以实现最后一步人工拆除和电梯搬运的要求。

超高层钢结构工程占地面积小，钢结构构件重，多数为 10~40 t。这种工程都是选择内爬塔式起重机，为提高作业效率可设置多台塔机同时作业。使用动臂变幅式塔机既可以避免塔机之间的干涉又能满足起重量大的要求。

3. 轨道式塔式起重机

轨道式塔式起重机是一种能在轨道上行驶的起重机，又称自行式塔式起重机。这种起重机可负荷行驶，有的只能在直线轨道上行驶，有的可沿"L"形或"U"形轨道行驶。常用的轨道式塔式起重机有 QT1-2 型塔式起重机、QT1-6 型塔式起重机、QT-60/8 型塔式起重机。

(1)QT1-2 型塔式起重机。QT1-2 型塔式起重机是一种塔身回转式轻型塔式起重机，主要由塔身、起重臂和底盘组成。这种起重机塔身可以折叠，能整体运输，如图 5-6 所示。其起重力矩为 16 t·m(160 kN·m)，起重量为 1~2 t(10~20 kN)，轨距为 2.8 m。其适用于五层以下民用建筑结构安装和预制构件厂装卸作业。

(2) QT1-6型塔式起重机。QT1-6型塔式起重机是一种中型塔顶旋转式塔式起重机,由底座、塔身、起重臂、塔顶及平衡重等组成。塔顶有齿式回转机构,塔顶通过它围绕塔身回转360°。起重机底座有两种,一种有4个行走轮,只能直线行驶;另一种有8个行走轮,能转弯行驶,内轨半径不小于5 m。QT1-6型塔式起重机的最大起重力矩为400 kN·m,起重量为20~60 kN。其适用于一般工业与民用建筑的安装和材料仓库的装卸作业。

(3) QT-60/80型塔式起重机。QT-60/80型塔式起重机是一种塔顶旋转式塔式起重机,起重力矩为600~800 kN·m,最大起重量为10 t。这种起重机适用于多层装配式工业与民用建筑结构安装,尤其适合装配式大板房屋施工。

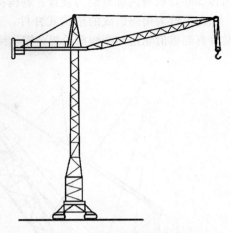

图5-6 QT1-2型塔式起重机

(4) 轨道式塔式起重机在使用中,应注意下列几点:

1) 塔式起重机的轨道位置,其边线与建筑物应有适当距离,以防止行走时,行走台与建筑物相碰而发生事故,并避免起重机轮压传至基础,使基础产生沉陷。钢轨两端必须设置车挡。

2) 起重机工作时必须严格按照额定起重量起吊,不得超载,也不准吊运人员、斜拉重物、拔除地下埋设物。

3) 司机必须得到指挥信号后,方可进行操作,操作前司机必须按电铃、发信号。吊物上升时,吊钩距离起重臂端不得小于1 m。工作休息和下班时,不得将重物悬挂在空中。

4) 运转完毕,起重机应开到轨道中部位置停放,并用夹轨钳夹紧在钢轨上。吊钩上升到距起重臂端2~3 m处,起重臂应转至平行于轨道的方向。所有控制器工作完毕后,必须扳到停止点(零位),拉开电源总开关。

5.1.2 自行式起重机

自行式起重机可分为履带式起重机和汽车式起重机。

1. 履带式起重机

(1) 履带式起重机的优点。履带式起重机地面附着力大、爬坡能力强、转弯半径小(甚至可在原地转弯),作业时不需要支腿支承,可以吊载行驶,也可以进行挖土、夯土、打桩等多种作业。

由于履带的面积较大,可有效降低对地面的压强,地基经合理处理后,履带式起重机能在松软、泥泞、坎坷不平的场地作业。另外,其通用性好,适应性强,可借助附加装置实现一机多用。

(2) 履带式起重机的缺点。履带式起重机行走时易啃路面,可铺设石料、枕木、钢板或特制的钢木路基箱等提高地面承载能力。

履带式起重机机身稳定性较差,在正常条件不宜超负荷吊装。在超负荷吊装或由于施工需要接长起重臂时,需进行稳定性验算,保证吊装作业中不发生倾覆事故。

履带式起重机行驶速度慢且履带易损坏路面,因而装运比较困难,多用平板拖车装运。履带式行走装置也容易损坏,须经常加油检查,清除污秽。

履带式起重机主要由行走装置、起重臂、吊钩、起升钢丝绳、变幅钢丝绳和主机房等组成,如图5-7所示。为减小对地面的压力,行走装置采用链条履带,回转机构装在底盘上可使机身回转360°，机身内部有动力装置、卷扬机和操纵系统。

起重臂为角钢组成的格构式杆件，下端铰接在机身上，随机身回转。起重臂可分节接长，设置有起重滑轮组与变幅滑轮组，钢丝绳通过起重臂顶端连到机身内的卷扬机上。

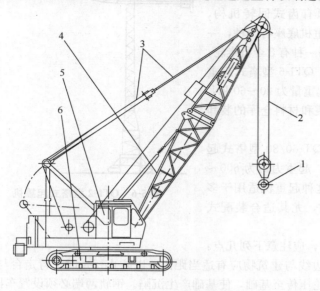
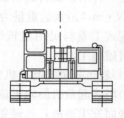

图 5-7 履带式起重机的一般形式及其构造

1—吊钩；2—起升钢丝绳；3—变幅钢丝绳；
4—起重臂；5—主机房；6—履带行走装置

(3) 履带式起重机的技术参数。徐工履带式起重机技术性能参见表 5-2。

表 5-2 部分徐工履带式起重机技术性能

工作性能参数		型号				
		QUY35	QUY50	QUY100	QUY150	QUY300
主臂工况	最大额定起重量/t	35	50	100	150	300
	最大起重力矩/(t·m)	294.92	1 815	5 395	8 340	14 715
主臂工况	主臂长度/m	10～40	13～52	18～72	19～82	24～72
	主臂变幅角/(°)	30～80	0～80	0～80	−3～82	−3～84
固定副臂工况	副臂长度/m	9.15～15.25	9.15～15.25	12～24	12～30	24～60
	主臂变幅角/(°)	—	—	—	—	30～80
速度参数	主(副)卷扬绳速/(m·min^{-1})		0～65	0～100	0～100	0～100
	主变幅卷扬绳速/(m·min^{-1})		0～65	0～45	0～30	0～24
	最大回转速度/(r·min^{-1})	1.5	1.5	1.4	1.5	1.4
	最大行走速度/(km·h^{-1})	1.34	1.1	1.1	1.0	1.0
	爬坡能力/%	20	40	30	30	30
重量	整机重量/t	—	48.5	114	190	285
	最大单件运输重量/t		31	40	46	40

续表

工作性能参数		型号				
		QUY35	QUY50	QUY100	QUY150	QUY300
运输尺寸	长/mm	—	11 500	9 600	11 500	11 200
	宽/mm	—	3 400	3 300	3 300	3 350
	高/mm	—	3 400	3 300	3 300	3 400
平均接地比压/MPa		0.058	0.069	0.092 7	0.0963	0.127

履带式起重机的主要技术性能包括起重量 Q、起重高度 H 和起重半径 R 三个主要参数。其中，起重量 Q 是指起重机安全工作所允许的最大起重重物的质量；起重高度 H 是指起重吊钩中心至停机面的距离；起重半径 R 是指起重机回转中心至吊钩的水平距离。这三个参数之间存在着相互制约的关系，其数值变化取决于起重臂长及其仰角的大小。当臂长一定时，随着起重臂仰角的增大，起重量和起重高度增加而起重半径减小；当起重臂仰角不变时，随着起重臂长度的增加，起重半径和起重高度增加而起重量减少。

(4) 履带式起重机的稳定性验算。起重机稳定性是指整个机身在起重作业时的稳定程度。起重机在正常条件下工作，一般可以保持机身稳定，但在超负荷吊装或接长起重臂时，需进行稳定性验算，以保证起重机在吊装作业中不发生倾覆事故。

履带式起重机在图 5-8 所示的情况下（即机身与行驶方向垂直），稳定性最差，此时，以履带的轨链中心 A 为倾覆中心，当荷载仅考虑吊装荷载时，起重机的稳定条件为

$$稳定性安全系数\ K = \frac{稳定力矩}{倾覆力矩} \geqslant 1.4 \tag{5-1}$$

对 A 点取力矩可得

$$K = \frac{G_0 l_0 + G_1 l_1 + G_2 l_2 + G_3 l_3}{Q(R - l_2)} \geqslant 1.4$$

式中 G_0——平衡重；
G_1——起重机机身可转动部分的重量；
G_2——起重机机身不转动部分的重量；
G_3——起重臂重量；
Q——吊装荷载（包括构件重和索具重）；
l_1——G_1 重心至 A 点的距离；
l_2——G_2 重心至 A 点的距离；
l_0——G_0 重心至 A 点的距离；
d——G_3 重心至 A 点的距离；
R——起重机最小回转半径。

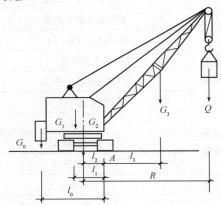

图 5-8 履带式起重机受力简图

验算后如满足不了抗倾覆要求，应考虑增加配重或在起重臂上增加缆风绳等措施。

2. 汽车式起重机

(1) 特点。汽车式起重机是将起重机构安装在普通载重汽车或专用汽车底盘上的一种自行式全回转起重机，其构造基本上与履带式起重机相同 (图 5-9)。其优点是行驶速度快，转移灵活，对路面破坏性小；其缺点是吊装作业时稳定性差，不

图 5-9 重型汽车式起重机

能负荷行驶，为此，起重机装有可伸缩的支腿，作业时，支腿落地，以增加机身的稳定。

汽车式起重机按起重量大小可分为轻型、中型和重型三种。起重量在 20 t 以内的为轻型；在 50 t 以上的为重型。按起重臂形式可分为桁架或箱形臂两种；按传动装置形式可分为机械传动、电力传动、液压传动三种。目前液压传动应用比较普遍，适用于中、小型构件及大型构件的吊装。

(2) 汽车式起重机类型的选用。近年来，随着汽车载重能力的不断提高，各种专用底盘相继产生，带动了大吨位汽车式起重机的不断发展，起重量达到上百吨的汽车式起重机已不在少数。在建筑钢结构领域，各种起重级别的汽车式起重机得到广泛应用。同时，随着液压机构及高强度钢的使用，汽车式起重机无论是在操作上还是使用性能上都具备了更多的优势，是目前使用最广泛的起重机。按起重量来看，轻型汽车式起重机主要用于装卸作业，大型汽车式起重机则用于结构吊装。国内建筑工程常用的中、小型汽车式起重机以 QY 系列为主；大型汽车式起重机以进口为主，如 LTM（德国）、ATF（日本）、GMK（美国）系列等。

(3) 汽车式起重机的型号。部分中联汽车式起重机技术性能参见表 5-3。

表 5-3　部分中联汽车式起重机技术性能

	工作性能参数	型号		
		QY70V533	QY25V532	QY50V531
性能参数	最大额定起重量/t	70	25	55
	基本臂最大起重力矩/(kN·m)	2 352	980	1 764
	最长主臂最大起重力矩/(kN·m)	1 098	494	940.8
	基本臂最大起升高度/m	12.2	11	11.6
	主臂最大起升高度/m	44.2	39	42.1
	副臂最大起升高度/m	60.2	47	58.3
性能参数	最高速度/(km·h^{-1})	75	78	76
	最大爬坡度/%	35	37	32
	最小转弯半径/m	12	≤22	24
	最小离地间隙/mm	280	220	260
质量参数	总质量/t	45	31.7	40.4
	前轴轴荷/t	19	6.9	14.9
	后轴轴荷/t	26	24.8	22.5
尺寸参数	长/m	14.1	12.7	13.3
	宽/m	2.75	2.5	2.75
	高/m	3.75	3.45	3.55
	支腿纵向距离/m	6	5.36	5.92
	支腿横向距度/m	全伸 7.6，半伸 5.04	6.1	全伸 6.9，半伸 4.7
	主臂长/m	11.6～44.0	10.4～39.2	11.1～42.0
	超臂度/m	9.5、16	8	9.4、16

5.1.3　非标准起重装置

非标准起重装置，主要是指独脚拔杆、人字拔杆及桅杆式起重机。由于现代起重机械的快速发展和普及,非标准起重装置的应用相对较少。但作为一种传统实用的起重设备,非标准起重装置在现代建筑施工中仍有用武之地,例如:

(1)在超高层结构的施工中,结构封顶后,大型内爬塔式起重机最后需要利用非标准起重机协助,以进行高空拆除。

(2)在一些场地极为狭小的场合,也常利用非标准起重机进行吊装作业,弥补其他大型起重机无法进场的不足。

(3)在一些重型构件吊装时,经常利用具有大吨位起重特点的非标准起重装置辅助吊装。

5.1.3.1 独脚拔杆

1. 独脚拔杆的构造及分类

独脚拔杆由拔杆、起重滑轮组、卷扬机、缆风绳等组成(图5-10)。其中,拔杆可用木料或金属制成。使用时,拔杆顶部应保持一定的倾角($\beta \leqslant 10°$),以保证吊装构件时不致撞击拔杆。

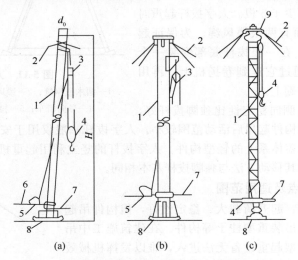

图5-10 独脚拔杆的构造与组成
(a)木独脚拔杆;(b)钢管独脚拔杆;(c)格构式独脚拔杆
1—拔杆;2—缆风绳;3—定滑轮;4—动滑轮;5—导向滑车;
6—通向卷扬机;7—拉索;8—底座或拖子;9—活动顶板

拔杆的稳定主要依靠缆风绳,绳的一端固定在桅杆顶端,另一端固定在锚碇上。缆风绳在安装前需经过计算,且要用卷扬机或倒链施加初拉力进行试验,合格后方可安装。缆风绳一般采用钢丝绳,常设4~8根,与地面夹角为30°~45°。根据制作材料的不同,独脚拔杆又可分为木独脚拔杆、钢管独脚拔杆和格构式独脚拔杆。

(1)木独脚拔杆常用独根圆木做成,圆木梢径为20~32 cm,起重高度一般为8~15 m,起重量为3~10 t。

(2)钢管独脚拔杆常用钢管的直径为200~400 mm,壁厚为8~12 mm,起重高度可达30 m,起重量可达45 t。

(3)格构式独脚拔杆起重高度达75 m,起重量可达100 t以上。格构式独脚拔杆一般用4个角钢作主肢,并由横向和斜向缀条联系而成,截面多成正方形,常用截面为450 mm×450 mm~1 200 mm×1 200 mm不等。格构式拔杆根据设计长度均匀制作成若干节,以方便运输。在拔杆上焊接吊环,用卡环把缆风绳、滑轮组、拔杆连接在一起。

2. 独脚拔杆的适用范围

独脚桅杆的优点是设备安装拆卸简单、操作简易、节省工期、施工安全等；缺点是侧向稳定性较差，需要拉设多根缆风绳。独脚拔杆在工程中主要用于吊装塔类结构构件，还可以用于整体吊装高度大的钢结构槽罐容器设备。吊装塔类构件时可将独脚拔杆系在塔类结构的根部，利用独脚拔杆作支柱，将拟竖立的塔体结构当作悬臂杆，用卷扬机通过滑轮组拉绳整体拔起就位。

5.1.3.2 人字拔杆

1. 人字拔杆的组成

人字拔杆一般由两根圆木或钢管以钢丝绳绑扎或铁件铰接而成（图5-11）。其底部设有拉杆或拉绳以平衡水平推力，两杆夹角以30°为宜。上部应有缆风绳，且一般不少于5根。人字拔杆起重时拔杆向前倾斜，在后面有两根缆风绳。为保证起重时拔杆底部的稳固，在一根拔杆底部安装一个导向滑轮，使起重索通过它连到卷扬机上，再用另一根钢丝绳连接到锚碇上。

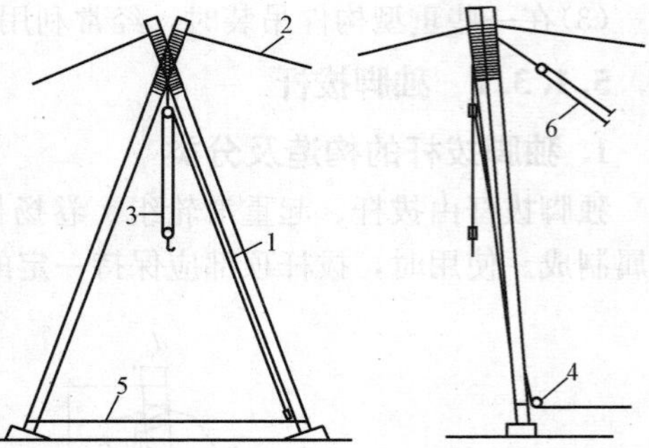

图5-11 人字拔杆
1—圆木或钢管；2—缆风绳；3—起重滑车组；
4—导向滑车；5—拉索；6—主缆风绳

人字拔杆的优点是侧向稳定性比独脚拔杆好，所用缆风绳数量少，但构件起吊后活动范围较小。人字拔杆一般仅用于安装重型构件或作为辅助设备用于吊装厂房屋盖体系上的轻型构件。人字拔杆的竖立利用起重机械吊立，也可另立一副小的人字拔杆起扳。其移动方法与独脚拔杆基本相同。

2. 人字拔杆的特点及适用范围

人字拔杆的特点是：起升荷载大、稳定性好，但构件吊起后活动范围小，适用于吊装重型柱子等构件。在建筑施工中吊装环境受到限制时，大型起重设备无法进入，难以发挥机械效能，此时一般多采用在构件根部设置木或钢格构人字拔杆，借助卷扬机在地面旋转整体垂直起吊的方法吊装。

5.1.3.3 桅杆式起重机

1. 桅杆式起重机的构造

桅杆式起重机也称牵缆式起重机，是在独脚拔杆下端安装一根可以回转和起伏的吊杆拼装而成，如图5-12所示。桅杆式起重机的缆风绳至少6根，根据缆风绳最大的拉力选择钢丝绳和地锚，地锚必须安全可靠。

起重量在5 t以下的桅杆式起重机，大多用圆木做成；起重量在10 t左右的，大多用无缝钢管做成，桅杆高度可达25 m；大型桅杆式起重机，其起重量可达60 t，桅杆高度可达80 m，桅杆和吊杆都是用角钢组成的格构式截面。桅杆式起重机的起重臂可起伏，机身可全回转，故可将起重半径范围内的构件吊到任意位置，适用于构件多且集中的工程。

随着吊装构件的大型化和标准起重机械的重型化，对桅杆式起重机的起重量也提出了越来越高的要求。现代桅杆式起重

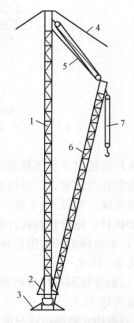

图5-12 桅杆起重机示意图
1—桅杆；2—转盘；3—底座；
4—缆风；5—起伏吊杆滑车组；
6—吊杆；7—起重滑车组

机也不局限于利用传统的卷扬机配合钢丝绳作为起重动力,出现了大量用刚性撑杆替代缆风绳的例子,以形成刚性的三角稳定体系,提高安全性。

2. 桅杆式起重机的优、缺点及使用范围

桅杆式起重机的优点是:构造简单、装拆方便、起重能力较大。它适合在以下几种情况中应用:

(1)场地比较狭窄的工地;

(2)缺少其他大型起重机械或不能安装其他起重机械的特殊工程;

(3)没有其他相应起重设备的重大结构工程;

(4)在无电源情况下,可使用人工绞磨起吊。

其缺点是:作业半径小、移动较为困难、施工速度慢且需要设置较多的缆风绳,因而,它适用于安装工程量较集中的结构工程。

5.1.4 索具设备

1. 钢丝绳

钢丝绳是吊装工作中的常用绳索,它具有强度高、韧性好、耐磨性好等优点。同时,其磨损后外表会产生毛刺,容易发现,便于预防事故的发生。

(1)钢丝绳的构造。在结构吊装中常用的钢丝绳由六股钢丝和一股绳芯(一般为麻芯)捻成。每股又由多根直径为 0.4~4.0 mm,强度为 1 400 MPa、1 550 MPa、1 700 MPa、1 850 MPa、2 000 MPa 的高强度钢丝捻成,如图 5-13 所示。

(2)钢丝绳的种类。钢丝绳的种类很多,按钢丝和钢丝股的搓捻方向可分为以下两种:

1)反捻绳,每股钢丝的搓捻方向与钢丝股的搓捻方向相反。这种钢丝绳较硬,如图 5-14(a)所示。其强度较高,不易松散,吊重时不会扭结旋转,多用于吊装工作中。

2)顺捻绳,每股钢丝的搓捻方向与钢丝股的搓捻方向相同,如图 5-14(b)所示。这种钢丝绳柔性好,表面较平整,不易磨损,但容易松散和扭结卷曲。其起吊吊重物时,易使重物旋转,一般多用于拖拉或牵引装置。

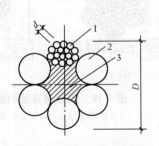

图 5-13 普通钢丝绳的截面
1—钢丝;2—由钢丝绕成的绳股;3—绳芯

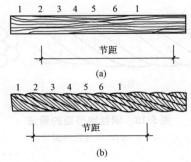

图 5-14 钢丝绳的捻法
(a)反捻绳;(b)顺捻绳
1~6—钢丝绳绳股的编号

钢丝绳按每股钢丝根数可分为 6 股 7 丝、6 股 19 丝、6 股 37 丝和 6 股 61 丝等。

在结构安装工作中常用以下几种:

①6×19+1,即 6 股,每股由 19 根钢丝组成再加一根绳芯,此种钢丝绳较粗,硬而耐磨,

但不易弯曲，一般用作缆风绳。

②6×37+1，即 6 股，每股由 37 根钢丝组成再加一根绳芯，此种钢丝绳比较柔软，一般用于穿滑轮组和作吊索。

③6×61+1，即 6 股，每股由 61 根钢丝组成再加一根绳芯，此种钢丝绳质地软，一般用作重型起重机械。

钢丝绳的许用拉力是和用途密切相关的，钢丝绳的安全系数见表 5-4。

表 5-4 钢丝绳的安全系数

用途	安全系数	用途	安全系数
作缆风绳	3.5	作吊索（无弯曲）	6～7
用于手动起重设备	4.5	作捆绑吊索	8～10
用于电动起重设备	5～6	用于载人的升降机	14

(3) 钢丝绳的安全检查和使用注意事项。

1) 钢丝绳的安全检查。钢丝绳在使用一定时间后，就会产生断丝、腐蚀和磨损现象，其承载能力就会降低。钢丝绳经检查有下列情况之一者，应予以报废：

①钢丝绳磨损或锈蚀达直径的 40% 以上；

②钢丝绳整股破断；

③使用时断丝数目增加得很快；

④钢丝绳每一节距长度范围内，断丝根数不允许超过规定的数值，一个节距是指某一股钢丝搓绕绳一周的长度，约为钢丝绳直径的 8 倍，如图 5-15 所示。

钢丝绳直径的量法如图 5-16 所示。

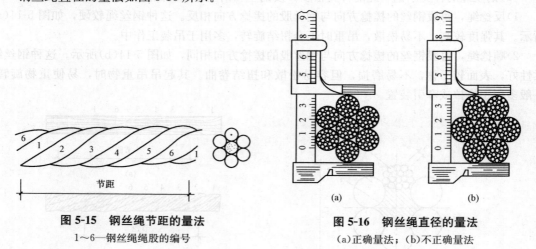

图 5-15 钢丝绳节距的量法
1～6—钢丝绳绳股的编号

图 5-16 钢丝绳直径的量法
(a) 正确量法；(b) 不正确量法

2) 钢丝绳的使用注意事项。

①使用中不准超载。当在吊重的情况下，绳股间有大量的油挤出时，说明荷载过大，必须立即检查。

②钢丝绳穿过滑轮时，滑轮槽的直径应比绳的直径大 1～2.5 mm。

③为了减少钢丝绳的腐蚀和磨损，应定期加润滑油（一般以工作时间四个月左右加一次）。存放时，应保持干燥，并成卷排列，不得堆压。

④使用旧钢丝绳，应事先进行检查。

2. 吊具

在构件安装过程中，常要使用一些吊装工具，如吊索、卡环、钢丝绳轧头、吊钩、横吊梁等。

(1)吊索。吊索主要用来绑扎构件以便起吊，可分为环状吊索[又称万能吊索，图5-17(a)]和开式吊索[又称轻便吊索或8股头吊索，图5-17(b)]两种。

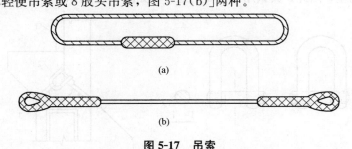

图 5-17 吊索
(a)环状吊索；(b)开式吊索

吊索是用钢丝绳制成的，因此，钢丝绳的允许拉力即吊索的允许拉力。在吊装中，吊索的拉力不应超过其允许拉力。吊索拉力取决于所吊构件的重量及吊索的水平夹角，水平夹角应不小于30°，一般为45°～60°(图5-18)。

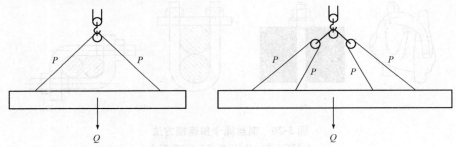

图 5-18 吊索拉力计算简图
(a)两支吊索；(b)四两支吊索

(2)卡环。卡环用于吊索与吊索或吊索与构件吊环之间的连接。它由弯环和销子两部分组成，按销子与弯环的连接形式分为螺栓卡环和活络卡环，如图5-19(a)、(b)所示。活络卡环的销子端头和弯环孔眼无螺纹，可直接抽出，常用于柱子吊装，如图5-19(c)所示。它的优点是在柱子就位后，可在地面用系在销子尾部的绳子将销子拉出，解开吊索，避免了高空作业。

使用活络卡环吊装柱子时应注意以下几点：

1)绑扎时应使柱子起吊后销子尾部朝下，如图5-19(c)所示，以便拉出销子。同时要注意，吊索在受力后要压紧销子，销子因受力，在弯环销孔中产生摩擦力，这样销子才不会掉下来。若吊索没有压紧销子，滑到边上去，形成弯环受力，销子很可能会自动掉下来，这是很危险的。

2)在构件起吊前要用白棕绳(直径为10 mm)将销子与吊索的8股头(吊索末端的圆圈)连在一起，用铅丝将弯环与8股头捆在一起。

3)拉绳人应选择适当位置和起重机落钩中的有利时机(即当吊索松弛不受力且使白棕绳与销子轴线基本成一直线时)拉出销子。

(3)钢丝绳轧头(卡扣)。轧头(卡子)是用来连接两根钢丝绳的，所以，又称钢丝绳卡扣，如图5-20所示。

钢丝绳卡扣连接方法和要求如下：

1) 钢丝绳卡扣连接一般常用夹头固定法。通常用的钢丝绳夹头，有骑马式、压板式和拳握式三种，其中骑马式连接力最强、应用也最广，压板式次之，拳握式由于没有底座，容易损坏钢丝绳，连接力也差，因此，其只用于次要的地方，如图 5-20 所示。

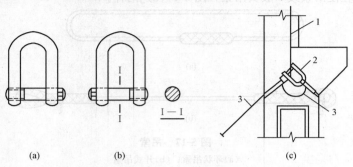

图 5-19　卡环及使用示意
(a)螺栓卡环；(b)活络卡环；(c)用活络卡环绑扎
1—吊索；2—活络卡环；3—白棕绳

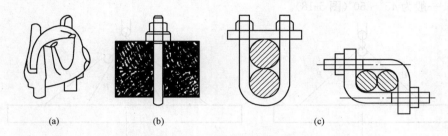

图 5-20　钢丝绳卡扣连接方法
(a)骑马式；(b)压板式；(c)拳握式

2) 钢丝绳夹头在使用时应注意以下几点：

①选用夹头时，应使其 U 形环的内侧净距比钢丝绳直径大 1～3 mm，太大了卡扣连接卡不紧，容易发生事故。

②上夹头时一定要将螺栓拧紧，直到绳被压扁 1/3～1/4 直径时为止，并在绳受力后，再将夹头螺栓拧紧一次，以保证接头牢固可靠。

③夹头要一顺排列，U 形部分与绳头接触，不能与主绳接触，如图 5-21(a) 所示。如果 U 形部分与主绳接触，则主绳被压扁后，受力时容易断丝。

④为了便于检查接头是否可靠和发现钢丝绳是否滑动，可在最后一个夹头后面大约 500 mm 处再安一个夹头，并将绳头放出一个"安全弯"，如图 5-21(b) 所示。这样，当接头的钢丝绳发生滑动时，"安全弯"首先被拉直，这时就应该立即采取措施处理。

图 5-21　钢丝绳夹头的安装方法与留安全弯的方法
(a)钢丝绳夹头的安装方法；(b)留安全弯的方法

(4)吊钩。吊钩有单钩和双钩两种,如图 5-22 所示。在吊装施工中常用的是单钩,双钩多用于桥式和塔式起重机上。

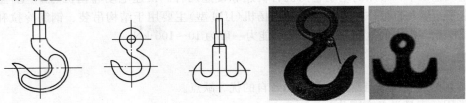

图 5-22　吊钩

(5)横吊梁。横吊梁又称铁扁担。前面讲过吊索与水平面的夹角越小,吊索受力越大。吊索受力越大,则其水平分力也就越大,对构件的轴向压力也就越大。当吊装水平长度大的构件时,为使构件的轴向压力不致过大,吊索与水平面的夹角应不小于 45°。但是吊索要占用较大的空间高度,增加了对起重设备起重高度的要求,降低了起重设备的使用价值。为了提高机械的利用程度,必须缩小吊索与水平面的夹角,因此而加大的轴向压力由一金属支杆来代替构件承受,这一金属支杆就是所谓的横吊梁。

横吊梁的作用:一是降低吊索高度;二是减小吊索对构件的横向压力。

横吊梁的形式很多,可以根据构件特点和安装方法自行设计和制造,但需作强度和稳定性验算,验算的方法详见钢构件计算

横吊梁的常用形式有钢板横吊梁[图 5-23(a)]和钢管横吊梁[图 5-23(b)]两种。柱吊装采用直吊法时,用钢板横吊梁,使柱保持垂直;吊屋架时,用钢管横吊梁,可降低索具高度。

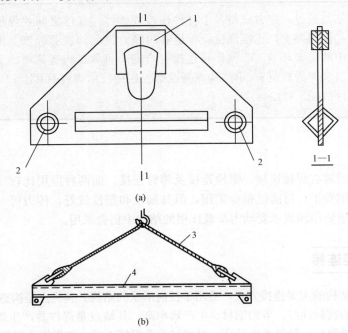

图 5-23　横吊梁
(a)钢板横吊梁;(b)钢管横吊梁
1—挂钩孔;2—卡环孔;3—吊索;4—钢管

3. 卷扬机

在建筑施工中，常用的电动卷扬机有快速和慢速两种。快速电动卷扬机（JJK 型）主要用于垂直、水平运输和打桩作业；慢速电动卷扬机（JJM 型）主要用于结构吊装、钢筋冷拉和预应力钢筋张拉作业。常用的电动卷扬机的牵引能力一般为 10～100 kN。

第二课堂

1. 常用的起重机械有哪些？试说明各自的优、缺点。
2. 常用的索具设备有哪些？
3. 查阅相关资料，了解超高层建筑的垂直运输是如何解决的。

任务 5.2　钢结构的连接

任务描述

本任务要求掌握钢结构连接常用的两种方法，即焊接连接和螺栓连接。了解几种焊接方法的施工工艺，了解螺栓连接的施工工艺。编写办公楼螺栓连接及质量验收的技术交底。

任务分析

钢结构的连接是通过一定方式将各个杆件连接成整体。杆件之间要保持正确的相互位置，以满足传力和使用要求，连接部位应有足够的静力强度和疲劳强度。因此，连接是钢结构设计和施工中的重要环节，必须保证连接符合安全可靠、构造简单、节省钢材和施工方便的原则。可以参考的规范有《钢结构高强度螺栓连接技术规程》(JGJ 82)、《钢结构用高强度大六角头螺栓》(GB/T 1228)。

知识课堂

钢结构的连接通常有焊接连接、螺栓连接及铆钉连接。前两种应用比较广泛，铆钉连接费钢费工，目前已很少采用，但其韧性和塑性较好，传力可靠，因此，在一些重要结构或承受动力荷载作用的结构中仍会采用。

钢结构的连接

5.2.1　焊接连接

焊接连接是钢结构的主要连接方式，适用于任何形状的结构。其优点是构造简单、加工方便、构件刚度大、连接的密封性好、节约钢材、生产效率高；其缺点是焊件易产生焊接应力和焊接变形，严重的甚至造成裂纹，导致脆性破坏。可通过改善焊接工艺、加强构造措施等方法予以解决。

钢结构焊接时，应根据材质和厚度、接头形式、设备条件等采用适宜的焊接方式，同时应采取必要的技术措施，以减少焊接应力和焊接变形。

1. 焊接方法的选择

常用的焊接方法有电弧焊、电渣焊、气压焊、接触焊与高频焊。其中，电弧焊是工程中应用最普遍的焊接形式,它可分为手工电弧焊与自动或半自动电弧焊。其特点及适用范围见表5-5。

表 5-5　各种焊接方法的特点、适用范围

焊接类别			特　点	适 用 范 围
电弧焊	手工焊	交流焊机	设备简单,操作灵活,可进行各种位置的焊接,是建筑工地应用最广泛的焊接方法	焊接普通结构
		直流焊机	焊接技术与交流焊机同。成本比交流焊机高,但焊接时电弧稳定	焊接要求较高的钢结构
	埋弧自动焊		效率高,质量好,操作技术要求低,劳动条件好,宜于工厂中使用	焊接长度较大的对接、贴角焊缝,一般是有规律的直焊缝
	半自动焊		与埋弧自动焊基本相同,操作较灵活,但使用不够方便	焊接较短的或弯曲的对接、贴角焊缝
	CO_2气体保护焊		用CO_2或惰性气体保护的光焊条焊接,可全位置焊接,质量较好,焊时应避风	薄钢板和其他金属焊接
电渣焊			利用电流通过液态熔渣所产生的电阻热焊接,能焊大厚度焊缝	大厚度钢板、粗直径圆钢和铸钢等焊接
气压焊			利用乙炔、氧气混合燃烧火焰熔融金属进行焊接。焊有色金属、不锈钢时需气焊粉保护	薄钢板、铸铁件、连接件和堆焊
接触焊			利用电流通过焊件时产生的电阻热焊接,建筑施工中多用于对焊、点焊	钢筋对焊、钢筋网点焊、预埋件焊接
高频焊			利用高频电阻产生的热量进行焊接	薄壁钢管的纵向焊缝

2. 焊接接头的形式与构造

焊接接头根据焊件的厚度、使用条件、结构形状以及构件的相对位置可分为对接(平接)、搭接、顶接(T形)和角接接头四种类型(图5-24)。

在各种形式的接头中,为了提高焊接质量,较厚的构件往往要开坡口。其目的是保证电弧能深入焊缝的根部,使根部能焊透,以清除熔渣,获得较好的焊缝形态。

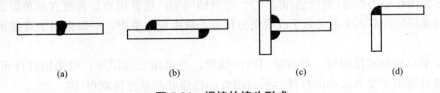

图 5-24　焊接的接头形式
(a)对接;(b)搭接;(c)顶接;(d)角接

焊接的连接形式按其构造可分为对接焊缝与角焊缝两种基本形式。

(1)对接焊缝。对接焊缝是连接同一平面内的两个构件,用对接焊缝连接的构件常开成各种形式的坡口,焊缝金属填充在坡口内,所以,对接焊缝实际上就是被连接构件截面的组成部分。对接焊缝的坡口形式与尺寸宜根据焊件厚度和施焊条件,按现行国家标准要求选用,以保证焊缝质量,便于施焊。常用对接焊缝板边缘剖口的构造要求见表5-6。

表 5-6 对接焊缝板边缘剖口的构造要求

焊缝形式	简图	构件适用厚度/mm	附注
I 形缝	间隙 0.5~2	<10	5 mm 以下可单面焊 6~10 mm 应双面焊
V 形缝	60°，间隙 2~3	10~20	—
X 形缝	45°~60°，间隙 3~4	>20	须补焊根部

在对接焊缝的拼接处，当焊件的宽度不同或厚度在一侧相差 4 mm 以上时，应分别在宽度或厚度方向从一侧或两侧做成坡度不大于 1∶2.5 的斜角（图 5-25）。当厚度不同时，焊缝坡口形式应根据较薄焊件厚度取用。直接承受动力荷载且需要进行疲劳计算的结构，斜角坡度不应大于 1∶4，以形成平缓的过渡。

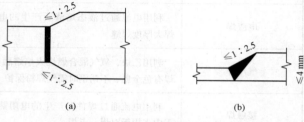

图 5-25 不同宽度和厚度钢板的拼接
(a)不同宽度；(b)不同厚度

对接焊缝的优点是传力均匀、平顺、无显著应力集中，比较经济；其缺点是施焊时焊件应保持一定的间隙，板边需要加工，施工不方便。

(2)角焊缝。在相互搭接或丁字连接构件的边缘，所焊截面为三角形的焊缝，称为角焊缝。角焊缝可分为直角角焊缝[两边夹角为直角，如图 5-26(a)所示]和斜角角焊缝[夹角为锐角或钝角，如图 5-26(b)所示]；直角角焊缝按受力方向不同又可分为正面角焊缝和侧面角焊缝（图 5-27）；斜角角焊缝不宜用作受力焊缝（钢管结构除外）。在钢结构中，最常用的是普通直角角焊缝。其他如平坡、凹面或深熔等形式主要是为了改变受力状态，避免应力集中，一般多用于直接承受动力荷载的结构。

杆件与节点板的连接焊缝一般宜采用两面侧焊，也可用三面围焊，对角钢杆件可采用 L 形围焊，一般只适用于受力较小的杆件。所有围焊的转角处必须连续施焊（图 5-28）。

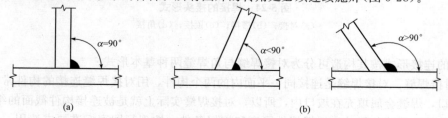

图 5-26 角焊缝的形式
(a)直角角焊缝；(b)斜角角焊缝

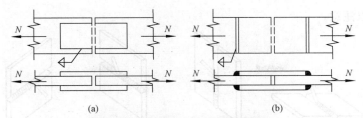

图 5-27 正面角焊缝与侧面角焊缝
(a)正面角焊缝；(b)侧面角焊缝

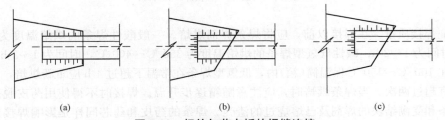

图 5-28 杆件与节点板的焊缝连接
(a)两面侧焊；(b)三面围焊；(c)L 形围焊

在搭接连接中，搭接长度不得小于焊件最小厚度的 5 倍，并不得小于 25 mm。角焊缝的优点是焊件板边不必预先加工，也不需要校正缝距，施工方便；其缺点是应力集中现象比较严重，由于必须具有一定的搭接长度，角焊缝连接不太经济。

3. 焊条的选择与应用

焊条的选择与焊件的物理、化学和力学性能及结构的特点密切相关，其选择的要点主要是：能满足母材力学性能，且其合金成分应符合或接近被焊的母材；处于低温或高温下的构件，能保证低温或高温力学性能；具有较好的抗裂性能。

焊条

焊条的类型相当多，钢结构常用的焊条为 E43××、E50××、E50××-×、E55××-×型。《钢结构设计规范》(GB 50017)规定，手工焊接采用的焊条应符合现行标准《非合金钢及细晶粒钢焊条》(GB/T 5117)或《热强钢焊条》(GB/T 5118)的规定，选择的焊条型号应与主体金属强度相适应。

焊条直径的选择主要取决于焊件厚度、接头形式、焊缝位置和焊接层次等因素(表 5-7)。平焊时焊条直径可选择大些，立焊时焊条直径不大于 5 mm，仰焊和横焊时最大焊条直径为 4 mm，多层焊及坡口第一层焊缝使用的焊条直径为 3.2~4 mm。

表 5-7 焊条直径的选择

焊件厚度/mm	2	3	4~5	6~12	≥13
焊条直径/mm	2	3.2	3.2~4	4~5	4~6

用手工电弧焊焊接时，焊条的焊接位置即焊条与焊件之间的相对位置，有平焊、立焊、仰焊与横焊四种(图 5-29)。平焊焊缝焊接方便，质量好，应用广泛。立焊与横焊的质量及焊接速度不及平焊，仰焊的操作条件最差，焊缝质量不易保证，因此，应尽量避免采用。焊条的焊接位置是焊条的一个重要工艺性能，药皮不同的焊条适用于不同的焊接位置。其适用于上述四种位置的焊条，叫作全位置焊条。焊条的产品说明书一般均注明包括焊接位置在内的焊条型号，

选用焊条时应加以注意。

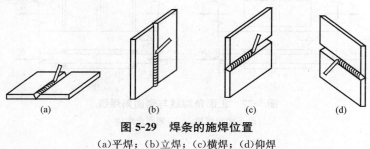

图 5-29　焊条的施焊位置
(a)平焊；(b)立焊；(c)横焊；(d)仰焊

为保证焊接质量，在焊接以前，应将焊条焊剂烘焙。一般酸性焊条的烘焙温度为 75 ℃～150 ℃，时间为 1～2 h；碱性低氢型焊条的烘焙温度为 350 ℃～400 ℃，时间为 1～2 h。烘干的焊条应放在 100 ℃～150 ℃保温筒（箱）内，低氢型焊条在常温下超过 4 h 应重新烘焙，重复烘焙的次数不宜超过两次。当焊条烘焙时，应注意随ращ逐步升温。焊接时不得使用药皮脱落或焊芯生锈的焊条和受潮结块的焊剂及已熔烧过的渣壳。焊条的药皮和药芯同样是影响焊接质量的主要因素。药皮的主要作用是：提高电弧燃烧的稳定性、形成保护性整体和熔渣、脱氧以及向焊缝金属中掺加必要的合金成分。

4. 焊接施工

焊接施工前应做好准备，包括坡口制备、预焊部位清理、焊条烘干、预热、预变形及高强度钢切割表面探伤等，同时要合理确定焊接工艺参数。

(1)焊接工艺参数。它包括焊接电流大小及焊接层数。

1)焊接电流。焊接电流过大或过小都会影响焊接质量，所以，其选择应根据焊条的类型、直径、焊件的厚度、接头形式、焊缝空间位置等因素来考虑，其中焊条直径和焊缝空间位置最为关键。

焊接工艺参数

2)焊接层数。焊接层数应视焊件的厚度而定。除薄板外，一般都采用多层焊。对于同一厚度的材料，在其他条件相同时，焊接层次增加，热输入量减少，有利于提高接头的塑性，但层次过多，焊件的变形会增大，因此，应该合理选择，施工中每层焊缝的厚度不应大于 4～5 mm。

(2)焊接工艺。焊接工艺主要包括引弧与熄弧、运条方式及完工后处理三部分。

1)引弧与熄弧。引弧有碰击法和划擦法两种。碰击法是将焊条垂直于工件进行碰击，然后迅速保持一定距离；划擦法是将焊条端头轻轻划过工件，然后保持一定距离。施工中，严禁在焊缝区以外的母材上打火引弧。在坡口内引弧的局部面积应熔焊一次，不得留下弧坑。

2)运条方式。电弧点燃之后，即进入正常的焊接过程。焊接过程中焊条同时有三个方向的运动：沿其中心线向下送进；沿焊缝方向移动；横向摆动。由于焊条被电弧熔化逐渐变短，为保持一定的弧长，就必须使焊条沿其中心线向下送进，否则会发生断弧。焊条沿焊缝方向移动速度的快慢要根据焊条直径、焊接电流、工件厚度和接缝装配情况及所在位置而定。移动速度太快，焊缝熔深太小，易造成未透焊；移动速度太慢，焊缝过高，工件过热，会引起变形增加或烧穿。为了获得一定宽度的焊缝，焊条必须横向摆动。在做横向摆动时，焊缝的宽度一般是焊条直径的 1.5 倍左右。以上三个方向的动作密切配合，根据不同的接缝位置、接头形式、焊条直径和性能、焊接电流、工件厚度等情况，采用合适的运条方式就可以在各种焊接位置得到优质的焊缝。

3)完工后的处理。焊接结束后的焊缝及两侧，应彻底清除飞溅物、焊渣和焊瘤等。无特殊要求时，应根据焊接接头的残余应力、组织状态、熔敷金属含氢量和力学性能决定是否需要焊后热处理。

5. 焊接连接的质量检验

钢结构焊接连接易受诸多因素的影响，焊缝中可能存在裂纹、气孔、烧穿和未焊透等缺陷。这些缺陷将削弱焊缝的受力面积，形成应力集中，继而产生裂缝，很是不利。因此，焊缝质量检验极为重要。《钢结构工程施工质量验收规范》(GB 50205)规定，焊缝质量检验分三级：一级检验的要求是对全部焊缝进行外观检查和超声波检查，对焊缝长度的2%进行X线检查，并至少有一张底片；二级检验的要求是对全部焊缝进行外观检查，并对50%的焊缝长度进行超声波检查；三级检验的要求是对全部焊缝进行外观检查。钢结构高层建筑焊缝质量检验属二级检验。除对焊缝全部进行外观检查外，有些工程超声波检查的数量可按层而定。

焊接缺陷

(1) 外观检查。普通碳素结构钢焊缝的外观检查，应在焊缝冷却至工作地点温度后进行，低合金结构钢应在完成焊接24 h后进行。焊接金属表面焊波应均匀，不得有裂纹、未熔合、夹渣、焊瘤、咬边、烧穿、弧坑和针状孔等缺陷，焊接不得有飞溅物。焊缝的位置、外形尺寸必须符合施工图和验收规范的要求。

(2) 无损检验。无损检验是借助检测仪器探测焊缝金属内部缺陷，不损伤焊缝的一种检查方法。其一般包括射线探伤和超声波探伤。射线探伤具有直观性、一致性，但成本高，操作过程复杂，检测周期长，且对裂纹、未熔合等危害性缺陷检出率低。而超声波探伤正好相反，操作程序简单、快速，对各种接头的适应性好，对裂纹、未熔合的检测灵敏度高，因此得到广泛使用。

(3) 射线探伤检验。射线探伤检验质量标准分两级，其内部缺陷分级及探伤方法应符合《金属熔化焊焊接接头射线照相》(GB/T 3323)的规定。

(4) 超声波探伤检验。超声波探伤检验是利用频率高于2 000 Hz的电磁波的声能，传入金属材料内部，在不同的界面产生的反射波来传达内部的信息。超声波探伤的质量标准分两级。内部缺陷分级及探伤应符合现行国家标准《焊缝无损检测超声检测技术、检测等级和评定》(GB/T 11345)的规定。

5.2.2 螺栓连接

螺栓作为钢结构连接的紧固件，通常用于构件之间的连接固定、定位等。钢结构中的连接螺栓一般可分为普通螺栓(A级、B级、C级)和高强度螺栓两种。采用普通螺栓或高强度螺栓而不施加紧固力，该连接即普通螺栓连接，它主要用于拆装式结构或在焊接铆接施工时用作临时固定构件。其优点是装拆方便，不需特殊设备，施工速度快。采用高强度螺栓并对其施加紧固力，该连接称为高强度螺栓连接。它适用于永久性结构，具有强度高、承受动载安全可靠的特性。

图5-30所示为两种螺栓连接的工作机理示意，对普通螺栓连接，当承受外力后，节点连接板即产生滑动，外力通过螺栓杆受力和连接板孔壁承压来传递[图5-30(a)]，摩擦型高强度螺栓连接通过对高强度螺栓施加紧固轴力，将被连接的连接钢板夹紧产生摩擦效应，受外力作用时，外力靠连接板层接触面之间的摩擦来传递，应力流通过接触面平滑传递，无应力集中现象[图5-32(b)]。

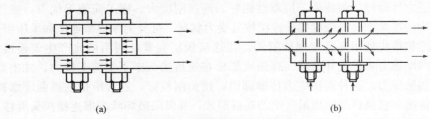

图 5-30　螺栓连接工作机理

(a)普通螺栓连接；(b)摩擦型高强度螺栓连接

1. 普通螺栓

普通螺栓连接是将普通螺栓、螺母、垫圈机械地和连接件连接在一起形成的一种连接形式。

(1)普通螺栓的种类。普通螺栓分为 A、B、C 三级。A 级螺栓通称为精制螺栓；B 级螺栓为半精制螺栓；C 级螺栓通称为粗制螺栓。钢结构用连接螺栓，除特殊注明外，一般为普通粗制 C 级螺栓，双头螺栓(柱)多用于连接厚板和不便使用六角螺栓连接的地方，如混凝土屋架、屋面梁悬挂单轨梁吊挂件等。

地脚螺栓可分为一般地脚螺栓、直角地脚螺栓、锤头螺栓和锚固地脚螺栓。一般地脚螺栓和直角地脚螺栓是浇筑混凝土基础时，预埋在基础之中，用以固定钢柱栓的；锤头螺栓是基础螺栓的一种特殊形式，一般在混凝土基础浇筑时将特制模箱(锚固板)预埋在基础内，用以固定钢柱；锚固地脚螺栓是在已成形的混凝土基础上经钻机制孔后，再浇筑固定的一种地脚螺栓。

(2)普通螺栓的施工。普通螺栓施工安装应注意以下两个问题：

1)连接要求。普通螺栓在连接时应符合下列要求：

①永久螺栓的螺栓头和螺母的下面应放置平垫圈，垫置在螺母下面的垫圈不应多于 2 个，垫置在螺栓头部下面的垫圈不应多于 1 个。

②螺栓头和螺母应与结构构件的表面及垫圈密贴。

③对于槽钢和工字钢翼缘之类倾斜面的螺栓连接，则应放置斜垫片垫平，以使螺母和螺栓的头部支承面垂直于螺杆，避免螺栓紧固时螺杆受到弯曲力。

④永久螺栓和锚固螺栓的螺母应根据施工图纸中的设计规定，采用有防松装置的螺母或弹簧垫圈。

⑤对于动荷载或重要部位的螺栓连接，应在螺母的下面按设计要求放置弹簧垫圈。

⑥各种螺栓连接，从螺母一侧伸出螺栓的长度应保持在不小于两个完整螺纹的长度。

⑦安设永久螺栓前应先检查建筑物各部分的位置是否正确，精度是否满足《钢结构工程施工质量验收规范》(GB 50205)的要求，尺寸有误差时应予以调整。

⑧精制螺栓的安装孔，在结构安装后应均匀地放入临时螺栓和冲钉。临时螺栓和冲钉的数量应按计算确定，但不少于安装孔总数的 1/3。每一节点应至少放入两个临时螺栓。冲钉的数量不多于临时螺栓数量的 30%，扩钻后的 A 级、B 级螺栓孔不允许使用冲钉。

2)紧固轴力。普通螺栓连接对螺栓紧固轴力没有要求，螺栓的紧固施工以操作者的手感及连接接头的外形控制为准。为了使连接接头中螺栓受力均匀，螺栓的紧固次序应从中间开始，对称向两边进行；对大型接头应采用复拧，即两次紧固方法，保证接头内各个螺栓能均匀受力。

普通螺栓连接，螺栓紧固检验比较简单，一般采用锤击法。用质量为 3 kg 的小锤，一手扶螺栓(或螺母)头，另一手用锤敲，要求螺栓头(螺母)不偏移、不颤动、不松动，锤声比较干脆，否则说明螺栓紧固质量不好，需要重新紧固施工。

2. 高强度螺栓

(1)高强度螺栓的种类。高强度螺栓连接已经发展成为与焊接并举的钢结构主要连接形式之一，它具有受力性能好、耐疲劳、抗震性能好、连接刚度大、施工简便等优点，被广泛地应用在建筑钢结构的连接中。高强度螺栓连接按其受力状况，可分为摩擦型连接和承压型连接。

摩擦型连接接头处用高强度螺栓紧固，使连接板层夹紧，利用由此产生于连接板层之间、接触面之间的摩擦力来传递外荷载。高强度螺栓在连接接头中不受剪支拉力，并由此给连接件之间施加了接触压力，这种连接应力传递圆滑，接头刚性好，通常所指的高强度螺栓连接就是这种摩擦型连接，它是目前应用最广泛的连接形式，其极限破坏状态即连接接头滑移。

承压型高强度螺栓连接接头，当外力超过摩擦阻力后，接头就会发生明显的滑移，高强度螺栓杆与连接板孔壁接触并受力，这时外力靠连接接触面间的摩擦力、螺栓杆剪切及连接板孔壁承压三方共同传递。其极限破坏状态为螺栓剪断或连接板承压破坏,该种连接承载力高,经济性能好,可以利用螺栓和连接板的极限破坏强度,但连接变形大,可应用在非重要的构件连接中。

1)高强度六角头螺栓。钢结构用高强度六角头螺栓,分为 8.8 和 10.9 两种等级,一个螺栓连接副为一个螺栓、一个螺母和两个垫圈。高强度螺栓连接副应同批制造,以保证扭矩系数稳定。在确定螺栓的预拉力 P 时应根据设计预拉力值,一般考虑螺栓的施工预拉力损失 10%,即螺栓施工预拉力 P 按 1.1 倍的设计预拉力取值,表 5-8 为高强度六角头螺栓施工预拉力 P 值。

表 5-8 高强度螺栓施工预拉力　　　　　　　　　　　　　　　　　kN

性能等级	螺栓公称直径/mm						
	M12	M16	M20	M22	M24	M27	M30
8.8 级	45	75	120	150	170	225	275
10.9 级	60	110	170	210	250	320	390

2)扭剪型高强度螺栓。钢结构用扭剪型高强度螺栓,一个螺栓连接副为一个螺栓、一个螺母和一个垫圈,它适用于摩擦型连接的钢结构。连接副紧固轴力见表 5-9。

表 5-9 扭剪型高强度螺栓连接副紧固轴力　　　　　　　　　　　　kN

螺纹规格		M16	M20	M22	M24
每批紧固轴力的平均值	公称	109	170	211	245
	最小	99	154	191	222
	最大	120	186	231	270
紧固轴力标准偏差 σ		≤1.01	≤1.57	≤1.95	≤2.27

(2)高强度螺栓的施工。高强度螺栓在施工中以手动紧固时,均使用有示明扭矩值的扳手施拧,使其达到连接副规定的扭矩和剪力值。

1)施工机具。施工机具主要有手动扭矩扳手和电动扳手。一般常用的手动扭矩扳手有指针式、音响式和扭剪型三种。

2)施工方法。

①高强度六角头螺栓(图 5-31)。高强度六角头螺栓的施拧方法有扭矩法和转角法。

a. 扭矩法施工对高强度六角头螺栓连接副来说,当扭矩系数 K 确定之后,由于螺栓的预拉力 P 是由设计规定的,则螺栓所施加的扭矩值 M 就可以容易地计算确定。根据计算确定施工扭矩值,使用扭矩扳手(手动、电动)按施工扭矩值进行终拧。在采用扭矩法终拧前,应首先进行初拧,对螺栓多的大接头,还需进行复拧。初拧的目的就是使连接接触面密贴,一般常用规格螺栓(M20,M22,M24)的初拧扭矩为 200~300 N·m,螺栓轴力达到 10~50 kN 即可。

初拧、复拧及终拧一般都应从中间向两边或四周对称进行,初拧和终拧的螺栓都应做不同的标记,避免漏拧、超拧等安全隐患,同时也便于检查紧固质量。

b. 转角法施工是利用螺母旋转角度以控制螺杆弹性伸长量来控制螺栓轴向力的方法,试验结果表明,螺栓在初拧以后螺母的旋转角度与螺栓轴向力成对应关系,当螺栓受拉处于弹性范围内时,两者呈线性关系,因此,根据这一线性关系,在确定了螺栓的施工预拉力(一般为 1.1 倍设计预拉力)后,就很容易得到螺母的旋转角度,施工操作人员按照此旋转角度紧固施工,就可以满足设计上对螺栓预拉力的要求。采用转角法施工避免欠拧与超拧,避免出现较大误差。

转角法施工分初拧和终拧两步进行(必要时需增加复拧),其初拧的要求比扭矩法施工要严格,因为起初连接板间隙的影响,螺母的转角大都消耗于板缝,转角与螺栓轴力关系不稳定。初拧的目的是消除板缝影响,使终拧具有一致的基础。一般地讲,对于常用螺栓(M20、M22、M24),初拧扭矩定在 200～300 N·m 比较合适,初拧应该以使连接板缝密贴为准。终拧是在初拧的基础上,再将螺母拧转一定的角度,使螺栓轴向力达到施工预拉力。图 5-32 所示为转角法施工示意。

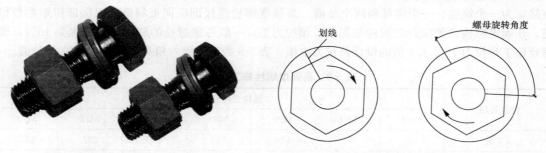

图 5-31　高强度六角头螺栓　　　　　　图 5-32　转角法施工示意

②扭剪型高强度螺栓。扭剪型高强度螺栓连接副紧固施工比高强度六角头螺栓连接副紧固施工要简便得多,正常的情况下采用专用的电动扳手进行终拧,梅花头拧掉标志着螺栓终拧的结束。

为了减少接头中螺栓群之间的相互影响及消除连接板面之间的缝隙,紧固也要分初拧和终拧两个步骤进行,对于超大型的接头还要进行复拧。

扭剪型高强度螺栓连接副的初拧扭矩可适当加大,一般初拧螺栓轴力可以控制在螺栓终拧轴力值的 50%～80%,对常用规格的高强度螺栓(M20、M22、M24)初拧扭矩可以控制在 400～600 N·m,若用转角法初拧,初拧转角控制在 45°～75°,一般以 60°为宜。图 5-33 所示为扭剪型高强度螺栓紧固过程。先将扳手内套筒套入梅花头上,轻压扳手,再将外套筒套在螺母上,按下扳手开关,外套筒旋转,使螺母拧紧、切口拧断;关闭扳手开关,将外大套筒从螺母上卸下,将内套筒中的梅花头顶出。

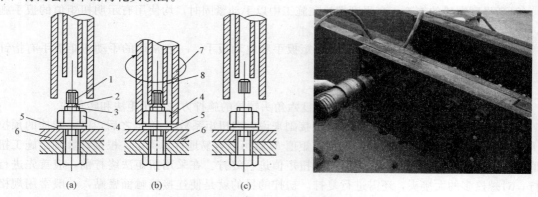

图 5-33　扭剪型高强度螺栓紧固过程
(a)紧固前;(b)紧固中;(c)紧固后
1—梅花头;2—断裂切口;3—螺栓;4—螺母;5—垫圈;
6—被紧固的构件;7—扳手外套筒;8—扳手内套筒

3)施工注意事项。

①由制造厂处理的钢构件摩擦面,安装前应逐组复验所附试件的抗滑移系数,合格后方可安装;现场处理的构件摩擦面,抗滑移系数应按现行国家标准《钢结构高强度螺栓连接技术规程》(JGJ 82)的规定进行试验,并应符合设计要求。

②安装高强度螺栓时，构件的摩擦面应清理干净，保持干燥、整洁，不得在雨中作业。

③高强度螺栓连接的板叠接触面应平整，当接触有间隙时，小于 1 mm 的间隙可不处理；对于 1～3 mm 的间隙，应将高出的一侧磨成 1∶10 的斜面，打磨方向应与受力方向垂直，对大于 3 mm 的间隙应加垫板，垫板两面的处理方法与构件相同。

④安装高强度螺栓时，螺栓应自由穿入孔内，不得强行敲打，并不得气割扩孔，穿入方向宜一致并便于操作，高强度螺栓不得作为临时安装螺栓。

⑤高强度螺栓的安装应按一定顺序施拧。宜由螺栓群中央顺序向外拧紧，并应在当天终拧完毕。其外露丝扣不得少于 2 扣。

⑥高强度六角头螺栓施工所用的扭矩扳手，扳前必须校正，其扭矩误差不得大于±5%，校正用的扭矩扳手，其扭矩误差不得大于±3%。

第二课堂

1. 常见的钢材缺陷有哪几种？
2. 简述高强度螺栓连接中转角法施工的特点。
3. 扭剪型高强度螺栓的紧固过程是如何进行的？

任务 5.3　钢结构安装

任务描述

本任务要求了解几种常用钢结构的安装方法，再结合工程结构形式、构件重量、安装高度、跨度等特点，编制酒店办公楼钢结构桁架梁的安装方案。

任务分析

由于建筑物高度、结构形式和建筑造型千差万别，钢结构的安装方法也有很大差别，没有一种方法适用于任何钢结构项目安装。必须结合现场实际情况、技术力量、机械设备、工期进度等因素选用成熟、先进、安全、经济的安装工艺。钢结构安装是一门综合性技术，必须严格施工组织设计、方案的评审与管理；坚持施工与设计、总包与分包、加工与安装紧密配合的协作精神，加大落实施工规范的执行力度；重视安装技术的研究，大力推广新技术、新工艺。

知识课堂

5.3.1　钢结构单层厂房安装

钢结构单层厂房构件包括柱、吊车梁、桁架、天窗架、檩条、支撑及墙架等。构件的形式、尺寸、质量、安装标高都不相同，因此，所采用的起重设备、吊装方法等也随之变化，应达到经济合理。

钢结构安装

1. 安装前的准备

为保证钢结构安装质量、加快施工进度,在钢结构安装前应做好以下准备工作:

(1)编制钢结构工程的施工组织设计,选择吊装机械,确定构件吊装方法,规划钢构件堆场,确定流水作业程序及进度计划,制订质量标准和安全措施。

钢结构安装的关键是选择吊装机械,吊装机械的确定必须满足钢构件的安装要求。对面积较大的单层工业厂房,宜选用移动式起重机械;对重型钢结构厂房,可选用起重量大的履带式起重机械。

安装流水程序要明确每台吊装机械的工作内容和各台吊装机械之间相互配合。对重型钢结构厂房,柱子重量大,要分节安装。在确定安装顺序时,要考虑生产设备安装顺序和机械安装的方便。

(2)基础准备。基础准备包括轴线误差测量、基础支撑面准备、支撑面和支座表面标高与水平度的检验、地脚螺栓位置和伸出支撑长度的测量等。

柱子基础轴线和标高是否正确是确保钢结构安装质量的关键,应根据基础的验收资料复核各项数据,并标注在基础表面上。

钢柱脚下面的支撑构造,应符合设计要求。基础支撑面、支座和地脚螺栓位置的允许偏差应符合《钢结构工程施工质量验收规范》(GB 50205)的相关规定。

(3)钢构件检验。钢构件外形和几何尺寸正确,是保证结构安装顺利进行的前提。为此,在安装之前应根据验收规范中的有关规定,仔细检验钢构件的外形和几何尺寸,如有超出规定的偏差,在安装之前应设法消除,为便于校正钢柱的平面位置和垂直度、桁架和吊车梁的标高等,需在钢柱底部和上部标出两个方向的轴线。在钢柱底部适当高度处标出标高准线。同时,吊点也应标出,便于吊装时按规定吊点绑扎,以保证构件受力合理。

2. 钢柱的安装与校正

(1)钢柱安装前应设置标高观测点和中心线标志,并且与土建工程相一致。钢柱经过初校,待垂直度偏差控制在 20 mm 以内方可使起重机脱钩,钢柱的垂直度用经纬仪检验,如有偏差,用螺旋千斤顶进行校正(图 5-34)。在校正过程中,随时观察柱底部和标高控制块之间是否脱空,以防校正过程中造成水平标高的误差。

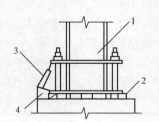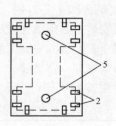

图 5-34 钢柱垂直度校正及承重块布置
1—钢柱;2—承重块;3—千斤顶;4—钢托座;5—标高控制块

(2)中心线标志应符合相应规定。
(3)多节柱安装时,宜将柱组装后再整体吊装。
(4)钢柱吊装后应进行调整,如温差、阳光侧面照射等引起的偏差。
(5)柱子安装后允许偏差应符合相应规定。
(6)屋架、吊车梁安装后,进行总体调整,然后再进行固定连接,固定连接后还应进行复测,超差的应进行调整。

(7) 长细比较大的钢柱，吊装后应增加临时固定措施。

(8) 柱间支撑应在钢柱找正后再进行安装，只有确保钢柱垂直度的情况下，才能安装柱间支撑，支撑不得弯曲。

3. 吊车梁的安装与校正

在钢柱安装完成经调整固定于基础上之后，即可安装吊车梁。单层工业厂房内的吊车梁，根据起重设备的起重能力可分为轻型、中型、重型三类。轻型重量在 100 kN 以下；重型跨度大于 30 m、重量在 1 000 kN 以上。图 5-35 所示为单层厂房柱和吊车梁吊装。

吊车梁均为简支梁形式，梁端之间留有 10 mm 左右的空隙。梁的搁置处与牛腿面之间留有空隙，设钢垫板。梁与牛腿用螺栓连接，梁与制动架之间用高强度螺栓连接。

吊车梁安装前应做好以下几项准备工作：

(1) 检查钢柱吊装后是否存在位移和垂直度的偏差。

(2) 实测吊车梁搁置处梁高制作的误差。

(3) 认真做好临时标高垫块工作。

图 5-35 单层厂房柱和吊车梁吊装

(4) 严格控制定位轴线。

吊车梁的吊装机械，多采用自行杆式起重机，以履带式起重机应用最多，也可用拔杆、桅杆式起重机及塔式起重机等进行吊装。对质量很大的吊车梁，可用双机抬吊，个别情况下还可设置临时支架分段进行吊装。

吊车梁的校正主要有标高、垂直度、轴线和跨距等。标高的校正可在屋盖吊装前进行，其他项目的校正宜在屋盖吊装完成后进行，因为屋盖的吊装可能引起钢柱在跨度方向有微小的变动。

检验吊车梁的轴线，以跨距为准，在吊车梁上面沿车间长度方向拉通钢丝，再用锤球检验各根吊车梁的轴线。也可用经纬仪在柱子侧面放一根与吊车梁轴线平行的校正基线，作为校正吊车梁轴线的依据。

吊车梁标高校正，主要是对梁作高低方向的移动。可用千斤顶或起重机等。轴线和跨距的校正是对梁作水平方向的移动，可用撬棍、钢楔、花篮螺钉、千斤顶等。

4. 钢桁架的安装与校正

钢桁架可用自行杆式起重机（履带式起重机）、塔式起重机和桅杆式起重机等进行吊装。由于桁架的跨度、质量和安装高度不同，适合的吊装机械和吊装方法也随之而异。桁架多用悬空吊装，为使桁架在吊起后不致发生摇摆，与其他构件碰撞，起吊前须在距离支座的节点附近用麻绳系牢，随吊随放松，以此保证其正确位置。桁架的绑扎点要保证桁架的稳定性，否则就需在吊装前进行临时加固。

对钢桁架要检验校正其垂直度和弦杆的正直度，桁架的垂直度可用挂线锤球检验，而弦杆的正直度则可用拉紧的测绳进行检验。

用电焊或高强度螺栓进行钢桁架的最后固定。在钢结构单层厂房的柱、梁、屋架、支撑等主要构件安装就位后，应立即进行校正、固定。若采用综合安装，应划分成独立的单元，使每一单元全部构件安装完毕，形成空间刚度单元，以保证施工期间建筑物的整体稳定性。

5.3.2 钢结构多层、高层建筑安装

用于高层建筑的钢结构体系有框架体系、框架-剪力墙体系、框筒体系、组合筒体系、交错

钢桁架体系等。高度很大的钢结构高层建筑多采用框架筒体系和组合筒体系。另外，近年来在高层建筑中还发展了一种钢-混凝土组合结构，其体系有组合框筒体系（外部为钢筋混凝土框筒，内部为钢框架）、混凝土核心筒支撑体系（核心为钢筋混凝土体系，周围为钢框架）、组合钢框架体系（混凝土包钢柱、钢梁、楼板为钢筋混凝土）、墙板支撑的钢框架体系（用于钢框架有效连接的混凝土墙板等作为钢框架支撑等）。钢结构的特点是：结构承载力高，抗震性能好，施工速度快，因而广泛用于多层、高层和超高层建筑。钢结构的不足是：结构刚度小，用钢量大，造价高、防火要求高。

1. 钢结构安装前的准备

(1) 钢构件预检和配套。结构吊装单位对钢构件预检的项目主要有构件的外形几何尺寸、螺孔大小和间距、预埋件位置、焊缝剖口、节点摩擦面、构件数量规格等。构件的内在制作质量以制造厂质量报告为准。至于构件预检的数量，一般是关键构件全部检查，其他构件抽查10%，并不应少于3个，预检时应记录一切预检的数据。

构件配套按安装流水顺序进行，以一个结构安装流水段（一般高层钢结构工程的安装流水段是以一节钢柱框架为一个安装流水段）为单元，将所有钢构件分别从堆场整理出来，集中到配套场地，在数量和规格齐全之后进行构件预检和处理修复，然后根据安装顺序，分批将合格的构件由运输车辆供应到工地现场。配套中应特别注意附件（如连接板等）的配套，否则小小的零件将会影响到整个安装进度，一般对零星附件采用螺栓或铅丝直接临时捆扎在安装节点上。

(2) 钢柱基础检查。第一节钢柱直接安装在钢筋混凝土基础底板上。钢结构的安装质量和工效与柱基的定位轴线、基准标高直接有关。安装单位对柱基的预检重点是：定位轴线间距、柱基面标高和地脚螺栓预埋位置。

1) 定位轴线检查。定位轴线从基础施工起就应重视，先要做好控制桩。待基础浇筑混凝土后再根据控制桩将定位轴线引测到柱基钢筋混凝土底板面上，然后预检定位线是否同原定位线重合、封闭，每根定位轴线总尺寸误差值是否超过控制数，纵横定位轴线是否垂直、平行，定位轴线预检是在弹过线的基础上进行。

2) 柱间距检查。柱间距检查是在定位轴线确定的前提下进行的，采用标准尺实测柱距（应是通过计算调整过的标准尺）。柱距偏差值应严格控制在±3 mm范围内。因为定位轴线的交点是柱基中心点，是钢柱安装的基准点，钢柱竖向间距以此距为准，框架钢梁的连接螺孔的孔洞直径一般比高强度螺栓直径大1.5～2.0 mm，柱间距过大或过小，将直接影响整个竖向框架梁的安装连接和钢柱的垂直，安装中还会有安装误差。

3) 单独柱基中心线检查。检查单独柱基的中心线同定位轴线之间的误差，调整柱基中心线，使其同定位轴线重合，然后以柱基中心线为依据，检查地脚螺栓的预埋位置。

4) 柱基地脚螺栓检查。柱基地脚螺栓检查内容为螺栓长度、螺栓垂直度、螺栓间距。

5) 确定基准标高。在柱基中心面和钢柱底面之间，考虑到施工因素，规定有一定的间隙作为钢柱安装前的标高调整，该间隙规范规定为50 mm。基准标高点一般设置在柱基底板的适当位置，四周加以保护，作为整个高层钢结构工程施工阶段标高的依据。以基准标高点为依据，对钢柱柱基表面进行标高实测，将测得的标高偏差用平面图表示，作为临时支撑标高块调整的依据。

(3) 标高控制块设置及柱底灌浆。为了精确控制钢结构上部的标高，在钢柱吊装之前，要根据钢柱预检（实际长度、牛腿间距离、钢柱底板平整度等）结果，在柱子基础表面浇筑标高控制块，标高块用无收缩砂浆，立模浇筑，其强度不宜小于C30，标高块面须埋设厚度为16～20 mm的钢板。浇筑标高块之前应凿毛基础表面，以增强黏结。

待第一节钢柱吊装、校正和锚固螺栓固定后，要进行底层钢柱的柱底灌浆。灌浆前应在钢柱底板四周立模板，用水清洗基础表面，排除多余积水后灌浆。灌浆用砂浆基本上保持自由流动，灌浆从一边进行，连续灌注，灌浆后用湿草包或麻袋等遮盖养护。

(4) 钢构件现场堆放。按照安装流水顺序由中转堆场配套运入现场的钢构件，利用现场的装卸机械尽量将其就位到安装机械的回转半径内，由运输造成的构件变形，在施工现场要加以矫正。

(5) 安装机械的选择。高层钢结构安装均用塔式起重机，要求塔式起重机的臂杆长度具有足够覆盖面，要有足够的起重能力，满足不同部位构件的起吊要求；多机作业时臂杆要有足够的高差，达到不碰撞的安全运转。各个塔式起重机之间应有足够的安全距离，以确保臂杆不与塔身相碰。

如用附着式塔式起重机，锚固点应选择钢结构，以便于加固，有利于形成框架整体结构和便于玻璃幕墙的安装，但需对锚固点进行计算。

如用内爬式塔式起重机，爬升位置应满足塔身自由高度和每节柱单元安装高度的要求。塔式起重机所在位置的钢结构，在爬升前应焊接完毕，形成整体。

(6) 安装流水段的划分。高层钢结构安装需按照建筑物平面形状、结构形式、安装机械数量和位置等划分流水段。

平面流水段划分应考虑钢结构安装过程中的整体稳定性和对称性，安装顺序一般为由中央向四周扩展，以减少焊接误差。

2. 钢柱的安装

(1) 绑扎与起吊。钢柱的吊点在吊耳处(柱子在制作时于吊点部位焊有吊耳，吊装完毕再割去)。根据钢柱的质量和起重机的起重量，钢柱的吊装可用双机抬吊或单机吊装。单机吊装时需在柱子根部垫以垫木，以回转法起吊，严禁柱根拖地。双机抬吊时，钢柱吊离地面后在空中进行回直。

(2) 安装与校正。钢结构高层建筑的柱子，多为3~4层一节，节与节之间用坡口焊连接。在吊装第一节钢柱时，应在预埋的地脚螺栓上加设保护套，以免钢柱就位时碰坏地脚螺栓的丝牙。钢柱吊装前，应预先在地面上将操作挂篮、爬梯等固定在施工需要的柱子部位上。

钢柱就位后，先调整标高，再调整位移，最后调整垂直度。柱子要按验收规范规定的数值进行校正，标准柱子的垂直偏差应校正为零。当上柱与下柱发生扭转错位时，可以在连接上下柱的耳板处加垫板进行调整。为了控制安装误差，对高层钢结构先确定标准柱(能控制框架平面轮廓的少数柱子)，一般选择平面转角柱为标准柱。正方形框架取4根转角柱，长方形框架当长边与短边之比大于2时取6根柱，多边形框架则取转角柱为标准柱。

标高的调整，每安装一节钢柱后，对柱顶进行一次标高实测，标高误差超过6 mm时，需进行调整，多用低碳钢板垫到规定要求。如误差过大(大于20 mm)不宜一次调整，可先调整一部分，待下一次再调整，否则一次调整过大会影响支撑的安装和钢梁表面标高。中间框架柱的标高宜稍高些，因为钢框架安装工期长，结构自重不断增大，中间柱承受的结构荷载较大，基础沉降也大。

轴线位移调整以下节钢柱顶部的实际柱中心线为准，安装钢柱的底部对准下节钢柱的中心线即可。校正位移时应注意钢柱的扭转，钢柱扭转对框架安装非常不利。

垂直度调整用两台经纬仪在相互垂直的位置投点，进行垂直度观测。调整时，在钢柱偏斜方向的同侧锤击钢楔或微微顶升千斤顶，在保证单节柱垂直度符合要求的前提下，将柱顶偏轴线位移校正至零，然后拧紧上、下柱临时接头的高强度六角头螺栓至额定扭矩。

3. 钢梁的安装

钢梁在安装前应于柱子牛腿处检查标高和柱子间距，主梁安装前，应在梁上装好扶手杆和扶手绳，待主梁安装就位后，将扶手绳与钢柱系牢，以保证施工人员的安全。

一般在钢梁上翼缘处开孔，作为吊点。吊点位置取决于钢梁的跨度。为加快吊装速度，对质量较小的次梁和其他小梁，可利用多头吊索一次吊装数根。

安装框架主梁时，应根据焊缝收缩量预留焊缝变形量。安装主梁时对柱子垂直度的监测，除监测安放主梁的柱子的两端垂直度变化外,还要监测相邻与主梁连接的各根柱子的垂直度变化情况,保证柱子除预留焊缝收缩值外,各项偏差均符合验收规范的规定。

安装楼层压型钢板时,先在梁上画出压型钢板铺放的位置线。铺放时要对正相邻两排压型钢板的端头波形槽口,以便使现浇层中的钢筋能顺利通过。

在每一节柱子的全部构件安装、焊接、栓接完成并验收合格后,才能从地面引测上一节柱子的定位轴线。

4. 钢结构构件的连接施工

钢结构构件的现场连接是钢结构施工的重要问题。对连接的基本要求是:提供设计要求的约束条件、应有足够的强度和规定的延性、制作和施工简便。

目前钢结构构件的现场连接,主要是用高强度螺栓和电焊连接(图 5-36、图 5-37)。钢柱多为坡口电焊连接,梁与柱、梁与梁的连接视约束要求而定,有的用高强度螺栓,有的则坡口焊和高强度螺栓共用。

高层钢结构柱与柱、柱与梁电焊连接时,应重视其焊接顺序,焊接顺序的正确确定,能减少焊接变形,保证焊接质量。一般情况下应从中心向四周扩展,采用结构对称、节点对称的焊接顺序。至于立面,一个流水段(一节钢柱高度内所有构件)的焊接顺序一般是:上层主梁→压型钢板;下层主梁→压型钢板;中层主梁→压型钢板;上、下柱焊接。

图 5-36 梁、柱高强度螺栓连接　　　　图 5-37 梁、柱焊接连接

5. 楼层压型钢板安装

多、高层钢结构楼板,一般多采用压型钢板与混凝土叠合层组合而成(图 5-38)。一节柱的各层梁安装校正后,应立即安装本节柱范围内的各层楼梯,并铺好各层楼面的压型钢板,进行叠合楼板施工。

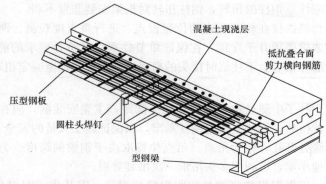

图 5-38 压型钢板组合楼板的构造

楼层压型钢板安装工艺流程是：弹线→清板→吊运→布板→切割→压合→侧焊→端焊→封堵→验收→栓钉焊接。

(1) 压型钢板安装铺设。

1) 在铺板区弹出钢梁的中心线。主梁的中心线是铺设压型钢板固定位置的控制线，并决定压型钢板与钢梁熔透焊接的焊点位置；次梁的中心线决定熔透焊栓钉的焊接位置。因压型钢板铺设后难以观察到梁翼缘的具体位置，故将次梁的中心线及次梁翼缘反弹在主梁的中心线上，固定栓钉时再将其反弹在压型钢板上。

2) 将压型钢板分层分区按料单清理、编号，并运至施工指定部位。

3) 使用专用软吊索吊运。吊运时，应保证压型钢板板材整体不变形、局部不卷边。

4) 按设计要求铺设。压型钢板铺设应平整、顺直、波纹对正，设置位置正确；压型钢板与钢梁的锚固支承长度应符合设计要求，且不应小于 50 mm。

5) 采用等离子切割机或剪板钳裁剪边角。裁减放线时，富余量应控制在 5 mm 范围内。

6) 压型钢板固定。压型钢板与压型钢板侧板之间的连接采用吸口钳压合，使单片压型钢板之间连成整板，然后用点焊将整板侧边及两端头与钢梁固定，最后采用栓钉固定。为了在浇筑混凝土时不漏浆，端部肋应作封端处理。

(2) 栓钉焊接。为使组合楼板与钢梁有效地共同工作，抵抗叠合面之间的水平剪力作用，通常采用栓钉穿过压型钢板焊于钢梁上。栓钉焊接的材料设备有栓钉、焊接瓷环和栓钉焊机。

焊接时，先将焊接用的电源及制动器接上，把栓钉插入焊枪的长口，焊钉下端置入母材上面的瓷环内，然后按下焊枪电钮，使栓钉被提升，在瓷环内产生电弧。在电弧发生后规定的时间内，用适当的速度将栓钉插入母材的融池内。焊完后，立即除去瓷环，并在焊缝的周围去掉卷边，检查焊钉焊接部位。

压型钢板及检钉安装完毕后，即可绑扎钢筋，浇筑混凝土。

5.3.3 钢网架安装

钢网架根据其结构形式和施工条件的不同，可选用高空拼装法、整体安装法或高空滑移法进行安装。

1. 高空拼装法

钢网架用高空拼装法进行安装，是先在设计位置处搭设拼装支架，然后用起重机将网架构件分件(或分块)吊至空中的设计位置，在支架上进行拼装。此法的特点是不需大型起重设备，但拼装支架用量大，高空作业多，适应于高强度螺栓连接的、用型钢制作的钢网架或螺栓球节点的钢管网架的安装。

(1) 拼装前的准备工作。大型网架为多支撑结构，支撑结构的轴线与标高是否准确，影响网架的内力和支撑反力。因此，支撑网架柱子的轴线和标高的偏差应小，在网架拼装前应予以复核(要排除阳光的影响)。拼装网架时，为保证其标高和各榀屋架轴线的准确，拼装前需预先放出标高控制线和各榀屋架轴线的辅助线，以此来检查和调整网架的标高及各榀屋架的轴线偏差。

(2) 吊装机械的选择。吊装机械主要根据结构特点、构件质量、安装标高以及现场施工与现有设备条件而定。

(3) 拼装支架搭设。拼装支架是在拼装网架时，支撑网架、控制标高和作为操作平台之用。拼装支架的数量和布置方式，取决于安装单元的尺寸和刚度。

将整个网架划分为几大块，利用少数拼装支架在空中进行拼装者，称为整块安装法。这是介于高空拼装法和整体安装法之间的一种安装方法，兼有两者的优点。

2. 整体安装法

整体安装法是先将网架在地面上拼装成整体，然后用起重设备将其整体提升到设计位置上加以固定。这种施工方法不需高大的拼装支架，高空作业少，易保证焊接质量，但需要起重量大的起重设备，技术较复杂。因此，此法对球节点的钢管网架（尤其是三向网架等杆件较多的网架）较适宜。根据所用设备的不同，整体安装法又分为多机抬吊法、拔杆提升法与电动螺杆提升法等。

（1）多机抬吊法。此法适用于高度和质量不大的中、小型网架结构。安装前先在地面上对网架进行错位拼装（即拼装位置与安装轴线错开一定的距离，以避开柱子的位置），然后用多台起重机（多为履带式起重机或汽车式起重机）将拼装好的网架整体提升到柱顶以上，在空中移位后落下就位固定。图 5-39 所示为某工程用四台履带式起重机抬吊的情况。

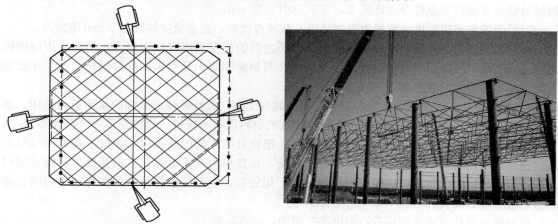

图 5-39　四机抬吊钢网架示意

（2）拔杆提升法。对球节点的大型钢管网架的安装，目前多用拔杆提升法。使用此法施工时，先将网架在地面上错位拼装，然后用多根独脚拔杆将网架整体提升到柱顶以上，空中移位，落位安装。

（3）电动螺杆提升法。电动螺杆提升法与升板法相似，它是利用升板工程施工使用的电动螺杆提升机，将地面上拼装好的钢网架整体提升至设计标高。此法的优点是不需大型吊装设备，施工简便。

3. 高空滑移法

网架屋盖近年来采用高空平行滑移法施工的逐渐增多，尤其适用于影剧院、礼堂等工程。这种施工方法，网架多在建筑物前厅顶板上设拼装平台进行拼装（也可在观众厅看台上搭设拼装平台进行拼装），待第一个拼装单元（或第一段）拼装完毕，将其下落至滑移轨道上，用牵引设备（多用人力绞磨）通过滑轮组将拼装好的网架向前滑移一定距离。接下来在拼装平台上拼装第二个拼装单元（或第二段），拼好后连同第一个拼装单元（或第一段）一同向前滑移，如此逐段拼装，不断向前滑移，直至整个网架拼装完毕并滑移至就位位置。

第二课堂

1. 查阅相关资料，了解鸟巢工程的钢结构是如何安装的。
2. 查阅相关资料，了解几个超高、超限钢结构工程的安装方法。
3. 了解网架结构安装的新技术有哪些。

项目 6 防水工程施工

项目描述

防水工程是一项系统工程,它涉及防水材料、防水工程设计、施工技术、建筑物的管理等各个方面。其目的是保证建筑物不受水侵蚀,内部空间不受危害,提高建筑物的使用功能和生产、生活质量,改善人民的居住环境。

防水工程按工程防水部位可分为地下防水、屋面防水、楼地面防水等;按防水构造做法可分为刚性防水和柔性防水,而刚性防水又可分为结构构件自防水和刚性材料防水,柔性防水又可分为卷材防水和涂膜防水。

教学目标

任务	权重	知识目标	能力目标
1. 屋面防水工程施工	40%	掌握卷材防水屋面工程施工工艺 熟悉涂膜防水屋面的施工工艺 掌握常用的屋面防水工程的质量检验	能正确识别防水材料 能编制屋面防水工程方案 能组织屋面防水工程的质量验收
2. 地下防水工程施工	35%	了解地下防水方案的方式 掌握地下防水等级划分 熟悉卷材防水层的施工	能编制地下防水工程方案 能组织地下防水工程的质量验收
3. 楼地面防水工程施工	25%	掌握厨房厕浴间楼地面防水施工 掌握厨房厕浴间楼地面防水工程的质量检验标准	能编制厨房厕浴间楼地面防水工程方案 能组织厨房厕浴间楼地面防水工程的质量验收

任务 6.1 屋面防水工程施工

任务描述

本任务要求依据《屋面工程技术规范》(GB 50345)、《屋面工程质量验收规范》(GB 50207)和屋面工程施工的特点,编写宿舍楼屋面防水工程的技术交底。

任务分析

屋面应遵循"合理设防、放排结合、因地制宜、综合治理"的原则,做好防水和排水,以维护室内正常环境,免遭雨雪侵蚀。施工人员须持证上岗,保证所有施工人员都能按有关操作规程、规范及有关工艺要求施工。一定要做好成品保护措施,施工用的小推车车腿均应做包扎处理,防止施工机具如手推车或铁锹损坏防水层,防水层验收合格后,及时做好保护层。另外,屋面防水施工在屋顶高处作业,须遵照建筑施工高处作业安全技术规范的规定。

知识课堂

6.1.1 防水材料认知

屋面防水工程

6.1.1.1 防水卷材

防水卷材是建筑防水材料的重要产品之一,是一种可以卷曲的片状制品,按组成材料可分为高聚物改性沥青防水卷材和合成高分子防水卷材两类。

1. 高聚物改性沥青防水卷材

高聚物改性沥青防水卷材是以改性后的沥青为涂盖层,以纤维织物或纤维毡等为胎基制成的柔性卷材。它克服了传统沥青卷材温度稳定性差、延伸率低的不足,具有高温不流淌、低温不脆裂、拉伸强度高、延伸率较大等性能。高聚物改性沥青防水卷材有 SBS 卷材、APP 卷材等,目前国家重点发展 SBS 卷材,适当发展 APP 卷材。

(1)SBS 弹性体改性沥青防水卷材。SBS 弹性体改性沥青防水卷材是以聚酯毡、玻纤毡、玻纤增强聚酯毡为胎基,以苯乙烯—丁二烯—苯乙烯(SBS)热塑性弹性体作为改性剂,两面覆以隔离材料所制成的建筑防水卷材,简称 SBS 卷材。

1)分类。SBS 弹性体改性沥青防水卷材(图 6-1)按胎基可分为聚酯毡(PY)、玻纤毡(G)、玻纤增强聚酯毡(PYG);按上表面隔离材料可分为聚乙烯膜(PE)、细砂(S)与矿物粒料(M),按下表面隔离材料可分为细砂(S)、聚乙烯膜(PE);按材料性能可分为Ⅰ型和Ⅱ型。

2)规格。卷材公称宽度为 1 000 mm。聚酯毡卷材厚度为 3 mm、4 mm 和 5 mm;玻纤毡卷材厚度为 3 mm 和 4 mm;玻纤增强聚酯毡卷材厚度为 5 mm。每卷面积为 15 m^2、10 m^2 和 7.5 m^2 三种。

3)标记。产品按名称、型号、胎基、上表面材料、下表面材料、厚度、面积和标准编号顺序进行标记。例如,标记 SBS Ⅰ PY M PE 310 GB 18242 为面积为 10 m^2、厚度为 3 mm、上表面为矿物粒料、下表面为聚乙烯膜聚酯胎Ⅰ型弹性体改性沥青防水卷材。

图 6-1 SBS 弹性体改性沥青防水卷材

4)要求。SBS弹性体改性沥青防水卷材单位面积质量、面积及厚度应符合表6-1的规定。

外观成卷卷材应卷紧卷齐，端面里进外出不超过10 mm。成卷卷材在4 ℃～50 ℃任一产品温度下展开，在距离卷芯1 000 mm长度外不应有10 mm以上的裂纹或黏结。胎基应浸透，不应有未被浸渍处。卷材表面应平整，不允许有孔洞、缺边和裂口、疙瘩，矿物粒料粒度均匀一致并紧密黏附于卷材表面。每卷卷材接头处不应超过一个，较短的一段长度不应少于1 000 mm，接头应剪切整齐，并加长150 mm。

表6-1 SBS弹性体改性沥青防水卷材单位面积质量、面积及厚度

规格(公称厚度)/mm		3			4			5		
上表面材料		PE	S	M	PE	S	M	PE	S	M
下表面材料		PE	PE、S		PE	PE、S		PE	PE、S	
面积/(m²·卷⁻¹)	公称面积	10、15			10、7.5			7.5		
	偏差	±0.10			±0.10			±0.10		
单位面积质量/(kg·m⁻²)≥		3.3	3.5	4.0	4.3	4.5	5.0	5.3	5.5	6.0
厚度/mm	平均值≥	3.0			4.0			5.0		
	最小单值	2.7			3.7			4.7		

SBS卷材的材料性能应符合表6-2的规定。

表6-2 弹性体改性沥青防水卷材的材料性能

序号	项目		I		II		
			PY	G	PY	G	PYG
1	可溶物含量/(g·m⁻²)≥	3 mm	2 100				
		4 mm	2 900				
		5 mm	3 500				
		试验现象	—	胎基不燃	—	胎基不燃	—
2	耐热性	℃	90		105		
		≤mm	2				
		试验现象	无流淌、滴落				
3	低温柔性/℃		−20		−25		
			无裂缝				
4	不透水性 30 min		0.3 MPa	0.2 MPa	0.3 MPa		
5	拉力	最大峰拉力/(N/50 mm)≥	500	350	800	500	900
		次高峰拉力/(N/50 mm)≥	—	—	—	—	800
		试验现象	拉伸过程中，试件中部无沥青涂盖层开裂或与胎基分离现象				
6	延伸率	最大峰时延伸率/%≥	30	—	40	—	—
		第二峰时延伸率/%≥	—	—	—	—	15
7	浸水后质量增加/%，≤	PE、S	1.0				
		M	2.0				
8	热老化	拉力保持率/%，≥	90				
		延伸率保持率/%，≥	80				

续表

序号	项目		I		II		
			PY	G	PY	G	PYG
8	热老化	低温柔性/℃	−15		−20		
			无裂缝				
		尺寸变化率/%，≤	0.7	—	0.7		0.3
		质量损失率/%，≤	1.0				
9	渗油性	张数，≤	2				
10	接缝剥离强度/(N·mm⁻²) ≥		1.5				
11	钉杆撕裂强度①/N ≥						300
12	矿物粒料粘附性②/g ≤		2.0				
13	卷材下表面沥青涂盖层厚度③/mm ≥		1.0				
14	人工气候加速老化	外观	无滑动、流淌、滴落				
		拉力保持率/%，≥	80				
		低温柔性/℃	−15		−20		
			无裂缝				

注：①仅适用于单层机械固定施工方式卷材；
②仅适用于矿物粒料表面的卷材；
③仅适用于热熔施工的卷材。

(2) APP塑性体改性沥青防水卷材。APP塑性体改性沥青防水卷材，是以聚酯毡、玻纤毡、玻纤增强聚酯毡为胎基，以无规聚丙烯（APP）作石油沥青改性剂，两面覆以隔离材料所制成的防水卷材，简称APP卷材（图6-2）。

塑性体沥青防水卷材的技术性质与弹性体沥青防水卷材基本相同，而塑性体沥青防水卷材具有耐热性更好的优点，但低温柔性较差。塑性体沥青防水卷材的适用范围与弹性体沥青防水卷材基本相同，尤其适用于高温或有强烈太阳辐射地区的建筑物防水。

APP卷材的品种、规格与SBS卷材相同。4 mm厚、10 m² 面积矿物颗粒面聚酯毡塑性体改性沥青防水卷材标记为：APPIPYM 410 GB 18243。

2. 合成高分子防水卷材

合成高分子防水卷材是以合成橡胶、合成树脂或两者的共混体为基料，加入适量的化学助剂和填充剂等，经不同工序（混炼、压延或挤出等）加工而成的可卷曲的片状防水材料（图6-3）。

图6-2 APP塑性体改性沥青防水卷材

图6-3 合成高分子防水卷材

其品种有橡胶系列(聚氨酯、三元乙丙橡胶、丁基橡胶等)防水卷材、塑料系列(聚乙烯、聚氯乙烯等)防水卷材和橡胶塑料共混系列防水卷材三大类。其中又可分为加筋增强型与加筋非增强型两种类型。

合成高分子防水卷材具有拉伸强度和抗撕裂强度高、断裂伸长率大、耐热性和低温柔性好、耐腐蚀、耐老化等一系列优异的性能,是新型高档防水卷材。常见的有三元乙丙橡胶防水卷材、聚氯乙烯防水卷材、氯化聚乙烯防水卷材、氯化聚乙烯-橡胶共混防水卷材等。

(1)三元乙丙橡胶(EPDM)防水卷材。EPDM卷材是以乙烯、丙烯和少量双环戊二烯三种单体共聚合成的三元乙丙橡胶为主要原料,掺入适量的丁基橡胶、硫化剂、促进剂、软化剂、补强剂和填充剂等,经密炼、拉片、过滤、挤出(或压延)成型、硫化等工序加工制成,是一种高弹性的新型防水材料。

三元乙丙橡胶不仅耐候性、耐老化性、化学稳定性好,耐臭氧性、耐热性和低温柔性甚至超过氯丁橡胶与丁基橡胶。其具有质量轻、抗拉强度高、延伸率大、耐酸碱腐蚀等特点,对基层材料的伸、缩或开裂变形适应性强,使用寿命达20年以上,可以广泛用于防水要求高、耐久年限长的防水工程中。

(2)聚氯乙烯(PVC)防水卷材。PVC防水卷材是以聚氯乙烯树脂为主要原料,掺加填充料和适量的改性剂、增塑剂,经混炼、压延或挤出成型、分卷包装而成的防水卷材。

PVC防水卷材根据基料的组成分及其特性分为S型和P型两种类型。S型是以焦油与聚氯乙烯树脂溶料为基料的柔性卷材,其厚度有1.5 mm、2.0 mm、2.5 mm等;P型是以增塑聚氯乙烯为基料的塑性卷材,其厚度有1.2 mm、1.5 mm、2.0 mm等。PVC防水卷材的宽度为1 000 mm、1 200 mm、1 500 mm等。

(3)氯化聚乙烯-橡胶共混防水卷材。该卷材是以氯化乙烯树脂和合成橡胶为主体,加入适量的硫化剂、促进剂、稳定剂、软化剂和填充剂等,经过素炼、混炼、过滤、压延(或挤出)成型、硫化等工序加工制成的高弹性防水卷材。它不仅具有氯化聚乙烯所特有的高强度和优异的耐臭氧、耐老化性能,而且具有橡胶类材料所特有的高弹性、高延伸性和良好的低温柔性,特别适用于寒冷地区或变形较大的建筑防水工程。

6.1.1.2 防水涂料

防水涂料是一种流态或半流态物质,涂布在基层表面,经溶剂、水分挥发或各组分间的化学反应,形成有一定弹性和一定厚度的连续薄膜,使基层与水隔绝,起到防水、防潮的作用。

固化成膜后的防水涂料具有良好的防水性能,特别适用于各种复杂,不规则部位的防水,能形成无接缝的完整防水膜。防水涂料大多采用冷施工,不必加热熬制,既减少了环境污染,改善了劳动条件,又便于施工操作,加快了施工进度。另外,涂布的防水涂料既是防水的主体,又是胶粘剂,因而施工质量容易保证,维修也比较简单。但是,防水涂料须采用刷子或刮板等逐层涂刷(刮),故防水膜的厚度较难保持均匀一致。因此,防水涂料广泛应用于工业与民用建筑的屋面防水工程,地下室防水工程和地面防潮、防渗等。

防水涂料按液态类型可分为溶剂型、水乳型和反应型三种;按成膜物质的主要成分可分为沥青类、高聚物改性沥青类和合成高分子类。

1. 沥青类防水涂料

(1)沥青溶液(冷底子油)。沥青溶液(冷底子油)是沥青加稀释剂而制成的一种渗透力很强的液体沥青,多用于建筑石油沥青和道路石油沥青,与汽油、煤油、柴油等稀释剂配制。

沥青溶液由于黏度小,能渗入混凝土和木材等材料的毛细孔中,待稀释剂挥发后,在其表面形成一层黏附牢固的沥青薄膜。建筑工程中常用于防水层的底层,以增强底层与其他防水材料的粘结。因此，常将沥青溶液称为冷底子油。

(2)乳化沥青。将液态的沥青、水和乳化剂在容器中经强烈搅拌，沥青则以微粒状分散于水中，形成乳状沥青液体，称为乳化沥青。

乳化沥青是一种冷用防水涂料，施工工艺简便，造价低，已被广泛用于道路、房屋建筑等工程的防水结构；涂于混凝土墙面作为防水层；掺入混凝土或砂浆中（沥青用量约为混凝土干料用量的1%）提高其抗渗性；也可用作冷底子油涂于基底表面上。

(3)沥青胶。沥青胶又称沥青玛琋脂，是沥青与矿质填充料及稀释剂均匀拌和而成的混合物。沥青胶按所用材料及施工方法不同可分为热用沥青胶及冷用沥青胶。热用沥青胶由加热溶化的沥青与加热的矿质填充料配制而成；冷用沥青胶由沥青溶液或乳化沥青与常温状态的矿质填充料配制而成。

沥青胶的用途较广，可用于粘结沥青防水卷材、沥青混合料、水泥砂浆及水泥混凝土，并可用作接缝填充材料等。

2. 高聚物改性沥青防水涂料

高聚物改性沥青防水涂料是指以沥青为基料，用合成高分子聚合物进行改性，制成水乳型或溶剂型防水涂料。这类涂料在柔韧性、抗裂性、拉伸强度、耐高低温性能、使用寿命等方面相比沥青类涂料得到了很大的改善。其品种有再生橡胶改性沥青防水涂料、水乳型氯丁橡胶沥青防水涂料、SBS橡胶改性沥青防水涂料等。

3. 合成高分子防水涂料

合成高分子防水涂料是指以合成橡胶或树脂为主要成膜物质制成的单组分或多组分的防水涂料。这类涂料具有高弹性、高耐久性及优良的耐高温性能，品种有高聚氨酯防水涂料、丙烯酸酯防水涂料、聚合物水泥涂料和有机硅防水涂料等。

(1)单组分聚氨酯防水涂料。单组分聚氨酯防水涂料主要用于屋面、地下工程、浴厕间等的防水和渗漏修补。单组分聚氨酯防水涂料属于固化反应型高分子防水涂料，该涂料固化后形成富有弹性的整体防水胶膜，具有优异的拉伸强度、延伸率和不透水性与较强的粘结力。

(2)多组分聚氨酯防水涂料。多组分聚氨酯防水涂料属于固化反应型高分子防水涂料，该涂料固化后形成富有弹性的整体防水胶膜，具有优异的拉伸强度、延伸率和不透水性与较强的粘结力。其主要用于屋面、地下工程、浴厕间等的防水和渗漏修补。

3. 防水材料进场验收的规定

(1)应根据设计要求对材料的质量证明文件（产品合格证书和性能检测报告）进行检查，并应经监理工程师或建设单位代表确认，纳入工程技术档案。

(2)应对材料的品种、规格、包装、外观和尺寸等进行检查验收，并应经监理工程师或建设单位代表确认，形成相应验收记录。

(3)进场检验报告的全部项目指标均达到技术标准规定应为合格；不合格材料不得在工程中使用。

6.1.2　防水构造认知

(1)屋面的基本构造层次如图6-4所示。设计人员可根据建筑物的性质、使用功能、气候条件等因素进行组合。

(2)混凝土结构层宜采用结构找坡，坡度不应小于3%；当采用材料找坡时，宜采用质量轻、吸水率低和有一定强度的材料，坡度宜为2%。

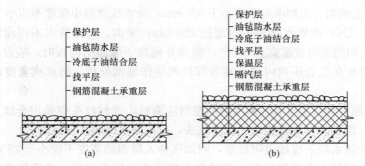

图 6-4 屋面构造层次
(a)不保温卷材屋面;(b)保温卷材屋面

(3)卷材、涂膜的基层宜设找平层。保温层上的找平层应留设分格缝,缝宽宜为 5~20 mm,纵横缝的间距不宜大于 6 m。

(4)当严寒及寒冷地区屋面结构冷凝界面内侧实际具有的蒸汽渗透阻小于所需值,或其他地区室内湿气有可能透过屋面结构层进入保温层时,应在结构层上、保温层下设置隔汽层。隔汽层应选用气密性、水密性好的材料;隔汽层应沿周边墙面向上连续铺设,高出保温层上表面不得小于 150 mm。

(5)结构易发生较大变形、易渗漏和损坏的部位,应设置卷材或涂膜附加层。檐沟、天沟与屋面交接处、屋面平面与立面交接处,以及水落口、伸出屋面管道根部等部位,应设置卷材或涂膜附加层;屋面找平层分格缝等部位,宜设置卷材空铺附加层,其空铺宽度不宜小于 100 mm;涂膜附加层应夹铺胎体增强材料。胎体增强材料宜采用聚酯无纺布或化纤无纺布;胎体增强材料长边搭接宽度不应小于 50 mm,短边搭接宽度不应小于 70 mm;上、下层胎体增强材料的长边搭接缝应错开,且不得小于幅宽的 1/3;上、下层胎体增强材料不得相互垂直铺设。

(6)屋面防水等级、设防要求和防水做法应符合表 6-3 的规定。

表 6-3 屋面防水等级、设防要求和防水做法

防水等级	建筑类别	设防要求	防水做法
Ⅰ级	重要建筑和高层建筑	两道防水设防	卷材防水层和卷材防水层、卷材防水层和涂膜防水层、复合防水层
Ⅱ级	一般建筑	一道防水设防	卷材防水层、涂膜防水层、复合防水层

(7)防水卷材接缝应采用搭接缝,卷材搭接宽度应符合表 6-4 的规定。

表 6-4 卷材搭接宽度　　　　　　　　　　　　　　　　　　　mm

卷材类别		搭接宽度
合成高分子防水卷材	胶粘剂	80
	胶粘带	50
	单缝焊	60,有效焊接宽度不小于 25
	双缝焊	80,有效焊接宽度 10×2+空腔宽度
高聚物改性沥青防水卷材	胶粘剂	100
	自粘	80

(8)钢筋混凝土檐沟、天沟净宽不应小于 300 mm，分水线处最小深度不应小于 100 mm；沟内纵向坡度不应小于 1%，沟底水落差不得超过 200 mm；檐沟、天沟排水不得流经变形缝和防火墙。金属檐沟、天沟的纵向坡度宜为 0.5%。檐沟外侧高于屋面结构板时，应设置溢水口。对檐口、檐沟外侧下端及女儿墙压顶内侧下端等部位均应作滴水处理，滴水槽宽度和深度不宜小于 10 mm。

(9)卷材防水屋面檐口 800 mm 范围内的卷材应满粘，卷材收头应采用金属压条钉压，并应用密封材料封严。涂膜防水屋面檐口的涂膜收头，应用防水涂料多遍涂刷。

檐沟和天沟的防水层下应增设附加层，附加层伸入屋面的宽度不应小于 250 mm；檐沟防水层和附加层应由沟底翻上至外侧顶部，卷材收头应用金属压条钉压，并应用密封材料封严，涂膜收头应用防水涂料多遍涂刷。

女儿墙压顶可采用混凝土或金属制品。压顶向内排水坡度不应小于 5%，压顶内侧下端应作滴水处理。女儿墙泛水处的防水层下应增设附加层，附加层在平面和立面的宽度均不应小于 250 mm。低女儿墙泛水处的防水层可直接铺贴或涂刷至压顶下；高女儿墙泛水处的防水层泛水高度不应小于 250 mm，泛水上部的墙体应作防水处理。卷材收头应用金属压条钉压固定，并应用密封材料封严；涂膜收头应用防水涂料多遍涂刷。女儿墙泛水处的防水层表面，宜涂刷浅色涂料或浇筑细石混凝土保护。

变形缝泛水处的防水层下应增设附加层，附加层在平面和立面的宽度不应小于 250 mm；防水层应铺贴或涂刷至泛水墙的顶部；变形缝内应预填不燃保温材料，上部应采用防水卷材封盖，并放置衬垫材料，再在其上干铺一层卷材；等高变形缝顶部宜加扣混凝土或金属盖板；高低跨变形缝在立墙泛水处，应采用具有足够变形能力的材料和构造作密封处理。

伸出屋面管道周围的找平层应抹出高度不小于 30 mm 的排水坡；管道泛水处的防水层下应增设附加层，附加层在平面和立面的宽度均不应小于 250 mm；管道泛水处的防水层泛水高度不应小于 250 mm；卷材收头应用金属箍紧固和密封材料封严，涂膜收头应用防水涂料多遍涂刷。

屋面垂直出入口泛水处应增设附加层，附加层在平面和立面的宽度均不应小于 250 mm；防水层收头应在混凝土压顶圈下。屋面水平出入口泛水处应增设附加层和护墙，附加层在平面上的宽度不应小于 250 mm；防水层收头应压在混凝土踏步下。

(10)除采用已带保护层的卷材作防水层面层的屋面、架空隔热屋面或倒置式屋面的卷材防水层上可不另做保护层外，卷材或涂膜防水层上应设置保护层。不上人屋面的保护层可采用浅色涂料、铝箔、矿物粒料、水泥砂浆等材料，上人屋面的保护层可采用块体材料、细石混凝土等材料。采用淡色涂料做保护层时，应与防水层粘结牢固，厚薄应均匀，不得漏涂。采用水泥砂浆做保护层时，表面应抹平压光，并应设表面分格缝，分格面积宜为 1 m²。采用块体材料做保护层时，宜设分格缝，其纵横间距不宜大于 10 m，分格缝宽度宜为 20 mm，并应用密封材料嵌填。采用细石混凝土做保护层时，表面应抹平压光，并应设分格缝，其纵横向距不应大于 6 m，分格缝宽度宜为 10~20 mm，并应用密封材料嵌填。水泥砂浆、块体材料、细石混凝土保护层与女儿墙或山墙之间，应预留宽度为 30 mm 的缝隙，缝内宜填塞聚苯乙烯泡沫塑料，并应用密封材料嵌填。需经常维护的设施周围和屋面出入口至设施之间的人行道，应铺设块体材料或细石混凝土保护层。

卷材、涂膜防水屋面可采用 20 mm 厚水泥砂浆、30 mm 厚细石混凝土(宜掺微膨胀剂)或铺砌块材做刚性保护层，易积灰屋面宜采用刚性保护层。卷材屋面保护层可用热玛脂粘结粒径为 3~5 mm、色浅、耐风化和颗粒均匀的细砂，也可采用冷玛脂粘结云母或蛭石等片状材料。涂膜防水层面可采用细砂、云母或蛭石等撒布材料作保护层。采用与卷材或涂膜材料材性相容、粘结力强和耐风化的浅色涂料涂刷等作保护层；卷材屋面还可粘贴铝箔等作为保护层。

在刚性保护层(如水泥砂浆、块体材料、细石混凝土保护层)与卷材、涂膜防水层之间,应设置隔离层。适用于水泥砂浆、块体材料保护层的隔离层材料,一般为塑料膜、土工布、卷材;适用于细石混凝土保护层的隔离层材料,一般为低强度等级砂浆。

(11)高跨屋面为无组织排水时,其低跨屋面受水冲刷的部位应加铺一层卷材,并应设40~50 mm厚、300~500 mm宽的C20细石混凝土保护层;高跨屋面为有组织排水时,水落管下应加设水簸箕。

屋面工程施工应遵照"按图施工、材料检验、工序检查、过程控制、质量验收"的原则。

6.1.3 卷材防水屋面施工

6.1.3.1 屋面水泥砂浆找平层施工

1. 作业条件

找平层施工前,对结构层(保温层)应进行检查验收,并办理验收手续;找平层的施工环境温度不宜低于5 ℃。水落口杯与基层接触处应留宽20 mm、深20 mm的凹槽,用密封材料嵌填。

2. 施工工艺

(1)工艺流程。清理基层→封堵管根→标定标高、坡度→贴饼充筋→洒水湿润→铺装抹压砂浆→养护→填缝。

(2)施工要点。

1)清理基层。清理结构层、保温层上面的松散杂物,凸出基层表面的硬物应剔平扫净。对不易与找平层结合的基层应作界面处理。当找平层下有松散填充料时,应予以铺平振实。

2)封堵管根。大面积做找平层前,应先将出屋面的预埋管件、烟囱、女儿墙、檐沟、伸缩缝根部处理好。凸出屋面的管道、支架等根部,应用细石混凝土堵实和固定。

3)标定标高、坡度。根据测量所放的控制线,定点、找坡,然后拉挂屋脊线、分水线、排水坡度线。

4)贴饼充筋。根据坡度要求拉线找坡贴灰饼,灰饼间距以1~2 m为宜。顺排水方向冲筋,冲筋的间距为1~2 m。按设计要求设置分格缝的间距和宽度,贴分格条,也可在找平层养护完成后切割出分格缝。

5)洒水湿润。适当洒水湿润基层表面,但不可洒水过量,以无明水、阴干为宜。

6)铺装抹压水泥砂浆。按由远到近、由高到低的程序进行砂浆铺设,最好在每一分格内一次连续抹成,严格按设计要求掌握坡度。在两筋中间铺设水泥砂浆,用抹子摊平,用刮杠靠冲筋条刮平,找坡后用木抹子搓平,使找平层表面平整度达到验收标准(现行规范规定表面平整度允许偏差为5 mm),然后用铁抹子轻轻抹压一遍,直到出浆为止。当砂浆初凝后,走人有脚印但不下陷时,用铁抹子进行第二遍抹压,将凹坑、砂眼填实抹平。在砂浆终凝前完成收水后,用铁抹子压光无抹痕时,应用铁抹子进行第三遍压光,此遍应用力抹压,将所有抹纹压平,使砂浆表面密实光洁,不得有酥松、起砂、起皮现象,随后及时取出分格条。内部排水的水落口周围,找平层应做成略低的凹坑。找平层在与凸出屋面的交接处及找平层转角处,应做成圆弧形,且应整齐平顺。

7)养护。抹压完砂浆24 h后,进行覆盖并洒水养护,每天洒水不少于2次,养护时间不得少于7 d。

8)填缝。用弹性材料填嵌分格缝,要求与找平层应齐平,不得有明显的凸起和凹陷。

6.1.3.2 屋面保温层施工

1. 作业条件

铺设保温层的基层应平整、干燥和干净,不得有油污、浮尘和积水。屋面上各种预埋件、支座、伸出屋面管道、落水口等设施已安装就位,屋面找平层已检查验收,质量合格;材料垂直水平运输满足使用要求;消防劳动保护保证条件已具备。

保温层的施工环境温度应符合下列规定:干铺的保温材料可在负温度下施工;用水泥砂浆粘贴的板状保温材料不宜低于5℃;喷涂硬泡聚氨酯宜为15℃～35℃,空气相对湿度宜小于85%,风速不宜大于三级;现浇泡沫混凝土宜为5℃～35℃。

2. 施工工艺

(1)隔汽层施工应符合下列规定:

1)隔汽层施工前,基层应进行清理,宜进行找平处理。

2)屋面周边隔汽层应沿墙面向上连续铺设,高出保温层上表面不得小于150 mm。

3)采用卷材做隔汽层时,卷材宜空铺,卷材搭接缝应满粘,其搭接宽度不应小于80 mm。采用涂膜做隔汽层时,涂料涂刷应均匀,涂层不得有堆积、起泡和露底现象。

4)穿过隔汽层的管道周围应进行密封处理。

(2)板状材料保温层施工应符合下列规定:

1)板状保温材料铺设应紧贴基层,应铺平垫稳,拼缝应严密,粘贴应牢固。板状材料保温层的厚度应符合设计要求,其正偏差应不限,负偏差应为5%,且不得大于4 mm。相邻板块应错缝拼接,分层铺设的板块上、下层接缝应相互错开,板间缝隙应采用同类材料嵌填密实;板状材料保温层表面平整度的允许偏差为5 mm;板状材料保温层接缝高低差的允许偏差为2 mm;屋面热桥部位的处理应符合设计要求。

2)采用干铺法施工时,板状保温材料应紧靠在基层表面上,并应铺平垫稳。

3)采用粘结法施工时,胶粘剂应与保温材料相容,板状保温材料应贴严、粘牢,在胶粘剂固化前不得上人踩踏;板状保温层的平面接缝应挤紧拼严,不得在板块侧面涂抹胶粘剂,超过2 mm的缝隙应采用相同材料板条或片填塞严实。

4)采用机械固定法施工时,应选择专用螺钉和垫片;固定件与结构层之间应连接牢固;固定件的规格、数量和位置均应符合设计要求;垫片应与保温层表面齐平。

(3)纤维材料保温层施工应符合下列规定:

1)装配式骨架纤维保温材料施工时,应先在基层上铺设保温龙骨或金属龙骨,龙骨之间应填充纤维保温材料,再在龙骨上铺钉水泥纤维板。金属龙骨和固定件应经防锈处理,金属龙骨与基层之间应采取隔热断桥措施。装配式骨架和水泥纤维板应铺钉牢固,表面应平整;龙骨间距和板材厚度应符合设计要求。

2)纤维保温材料在施工时,应避免重压,并应采取防潮措施;纤维材料保温层的厚度应符合设计要求,其正偏差应不限,毡不得有负偏差,板负偏差应为4%,且不得大于3 mm。屋面热桥部位的处理应符合设计要求。

3)铺设纤维保温材料时,应紧靠在基层表面上,平面接缝应挤紧拼严,表面应平整,上、下层接缝应相互错开;具有抗水蒸气渗透外覆面的玻璃棉制品,其外覆面应朝向室内,拼缝应用防水密封胶带封严。纤维材料填充后,不得上人踩踏。

4)屋面坡度较大时,纤维保温材料宜采用机械固定法施工,即采用金属或塑料专用固定件将纤维保温材料与基层固定;固定件的规格、数量和位置应符合设计要求;垫片应与保温层表面齐平。

5)在铺设纤维保温材料时,应做好劳动保护工作。
(4)喷涂硬泡聚氨酯保温层施工应符合下列规定:
1)保温层施工前应对喷涂设备进行调试,喷涂时喷嘴与施工基面的间距应由试验确定。
2)喷涂硬泡聚氨酯的配合比应准确计量,发泡厚度应均匀一致,并应制备试样进行硬泡聚氨酯的性能检测。
3)喷涂作业时,应采取防止污染的遮挡措施。对屋面热桥部位的处理应符合设计要求。
4)一个作业面应分遍喷涂完成,每遍喷涂厚度不宜大于 15 mm,粘结应牢固,表面应平整,找坡应正确。喷涂硬泡聚氨酯保温层表面平整度的允许偏差为 5 mm。喷涂硬泡聚氨酯保温层的厚度应符合设计要求,其正偏差应不限,不得有负偏差。当日的作业面应在当日连续地喷涂施工完毕。
5)硬泡聚氨酯喷涂后 20 min 内严禁上人;喷涂硬泡聚氨酯保温层完成后,应及时做保护层。
(5)现浇泡沫混凝土保温层施工应符合下列规定:
1)在浇筑泡沫混凝土前,应将基层上的杂物和油污清理干净;基层应浇水湿润,但不得有积水。
2)保温层施工前应对设备进行调试,并应制备试样进行泡沫混凝土的性能检测。
3)泡沫混凝土应按设计要求的干密度和抗压强度进行配合比设计,拌制时应计量准确,并应搅拌均匀。
4)泡沫混凝土应按设计的厚度设定浇筑面标高线,找坡时宜采取挡板辅助措施。
5)泡沫混凝土的浇筑出料口离基层的高度不宜超过 1 m,泵送时应采取低压泵送;浇筑过程中,应随时检查泡沫混凝土的湿密度。现浇泡沫混凝土保温层的厚度应符合设计要求,其正负偏差应为 5%,且不得大于 5 mm。对屋面热桥部位的处理应符合设计要求。
6)泡沫混凝土应分层浇筑,一次浇筑厚度不宜超过 200 mm,粘结应牢固,表面应平整,找坡应正确;表面平整度的允许偏差为 5 mm;不得有贯通性裂缝,以及疏松、起砂、起皮现象。
7)终凝后,应进行保湿养护,养护时间不得少于 7 d。

6.1.3.3 屋面卷材防水层施工

1. 作业条件

防水层基层应坚实、干净、平整,应无孔隙、起砂和裂缝。基层的干燥程度应根据所选防水卷材的特性确定。当采用溶剂型、热熔型和反应固化型防水涂料时,基层应干燥。

屋面上各种预埋件、支座、伸出屋面管道、落水口等设施已安装就位,屋面找平层已检查验收,质量合格。

基层处理剂配制与施工应符合下列规定:基层处理剂应与卷材相容,配合比准确,搅拌均匀;喷、涂基层处理剂前,应先对屋面细部进行涂刷;基层处理剂可选用喷涂或涂刷施工工艺,喷、涂应均匀一致,干燥后应及时进行防水层施工。

卷材防水层的施工环境温度应符合下列规定:热熔法和焊接法不宜低于-10 ℃;冷粘法和热粘法不宜低于 5 ℃;自粘法不宜低于 10 ℃。

2. 施工工艺

(1)工艺流程。卷材防水层施工工艺流程:基层清理→雨水口等细部密封处理→涂刷基层处理剂→细部附加层铺设→定位、弹线试铺→从天沟或雨水口开始铺贴→收头固定密封→检查修理→蓄水试验。

(2)施工方法。屋面防水卷材施工应根据设计要求、工程具体条件和选用的材料选择相应的施工工艺。常用的施工方法有热熔法、热风焊接法、冷粘法、自粘法、机械钉压法、压埋法等,详见表 6-5。

表 6-5　卷材防水层施工方法和适用范围

工艺类别	名称	做法	适应范围
热施工工艺	热熔法	将防水卷材底层加热溶化后，进行卷材与基层或卷材之间粘结的施工方法	底层涂有热熔胶的高聚物改性沥青防水卷材，如 SBS、APP 改性沥青防水卷材
	热风焊接法	采用热风焊接进行热塑性卷材铺贴的施工方法	合成高分子防水卷材搭接缝焊接、如 PVC 高分子防水卷材
冷施工工艺	冷粘法	在常温下采用胶粘剂将卷材与基层或卷材之间粘结的施工方法	高分子防水卷材、高聚物改性沥青防水卷材，如三元乙丙、氯化聚乙烯、SBS 改性沥青卷材
	自粘法	直接粘贴基面采用带有自粘胶的防水卷材进行粘贴的施工方法	自粘高分子防水卷材、自粘高聚物改性沥青防水卷材
机械固定工艺	机械钉压法	采用镀锌钢钉或铜钉固定防水卷材的施工方法	用于木质基层上铺设高聚物改性沥青防水卷材等
	压埋法	卷材与基层大部分不粘连，上面采用卵石压埋，搭接缝及周边全粘	用于空铺法、倒置式屋面

1) 冷粘法。

① 铺贴工序：基面涂刷胶粘剂→卷材反面涂胶→卷材粘贴→滚压排气→搭接缝粘贴压实→搭接缝密封。

② 施工要点。

a. 胶粘剂涂刷应均匀，不得露底、堆积；卷材空铺、点粘、条粘时，应按规定的位置及面积涂刷胶粘剂；

b. 应根据胶粘剂的性能与施工环境、气温条件等，控制胶粘剂涂刷与卷材铺贴的间隔时间；基层处理完成后，将卷材展开摊铺在整洁的基层上，用滚刷蘸满氯丁系胶粘剂（CX-404 胶等）均匀涂刷在卷材和基层表面，待胶粘剂结膜干燥至用手触及表面似粘非粘时，即可铺贴卷材。

c. 铺贴卷材时应排除卷材下面的空气（注意：不得用力拉伸卷材），并应辊压粘贴牢固。

d. 铺贴的卷材应平整顺直，搭接尺寸应准确，不得扭曲、皱折；搭接部位的接缝应满涂胶粘剂，辊压应粘贴牢固。

e. 合成高分子卷材铺好压粘后，应将搭接部位的粘合面清理干净，并应采用与卷材配套的接缝专用胶粘剂，在搭接缝粘合面上应涂刷均匀，不得露底、堆积，应排除缝间的空气，并用辊压粘贴牢固。

f. 合成高分子卷材搭接部位采用胶粘带粘结时，粘合面应清理干净，必要时可涂刷与卷材及胶粘带材性相容的基层胶粘剂，撕去胶粘带隔离纸后应及时粘合接缝部位的卷材，并应辊压粘贴牢固；低温施工时，宜采用热风机加热。

g. 搭接缝口应用材性相容的密封材料封严。

2) 热熔法。

① 铺贴工序：热源烘烤滚铺卷材→排气压实→接缝热熔焊接压实→接缝密封。

② 施工要点。

a. 火焰加热器的喷嘴距卷材面的距离应适中，一般为 0.5 m 左右，幅宽内加热应均匀，应以卷材表面熔融至光亮黑色为度，不得过度加热卷材；对厚度小于 3 mm 的高聚物改性沥青防水卷材，严禁采用热熔法施工。

b. 卷材表面沥青热熔后应立即滚铺卷材，滚铺时应排除卷材下面的空气，并辊压粘结牢固，不得有空鼓现象。

c. 搭接缝部位宜以溢出热熔的改性沥青胶结料为度,溢出的改性沥青胶结料宽度宜为 8 mm,并宜均匀顺直;当接缝处的卷材上有矿物粒或片料时,应用火焰烘烤及清除干净后再进行热熔和接缝处理。

d. 铺贴卷材时,应沿预留的或现场弹出的粉线作为标准进行施工作业,保证铺贴的卷材平整顺直,搭接尺寸准确,不得出现扭曲、皱褶等现象。

3) 自粘法。

①铺贴工序。卷材就位并撕去隔离纸→自粘卷材铺贴→辊压粘结排气→搭接缝热压粘合→粘合密封胶条。

②施工要点。

a. 铺贴卷材前,基层表面应均匀涂刷基层处理剂,干燥后应及时铺贴卷材。

b. 铺贴卷材时应将自粘胶底面的隔离纸完全撕净。

c. 铺贴卷材时应排除卷材下面的空气,并应辊压粘贴牢固。

d. 铺贴的卷材应平整顺直,搭接尺寸应准确,不得扭曲、皱褶;低温施工时,立面、大坡面及搭接部位宜采用热风机加热,加热后应随即粘贴牢固。

e. 搭接缝口应采用材性相容的密封材料封严。

4) 热风焊接法。

①铺贴工序:搭接边清理→焊机准备调试→搭接缝焊接封口。

②施工要点。

a. 焊接前,卷材应铺放平整、顺直,搭接尺寸应准确,焊接缝的结合面应清理干净。

b. 应先焊长边搭接缝,后焊短边搭接缝。

c. 对热塑性卷材的搭接缝可采用单缝焊或双缝焊,焊接应严密。

d. 应控制加热温度和时间,焊接缝不得漏焊、跳焊、焊焦或焊接不牢。

f. 焊接施工时不得损伤到非焊接部位的卷材。

(3) 铺贴方法、顺序和方向。

1) 铺贴方法。防水卷材的铺贴方法有满粘法、空铺法、条粘法和点粘法,具体做法及适用范围见表 6-6。卷材防水层易拉裂部位,宜选用空铺、点粘、条粘或机械固定等施工方法;在坡度较大和垂直面上粘贴防水卷材时,宜采用机械固定和对固定点进行密封的方法。

表 6-6 卷材防水层铺贴方法和适用范围

铺贴方法	具体做法	适用范围
满粘法	又称全粘法,即在铺贴卷材时,卷材与基层全部粘结牢固的施工方法。通常热熔法、冷粘法、自粘法使用此方法铺贴卷材。铺贴时,宜减少卷材短边搭接;找平层分格缝处宜空铺,空铺宽度宜为 100 mm	适用于屋面防水面积较小、结构变形不大、找平层干燥、立面或大坡面铺贴的屋面
空铺法	铺贴防水卷材时,卷材与基层仅在四周一定宽度内粘结的施工方法。注意在檐口、屋脊、转角、出气孔等部位,应采用满粘。粘结宽度不小于 800 mm	适用于基层潮湿、找平层水汽难以排除、结构变形较大的屋面
条粘法	铺贴防水卷材时,卷材与屋面采用条状粘结的施工方法。每幅卷材粘结面不少于 2 条,每条粘结宽度不小于 150 mm。檐口和屋脊等处的做法同空铺法	适用于结构变形较大、基面潮湿、排气困难的屋面
点粘法	铺贴防水卷材时,卷材与基面采用点状粘结的施工方法。要求每平方米范围内至少有 5 个粘结点,每点面积不小于 100 mm×100 mm。檐口和屋脊等处的做法同空铺法	适用于结构变形较大、基面潮湿、排气有一定困难的屋面

2)铺贴顺序和方向(图 6-5)。卷材铺贴应遵守"先高后低、先远后近"的施工顺序,即高跨低跨屋面,应先铺高跨屋面,后铺低跨屋面;在等高的大面积屋面,应先铺距离上料点较远的部位,后铺较近部位。防水卷材大面积铺贴前,应先进行细部构造处理,附加层及增强层铺设,然后由屋面最低标高处(如檐口、天沟部位)开始向上铺贴。

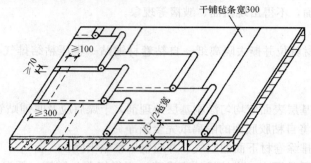

图 6-5 铺贴顺序和方向

卷材宜平行屋脊铺贴,上下层卷材不得相互垂直铺贴。平行屋脊的搭接缝应顺流水方向,同一层相邻两幅卷材短边搭接缝错开不应小于 500 mm;上、下层卷材长边搭接缝应错开,且不应小于幅宽的 1/3;叠层铺贴的各层卷材,在天沟与屋面的交接处,应采用叉接法搭接,搭接缝应错开;搭接缝宜留在屋面与天沟侧面,不宜留在沟底。檐沟、天沟卷材施工时,宜顺檐沟、天沟方向,从水落口处向分水线方向铺贴,搭接缝应顺流水方向。

6.1.3.4 屋面保护层和隔离层施工

1. 作业条件

(1)防水卷材铺贴或涂膜涂敷施工以及细部构造的处理都已通过检查验收,质量符合设计和规范规定。

(2)保护层和隔离层施工前,防水层或保温层的表面应平整、干净,对雨水口、水落管口等应采取临时封堵措施。

(3)隔离层的施工环境温度应符合下列规定:干铺塑料膜、土工布、卷材可在负温下施工;铺抹低强度等级砂浆宜为 5 ℃~35 ℃。

(4)保护层的施工环境温度应符合下列规定:块体材料干铺的施工环境温度不宜低于-5 ℃,湿铺不宜低于 5 ℃;水泥砂浆及细石混凝土的施工环境温度宜为 5 ℃~35 ℃;浅色涂料不宜低于 5 ℃。

2. 施工工艺

(1)块体材料保护层施工。板块铺砌前做好分格布置、找平或找坡标准块,挂线铺砌操作,使块体布置横平竖直、缝口宽窄一致、表面平整、排水坡度正确。

1)用砂作结合层铺砌。

①工艺流程。清扫防水层表面→铺砂、洒水并压实、刮平结合砂层→按挂线铺摆块体并拍实、放平、压稳→用砂填充接缝并压实到板厚的一半高→湿润缝口并用 1∶2 水泥砂浆将接缝勾成凹缝→分格缝密封嵌填→清理、清扫保护层表面→检查验收。

②施工要点。

a. 砂结合层应平整,块体间应预留 10 mm 的缝隙,缝内应填砂,并应用 1∶2 水泥砂浆勾缝。

b. 保护层周边 500 mm 范围内,应改用低强度等级的水泥砂浆做结合层。

2)用水泥砂浆作结合层铺砌。

①工艺流程。清扫防水层表面→做隔离层→摊铺水泥砂浆→按挂线摆铺块体并挤压结合砂浆→接缝用砂浆勾成凹缝→分格缝密封嵌填→清理、清扫保护层表面→检查验收。

②施工要点。

a. 块体铺砌前应浸水湿润并晾干。

b. 铺砌要在水泥砂浆初凝前完成，做到块体表面平整、结合砂浆密实，较大块体可铺灰摆放、小板块可打灰铺砌。

c. 块体间应预留 10 mm 的缝隙，缝内应用 1∶2 的水泥砂浆勾缝；也可在块体铺砌并养护 1～2 d 后经清扫、湿润缝口后再予以勾实。

(2)水泥砂浆保护层施工。

1)工艺流程。清扫防水层表面→找标准块（打疤出筋）→设置隔离层→随铺水泥砂浆随拍实→刮尺找平→二次搓平收光→初凝前划（刮）出表面分格缝→充分养护→清理干净临时保护遮盖物和堵塞物→保护层检查验收。

2)施工要点。

①水泥砂浆保护层预先按 4～6 m 间距纵横分格，分格块敷抹，分格缝内嵌填密封材料；表面分格缝宜控制在间隔 1 m 以内，也可在收平表面过程中压嵌 $\phi 8$ mm 圆钢或麻绳形成。

②立面敷抹水泥砂浆保护层，在防水层面层胶粘剂上粘结砂粒或小豆石，以增强保护层与防水层之间的粘结。

③水泥砂浆表面应抹平压光，不得有裂纹、脱皮、麻面、起砂等缺陷。

(3)细石混凝土保护层施工。

1)工艺流程。清扫防水层表面→找标准块（打疤出筋）→固定木枋作分格→设置隔离层→摊铺细石混凝土→铁辊滚压或人工拍打密实→刮尺找坡、刮平，初凝前木抹子提浆搓平→收水后二次搓平、收光→终凝前取出分格木条→养护不少于 7 d→清理干净临时保护遮盖物和堵塞物→保护层检查验收。

2)施工要点。

①一个分格内的细石混凝土宜一次连续完成，宜采取滚压或人工方式拍实、刮平表面，木抹子二次提浆收平。注意施工不宜采取机械振捣方式，不宜掺加水泥砂浆或干灰来抹压、收光表面。细石混凝土表面应抹平压光，不得有裂纹、脱皮、麻面、起砂等缺陷。

②细石混凝土铺设不宜留设施工缝；当施工间隙超过时间规定时，应对接槎进行处理。

③细石混凝土初凝后及时取出分格缝木条，修整好缝边。终凝前铁抹子压光。

④保护层内如配筋，钢筋网片设置在保护层中间偏上部位，预先用砂浆垫块支垫以保证位置。

⑤适时开始养护，养护时间不应少于 7 d，完成养护后干燥和清理分格缝、嵌填密封材料封闭。

(4)浅色涂料保护层施工。

1)工艺流程。卷材或涂膜防水层检查验收→清扫干净防水层表面→逐遍喷（或刷）涂浅色、反射涂料保护层→检查验收。

2)施工要点。

①保护层施工前，用柔软、干净的棉布擦拭、清除防水层表面的浮灰。

②浅色涂料应与卷材、涂膜相容，材料用量应根据产品说明书的规定使用。

③浅色涂料应多遍涂刷，涂刷方向应相互垂直；当防水层为涂膜时，应在涂膜固化后进行。

④按材料说明书的要求配制好涂料，顺序、均匀涂刷（或喷）保护层涂料，涂层表面应平整，不得流淌和堆积。

⑤涂层应与防水层粘结牢固，厚薄应均匀，不得漏涂。

(5)细砂、云母及蛭石保护层施工。

1)工艺流程。涂膜防水层检查→清扫干净防水层表面→喷(或刷)涂面层防水涂料→撒布细砂、云母或蛭石→清理干净临时保护遮盖物和堵塞物→保护层检查验收。

2)施工要点。

①细砂应清洗干净、干燥并筛去粉料，云母或蛭石应干燥并筛去粉料。

②在涂刷最后一道面层涂料时，边涂刷边撒布细砂、云母或蛭石，撒布要均匀、不露底。

③同时用软质胶辊在撒布料上反复轻轻滚压，促使撒布料牢固地粘结在涂层上。

④涂料干燥后扫除、收集未粘结牢的保护材料，经筛除细料后再予以利用。

(6)隔离层施工。

1)隔离层铺设不得有破损和漏铺现象。

2)干铺塑料膜、土工布、卷材时，其搭接宽度不应小于50 mm；铺设应平整，不得有皱褶。

3)低强度等级砂浆铺设时，其表面应平整、压实，不得有起壳和起砂等现象。

6.1.4 涂膜防水屋面施工

涂膜防水屋面找平层、保温层、隔离层、保护层等层次的施工与卷材防水屋面相应层次的施工相同。

6.1.4.1 作业条件

防水层基层应坚实、干净、平整，并应无孔隙、起砂和裂缝。基层的干燥程度应根据所选防水卷材的特性确定。当采用溶剂型、热熔型和反应固化型防水涂料时，基层应干燥。

屋面上各种预埋件、支座、伸出屋面管道、落水口等设施已安装就位，屋面找平层已检查验收，质量合格。

基层处理剂配制与施工应符合下列规定：基层处理剂应与卷材相容，配合比准确，搅拌均匀；喷、涂基层处理剂前，应先对屋面细部进行涂刷；基层处理剂可选用喷涂或涂刷施工工艺，喷、涂应均匀一致，干燥后应及时进行防水层施工。

涂膜防水层的施工环境温度应符合下列规定：水乳型及反应型涂料宜为5 ℃~35 ℃；溶剂型涂料宜为-5 ℃~35 ℃；热熔型涂料不宜低于-10 ℃；聚合物水泥涂料宜为5 ℃~35 ℃。

6.1.4.2 施工工艺

1. 工艺流程

基层清理→配料→细部密封处理→涂刷基层处理剂→细部附加层铺设→涂刷下层→铺设胎体增强材料→涂刷中间层→涂刷上层→检查修理→蓄水试验。

2. 防水涂料涂刷方向

涂膜防水施工应根据防水材料的品种分层分遍涂刷，不得一次涂成。防水涂膜在满足厚度要求的前提下，涂刷遍数越多对成膜的密实度越好。无论厚质涂料还是薄质涂料均不得一次成膜，每遍涂刷厚度要均匀，不可露底、漏涂，应待涂层干燥成膜后再涂刷下一层涂料。且前后两遍涂料的涂刷方向应相互垂直。

涂膜防水施工应按"先高后低，先远后近"的原则进行。高低跨屋面一般先涂刷高跨屋面，后涂刷低跨屋面；涂刷同一屋面时，要合理安排施工段；先涂刷雨水口、檐口等薄弱环节，再进行大面积涂刷。

当需铺设胎体增强材料，屋面坡度小于15%时，胎体增强材料平行或垂直屋脊铺设可视施工方便而定；屋面坡度大于15％时，为防止胎体增强材料下滑，应垂直于屋脊铺设。平行于屋脊铺设时，必须由最低处向上铺设，且顺水流方向搭接；胎体长边搭接宽度不小于50 mm，短边搭接宽度不小于70 mm。

3. 施工方法

涂膜防水施工方法有抹压法、涂刷法、涂刮法、机械喷涂法等。各种施工方法及其适用范围见表6-7。

表6-7 涂膜防水施工方法和适用范围

施工方法	具体做法	适用范围
滚涂法	用滚筒沾满涂料后进行涂刷。滚筒不可沾涂料太多，以涂料不溢出滚筒两边为原则，涂漆时滚筒不能滚动过快，应使滚筒缓慢滚动	适用于水乳型及溶剂型防水涂料的施工
刷涂法	用扁油刷、圆滚刷蘸防水涂料进行涂刷	适用于所有防水涂料用于细部构造时的防水施工
刮涂法	先将防水涂料倒在基层，用刮板往复涂刮，使其厚度均匀	适用于反应固化型防水涂料、热熔型防水涂料、聚合物水泥防水涂料施工
喷涂法	将防水涂料倒在喷涂设备内，通过压力喷枪将涂料均匀喷出	适用于水乳型及溶剂型防水涂料施工、反应固化型防水涂料施工、所有防水涂料用于细部构造时的防水施工

4. 施工要点

(1)基层处理。清理基层表面的尘土、砂粒、硬块等杂物，并去除浮尘，修补凹凸不平的部位。细部密封处理和附加层的铺设是必需的，要严格按照设计和规范要求处理，经验收后方可大面积施工。

(2)配料。双组分或多组分防水涂料应根据有效时间确定每次配制的数量，按配合比准确计量，采用电动机具搅拌均匀，已配制的涂料应及时使用。配料时，可加入适量的缓凝剂或促凝剂调节固化时间，但不得混合已固化的涂料。

(3)防水涂膜的涂布。涂膜防水施工应先做好细部处理，再进行大面积涂布。在基层处理剂基本干燥固化后，用塑料刮板或橡皮刮板均匀涂刷第一遍涂膜，厚度为0.8～1.0 mm，涂量约为1 kg/m^2。待第一遍涂膜干燥固化后(一般约为24 h)，涂刷第二遍涂膜。两遍涂层间隔时间不宜过长，否则容易出现分层的现象。两遍的涂刷方向应相互垂直，涂刷量略少于第一遍，厚度为0.5～1.0 mm，涂量约为0.7 kg/m^2。防水涂料应多遍涂布，待第二遍涂膜干燥后，应涂刷第三遍涂膜，直至达到设计规定厚度。需要注意的是，在涂刷时保持厚薄均匀，并不允许出现漏刷和起泡等缺陷，若发现起泡应及时处理；屋面转角及立面的涂膜应薄涂多遍，不得流淌和堆积。

涂膜间夹铺胎体增强材料时，宜边涂布边铺胎体；胎体应铺贴平整，排除气泡，并应与涂料粘结牢固。在胎体上涂布涂料时，应使涂料浸透胎体，并应覆盖完全，不得有胎体外露现象。最上面的涂膜厚度不应小于1.0 mm。

(4)胎体增强材料的铺设。胎体增强材料宜采用聚酯无纺布或化纤无纺布；胎体增强材料长边搭接宽度不应小于50 mm，短边搭接宽度不应小于70 mm；上、下层胎体增强材料的长边搭接缝应错开，且不得小于幅宽的1/3；上、下层胎体增强材料不得相互垂直铺设。

胎体增强材料可采用湿铺法或干铺法。湿铺法即边倒料、边涂刷、边铺贴的方法，在干燥的底层涂膜上，将涂料刷匀后铺放胎体材料，用滚刷进行滚压，确保上、下层涂膜结合良好。干铺法是在干燥涂层上干铺胎体材料，再满刮涂料一道，使涂料进入网格并渗透到已固化的涂膜上。铺贴好的胎体材料不允许出现皱褶、翘边、空鼓、露白等现象。

5. 质量要求

涂膜防水层的平均厚度应符合设计要求，且最小厚度不得小于设计厚度的80%。涂膜防水层在檐口、檐沟、天沟、水落口、泛水、变形缝和伸出屋面管道的防水构造，应符合设计要求。涂膜防水层与基层应粘结牢固，表面应平整，涂布应均匀，不得有流淌、皱褶、起泡和露胎体等缺陷。铺贴胎体增强材料应平整顺直，搭接尺寸应准确，应排除气泡，并应与涂料粘结牢固；胎体增强材料搭接宽度的允许偏差为−10 mm。涂膜防水层的收头应用防水涂料多遍涂刷。涂膜防水层不得有渗漏和积水现象。

▍第二课堂

1. 查阅相关资料，将任务补充完整。
2. 简述屋面防水工程施工程序。

任务 6.2　地下防水工程施工

▍任务描述

本任务要求依据《地下工程防水技术规范》(GB 50108)、《地下防水工程质量验收规范》(GB 50208)和地下工程施工的特点，编写宿舍楼地下防水工程的技术交底。

▍任务分析

地下防水工程设计方案，应该遵循以防为主，以排为辅的基本原则，做到因地制宜、设计先进、防水可靠、经济合理。地下防水工程比较复杂，设计时必须了解地下土质、水质及地下水水位情况，设计时采取有效设防，保证防水质量。对于特殊部位，如变形缝、施工缝、穿墙管、埋件等薄弱环节要精心设计，按要求作细部处理。

▍知识课堂

6.2.1　地下工程防水设防要求与防水方案

1. 地下工程的防水等级

地下工程的防水等级分为四级，各等级防水标准及适用范围应符合表6-8的规定。

地下防水工程施工

表6-8　地下工程各等级防水标准及适用范围

防水等级	防水标准	适用范围
一级	不允许渗水，结构表面无湿渍	适用于人员长期停留的场所；有少量湿渍会使物品变质、失效的贮物场所及严重影响设备正常运转和危及工程安全运营的部位；极重要的战备工程、地铁车站

续表

防水等级	防水标准	适用范围
二级	不允许渗水，结构表面可有少量湿渍； 工业与民用建筑：总湿渍面积不应大于总防水面积(包括顶板、墙面、地面)的1/1 000；任意100 m² 防水面积上湿渍不超过2处，单个湿渍的最大面积不大于0.1 m²； 其他地下工程：总湿渍面积不应大于总防水面积的2/1 000；任意100 m² 防水面积上的湿渍不超过3处，单个湿渍的最大面积不大于0.2 m²； 其中，隧道工程还要求平均渗水量不大于0.051 km²·d，任意100 m² 防水面积上的渗水量不大于0.151 km²·d	适用于人员经常活动的场所；在有少量湿渍的情况下不会使物品变质、失效的贮物场所及基本不影响设备正常运转和工程安全运营的部位；重要的战备工程
三级	有少量漏水点，不得有线流和漏泥砂； 任意100 m² 防水面积上的漏水点数不超过7处，单个漏水点的最大漏水不大于2.5 L/d，单个湿渍的最大面积不大于0.3 m²	适用于人员临时活动的场所；一般战备工程
四级	有漏水点，不得有线流和漏泥砂； 整个工程平均漏水量不大于2 L/(m²·d)；任意100 m² 防水面积的平均漏水量不大于4 L/(m²·d)	适用于对渗漏水无严格要求的工程

2. 地下工程的防水设防要求

地下工程的防水设防要求，应根据使用要求、结构形式、环境条件、施工方法及材料性能等因素合理确定。地下防水工程的施工方法可分为明挖法和暗挖法两种。房屋建筑地下工程一般都采用明挖法施工。明挖法是指敞口开挖基坑，再在基坑中修建地下工程结构，最后用土石回填恢复地面的施工方法。明挖法地下工程的防水设防要求，应按表6-9选用。

表6-9 明挖法地下工程防水设防要求

工程部位		主体结构						施工缝					后浇带			变形缝、诱导缝				
		防水混凝土	防水卷材	防水涂料	塑料防水板	膨润土防水材料	防水砂浆	金属板	遇水膨胀止水条或止水胶	外贴式止水带	中埋式止水带	外抹防水砂浆	外涂防水涂料	水泥基渗透结晶型防水涂料	预埋注浆管	补偿收缩混凝土	外贴式止水带	预埋注浆管	遇水膨胀止水条或止水胶	中埋式止水带	可卸式止水带	防水密封材料	外贴防水卷材	外涂防水涂料
防水等级	一级	应选	应选1~2种						应选2种						应选	应选	应选2种			应选2种				
	二级	应选	应选1种						应选1~2种						应选	应选	应选1~2种			应选1~2种				
	三级	应选	宜选1种						宜选1~2种						应选	宜选	宜选1~2种			宜选1~2种				
	四级	宜选	—						宜选1种						应选	应选	宜选1种			宜选1种				

3. 地下工程的防水方案

(1)采用防水混凝土结构,通过调整混凝土配合比或掺外加剂等方法,以提高混凝土的密实性和抗渗性,使其具有一定的防水能力。

(2)在地下结构表面附加防水层,如铺贴卷材防水层或抹水泥砂浆防水层等。

(3)采用防水加排水措施,即"防排结合"方案。排水方案常采用盲沟排水、渗排水与内排法排水等方法将地下水排走,以达到防水的目的。

6.2.2 防水材料认知

6.2.2.1 防水混凝土

防水混凝土可通过调整混凝土的配合比或掺加外加剂、掺合料等措施配制而成。防水混凝土适用于抗渗等级不小于 P6 的地下混凝土结构,不适用于环境温度高于 80 ℃的地下工程。

1. 类型

目前,在实际工程中主要采用的防水混凝土有普通防水混凝土、外加剂防水混凝土等。

(1)普通防水混凝土。普通防水混凝土即在普通混凝土集料级配的基础上,通过调整和控制配合比的方法,提高自身密实度和抗渗性的一种防水混凝土。配制普通防水混凝土通常以控制水胶比、适当增加砂率和水泥用量的方法来提高混凝土的密实度和抗渗性。水胶比一般不大于 0.6,每立方米混凝土的水泥用量不少于 300 kg,砂率以 35%~45% 为宜,灰砂比为 1∶2~1∶2.5,其坍落度以 30~50 mm 为宜,当采用泵送工艺时,混凝土的坍落度不受此限制。在最后确定施工配合比时既要满足地下防水工程抗渗等级等各项技术的要求,又要符合经济的原则。

(2)外加剂防水混凝土。外加剂防水混凝土是在混凝土中加入一定量的有机或无机物外加剂来改善混凝土的和易性,提高密实度和抗渗性,以适应工程需要的防水混凝土。外加剂防水混凝土的种类很多,常用的掺外加剂的防水混凝土有加气剂防水混凝土、防水剂防水混凝土、密实剂防水混凝土、减水剂防水混凝土、膨胀剂防水混凝土等。

1)加气剂防水混凝土。加气剂防水混凝土是在混凝土中产生 3%~6% 密闭气泡阻塞毛细孔来达到抗渗的目的。常采的用加气剂有松香酸钠等,掺量为 0.02%。

2)防水剂防水混凝土。其使水泥水化时产生氢氧化铁、氢氧化亚铁、氢氧化铝等凝胶体填充和阻塞毛细孔达到抗渗的目的。常采用氯化铁作防水剂,其掺量为水泥用量的 3%。

3)密实剂防水混凝土。其主要通过水泥水化物增多,结晶变细来减少毛细孔的数量和孔径而达到防水的目的。常采用三乙醇胺作密实剂,掺量为 0.05%。

4)减水剂防水混凝土。其防水机理是通过减少用水量和使水泥分散均匀,从而减少毛细孔的数量和孔径,增加密实性。常采用木质磺酸钙、硫酸钠盐等作减水剂,掺量为水泥用量的 0.2%~0.5%。

5)膨胀剂防水混凝土。膨胀剂加入混凝土中,能反应生成大量的结晶水化物——水化硫酸钙或氢氧化钙等,使混凝土产生适度的膨胀,在钢筋和邻位的约束下,膨胀能转变为压应力(0.2~0.7 MPa),这一压应力大致可以抵消混凝土在硬化过程中产生的收缩的拉应力,使混凝土致密,以防止或减少收缩开裂,从而起到防水抗渗作用。常采用的膨胀型防水剂有 UEA 防水剂、明矾石膨胀剂等,其掺量为水泥用量的 10% 左右。

常用防水混凝土的特点及使用范围见表 6-10。

表 6-10 常用防水混凝土的特点及使用范围

种类		最高抗渗压力/MPa	特点	适用范围
普通防水混凝土		>3.0	施工简便,材料来源广	适用于一般工业、民用建筑及公共建筑的地下防水工程
外加剂防水混凝土	引气剂防水混凝土	>2.2	抗冻性好	适用于北方高寒地区抗冻性要求较高的防水工程
	减水剂防水混凝土	>3.3	拌合物流动性好	适用于钢筋密集或捣固困难的薄壁型防水构筑物,也适用于对混凝土结构时间和流动性有特殊要求的防水工程
	三乙醇胺密实剂防水混凝土	>3.8	早期强度高,抗渗等级高	适用于工期紧迫,要求早强及抗渗性较高的防水工程及一般的防水工程
	氯化铁防水剂混凝土	>3.8	价格低,耐久性好,抗腐蚀	适用于水中结构无筋、少筋厚大防水混凝土工程及一般地下防水工程,砂浆修补抹面工程,薄壁结构上不宜使用
	膨胀剂防水混凝土	>3.8	密实性好,抗裂性好	适用于地下工程和地上防水构筑物、山洞、非金属油罐和主要工程的后浇缝

2. 技术要求

(1)防水混凝土应满足抗渗等级的要求,并应根据地下工程所处的环境和工作条件,满足抗压、抗冻和抗侵蚀等耐久性要求。

(2)防水混凝土的配合比应经试验确定,并应符合下列规定:

1)试配要求的抗渗水压值应比设计值提高 0.2 MPa;

2)混凝土胶凝材料总量不宜小于 320 kg/m³,其中,水泥用量不宜小于 260 kg/m³,粉煤灰掺量宜为胶凝材料总量的 20%～30%,硅粉的掺量宜为胶凝材料总量的 2%～5%;

3)水胶比不得大于 0.50,有侵蚀性介质时水胶比不宜大于 0.45;

4)砂率宜为 35%～40%,泵送时可增至 45%;

5)灰砂比宜为 1:1.5～1:2.5;

6)混凝土拌合物的氯离子含量不应超过胶凝材料总量的 0.1%;混凝土中各类材料的总碱量即 Na_2O 含量不得大于 3 kg/m³;

7)掺加引气剂或引气型减水剂时,混凝土含气量应控制在 3%～5%;

8)使用减水剂时,减水剂宜配制成一定浓度的溶液。

(3)防水混凝土采用预拌混凝土时,入泵坍落度宜控制在 120～160 mm,坍落度每小时损失不应大于 20 mm,坍落度总损失值不应大于 40 mm。预拌混凝土的初凝时间宜为 6～8 h。

2. 附加层防水材料

附加层防水材料有防水砂浆、防水卷材、防水涂料、塑料板防水板和金属板防水板。

防水砂浆包括普通水泥砂浆、聚合物水泥防水砂浆、掺外加剂或掺合料防水砂浆等,宜采用多层抹压法施工。水泥砂浆防水层可用于结构主体的迎水面或背水面。防水砂浆防水层不适用于环境有侵蚀性、持续振动或温度高于 80 ℃的地下工程。

常用的防水卷材有高聚物改性沥青防水卷材和合成高分子防水卷材。卷材防水层为一或二层。高聚物改性沥青防水卷材厚度不应小于 3 mm,单层使用时,厚度不应小于 4 mm,双层使用时,总厚度不应小于 6 mm;合成高分子卷材单层使用时,厚度不应小于 1.5 mm,双层使用时，总厚度不应小于 2.4 mm。防水卷材适用于受侵蚀性介质或受振动的地下工程主体迎水面或背水面的防水层。

防水涂料包括无机防水涂料和有机防水涂料。无机防水涂料可选用水泥基防水涂料、水泥基渗透结晶型涂料；有机防水涂料可选用反应型、水乳型、聚合物水泥防水涂料。无机防水涂料宜用于结构主体的背水面；有机防水涂料宜用于结构主体的迎水面。用于背水面的有机防水涂料应具有较高的抗渗性，且与基层有较强的黏结性。

塑料板防水适用于铺设在初期支护与二次衬砌间的防水层。金属板防水适用于抗渗性能要求较高的地下工程中以金属板材焊接而成的防水层。

6.2.3 卷材防水层施工

6.2.3.1 作业条件

(1)在地下防水工程施工前及施工期间，应确保基础坑内不积水。
(2)卷材防水层铺贴前，所有穿过防水层的管道、预埋件均应施工完毕，并作防水处理。
(3)卷材防水层施工前，基层表面应坚实、平整、洁净、干燥，不得有起砂、空鼓等现象。

6.2.3.2 施工工艺

1. 卷材防水设置做法

外防水是把卷材防水层设置在建筑结构的外侧迎水面，是建筑结构的第一道防水层。受外界压力水的作用，防水层紧压于结构上，防水效果好。地下工程的柔性防水层应采用外防水做法，而不采用内防水做法。混凝土外墙防水有外防外贴法(图 6-6)和外防内贴法(图 6-7)两种。外防外贴法是墙体混凝土浇筑完毕、模板拆除后将立面卷材防水层直接铺设在需防水结构的外墙外表面；外防内贴法是在混凝土垫层上砌筑永久保护墙，将卷材防水层铺贴在底板垫层和永久保护墙上，再浇筑混凝土外墙。外防外贴法和外防内贴法两种设置方式的优点、缺点比较，见表 6-11。

表 6-11 外防外贴法和外防内贴法的优点、缺点比较

名称	优点	缺点
外防外贴法	便于检查混凝土结构及卷材防水层的质量，且容易修补，卷材防水可以直接贴在结构外表面，防水层较少受结构沉降变形影响	工序多、工期长、作业面大、土方量大、外墙模板需用量大，底板与墙体留槎部位预留的卷材接头不易保护好
外防内贴法	工序简便、工期短，无需作业面，土方量较小，节约外墙外侧模板，卷材防水层无需临时固定留槎，可连续铺贴，质量容易保证	卷材防水层及混凝土结构的抗渗质量不易检查，修补困难，受结构沉降变形影响，容易断裂、产生漏水，墙体单侧支模质量控制较难，浇捣结构混凝土时，可能会损坏防水层

由于外防外贴法的防水效果优于外防内贴法，所以在施工场地和条件不受限制时一般均采用外防外贴法。

(1)外防外贴法工艺流程。外防外贴法的主要施工过程为：在垫层上先铺好底板卷材防水层，进行混凝土底板与墙体施工，待墙体模板拆除后，再将卷材防水层直接铺贴在墙面上，然后施工垂直保护层。其具体工艺流程为：在混凝土垫层上放保护墙线→砌筑保护墙→抹保护墙找平层→抹垫层找平层→涂布底胶→铺贴附加层→铺贴平面与保护墙卷材→抹保护层→底板及墙体施工→外墙面抹找平层→涂布底胶→铺阴阳角附加层→外墙面卷材施工→垂直保护层施工。

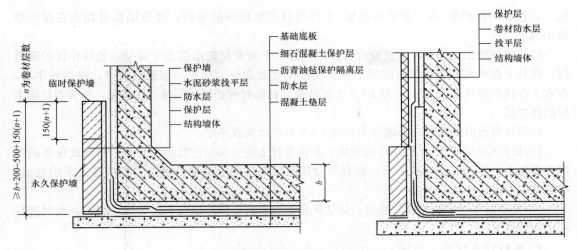

图 6-6 外防外贴法卷材防水的构造

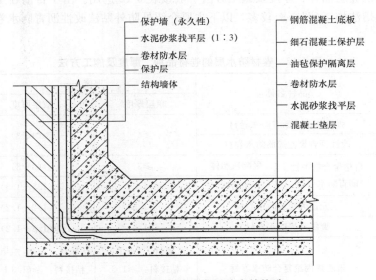

图 6-7 外防内贴法卷材防水的构造

(2) 外防外贴法施工要点。

1) 先浇筑需防水结构的底面混凝土垫层，垫层宜宽出永久性保护墙 50~100 mm。

2) 在底板外侧，用 M5 水泥砂浆砌筑宽度不小于 120 mm 的永久性保护墙，墙的高度不小于结构底板厚度时再加 120 mm。

3) 在永久性保护墙上用石灰砂浆直接砌临时保护墙，墙高为 300 mm。

4) 在垫层和永久性保护墙上抹 1:3 水泥砂浆找平层，转角处抹成圆弧形。在临时保护墙上用石灰砂浆抹找平层。

5) 找平层干燥并清扫干净后，按照所用的不同卷材种类，涂刷相应的基层处理剂，如采用空铺法，可不涂基层处理剂。

6) 在大面积贴铺防水层前，先在转角处、预埋管道和突出物周边粘贴一层卷材附加层，附加层宽度不宜小于 500 mm。

7) 大面积贴铺防水层，先铺平面，再铺立面。在永久性保护墙上卷材防水层采用空铺法施工；在临时保护墙（或围护结构模板）上将卷材防水层临时贴附，并分层临时固定在保护墙最上端。

8）防水层施工完毕并经检查验收合格后，宜在平面卷材防水层上干铺一层卷材作保护隔离层，在其上做水泥砂浆或细石混凝土保护层；在立面卷材上涂布一层胶后撒砂，将砂粘牢后，在永久性保护墙区段抹20 mm厚1：3水泥砂浆，在临时保护墙区段抹石灰砂浆，作为卷材防水层的保护层。

9）墙体模板拆除后，在外墙外表面抹1：3水泥砂浆找平层。

10）拆除临时保护墙，清除石灰砂浆，并将卷材上的浮灰和污物清洗干净，再将此区段的外墙外表面上补抹水泥砂浆找平层，将卷材分层错槎搭接向上铺贴，上层卷材应盖过下层卷材，搭接宽度不应小于150 mm。

11）外墙防水层经检查验收合格，确认无渗漏隐患后，做外墙防水层的保护层，并及时进行槽边回填施工。

2. 卷材防水层施工方法

卷材防水层的卷材品种、厚度及施工方法一般按表6-12选用。由于目前在工程上采用改性沥青防水卷材热熔法施工（图6-8）较多，以下主要介绍外防外贴法改性沥青防水卷材热熔法施工的工艺。

表6-12　卷材防水层的卷材品种、厚度及施工方法

类别	品种名称		厚度/mm		施工方法
			单层厚度	双层厚度	
高聚物改性沥青类防水卷材	弹性体改性沥青防水卷材		≥4	≥(4+3)	热熔法
	改性沥青聚乙烯胎防水卷材		≥4	≥(4+3)	
	自粘聚合物改性沥青防水卷材	聚酯毡胎体	≥3	≥(3+3)	自粘法
		无胎体	≥1.5	≥(1.5+1.5)	
合成高分子类防水卷材	三元乙丙橡胶防水卷材		≥1.5	≥(1.2+1.2)	冷粘法
	聚氯乙烯防水卷材		≥1.5	≥(1.2+1.2)	焊接法
	聚乙烯丙纶复合防水卷材		卷材：≥0.9 粘接料：≥1.3 芯材：≥0.6	卷材：≥(0.7+0.7) 粘接料：≥(1.3+1.3) 芯材：≥0.5	冷粘法
	高分子自粘胶膜防水卷材		≥1.2	—	自粘法

(1)工艺流程。清理基层→涂刷基层处理剂→铺贴附加层卷材→铺贴大面卷材→封边。

(2)施工要点。

1)清理基层。将已检验合格的基层清扫干净。

2)涂刷基层处理剂。在干净、干燥的基层上涂刷基层处理剂，涂刷要均匀，盖底，不得漏刷。

3)铺贴附加层卷材。待基层处理剂干燥后，按设计要求在阴阳角、穿墙管道根部、预埋件等部位先铺贴一层卷材附加层，要铺贴平整、粘结牢固。在地下室阴阳角处，铺贴卷材时卷材的接缝应留在平面上，距离立面不小于600 mm处。

图6-8　热熔法卷材施工

4)热熔铺贴大面卷材。点燃火焰喷枪，用火焰喷枪烘烤卷材底面与基层交界处，使卷材表

面的沥青熔化，喷枪与卷材的距离根据火焰大小而定，一般距离为 0.3～0.5 m，沿卷材幅宽往返烘烤，同时向前滚动卷材，然后用压辊滚压或用小抹子抹平、粘牢。施工时应注意火焰大小和移动速度，使卷材表面熔化，熔化时切忌烤透卷材，以防粘连。

5) 热熔封边。用热熔法进行卷材的搭接，一边用喷枪加热搭接外露部分，使沥青熔化，然后用抹子将搭接处抹平，使卷材的接缝粘结牢固。

3. 卷材铺贴施工要求

(1) 铺贴防水卷材前，基层阴阳角应做成圆弧或 45°坡角，基面应干净、干燥，并涂刷基层处理剂；当基面较潮湿时，应涂刷湿固化型胶粘剂或潮湿界面隔离剂。

(2) 基层处理剂的配制与施工应符合下列要求：

1) 基层处理剂应与卷材及其粘结材料的材性相容。
2) 基层处理剂喷涂或刷涂应均匀一致，不应露底，表面干燥后方可铺贴卷材。

(3) 采用外防外贴法铺贴卷材防水层时，应符合下列规定：

1) 应先铺平面，后铺立面，交接处应交叉搭接。
2) 临时性保护墙宜采用石灰砂浆砌筑，内表面宜做找平层。
3) 从底面折向立面的卷材与永久性保护墙的接触部位，应采用空铺法施工；卷材与临时性保护墙或围护结构模板的接触部位，应将卷材临时贴附在该墙上或模板上，并应将顶端临时固定。
4) 当不设保护墙时，从底面折向立面的卷材接槎部位应采取可靠的保护措施。
5) 混凝土结构完成，铺贴立面卷材时，应先将接槎部位的各层卷材揭开，并应将其表面清理干净，如卷材有局部损伤，应及时进行修补；卷材接槎的搭接长度，高聚物改性沥青类卷材应为 150 mm，合成高分子类卷材应为 100 mm；当使用两层卷材时，卷材应错槎接缝，上层卷材应盖过下层卷材。

卷材防水层甩槎、接槎构造如图 6-9 所示。

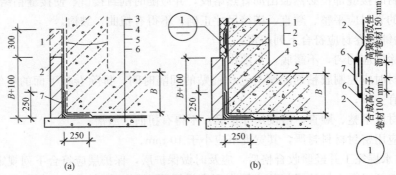

图 6-9 卷材防水层甩槎、接槎做法

(a) 甩槎

1—临时保护墙；2—永久保护墙；3—细石混凝土保护层；4—卷材防水层；
5—水泥砂浆找平层；6—混凝土垫层；7—卷材加强层

(b) 接槎

1—结构墙体；2—卷材防水层；3—卷材保护层；4—卷材加强层；
5—结构底板；6—密封材料；7—盖缝条

(4) 防水卷材的搭接宽度应符合表 6-13 的要求。铺贴双层卷材时，上、下两层和相邻两幅卷材的接缝应错开 1/3～1/2 幅宽，且两层卷材不得相互垂直铺贴。

表 6-13 防水卷材的搭接宽度

卷材品种	搭接宽度/mm	卷材品种	搭接宽度/mm
弹性体改性沥青防水卷材	100	聚氯乙烯防水卷材	60/80（单焊缝/双焊缝）
改性沥青聚乙烯胎防水卷材	100		100（胶粘剂）
自粘聚合物改性沥青防水卷材	80	聚乙烯丙纶复合防水卷材	100（粘结料）
三元乙丙橡胶防水卷材	100/60（胶粘剂/胶粘带）	高分子自粘胶膜防水卷材	70/80（自粘胶/胶粘带）

(5) 铺贴各类防水卷材应符合下列规定：

1) 应铺设卷材加强层。

2) 结构底板垫层混凝土部位的卷材可采用空铺法或点粘法施工，其粘结位置、点粘面积应按设计要求确定；侧墙采用外防外贴法的卷材及顶板部位的卷材应采用满粘法施工。

3) 卷材与基面、卷材与卷材之间的粘结应紧密、牢固；铺贴完成的卷材应平整顺直，搭接尺寸应准确，不得产生扭曲和皱褶。

4) 卷材搭接处和接头部位应粘贴牢固，接缝口应封严或采用材性相容的密封材料封缝。

5) 铺贴立面卷材防水层时，应采取防止卷材下滑的措施。

6) 铺贴双层卷材时，上、下两层和相邻两幅卷材的接缝应错开 1/3～1/2 幅宽，且两层卷材不得相互垂直铺贴。

(6) 热熔法铺贴卷材应符合下列规定：

1) 火焰加热器加热卷材应均匀，不得过分加热或烧穿卷材；厚度小于 3 mm 的高聚物改性沥青防水卷材，严禁采用热熔法施工；

2) 卷材表面热熔后应立即滚铺卷材，排除卷材下面的空气，并辊压粘结牢固，不得有空鼓；

3) 滚铺卷材时接缝部位必然溢出沥青热熔胶，并应随时刮封接口，使接缝粘结严密；

4) 铺贴后的卷材应平整、顺直，搭接尺寸正确，不得有扭曲、皱褶。

(7) 冷粘法铺贴卷材应符合下列规定：

1) 胶粘剂涂刷应均匀，不露底，不堆积；

2) 铺贴卷材时应控制胶粘剂涂刷与卷材铺贴的间隔时间，排除卷材下面的空气，并辊压粘结牢固，不得有空鼓；

3) 铺贴卷材应平整、顺直，搭接尺寸正确，不得有扭曲、皱褶；

4) 接缝口应用密封材料封严，其宽度不应小于 10 mm。

(8) 卷材防水层完工并经验收合格后，应及时做保护层，保护层应符合下列规定：

1) 顶板的细石混凝土保护层与防水层之间宜设置隔离层。细石混凝土保护层厚度：机械回填时不宜小于 70 mm，人工回填时不宜小于 50 mm；

2) 底板的细石混凝土保护层厚度不应小于 50 mm；

3) 侧墙宜采用软质保护材料或铺抹 20 mm 厚 1∶2.5 水泥砂浆。

6.2.4 细部构造防水施工

地下工程混凝土结构的施工缝、变形缝、后浇带、穿墙管（盒）、埋设件等细部构造，是地下工程防水的薄弱环节。做好地下工程混凝土结构细部构造防水，显得更为重要。这里主要介绍变形缝和后浇带的施工。

6.2.4.1 施工缝

(1)防水混凝土应连续浇筑,宜少留设施工缝。当留设施工缝时,应符合下列规定:
1)墙体水平施工缝不应留设在剪力最大处或底板与侧墙的交接处,应留设在高出底板表面不小于300 mm的墙体上。拱(板)墙结合的水平施工缝,宜留设在拱(板)墙接缝线以下150～300 mm处。墙体有预留孔洞时,施工缝距离孔洞边缘不应小于300 mm。
2)垂直施工缝应避开地下水和裂隙水较多的地段,并宜与变形缝相结合。
(2)当采用两种以上施工缝防水构造措施时可进行有效组合。
(3)施工缝的施工应符合下列规定:
1)水平施工缝浇筑混凝土前,应将其表面浮浆和杂物清除,然后铺设净浆或涂刷混凝土界面处理剂、水泥基渗透结晶型防水涂料等材料,再铺30～50 mm厚的1:1水泥砂浆,并应及时浇筑混凝土。
2)垂直施工缝浇筑混凝土前,应将其表面清理干净,再涂刷混凝土界面处理剂或水泥基渗透结晶型防水涂料,并应及时浇筑混凝土。
3)遇水膨胀止水条(胶)应与接缝表面密贴。
4)选用的遇水膨胀止水条(胶)应具有缓胀性能,7 d的净膨胀率不宜大于最终膨胀率的60%,最终膨胀率宜大于220%。
5)采用中埋式止水带或预埋式注浆管时,应定位准确、固定牢靠。

6.2.4.2 变形缝

1. 施工准备

(1)材料准备。
1)变形缝用止水带、填缝材料和密封材料必须符合设计要求。
2)所使用混凝土的强度、抗渗性应符合设计及相关规范要求。
(2)主要机具:混凝土搅拌机、混凝土坍落度筒、振捣棒、平板振动器、手推车、夹钳、活动扳手、电焊机、剪刀等。
(3)作业条件:底板的垫层、防水层、防水保护层、底板钢筋、侧壁钢筋已施工完毕。

2. 施工工艺

(1)工艺流程。变形缝施工的工艺流程为:对变形缝的位置及尺寸进行放线→钢筋施工→橡胶止水带固定→侧模封闭→混凝土浇筑、养护→侧模拆除→将用塑料薄膜或铝箔包装成型的填缝材料定位、固定。
构造:据结构变形情况、水压大小、防水等级确定。
(2)施工要求。
1)变形缝处混凝土结构的厚度不应小于300 mm。变形缝的宽度宜为20～30 mm。变形缝的防水措施可根据工程开挖方法、防水等级按表6-9选用。变形缝防水构造必须符合设计要求。变形缝的几种复合防水构造形式,如图6-10～图6-12所示。
2)中埋式止水带埋设位置应准确,其中间空心圆环应与变形缝的中心线重合;中埋式止水带的接缝宜为一处,应设在边墙较高位置上,不得设在结构转角处;接头宜采用热压焊接,接缝应平整、牢固,不得有裂口和脱胶现象;中埋式止水带在转弯处应做成圆弧形,(钢边)橡胶止水带的转角半径不应小于200 mm,转角半径应随止水带的宽度增大而相应加大;顶板、底板内止水带应安装成盆状,并宜采用专用钢筋套或扁钢固定;中埋式止水带先施工一侧混凝土时,其端模应支撑牢固,并应严防漏浆。
3)外贴式止水带在变形缝与施工缝相交部位宜采用十字配件;外贴式止水带在变形缝转角

部位宜采用直角配件。止水带埋设位置应准确,固定应牢靠,并与固定止水带的基层密贴,不得出现空鼓、翘边等现象。

4)安设于结构内侧的可卸式止水带所需配件应一次配齐,转角处应做成45°折角,并增加紧固件的数量。

5)嵌填密封材料的缝内两侧基面应平整、洁净、干燥,并应涂刷基层处理剂;嵌缝底部应设置背衬材料;密封材料嵌填应严密、连续、饱满,粘结牢固。

6)变形缝处表面粘贴卷材或涂刷涂料前,应在缝上设置隔离层和加强层。

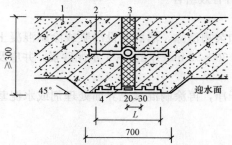

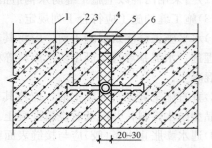

图 6-10 中埋式止水带与外贴防水层复合使用
外贴式止水带 $L \geq 300$;外贴防水卷材 $L \geq 400$;
外涂防水涂层 $L \geq 400$
1—混凝土结构;2—中埋式止水带;
3—填缝材料;4—外贴止水带材料

图 6-11 中埋式止水带与嵌缝材料复合使用
1—混凝土结构;2—中埋式止水带;
3—防水层;4—隔离层;
5—密封材料;6—填缝材料

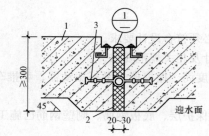

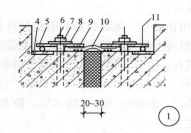

图 6-12 中埋式止水带与可卸式止水带复合使用
1—混凝土结构;2—填缝材料;3—中埋式止水带;4—预埋钢板;5—紧固件压板;
6—预埋螺栓;7—螺母;8—垫圈;9—紧固件压块;10—Ω型止水带;11—紧固件圆钢

3. 成品保护

(1)变形缝处混凝土模板的拆除时间不宜小于 24 h,以确保变形缝处混凝土的成型质量。

(2)橡胶质止水带的运输施工应小心轻放,禁止野蛮施工,以防止钉子、钢筋等锐器扎伤止水带。

(3)混凝土施工完毕应及时养护,以确保混凝土的强度。

6.2.4.3 后浇带

为适应环境温度变化、混凝土收缩、结构不均匀沉降等因素的影响,在梁、板(包括基础底板)、墙等结构中预留的具有一定宽度且经过一定时间后再浇筑的混凝土带,称为后浇带。后浇带宜用于不允许留设变形缝的工程部位,并且应设在受力和变形较小的部位,其间距和位置应按结构设计要求确定,宽度宜为 700~1 000 mm。后浇带两侧可做成平直缝或阶梯缝,其防水构造形式宜采用图 6-13~图 6-15 所示的方法。

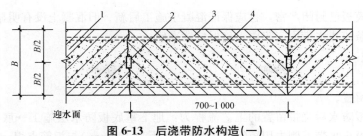

图 6-13　后浇带防水构造（一）
1—先浇混凝土；2—结构主筋；3—外贴式止水带；
4—后浇补偿收缩混凝土

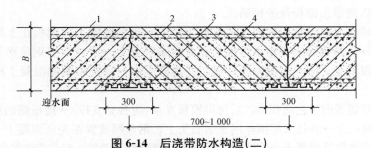

图 6-14　后浇带防水构造（二）
1—先浇混凝土；2—遇水膨胀止水条（胶）；3—结构主筋；
4—后浇补偿收缩混凝土

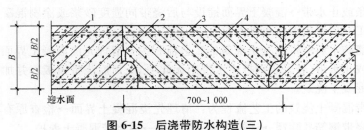

图 6-15　后浇带防水构造（三）
1—先浇混凝土；2—遇水膨胀止水条（胶）；
3—结构主筋；4—后浇补偿收缩混凝土

1. 施工准备

(1) 材料准备。

1) 后浇带用遇水膨胀止水条或止水胶、预埋注浆管、外贴式止水带必须符合设计要求。

2) 后浇带应采用补偿收缩混凝土，其原材料及配合比必须符合设计要求，抗渗和抗压强度等级不应低于两侧混凝土；在满足强度要求及工艺要求的情况下，其坍落度宜尽可能小一些。采用掺膨胀剂的补偿收缩混凝土，其膨胀剂掺量不宜大于胶凝材料总量的12%，抗压强度、抗渗性能和限制膨胀率必须符合设计要求。

(2) 主要机具。主要机具包括混凝土搅拌机、混凝土坍落度筒、天平、振捣棒、平板振动器、手推车、电焊机、剪刀等。

(3) 作业条件。

1) 后浇带的位置、宽度应符合设计要求。

2) 后浇带应在其两侧混凝土龄期达到42 d后再施工；高层建筑的后浇带施工应按规定时间进行。

3) 对后浇带处的钢筋应进行除锈，并将钢筋调整平直。

4)后浇带的模板已封闭严密,且应保证混凝土施工后新、旧混凝土没有明显的接槎。

5)已将止水条或止水带固定牢固,确保位置准确。

2. 施工工艺

(1)工艺流程。

1)后浇带的留置。

①地下室底板防水后浇带留置的工艺流程为:地下室底板防水层施工→底板底层钢筋绑扎→后浇带两侧钢板止水带下侧先用短钢筋头(钢筋间距为400 mm)与板筋点焊→绑扎双层钢丝网于钢筋头上,钢丝网放置在先浇混凝土一侧→钢板止水带安置→钢板止水带上侧短钢筋头点焊及绑扎双层钢丝网于钢筋头上→后浇带两侧混凝土施工→后浇带处混凝土余浆清理→后浇带两侧混凝土养护→后浇带盖模板保护钢筋。

②地下室外墙防水后浇带留置的工艺流程为:墙常规钢筋施工→钢板止水带安置→钢板处柱分离箍筋焊接→焊短钢筋头于止水钢板上和剪力墙竖筋上→绑扎双层钢丝网于钢筋头上,钢丝网放置在先浇混凝土一侧→封剪力墙外模,并加固牢固→后浇带两侧混凝土浇筑→后浇带两侧混凝土养护。

③楼板后浇带留置的工艺流程为:后浇带模板支承(应独立支撑)→楼板钢筋绑扎→焊短钢筋头于板面筋和底板筋上→绑扎双层钢丝网于钢筋头上,钢丝网放置在先浇混凝土一侧→后浇带两侧混凝土浇筑→后浇带处混凝土余浆清理→后浇带两侧混凝土养护→后浇带盖模板保护钢筋。

2)后浇带混凝土浇筑。

①地下室底板防水后浇带混凝土浇筑的工艺流程为:凿毛并清洗混凝土界面→钢筋除锈、调整→安装止水条或止水带→混凝土界面铺设与后浇带同强度砂浆或涂刷混凝土界面处理剂→后浇带混凝土施工→后浇带混凝土养护。

②地下室外墙防水后浇带混凝土浇筑的工艺流程为:清理先浇混凝土界面→钢筋除锈、调直→放置止水条或止水带(若采用钢板止水带则无此项)→封后浇带模板,并加固牢固→浇水湿润模板→后浇带混凝土浇筑。

③楼板后浇带混凝土浇筑的工艺流程为:清理先浇混凝土界面→检查原有模板的严密性与可靠性→调整后浇带钢筋并除锈→浇筑后浇带混凝土→后浇带混凝土养护。

(2)施工要求。

1)后浇带防水构造必须符合设计要求。

2)后浇带两侧的接缝表面应先清理干净,再涂刷混凝土界面处理剂或水泥基渗透结晶型防水涂料;后浇混凝土的浇筑时间应符合设计要求。

3)遇水膨胀止水条应具有缓膨胀性能;止水条与施工缝基面应密贴,中间不得有空鼓、脱离等现象;止水条应牢固地安装在缝表面或预留凹槽内;当止水条采用搭接连接时,搭接宽度不得小于30 mm。

4)遇水膨胀止水胶应采用专用注胶器挤出,粘结在施工缝表面,并做到连续、均匀、饱满,无气泡和孔洞,挤出宽度及厚度应符合设计要求;止水胶挤出成形后,在固化期内应采取临时保护措施;止水胶固化前不得浇筑混凝土。

5)预埋注浆管应设置在施工缝断面中部,注浆管与施工缝基面应密贴并固定牢靠,固定间距宜为200~300 mm;注浆导管与注浆管的连接应牢固、严密,导管埋入混凝土内的部分应与结构钢筋绑扎牢固,导管的末端应临时封堵严密。

6)外贴式止水带在变形缝与施工缝相交部位宜采用十字配件;外贴式止水带在变形缝转角部位宜采用直角配件。止水带埋设位置应准确,固定应牢靠,并与固定止水带的基层密贴,不得出现空鼓、翘边等现象。

7)后浇带混凝土应一次浇筑,不得留设施工缝。

8)混凝土浇筑后应及时养护,养护时间不得少于28 d。

6.2.4.4 穿墙管道

(1)固定管:外焊止水板或粘遇水膨胀橡胶圈(图6-16)。

(2)预埋焊有止水板的套管:穿管临时固定后,外侧填塞油麻丝等填缝材料,用防水密封膏等嵌缝;里侧填入两个橡胶圈,并用带法兰的短管挤紧,螺栓固定。

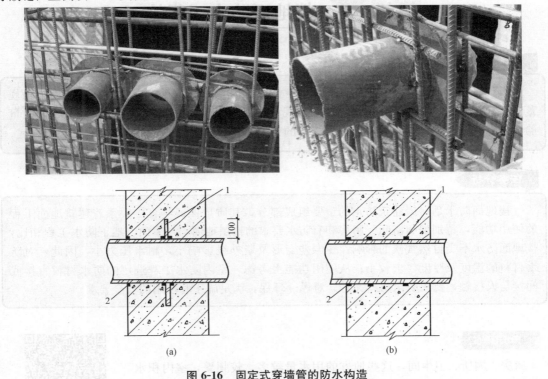

图 6-16 固定式穿墙管的防水构造
(a)焊钢板止水环;(b)粘遇水膨胀橡胶圈
1—钢板止水环;2—嵌缝材料

6.2.4.5 穿墙螺栓

防水混凝土墙体支模时宜用工具式穿墙螺栓,工具式穿墙螺栓分为内置节及外置节,内置节上焊止水环。拆模时,将外置节取下,再以嵌缝材料及聚合物水泥砂浆螺栓凹槽封堵严密,内置节留在防水混凝土墙内,其防水做法如图6-17所示。

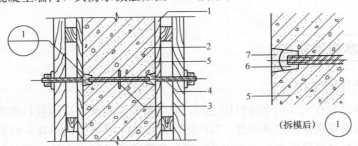

图 6-17 工具式穿墙螺栓的防水做法示意
1—模板;2—结构混凝土;3—止水环;4—工具式穿墙螺栓;5—固定模板用螺栓;6—嵌缝材料;7—聚合物水泥砂浆

第二课堂

1. 查阅相关资料，将任务补充完整。
2. 简述地下防水工程施工程序。

任务6.3　楼地面防水工程施工

任务描述

本任务要求依据《住宅室内防水工程技术规范》(JGJ 298)、《住宅装饰装修工程施工规范》(GB 50327)、《建筑室内防水工程技术规程》(CECS 196)、《住宅室内装饰装修工程质量验收规范》(JGJ/T 304)和楼地面工程施工的特点，编写宿舍楼楼地面防水工程的技术交底。

任务分析

楼地面防水是房屋建筑防水的重要组成部分，其质量保证将直接关系着建筑地面工程的使用功能，特别是厕浴间、厨房和有防水要求的楼层地面。与屋面、地下防水工程相比，楼地面防水不受自然气候的影响，受温差变形及紫外线影响小，耐水压力小，因此，对防水材料的温度及厚度要求较小；从使用功能上考虑，室内防水工程选用的防水材料直接或间接与人接触，要求防水材料无毒、难燃、环保，满足施工和使用的安全要求。

知识课堂

厨房、厕所、卫生间，这些地方的用水量较多、较频繁，室内积水的机会也多，容易发生漏水现象。因此，对这些地方要采取有效的防潮、防水措施，满足其防水要求。室内有防水要求房间的防水工程是同样关系到建筑使用功能的关键工程。有防水要求的房间主要有卫生间、厨房、淋浴间等。这些房间普遍存在面积较小、管道多、工序多、阴阳转角复杂、房间长期处于潮湿受水状态等不利条件。房间的防水层以涂膜、刚性防水层为主，主要选用聚氨酯涂膜防水或聚合物水泥砂浆。卷材防水不适应这些部位防水施工的特殊性。房间内防水层的要求和施工工序基本同屋面、地下防水层。保证房间防水质量的关键是合理安排好工序，并做好成品保护工作。

楼地面防水工程

6.3.1　防水材料认知

6.3.1.1　胎体增强材料

胎体增强材料设置在两层防水涂料层之间，可以增强涂膜防水层的抗拉强度，增加涂膜的厚度，提高防水层的耐穿刺性和总体强度，其作用类似于防水卷材中的胎体，所以称为胎体增强材料。常用胎体增强材料有聚酯无纺布、化纤无纺布和玻璃纤维网格布等，其材料的质量要求见表6-14。胎体增强材料宜选用30~50 g/m² 的聚酯无纺布或聚丙烯无纺布。

表 6-14 胎体增强材料质量要求

项目	外观	拉力		延伸率	
		横向	纵向	横向	纵向
聚酯无纺布	均匀，无团状，平整无褶皱	≥100 N	≥150 N	≥20%	≥10%
化纤无纺布		≥35 N	≥45 N	≥25%	≥20%
玻纤网格布		≥50 N	≥90 N	≥3%	≥3%

6.3.1.2 密封材料

密封材料是能承受接缝位移达到气密、水密目的而嵌入建筑接缝中的材料。室内防水工程的密封材料宜采用丙烯酸建筑密封胶、聚氨酯建筑密封胶或硅酮建筑密封胶。对于地漏、大便器、排水立管等穿越楼板的管道根部，宜使用丙烯酸酯建筑密封胶或聚氨酯建筑密封胶嵌填。

1. 丙烯酸酯密封胶

丙烯酸酯密封胶是丙烯酸树脂掺入增塑剂、分散剂、碳酸钙等配制而成，有溶剂型和水乳型两种。这种密封胶弹性好，能适应一般基层的伸缩变形，具有优异的抗紫外线性能，尤其是对于透过玻璃的紫外线。同时，它具有良好的耐候性、耐热性、低温柔性、耐水性等性能，并且具有良好的着色性，无污染。

2. 聚氨酯密封胶

聚氨酯密封胶一般用双组分配制，甲组分是含有异氰酸酯基的预聚体，乙组分是含有多羟基的固化剂与增塑剂、填充料以及稀释剂等。使用时，将甲、乙两组分按比例混合，经固化反应生成弹性体。这种密封胶能够在常温下固化，并有着优异的弹性、耐热耐寒性和耐久性，与混凝土、木材、金属、塑料等多种材料有着很好的粘结力，广泛用于各种装配式建筑的屋面板、楼地板、阳台、窗框、卫生间等部位的接缝密封及各施工缝的密封、混凝土裂缝的修补等。

3. 硅酮密封胶

硅酮密封胶是以有机硅为基料配制成的建筑用高弹性密封胶。硅酮密封胶按用途分为建筑接缝用(F类)和镶装玻璃用(G类)两类；按位移能力分为25、20两个级别；按拉伸模量分为高弹模(HM)和低弹模(LM)两个次级别。

硅酮密封胶具有优异的耐热性、耐寒性和耐候性，与各种材料有着较好的粘结性，耐伸缩疲劳性强，耐水性好。F类硅酮建筑密封胶适用于预制混凝土墙板、水泥板、大理石板的外墙接缝，混凝土和金属框架的粘结，卫生间和公路接缝的防水密封；G类硅酮建筑密封胶适用于镶嵌玻璃和建筑门、窗的密封。

密封材料在储运和保管过程中，应避开火源、热源，避免日晒、雨淋，防止碰撞，保持包装完好无损；外包装应贴有明显的标记，标明产品的名称、生产厂家、生产日期和使用有效期；应分类储放在通风、阴凉的室内，环境温度不应超过50 ℃。

6.3.1.3 防水涂料

防水涂料可选用聚合物水泥防水涂料、聚合物乳液防水涂料、聚氨酯防水涂料等合成高分子防水涂料和改性沥青防水涂料，不得使用溶剂型防水涂料。

1. 聚氨酯防水涂料

(1)单组分聚氨酯防水涂料。聚氨酯防水涂料是由异氰酸酯、聚醚等经加成聚合反应而生成的含异氰酸酯基的预聚体，配以催化剂、无水助剂、无水填充料、溶剂等，经混合等工序加工制成的单组分聚氨酯防水涂料。

聚氨酯防水涂料是一种液态施工的单组分环保型防水涂料，以进口聚氨酯预聚体为基本成分，无焦油和沥青等添加剂。它与空气中的湿气接触后固化，在基层表面形成一层坚固的坚韧的无接缝整体防膜。

(2)双组分聚氨酯防水涂料。双组分聚氨酯防水涂料是一种双组分反应型防水涂料，甲、乙组分按一定比例混合均匀，形成常温反应固化粘稠状物质，涂膜固化后形成柔软、耐水、抗裂和富有弹性的整体防水涂层，而且冷施工不需加热，安全性好，减少对环境的污染，并降低劳动强度，气候适应强，在-30 ℃～150 ℃之间能保持良好的性能，可保证10年以上的防水效果。

聚氨酯防水涂料耐老化，防腐蚀，耐热，耐寒，延伸强度大，具有良好的弹性、耐酸碱性，附着力强，粘结力高，对混凝土、木材、金属、陶瓷等表面有极强的附着力和粘结力。防水层和基层能形成一个整体、不空鼓。当出现意外漏水现象时，用该涂料再次涂刮修补，省时省力，修复完成度高且非常节省费用。

(3)聚氨酯防水涂料的适用范围。
1)混凝土、木、钢、石棉瓦等结构的屋面；
2)地下室混凝土底板、内外墙、隧道；
3)卫生间、厨房、非食用水池、水落口；
4)金属、污水池的防锈、防腐蚀。

(4)聚氨酯防水涂料的注意事项。
1)混合后的涂料应在20 min内用完；
2)施工温度宜在5 ℃以上，施工时要保持空气流通；
3)尚未用完的涂料必须将桶盖密封，防止涂料吸潮固化；
4)运输中严防日晒雨淋、碰撞；
5)储存在干燥、通风的仓库内，储存期为6个月。

2. 高聚物改性沥青防水涂料

高聚物改性沥青防水涂料是以沥青为基础，用合成高分子聚合物对其进行改性、配制而成的水乳型涂膜防水材料，单组分产品常温固化后，形成富有弹性的整体化橡胶防水层，防水性能可靠。

高聚物改性沥青防水涂料主要有溶剂型氯丁橡胶沥青防水涂料、溶剂型再生橡胶沥青防水涂料、水乳型再生橡胶沥青防水涂料(阴离子水乳型)、水乳型氯丁橡胶沥青防水涂料(阳离子水乳型)、丁腈胶乳沥青防水涂料、丁苯胶乳沥青防水涂料、SBS橡胶沥青防水涂料、丁基橡胶沥青防水涂料等。

高聚物改性沥青防水涂料具有优良的耐水性、抗渗性，且涂膜柔软，具有高档防水卷材的功效，施工方便，潮湿基层可固化成膜，粘结力强，可抵抗压力渗透，特别适用于复杂结构，可明显降低施工费用，用于各种材料表面，为新一代环保防水涂料。其广泛应用于建筑的屋面、地下、厨卫间等防水工程及屋顶花园、蓄水池、游泳池等工程的防水，尤其适用于基层变形大、结构复杂的基面。

6.3.2 厨房卫生间防水的构造

(1)浴厕间一般采用迎水面防水，地面防水层设在结构找坡找平层上面并延伸至四周墙面边角，至少需要高出地面150 mm以上。
(2)地面及墙面找平层采用20 mm厚的1∶2.5～1∶3(质量比)水泥砂浆，四周抹八字脚，水泥砂浆中宜采用外加剂。

卫生间防水

(3)地面防水层宜采用涂膜防水材料,防水层四周卷起150 mm,如图6-18所示。

(4)穿出地面的管道,其预留孔洞应采用细石混凝土填塞,管道根部四周应设凹槽,并用密封材料封严,且与地面竖管转角处均附加300 mm 宽一布一涂,根据工程性质采用高、中、低档防水材料(卫生间采用涂膜防水时,一般应将防水层布置在结构层与地面面层之间,以便使防水层得到保护)。

(5)厨房、浴厕间的地面标高应低于门外地面,标高不少于20 mm。

(6)60 mm厚的细石混凝土向地漏找坡,最薄处不小于30 mm 厚,做 20 mm厚1:4干硬性水泥砂浆结合层,然后撒素水泥面。

(7)面层多为8～10 mm的防滑地砖,干水泥擦缝。

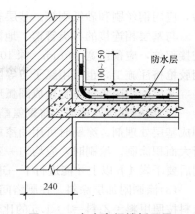

图6-18 有水房间楼板层及管道穿过楼板时的防水处理

6.3.3 聚氨酯防水涂料楼地面防水工程施工

6.3.3.1 作业条件

(1)防水层下基层或结构层工程完工后,经检验合格并做隐蔽记录,方可进行防水层的施工。

(2)基层应干燥,含水率应不大于9%。

(3)上水管、热水管、暖水管应加套管,套管应高出基层20～40 mm。所有管件、卫生设备、地漏等都必须安装牢固,接缝紧密,管道根部应用水泥砂浆振捣密实、混凝土填实,用密封胶嵌严(图6-19)。

涂膜防水

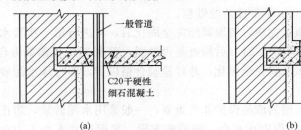

图6-19 管道穿过楼板时的防水处理
(a)普通管道的处理;(b)热力管道的处理

(4)地面找坡,坡向地漏。地漏处一般低于地面20 mm,以地漏周围50 mm 之内为半径,排水坡度为3%～5%。地面找平层坡度在2%以上,无积水。阴阳角应抹成20～50 mm的圆弧形。在管道、套管根部、地漏周围应留设10 mm 宽的小槽,待找平层干燥后用嵌缝材料进行嵌填、补平。

6.3.3.2 施工工艺

1. 工艺流程

基层处理→涂刷处理剂→涂刷附加层涂料→涂刷第一道涂料,涂刷第二道涂料,涂刷第三道涂料→蓄水试验→地面面层施工→第二次蓄水试验。

2. 施工要点

(1)基层处理。将基层清扫干净,有起砂、麻面、裂缝处用聚氨酯调水泥腻子刮平;如有油污，应用钢丝刷和砂纸刷掉。基层表面应坚实平整，无浮浆，无起砂、裂缝现象。

与基层相连接的各类管道、地漏、预埋件、设备支座等应安装牢固。管根、地漏与基层的交接部位，应预留宽 10 mm、深 10 mm 的环形凹槽，槽内应嵌填密封材料。密封材料施工宜采用胶枪挤注施工，也可用腻子刀等嵌填压实。

基层的阴阳角部位宜做成圆弧形。基层表面不得有积水，基层的含水率应满足施工要求。

(2) 涂刷基层处理剂。将聚氨酯甲料与乙料及二甲苯按 1∶1.5∶2 的比例配制，搅拌均匀，制成基层处理剂。涂刷时可用油漆刷蘸基层处理剂在阴阳角、管道根部均匀涂刷一遍，然后进行大面积涂刷。涂刷时，应均匀一致，不见白露底。一般涂刷量以 $0.15 \sim 0.2 \ kg/m^2$ 为宜。涂刷后要干燥 4 h 以上才能进行下一道工序。

(3) 涂刷附加层涂料。在厕浴间的地漏、管道根部、阴阳角等容易漏水部位，应先用聚氨酯涂料按照甲料∶乙料＝1∶1.5 的比例混合，均匀涂刷一道作附加层，涂刷宽度为 100 mm。

(4) 涂刷第一、第二、第三道涂料。

1) 将聚氨酯防水涂料甲料与乙料及二甲苯按 1∶1.5∶0.2 的比例在现场配制，并应使用机械搅拌均匀，不得有颗粒悬浮物。

2) 用油漆刷均匀涂刷第一道涂料，要求薄厚一致，用料量以 $0.8 \sim 1.0 \ kg/m^2$ 为宜。施工时宜先涂刷立面，后涂刷平面；立面涂刷高度不得小于 100 mm。

3) 夹铺胎体增强材料时，应使防水涂料充分浸透胎体层，不得有褶皱、翘边现象。胎体增强材料搭接不应小于 50 mm，相邻接头应错开不小于 500 mm。

4) 待第一道涂膜固化干燥以后，再按上述方法，涂刷第二道涂料。涂刷方向应与第一道相垂直，用量与第一道相同。

5) 待第二道涂膜固化后，再按上述方法涂刷第三道涂料，用料量以 $0.4 \sim 0.5 \ kg/m^2$ 为宜。在涂抹防水施工中，涂抹的厚度及均匀程度是关键，直接关系到防水层的质量。一般聚氨酯涂抹防水层厚度为 1.2 mm 时，其材料用量约为 $2.5 \ kg/m^2$。

6) 为增加防水涂料与粘结保护层之间的粘结能力，在第三道涂膜涂刷以后尚未固化时，在表面稀撒少许干净的直径为 2 mm 不带棱角的砂粒。

(5) 蓄水试验。防水涂层施工完毕，待聚氨酯完全固化后，可进行第一次蓄水试验。蓄水深度在地面最高处应有 20 mm 的积水，24 h 后检查是否渗漏。蓄水 24 h 无渗漏为合格。

(6) 地面面层施工。当防水涂膜完全固化，并经检验合格以后，即可抹水泥砂浆保护层或粘铺地板砖、马赛克等饰面层。

(7) 第二次蓄水试验。防水层的成品保护非常重要，一般采用水泥砂浆，防止在施工面层时破坏防水层。管道根部等部位应作出止水台，圆形或方形，平面尺寸不小于 100 mm×100 mm 高 20 mm，施工面层时，要再次严格按设计控制坡度，要求坡向地漏，无积水。可以观察检查和进行蓄水、泼水检验或利用坡度尺检查。待表面装修层完成后，进行第二次蓄水试验，以检验防水层完工以后是否被水电或其他装饰工序所损坏。蓄水试验合格，楼地面防水工程才算完成。

3. 质量要求

(1) 基层。

1) 防水基层所用材料的质量及配合比应符合设计要求。

2) 防水基层的排水坡度应符合设计要求。

3) 防水基层应抹平、压光，不得有疏松、起砂、裂缝现象。

4) 阴、阳角处宜按设计要求做成圆弧形，且应整齐平顺。

5) 防水基层表面平整度的允许偏差不宜大于 4 mm。

(2) 防水与密封。

1)防水材料、密封材料、配套材料的质量应符合设计要求,计量、配合比应准确。
2)在转角、地漏、伸出基层的管道等部位,防水层的细部构造应符合设计要求。
3)防水层的平均厚度应符合设计要求,最小厚度不应小于设计厚度的90%。
4)密封材料的嵌填宽度和深度应符合设计要求。
5)密封材料嵌填应密实、连续、饱满,粘结牢固,无气泡、开裂、脱落等缺陷。
6)防水层不得渗漏。
7)涂膜防水层与基层应粘结牢固,表面平整,涂刷均匀,不得有流淌、皱褶、鼓泡、露胎体和翘边等缺陷。
8)涂膜防水层的胎体增强材料应铺贴平整,每层的短边搭接缝应错开。
9)密封材料表面应平滑,缝边应顺直,周边无污染。
10)密封接缝宽度的允许偏差应为设计宽度的±10%。
(3)保护层。
1)防水保护层所用材料的质量及配合比应符合设计要求。
2)水泥砂浆、混凝土的强度应符合设计要求。
3)防水保护层表面的坡度应符合设计要求,不得有倒坡或积水。
4)防水层不得渗漏。
5)保护层应与防水层粘结牢固,结合紧密,无空鼓。
6)保护层应表面平整,不得有裂缝、起壳、起砂等缺陷;保护层表面平整度不应大于5 mm。
7)保护层厚度的允许偏差应为设计厚度的±10%,且不应大于5 mm。

第二课堂

1. 查阅相关资料,将任务补充完整。
2. 简述楼地面防水工程施工程序。

项目 7　建筑装饰与装修施工

项目描述

建筑装饰与装修的主要作用是保护主体，延长其使用寿命；增强和改善建筑物的保温、隔热、防潮、隔声等使用功能；美化建筑物及周围环境，给人们创造一个良好的生活、生产空间。建筑装饰与装修工程主要包括抹灰工程、饰面板（砖）工程、楼地面工程、涂饰工程、吊顶工程、幕墙工程、门窗工程等。

建筑装饰与装修工程应在基体或基层的质量验收合格后施工。建筑装饰与装修工程施工前应有主要材料的样板或做样板间（件），并经有关各方确认。

室外抹灰和饰面工程的施工，一般应自上而下进行；高层建筑采取措施后，可分段进行；室内装饰工程的施工，应待屋面防水工程完工后，并在不致被后续工程所损坏和污染的条件下进行；室内抹灰在屋面防水工程完工前施工时，必须采取防护措施。室内吊顶、隔墙的罩面板和花饰等工程，应待室内地（楼）面湿作业完工后施工。

教学目标

任务名称	权重	知识目标	能力目标
1. 抹灰工程	15%	掌握抹灰分类及抹灰的分层 掌握抹灰施工工艺要求	能编制和进行抹灰工程技术交底
2. 饰面板（砖）工程	20%	掌握饰面砖的施工工艺 熟悉饰面板的施工工艺	能编制和进行饰面板（砖）工程技术交底
3. 建筑楼地面工程	15%	掌握水泥砂浆地面与木地板的施工工艺	能编制和进行楼地面工程技术交底
4. 吊顶工程	10%	掌握吊顶工程施工工艺	能编制和进行吊顶工程技术交底
5. 涂饰工程	10%	掌握涂饰工程施工工艺	能编制和进行涂饰工程技术交底
6. 玻璃幕墙工程	10%	掌握玻璃幕墙工程施工工艺	能编制和进行玻璃幕墙工程技术交底
7. 门窗工程	10%	掌握木门窗的施工工艺 熟悉铝合金门窗构造做法	能编制和进行门窗工程技术交底
8. 墙体节能工程	10%	掌握聚苯板薄抹灰外墙外保温工程及胶粉聚苯颗粒外墙外保温工程施工工艺	能编制和进行外墙外保温工程技术交底

任务 7.1 抹灰工程

任务描述

本任务要求依据《建筑装饰装修工程质量验收标准》(GB 50210)、《住宅装饰装修工程施工规范》(GB 50327)、《住宅室内装饰装修工程质量验收规范》(JGJ/T 304)和抹灰工程施工的特点,编写宿舍楼抹灰工程的技术交底。

任务分析

抹灰工程是建筑装饰装修施工的关键所在,其施工的质量直接决定建筑装饰的整体水平。抹灰是一种十分传统的工艺,不但需要耗费大量体力劳动和一定的工期,而且不易保证质量。如何改革抹灰工艺是一项重要技术问题。技术交底着重从材料、施工准备、技术、方法的选用几方面重点描述,以保证工程质量。

知识课堂

抹灰工程

7.1.1 抹灰工程的分类和组成

将抹面砂浆涂抹在基底材料的表面,兼有保护基层和增加美观作用及为建筑物提供特殊功能的施工过程称为抹灰工程。抹灰工程主要有两大功能,一是防护功能,保护墙体不受风、雨、雪的侵蚀,增加墙面防潮、防风化、隔热的能力,提高墙身的耐久性能、热工性能;二是美化功能,改善室内卫生条件,净化空气,美化环境,提高居住舒适度。

7.1.1.1 抹灰工程的分类

按使用要求及装饰效果的不同,可分为一般抹灰和装饰抹灰。抹灰工程按施工部位的不同,可分为室内抹灰和室外抹灰两种。

1. 一般抹灰

一般抹灰是指用石灰砂浆、水泥混合砂浆、水泥砂浆、聚合物水泥砂浆、麻刀灰、纸筋灰以及石膏灰等材料进行的抹灰施工。一般抹灰可分为手工操作和机械操作两种,它是建筑抹灰中最基本的抹灰工艺。根据质量要求和主要工序的不同,一般抹灰又可分为高级抹灰和普通抹灰。不同级别抹灰的适用范围、主要工序及外观质量要求见表 7-1。

表 7-1 不同级别抹灰的适用范围、主要工序及外观质量要求

级别	适用范围	主要工序	外观质量要求
高级抹灰	适用于大型公共建筑、纪念性建筑物(如电影院、礼堂、宾馆、展览馆和高级住宅等)以及有特殊要求的高级建筑等	一层底层、数层中层和一层面层。阴阳角找方,设置标筋,分层赶光,表面压光	表面光滑、洁净,颜色均匀,无抹纹,灰线平直方正,清洁美观

续表

级别	适用范围	主要工序	外观质量要求
普通抹灰	适用于一般居住、公共和工业建筑(如住宅、宿舍、办公楼、教学楼等)以及高级建筑物中的附属用房等	一层底层、一层中层和一层面层(或一层底层和一层面层)。阴阳角找方,设置标筋,分层赶平、修整,表面压光	表面光滑、洁净,接茬平整,灰线清晰顺直

2. 装饰抹灰

装饰抹灰,一般是指采用水泥、石灰砂浆等抹灰的基本材料,除对墙面作一般抹灰外,利用不同的施工操作方法将其直接做成饰面层。

装饰抹灰主要包括水刷石、斩假石、干粘石和假面砖等项目,如若处理得当并精工细作,其抹灰层既能保持与一般抹灰的相同功能,又可取得独特的装饰艺术效果。

装饰抹灰与一般抹灰的区别在于两者具有不同的装饰面层,其底层和中层的做法与一般抹灰基本相同。

7.1.1.2 抹灰工程的组成及做法

1. 抹灰工程的组成

为使抹灰层与基层黏结牢固,防止起鼓开裂并使之表面平整,一般应分层操作,即可分为底层、中层、面层。抹灰层的组成如图7-1所示。

(1)底层为黏结层,其作用主要是与基层黏结并初步找平,根据基层(基体)材质的不同而采取不同的做法。

(2)中层为找平层,主要起找平作用,根据工程要求可以一次抹成,也可分遍(道)涂抹,所用材料基本上与底层相同。

(3)面层为装饰层,即通过不同的操作工艺使抹灰表面达到预期的装饰效果。

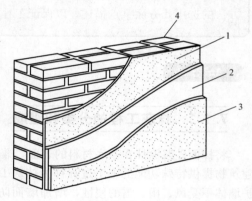

图7-1 抹灰层的组成
1—底层;2—中层;3—面层;4—基层

2. 抹灰工程的做法

抹灰应采用分层分遍涂抹,必须注意控制每遍的厚度。如果一次涂抹太厚,会因为自重和内外收敛快慢不同,使墙面干裂、起鼓和脱落。水泥砂浆和水泥混合砂浆的抹灰层,应在第一遍抹灰凝结后,方可涂抹下一层;石灰砂浆抹灰层,应待其达到七、八成干后,方可涂抹下一层。抹灰层的做法见表7-2。

表7-2 抹灰层的做法

灰层	作用	基层材料	一般做法
底层灰	主要起与基层黏结作用,兼初步找平作用	砖墙基层	(1)内墙一般采用水泥砂浆、石灰砂浆打底; (2)外墙、勒脚、屋檐以及室内有防水防潮要求的,可采用水泥砂浆打底
		混凝土和加气混凝土基层	(1)采用水泥砂浆或混合砂浆打底,打底前先刷界面剂; (2)混凝土板顶棚,宜用粉刷石膏或聚合物水泥砂浆打底,也可直接批刮腻子

续表

灰层	作用	基层材料	一般做法
中层灰	主要起找平作用	—	(1)所用材料基本与底层相同; (2)根据施工质量要求,可以一次抹成,也可分遍进行
面层灰	主要起装饰作用	—	(1)一般抹中层灰、面层灰可一次成型; (2)装饰抹灰按工艺施工

抹灰层的平均总厚度应符合设计要求,一般不应超过 25 mm。当抹灰总厚度大于 35 mm 时,应采取加强措施。抹水泥砂浆每遍厚度宜为 5～7 mm;抹石灰砂浆或混合砂浆每遍厚度宜为 7～9 mm。

7.1.2 一般抹灰工程施工准备

1. 材料准备

(1)水泥宜采用通用硅酸盐水泥。水泥强度等级宜采用 42.5 级以上,宜使用同一品种、同一强度等级、同一厂家生产的产品。水泥进场需对产品名称、生产许可证编号、出厂编号、执行标准、日期等进行检查,同时验收合格证,对强度等级、凝结时间和安定性进行复验。

(2)砂宜采用平均粒径为 0.35～0.5 mm 的中砂,在使用前应根据使要求过筛,筛好后保持洁净。

(3)抹灰用石灰膏的熟化期不应少于 15 d;罩面用磨细细石灰粉的熟化期不应少于 3 d。

(4)增粘剂、防裂剂、防冻剂、聚合物等外加剂,必须符合设计要求及国家产品标准的规定,其掺量应按照产品说明书配置并通过试验确定。掺合料的性能应与抹灰墙面涂料的性能相匹配,做溶剂型涂料饰面的抹灰砂浆中不得用含有氯化钠和氯化钙的外加剂。

2. 主要机具

(1)常用手工工具。抹灰工程常用的手工工具(图 7-2),主要包括铁抹子、木抹子、阴角抹子、阳角抹子、托灰板、木杠、靠尺、钢筋卡子、托线板、线锤、刷子、喷壶、粉线包、墨斗等。

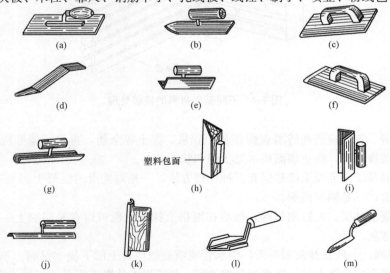

图 7-2 抹灰工程常用手工工具

(a)铁抹子;(b)压子;(c)塑料抹子;(d)铁皮抹子;(e)阴角抹子;(f)木抹子;(g)圆角阴角抹子;
(h)塑料阴角抹子;(i)阳角抹子;(j)圆角阳角抹子;(k)捋角器;(l)分格器;(m)小压子

(2)常用的机械。抹灰工程常用的机械，主要包括砂浆搅拌机、纸筋灰搅拌机和粉碎淋灰机等(图7-3)。

3. 作业条件

(1)建筑主体结构已经检查验收，并达到了相应的质量标准要求。

(2)抹灰前，应检查门窗框安装位置是否正确，与墙连接是否牢固。

(3)防水工程已完工。

(4)各层管道安装完毕并验收合格。

(5)抹灰时的作业面温度不宜低于5℃。

图7-3 抹灰工程常用机械

7.1.3 内墙抹灰

内墙抹灰的工艺流程为：基层清理→浇水湿润→吊垂直、套方、找规矩、抹灰饼→墙面充筋→做护角抹水泥窗台→抹底层、中层灰→抹罩面灰。

(1)基层清理。抹灰前应对基体表面的灰尘、污垢、油渍、碱膜、跌落砂浆等进行清除，对墙面上的孔洞、剔槽等用水泥砂浆进行填嵌。门窗框与墙体交接处缝隙应用水泥砂浆或混合砂浆分层嵌堵。不同基层材料(如砖和混凝土)相接处，应铺钉金属网并绷紧钉牢，金属网与各基层材料的搭接宽度从相接处起每边不小于100 mm(图7-4)。

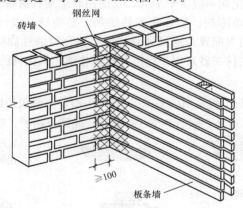

图7-4 不同基层材料的接缝处理

1)砖墙基层。首先应清理砖墙表面浮灰、砂浆、泥土等杂物，再进行墙面浇水湿润。浇水时应从墙上部缓慢浇下，防止墙面吸水处于饱和状态。

2)混凝土墙基层。混凝土墙基层有三种处理方法：一是对光滑的混凝土表面进行凿毛处理；二是采用甩浆法；三是刷界面剂。

3)轻质混凝土基层。先钉钢丝网，然后在网格上抹灰，也可以在基层刷上一道增强粘结力的封闭层，再抹灰。

(2)浇水湿润。一般在抹灰前一天，用水管或喷壶顺墙自上而下浇水湿润。不同的墙体，不同的环境，需要不同的浇水量。浇水要分次进行，最终以墙体既湿润又不泌水为宜。

(3)吊垂直、套方、找规矩、抹灰饼。根据设计图纸要求的抹灰质量，根据基层表面平整垂直情况，用一面墙作基准，吊垂直、套方、找规矩，确定抹灰厚度，抹灰厚度不应小于7 mm。

当墙面凹度较大时，应分层抹平。每层厚度不大于 7～9 mm。操作时应先抹上灰饼，再抹下灰饼。抹灰饼时应根据室内抹灰要求，确定灰饼的正确位置，一般上灰饼在距离顶棚 20 cm 处，下灰饼在距离踢脚线 20～25 cm 处，标志块厚度正好是抹灰厚度。再用靠尺板找好垂直与平整。灰饼宜用 M15 水泥砂浆抹成 50 mm 见方形状，抹灰层总厚度不宜大于 20 mm。

房间面积较大时应先在地上弹出十字中心线，然后按基层面平整度弹出墙角线，随后在距离墙阴角 100 mm 处吊垂线并弹出铅垂线，再按地上弹出的墙角线往墙上翻引弹出阴角两面墙上的墙面抹灰层厚度控制线，以此做灰饼(图 7-5)，然后根据灰饼充筋。

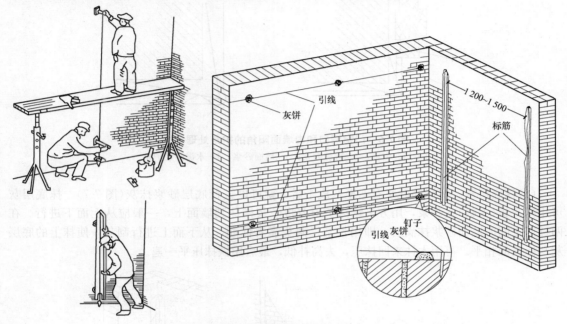

图 7-5　灰饼的施工顺序及施工要求

标志块做好后，再在标志块附近砖墙缝内钉上钉子，拴线挂水平通线(注意小线要离开标志块 1 mm)，然后按间距 1.2～1.5 m，加做若干标志块。凡窗口、垛角处必须做标志块。

(4)设标筋。标筋也称充筋，是以灰饼为准在灰饼间所做的灰埂，作为抹灰平面的基准。具体做法是用与底层抹灰相同的砂浆在上、下两个灰饼间先抹一层，再抹第二层，形成宽度为 50 mm 左右，厚度比灰饼高出 10 mm 左右的灰埂，然后用木杠紧贴灰饼搓动，直至把标筋搓得与灰饼齐平为止。最后要将标筋两边用刮尺修成斜面，以便与抹灰面接槎顺平。标筋的另一种做法是采用横向水平标筋。此种做法与垂直标筋相同。同一墙面的上、下水平标筋应在同一垂直面内。标筋通过阴角时，可用带垂球的阴角尺上下搓动，直至上、下两条标筋形成角度相同且角顶在同一垂线上的阴角。阳角可用长阳角尺同样在上、下标筋的阳角处搓动，形成角顶在同一垂线上的标筋阳角。水平标筋的优点是可保证墙体在阴、阳转角处的交线顺直，并垂直于地面，避免出现阴、阳交线扭曲不直的弊病。同时，水平标筋通过门窗框，由标筋控制，墙面与框面可接合平整。两标筋间距不大于 1.5 m。当墙面高度小于 3.5 m 时宜做立筋，大于 3.5 m 时宜做横筋，做横向充筋时做灰饼的间距不宜大于 2 m。

(5)做护角。为使墙面转角处不易遭碰撞损坏，在室内抹面的门窗洞口及墙角、柱面的阳角处应做水泥砂浆门窗护角(图 7-6)。护角高度一般不低于 2 m，每侧宽度不小于 50 mm。具体做法是先将阳角用方尺规方，靠门框一边以门框离墙的空隙为准，另一边以墙面灰饼厚度为依据。

最好在地面上画好准线,按准线用砂浆粘好靠尺板,用托线板吊直,方尺找方,然后将靠尺板的另一边墙角分层抹 M20 以上的水泥砂浆,与靠尺板的外口平齐。把靠尺板移动至已抹好护角的一边,用钢筋卡子卡住。用托线板吊直靠尺板,把护角的另一面分层抹好。取下靠尺板,待砂浆稍干时,用阳角抹子和水泥素浆捋出护角的小圆角,最后用靠尺板沿顺直方向留出预定宽度,将多余砂浆切出一定斜面,以便抹面时与护角接槎。

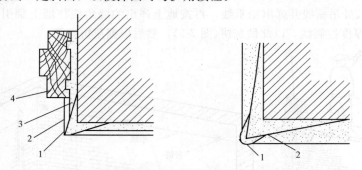

图 7-6　门窗洞口和内墙面阳角的护角处理示意
1—门、窗框；2—嵌缝砂浆；3—墙面砂浆；4—水泥砂浆护角

(6) 抹底层灰。待标筋砂浆有七至八成干后,就可以进行底层砂浆抹灰(图 7-7)。抹底层灰可用托灰板(大板)盛砂浆,用方头铁抹子用力将砂浆推抹到墙面上,一般应从上而下进行。在两标筋之间的墙面砂浆抹满后,即用长刮尺两头靠着标筋,从下而上进行刮灰,使抹上的底层灰与标筋面相平。再用木抹来回抹压,去高补低,最后用铁抹压平一遍。

图 7-7　抹底层灰施工工顺序图
(a) 刮杠示意；(b) 拐角扯平找直

(7) 抹中层灰。中层砂浆抹灰应待水泥砂浆(或水泥混合砂浆)底层凝结后或石灰砂浆底层灰七八成干后,方可进行。

中层砂浆抹灰时,应先在底层灰上洒水,待其收水后,即可将中层砂浆抹上去,一般应从上而下,自左向右涂抹整个墙面,抹灰厚度应略高于标筋。整个墙面抹完后,用木抹子来回搓抹,去高补低,直到普遍平直为止。再用铁抹子压平一遍,使表面平整密实。铁抹运行方向应注意,最后一遍抹压宜是垂直方向,各分遍之间应互相垂直抹压。墙面上半部与墙面下半部面层灰接头处应压抹理顺,不留抹印。阴角处先用方尺上下核对方正,然后用阴角器上下抽动捋平,直到使室内四角方正为止。

(8) 抹面层灰。待中层灰有六七成干时,即可抹面层灰。操作一般从阴角或阳角处开始,自左向右进行。一人在前抹面灰,另一人其后找平整,并用铁抹子压实赶光。阴、阳角处用阴、阳角抹子捋光。高级抹灰的阳角必须用拐尺找方。

(9)水泥砂浆抹灰 24 h 后应喷水养护,养护时间不少于 7 d;混合砂浆要适度喷水养护,养护时间不少于 7 d。

7.1.4 外墙抹灰

外墙抹灰的施工工艺流程:基层处理→湿润基层→找规矩、做灰饼和标筋→抹底灰和中灰→粘分格条→抹滴水线→抹面灰。室外抹灰施工工艺可以参照室内抹灰,还应注意以下几项:

(1)找规矩。根据建筑高度确定放线方法,高层建筑可利用墙大角、门窗口两边,用经纬仪打直线找垂直。多层建筑时,可从顶层用大线坠吊垂直,绷钢丝找规矩,横向水平线可依据楼层标高或施工+500 mm 线为水平基准线进行交圈控制,然后按抹灰操作层抹灰饼,做灰饼时应注意横竖交圈,以便操作。每层抹灰时应以灰饼作基准充筋,使其保证横平竖直。

(2)粘分格条(图 7-8)。粘分格条的目的:避免罩面砂浆收缩而产生裂缝,或大面积膨胀而空鼓脱落;也为了增加墙面的美观。分格条的做法:分格条两侧用素水泥浆与墙面抹成 45°角。待中层灰六七成干后,按要求弹分格线。分格条为梯形截面,浸水湿润后两侧用粘稠的素水泥浆与墙面抹成 45°角粘结。嵌分格条时,应注意横平竖直,接头平直。如当天不抹面层灰,分格条两边的素水泥浆应与墙面抹成 60°角。

面层灰应抹得比分格条略高一些,然后用刮杠刮平,紧接着用木抹子搓平,待稍干后再用刮杠刮一遍,用木抹子搓磨出平整、粗糙、均匀的表面。

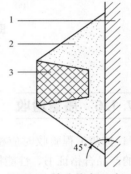

图 7-8 粘分格条示意
1—墙体;2—素水泥浆;3—分格条

面层抹好后即可拆除分格条,并用素水泥浆将分格缝勾平整。如果不是当即拆除分格条,则必须待面层达到适当强度后才可拆除。

(3)抹滴水线。在抹檐口、窗台、窗楣、阳台、雨篷、压顶和凸出墙面的腰线以及装饰凸线时,应将其上面做成向外的流水坡度,严禁出现倒坡。下面做滴水线(槽)。窗台上面的抹灰层应深入窗框下坎裁口内,堵塞密实,流水坡度及滴水线(槽)距离外表面不小于 40 mm,滴水线深度和宽度一般不小于 10 mm,并应保证其流水坡度方向正确,做法如图 7-9 所示。

抹滴水线(槽)应先抹立面,后抹顶面,再抹底面。分格条在底面灰层抹好后,即可拆除。

(4)抹面层灰。室外抹灰面积较大,不易压光抹纹,所以一般用木抹子搓成毛面,24 h 后开始淋水养护 7 d。

7.1.5 混凝土顶棚抹灰施工

混凝土顶棚抹灰宜用聚合物水泥砂浆或粉刷石膏砂浆,厚度小于 5 mm 的可以直接用腻子刮平。预制混凝土顶棚找平、抹灰厚度不宜大于 10 mm,现浇混凝土顶棚抹灰厚度不宜大于 5 mm。抹灰前在四周墙上弹出控制水平线,先抹顶棚四周,圈边找平,横竖均匀、平顺,操作时用力使砂浆压实。使其与基体粘牢,最后压实压光。

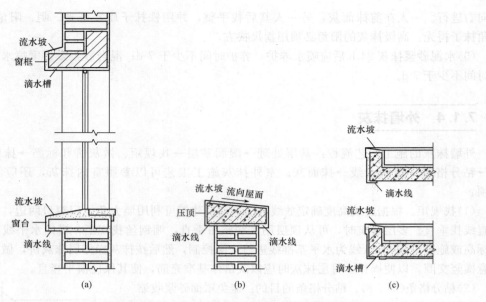

图 7-9 窗台、雨篷、阳台、檐口流水坡度示意
(a)窗台、窗楣；(b)女儿墙；(c)雨篷、阳台、檐口

7.1.6 质量验收

(1)抹灰工程验收时应检查以下文件和记录：抹灰工程施工图、设计说明及其他设计文件，材料的产品合格证书、性能检测报告、进场验收记录和复验报告，隐蔽工程验收记录；施工记录。

(2)检查数量应按下列规定执行：

1)室内每个检验批应至少抽查10%，并不得少于3间；不足3间应全数检查。

2)室外每个检验批每 100 m^2 应至少抽查一处，每处不得少于 10 m^2。

(3)一般抹灰工程可分为普通抹灰和高级抹灰，当设计无要求时，按普通抹灰验收。

(4)一般抹灰工程应符合下列验收标准：

1)主控项目。

①抹灰前基层表面的尘土、污垢、油渍等应清除干净，并应洒水湿润。

②一般抹灰所用材料的品种和性能应符合设计要求。

③抹灰工程应分层进行。

④抹灰层与基层之间及各抹灰层之间必须粘结牢固，抹灰层应无脱落、空鼓，面层应无裂缝。

2)一般项目。

①一般抹灰工程的表面质量应符合现行相关规范的规定。

②护角、孔洞、槽、盒周围的抹灰表面应整齐、光滑，管道后面的抹灰表面应平整。

③抹灰层的总厚度应符合设计要求；水泥砂浆不得抹在石灰砂浆上；罩面石膏灰不得抹在水泥砂浆上。

④抹灰分格缝的设置应符合设计要求，宽度和深度应均匀，表面应光滑，棱角应整齐。

⑤有排水要求的部位应做滴水线(槽)。

⑥一般抹灰工程质量的允许偏差和检验方法应符合表 7-3 的规定。

表 7-3　一般抹灰工程质量的允许偏差和检验方法

项次	项目	允许偏差/mm		检验方法
		普通抹灰	高级抹灰	
1	立面垂直度	4	3	用 2 m 垂直检测尺检
2	表面平整度	4	3	用 2 m 靠尺塞尺检查
3	阴、阳角方正	4	3	用直角检测尺检查
4	分格条(缝)直线度	4	3	拉 5 m 线，不足 5 m 拉通线，用钢直尺检查
5	墙裙、勒脚上口直线度	4	3	拉 5 m 线，不足 5 m 拉通线，用钢直尺检查

第二课堂

1. 查阅相关资料，将任务补充完整。
2. 简述一般抹灰工程施工程序。

任务 7.2　饰面板(砖)工程

任务描述

本任务要求依据《建筑装饰装修工程质量验收标准》(GB 50210)、《住宅装饰装修工程施工规范》(GB 50327)、《住宅室内装饰装修工程质量验收规范》(JGJ/T 304)、《外墙饰面砖工程施工及验收规程》(JGJ 126)和饰面板(砖)工程施工的特点，编写宿舍楼饰面板(砖)工程的技术交底。

任务分析

饰面板(砖)施工通常是主体工程将近完工的最后一道工序，饰面板(砖)施工质量的好坏，除材料的因素外，还与施工方法、工序、现场的监督管理等细节息息相关。抗拉力的检测不单看灰缝的饱满程度，还需注意基层的处理情况、材料的选择。加深对饰面板(砖)常见质量问题的了解，可以减少资源的浪费，提高工程的经济效益。加强对检测标准的学习，遵循不错检、漏检、乱检的原则，确保工程质量的顺利验收。

知识课堂

饰面板(砖)工程是将饰面材料镶贴到基层上的一种装饰方法。饰面板(砖)工程主要包括饰面板工程施工和饰面砖工程施工。

饰面板(砖)工程

7.2.1　饰面板(砖)的认知

7.2.1.1　饰面砖的种类

饰面砖种类繁多，按照粘贴部位可分为内墙面砖和外墙面砖；按材料可分为陶瓷面砖和玻璃面砖。陶瓷面砖又包括釉面内墙砖、外墙面砖、陶瓷马赛克、陶瓷壁画、劈裂砖等；玻璃面砖包括玻璃锦砖、彩色玻璃面砖、釉面玻璃等。下面介绍几种常用的面砖。

1. 釉面内墙砖

釉面内墙砖由瓷土经高温烧制成坯，并施釉二次烧制而成，产品表面色彩丰富、光亮晶莹。它可分为陶土烧制和瓷土烧制两种。陶土烧制的砖背面呈红色；瓷土烧制的砖背面呈灰白色。釉面砖可分为亮光和哑光两种。釉面内墙砖是装修中最常见的砖种，由于色彩图案丰富，而且防污能力强，被广泛使用于墙面和地面之中。但这种砖容易出现龟裂和背渗的现象。

釉面内墙砖的质量要求为：表面光洁，色泽一致，边缘整齐，无脱釉、缺釉、凹凸扭曲、暗痕、裂纹等缺陷。

2. 玻化砖

玻化砖其实就是全瓷砖，其表面光洁，不需要抛光。玻化砖是一种强化的抛光砖，它采用高温烧制而成，是所有瓷砖中最硬的一种，质地比抛光砖更硬、更耐磨，适合在除洗手间、厨房和室内环境外的多数室内空间中使用。玻化砖可以做出各种仿石、仿木效果，现在比较流行的仿古砖就属于玻化砖。其强度高，具有极强的耐磨性，并且兼具防水、防滑、耐腐蚀的特性。

3. 陶瓷马赛克

陶瓷马赛克一般由数十块小块的砖组成一个相对的大砖。其规格多，薄而小，质地坚硬，耐酸、耐碱、耐磨，不渗水，抗压力强，不易破碎，彩色多样，用途广泛。但要注意避免与酸碱性强的化学物品接触。

陶瓷马赛克成联供应，陶瓷马赛克的质量要求为：质地坚硬，边棱整齐，尺寸正确，脱纸时间不得大于 40 min。

4. 外墙砖

外墙砖是采用优质、耐火度较高的黏土，经半干压法压制成型，再经过 1 100 ℃ 左右焙烧而成的炻质和陶质产品，可分为表面不施釉的单色砖、表面施釉的彩釉砖等。其具有坚固、耐用、色彩鲜艳、易清洗、防火、防水、耐磨、耐腐蚀等特点。

外墙砖的质量要求为：表面光洁，质地坚固，尺寸、色泽一致，不得有暗痕和裂纹。

5. 劈离砖

劈离砖又称劈裂砖，适用于建筑物外墙装饰，由于成型时为双砖背连坯体，烧成后再劈裂成两块砖，故称劈离砖。该砖强度高、吸水率低、抗冻性强、防潮、防腐、耐磨、耐压、耐酸碱且防滑；色彩丰富、自然柔和、表面质感变幻多样；表面施釉者光泽晶莹，富丽堂皇；表面无釉者质朴典雅、大方，无反射眩光。劈离砖按表面的粗糙程度可分为光面砖和毛面砖两种；前者坯料中的颗粒较细，产品表面较光滑和细腻；后者坯料中的颗粒较粗，产品表面有突出的颗粒和凹坑。其按用途分类可分为墙面砖和地面砖两种；按表面形状分类可分为平面砖和异型砖等。

6. 玻璃马赛克

玻璃马赛克又称为玻璃纸皮砖，它是一种小规格的彩色饰面玻璃。它以玻璃粉为主要原料，加入适量胶粘剂等压制成一定规格尺寸的生坯，在一定温度下烧结而成。它与陶瓷马赛克在外形和使用方法上有相似之处，有红、黄、蓝、白、金、银等各种丰富的颜色，有透明、半透明、不透明等品种。其背面略凹，四周侧边呈斜面，有利于与基面粘结牢固。玻璃马赛克是一种小规格的材料，主要用于外墙面、地面的装饰。玻璃马赛克的特点是：不吸水、表面光滑、便于清洁；经济、美观、实用；体积小、质量轻、施工简洁方便。

玻璃马赛克的质量要求为：质地坚硬，边棱整齐，尺寸正确，脱纸时间不得大于 40 min。

7.2.1.2 饰面板的种类

饰面板的种类繁多,其材质主要有石材、瓷板、金属、塑料等。

1. 石材

石材可分为天然石材和人造石材两大类。天然石材中常用的有花岗石、大理石和青石;人造石材中常用的有水磨石和人造石。

(1)花岗石。花岗石是从火山岩中开采的岩石,特点是质地坚硬、耐酸碱、耐腐蚀、耐高温、耐磨损、使用年限长。其色彩丰富,红色、黄色、青绿色、黑色等色彩系列均有多种,因加工方法不同而形成多种装饰效果,如镜面、亚光面、荔枝面、火烧面、仿古面、蘑菇面等,多用于地面、墙面、柱面、家具等。尤其是黑色系列花岗石,用于厨房、卫生间的台面,它不易污染,耐酸、碱性好,又因其耐磨损,更适合用于地面。天然花岗石在家装中使用广泛,是很好的天然装饰材料。

花岗石板按其加工方法和表面粗糙程度可分为剁斧板、机刨板、粗磨板和磨光板。剁斧板和机刨板规格按设计定。对花岗石饰面板的质量要求为:棱角方正,规格尺寸符合设计要求,不得有隐伤(裂纹、砂眼)、风化等缺陷。

(2)大理石。大理石是指沉积的或变质的碳酸盐岩类的岩石,有大理石、白云岩、灰岩、砂乏岩、页岩和板岩等。其特点是色泽鲜艳、材质密实、抗屈性强、吸水率小、耐磨、耐酸碱、耐腐蚀、不变形,但与花岗石相比,硬度较低,多用于室内地、墙、柱的饰面和卫生间洗漱台及各种家具台面。如我国著名的汉白玉就是北京市房山区产的白云岩,云南大理石则是产于云南省大理县的大理岩。大理石属变质岩,可以被抛光。大理石放射性水平极低,是完全绿色的纯天然装饰材料。近年来随着加工技术的不断提高,大理石可加工成薄板、超薄板,使用 2.5~5 mm 厚的板材制作成各种复合板,比人造陶瓷更美观、高档。大理石除以上优点外,也有一定的缺陷,如天然大理石纹理明显,花纹、色差较大,易碎等,在选购时应加以注意。

大理石板材常用的为抛光镜面板,其规格可分为普型板和异型板两种。异型板的规格根据用户要求而定。对大理石板材的质量要求为:光洁度高,石质细密,色泽美观,棱角整齐,表面不得有隐伤、风化、腐蚀等缺陷。

(3)青石。青石是一种非金属矿产品,又称绿石,常用青石板的色泽为深豆青色以及青色带灰白结晶颗粒等,根据加工工艺的不同可分为粗毛面板、细毛面板等。青石板质地密实,强度中等,易于加工,可采用简单工艺裁切成薄板或条形材,过去常用于园林中的地面、屋面瓦等。因其古朴自然,一些室内装饰中将其用于局部墙面装饰,效果颇受欢迎。青石板取其劈制的天然效果,表面一般不经打磨,也不受力,只要没有贯通的裂纹即可使用。

(4)水磨石。水磨石是用水泥与石子混合凝结后研磨平滑而成的人造石材,分现浇与预制两种。现浇可根据设计用铜、玻璃等材料嵌缝,划分成所需的图案,但费工费时。使用普通水泥制成的称为普通水磨石。使用白水泥或彩色水泥制成的称为美术水磨石,多用于地面、柱面、台面等。

(5)人造石。人造石板材是以大理石为碎料,以石英砂、石粉等为集料加工制成的具有大理石、花岗石表面纹理效果的板材,色泽均匀,结构紧密,耐磨、耐水、耐热、耐寒,多用于地、墙、柱面装饰。

2. 瓷板

瓷板的特点为:面大、体轻、壁薄;如木材般有弹性;硬度、耐磨程度都比传统瓷砖更高;耐热防火无辐射,热膨胀率比传统瓷砖低 25% 以上,无剥落危险,是高度安全的绿色健康建材;具有陶瓷同质的光亮瓷化表面,防菌、防污垢、易清洗、耐酸碱;容易裁切成各种形状。

3. 金属饰面板

金属饰面板是一种以金属为表面材料复合而成的室内装饰材料。常见的金属饰面板是在中密度纤维板板材的基础上,用各种花色的铝箔热压在表面,可以制作单面及双面各种花色图案风格的金属饰面板,有拉丝效果、彩绘效果等。因为铝箔本身是金属,拥有金属光亮质感,再加上花纹处理,使金属板的种类更加多样化,同时还防火、防水,环保高雅,可满足各种各样的家具、整体金属板橱柜、室内背景等需求。它不仅可以装饰建筑外表面,还保护饰面免受雨雪等的侵蚀。特别是对于一些新型墙体材料,如轻钢龙骨纸面石膏板墙体、纸面草板墙体等更为适宜。金属饰面板一般有彩色铝合金饰面板、彩色涂层镀锌钢饰面板和不锈钢饰面板三种。

4. 塑料饰面板

塑料饰面板又称防火装饰板,是用三聚氰胺树脂、酚醛树脂浸渍专用纸基,再经高温高压制成。该板质地坚硬,具有较高的耐磨性和耐热性,用指甲划无划痕,用沸水或烟头烫时不起变化;具有稳定的化学性能,对一般酒精溶液、酸、碱都有抗腐蚀能力;花色品种多,既有各种柔和、鲜艳的饰面板,又有模拟各种名贵树种纹理和大理石、花岗石纹理的饰面板。该类板材的表面可分为光面和亚光面两类。一些塑料饰面板表面有皮革或织物布纹的表面效果。

7.2.2 饰面砖粘贴施工

7.2.2.1 施工准备

1. 材料准备

(1)釉面砖、无釉面砖表面应平整光滑,几何尺寸规矩;不得缺棱掉角;质地坚固,色泽一致,不得有暗痕和裂纹。

(2)陶瓷马赛克应规格颜色一致,无受潮变色现象。拼接在纸版上的图案应符合设计要求,纸版完整,颗粒齐全,间距均匀。马赛克脱纸时间不得大于 40 min。应防振并严禁散装、散放,防止受潮。

(3)玻璃马赛克应质地坚硬,耐热、耐冻性好,在大气与酸碱环境中性能稳定,不龟裂,表面光滑、色泽一致,背面凹坑与棱线条明显。

(4)粘贴用水泥的凝结时间、安定性和抗压强度必须符合现行国家标准要求;砂子和石灰膏应达到抹灰用料的标准。

2. 主要机具

主要机具有砂浆搅拌机、切割机、钻、手推车、秤、锹、铲、桶、灰板、抹子、铁簸箕、软管、喷壶、合金钢扁錾子、操作支架、尺、木垫、托线板、刮杠、线坠、粉线包、小白线、开刀、钳、锤、细钢丝刷、笤帚、擦布或棉丝、红铅笔、刷子等。

3. 作业条件

(1)结构已经验收合格,水电、通风、设备安装等已完成。

(2)吊顶工程、室内外门窗框工程已完毕,门窗框应贴好保护膜。

(3)卫生间的各种预留洞已经预留剔出。

(4)有防水层的房间、平台、阳台等已做好防水层,并打好垫层。

(5)室内墙面已弹好标准水平线,室外水平线应使整个墙面能够交圈。

(6)脚手架搭设处理完毕并经过验收,采用结构施工用脚手架时需重新组织验收,其横竖杆等应离开墙面和门窗口角 150~200 mm。

7.2.2.2 施工工艺

1. 釉面砖、无釉面砖粘贴工程施工

釉面砖、无釉面砖粘贴工程施工的工艺流程为:基层处理→挂线、贴灰饼、做冲筋、抹底中层灰→排砖、弹线、分格→选砖→浸砖→做标志块→镶贴→嵌缝、清理。

(1)基层处理。基层处理的目的是使找平层与基层黏结牢固，处理结果要求基层干净、平整、粗糙。

1)当基体为混凝土时，先剔凿混凝土基体上凸出的部分，使基体基本保持平整、毛糙，然后刷结合层。在不同材料的交接处应铺设钢丝网，表面有孔洞时需用1∶3水泥砂浆找平。

2)砌块墙应在基体清理干净后，先刷结合层一道，再满钉机制镀锌钢丝网一道。

3)当基体为砖砌体时，应用钢錾子剔除砖墙面多余灰浆，然后用钢丝刷清除浮土，并用清水将墙体充分湿水，使润湿深度为2~3 mm。

(2)挂线、贴灰饼、做冲筋、抹底中层灰做法同一般抹灰工程施工。

(3)排砖、弹线、分格。按设计要求和施工样板进行排砖。同一墙面只能有一行与一列非整块饰面砖，非整块面砖应排在紧靠地面处或不显眼的阴角处，同时非整砖宽度不得小于整砖宽度的1/3。排砖时可用调整砖缝宽度的方法解决，一般饰面砖缝宽可在1~1.5 mm中变化。凡有管线、卫生设备、灯具支撑等时，应该用整砖套割吻合，不得用非整砖拼凑镶贴。通常做法是将面砖裁成U形口套入，再将裁下的小块截去一部分，套入原砖U形口嵌好。

弹线分格是在找平层上用墨线弹出饰面砖分格线。弹线前应根据镶贴墙面长、宽尺寸，将纵、横面砖的皮数划出皮数杆，定出水平标准。

外墙面砖水平缝应与窗台平齐；竖向要求阳角及窗口处都是整砖。窗间墙、墙垛等处要事先测好中心线，水平分格线，阴、阳角垂直线。

(4)选砖。选砖是保证饰面砖镶贴质量的关键工序。必须在镶贴前按颜色的深浅、规格的差异进行分选。一般应保证每一行砖的尺寸相同，每一面墙的颜色相同。在分选饰面砖的同时，注意砖的平整度，不合格者不得使用。最后挑选配件砖，如阴角条、阳角条、压顶等。

(5)浸砖。用陶瓷釉面砖为饰面砖时，在铺贴前应充分浸水，防止干砖铺贴上墙后，吸收灰浆中的水分，致使砂浆中水泥不能完全水化，造成粘贴不牢或面砖浮滑。一般浸水时间不应少于2 h，取出阴干到表面无水膜，通常为6 h左右，以手摸无水感为宜。

(6)做标志块。用废面砖按镶贴厚度，在墙面上、下、左、右作标志，并以标准砖棱角作为基准线，上、下用靠尺吊直，横向用靠尺或细线拉平。标志间距一般为1 500 mm。阳角处除正面做标志外，侧面也相应有标志块，即所谓的双面挂直。

(7)镶贴。镶贴时每一施工层必须由下往上贴，而整个墙面可采用从下往上，也可采用从上往下的施工顺序，如外墙面镶贴。

1)以弹好的地面水平线为基准，嵌上直靠尺或八字形靠尺条，第一排饰面砖下口应紧靠直靠尺条上沿，保证基准行平直。如地面有踢脚板，靠尺条上口应为踢脚板上沿位置，以保证面砖与踢脚板接缝美观。墙面与地面的交角处用阴三角条镶贴时，需将阴三角条的位置留出后，方可放置直靠尺或八字形靠尺。

2)一个施工层由下往上，从阳角开始沿水平方向逐一铺贴。饰面砖黏结砂浆厚度宜为5~8 mm。砂浆可以是水泥砂浆，也可以是混合砂浆，水泥砂浆以配比为1∶2或1∶3(体积比)为宜。用铲刀在砖背面满刮砂浆，再准确镶嵌到位，然后用铲刀木柄轻轻敲击饰面砖表面，使其落实镶贴牢固，并将挤出的砂浆刮净。

3)在镶贴中，应随贴，随敲击，随用靠尺检查表面平整度和垂直度。检查发现高出标准砖面时，应立即压砖挤浆；如已形成凹陷，必须揭下重新抹灰再贴，严禁从砖边塞砂浆造成空鼓。当贴到最上一行时，要求上口成一直线。

4)镶贴墙面时，应先贴大面，后贴阴、阳角，凹槽等费工多、难度大的部位。在黏结层初凝前或允许的时间内，可调整釉面砖的位置和接缝宽度；在初凝后，严禁振动或移动面砖。

(8)嵌缝、清理。饰面砖镶贴完毕后,应用棉纱将砖面灰浆拭净,同时用勾缝剂嵌缝,嵌缝中务必注意应全部封闭缝中镶贴时产生的气孔和砂眼。嵌缝后,应用棉纱仔细擦拭干净污染的部位。如饰面砖砖面污染严重,可用稀盐酸刷洗后,再用清水冲洗干净。

2. 陶瓷马赛克、玻璃马赛克粘贴工程施工

陶瓷马赛克、玻璃马赛克粘贴工程施工的工艺流程:基层处理→抹找平层→弹线→镶贴马赛克→润湿面纸、揭纸、调缝→擦缝、清洗。

(1)基层处理、抹找平层。基层处理、抹找平层同一般抹灰工程。

(2)预排、分格、弹线。按照设计图纸色样要求,在抹灰层上从上到下弹出若干条水平线,在阴、阳角,窗口处弹出垂直线,作为粘贴马赛克的控制线。

(3)镶贴马赛克。

1)陶瓷马赛克镶贴。根据已弹好的水平线稳好平尺板,在已湿润的底子灰上刷素水泥浆一道,再抹结合层,并用靠尺刮平。同时将陶瓷马赛克铺放在木垫板上,底面朝上,缝里撒灌1:2干水泥砂,并用软毛刷子刷净底面浮砂,薄薄涂上一层黏结灰浆,逐张拿起,清理四边余灰,按平尺板上口,由下往上随即往墙上粘贴。

2)玻璃马赛克镶贴。墙面浇水后抹结合层(用42.5级或42.5级以上普通硅酸盐水泥,水胶比为0.32,厚度为2 mm),待结合层手按无坑,但能留下清晰指纹时铺贴。按标志块挂横、竖控制线。将玻璃马赛克背面朝上平放在木垫板上,并在其背面薄薄涂抹一层水泥浆。将玻璃马赛克逐张沿着控制线铺贴。用木抹子轻轻拍平压实,使玻璃马赛克与基层灰牢固黏结。如铺贴后横、竖缝间出现误差,可用木拍板赶缝,进行调整。

(4)润湿面纸、揭纸、调缝。马赛克镶贴后,用软毛刷将马赛克护面纸刷水湿润,约0.5 h后揭纸,揭纸时应从上往下揭。揭纸后检查缝的平直大小情况,若缝不直,用开刀拨正调直,再用小锤敲击拍板一遍,用刷子带水将缝里的砂刷出,并用湿布擦净马赛克砖面,必要时可用小水壶由上往下浇水冲洗。

(5)擦缝、清洗。粘贴48 h后用素水泥浆擦缝。工程全部完工后,应根据不同污染程度用稀盐酸刷洗,之后用清水冲刷。

7.2.3 石材饰面板施工

石材饰面板的施工方法有钢筋网片锚固灌浆法、干挂法、粘贴法等。在这里主要介绍钢筋网片锚固灌浆法和干挂法。

7.2.3.1 钢筋网片锚固灌浆法

钢筋网片锚固灌浆法(图7-10)是一种传统的施工方法,可用于混凝土墙,也可用于砖墙。由于其造价较便宜,所以仍被广泛采用。但其也有一些缺点,如施工进度慢、周期长;对工人的技术水平要求高;饰面板容易发生花脸、变色、锈斑、空鼓、裂缝等;对几何形体复杂及不规则的墙面不易施工等。

1. 工艺流程

饰面板进场检查→选板、预拼、排号→石材防碱背涂处理→石板开槽(钻孔)→穿不锈钢钢(铜)丝→基层处理→放线→墙体钻孔→固定膨胀

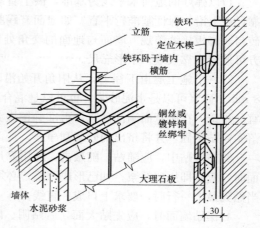

图7-10 钢筋网片锚固灌浆法

螺栓→绑扎钢筋网→板材固定→板材调平靠直→封缝→分层浇筑→清理→擦缝→打蜡或罩面。

2. 施工要点

(1)饰面板进场检查。逐块进行检查,将破碎、变色、局部污染和缺棱掉角的全部挑拣出来,另行堆放;进行边角垂直测量、平整度检验、裂缝检验、棱角缺陷检验,确保安装后的尺寸宽、高一致。

(2)选板、预拼、排号。按照板材的尺寸偏差,分类码放;对于有缺陷的板,应改小使用或安装在不显眼的部位。

(3)石材防碱背涂处理。清理石材饰面板,将背面和侧面擦拭干净。将石材处理剂搅拌均匀,用毛刷在石材板的背面和侧面涂布,需涂布两遍,两遍间隔20 min。待第一遍石材处理剂干燥后,方可涂布第二遍。应注意不得使处理剂流淌到石材板的正面。

(4)石板开槽(钻孔)。

1)钻孔:当板宽在500 mm以内时,每块板的上、下边的打眼数量均不得少于2个,如超过500 mm应不少于3个。

2)开槽:用电动手提式石材无齿切割机圆锯片,在需要绑扎钢丝的部位上开槽。采用四道槽法。四道槽的位置:板块背面的边角处开两道竖槽,间距为30~40 mm;在板块侧边处的两竖槽位置上开一条横槽,再在板块背面上的两条竖槽位置下部开一条横槽。

(5)穿不锈钢(铜)丝。将备好的18号或20号不锈钢丝或铜丝剪成300 mm长,并弯成U形。将U形不锈钢钢丝先套入板背面横槽内,U形的两条边从两条竖槽内穿出后,在板块侧面横槽处交叉。再通过两条竖槽将不锈钢钢丝在板块背面扎牢。注意不锈钢钢丝不得拧得太紧。

(6)基层处理。放线基层应干净、平整、粗糙,平整度应达到中级抹灰。放线时依照室内标准水平线,找出地面标高,按板材面积,计算纵、横的皮数,用水平尺找平,并弹出板材的水平和垂直控制线。

柱子饰面板的安装,应按设计轴线距离,弹出柱子中心线和水平标高线。

(7)墙体钻孔、固定膨胀螺栓、绑扎钢筋网。用冲击电钻先在基层打深度不小于60 mm的孔,再将φ6~φ8 mm短钢筋埋入,外露50 mm以上并弯钩,在同一标高的插筋上置水平钢筋,二者靠弯钩或焊接固定。

(8)板材固定、调平靠直。按照放好的线预排、拉通线,然后从下向上施工。每一层的安装从中间或一端开始均可,用不锈钢钢丝(或铜丝)把板材与结构表面的钢筋骨架绑扎牢固,随时用托线板调平靠直,保证板与板交接处四角平整。

(9)封缝。用石膏将底及两侧缝隙堵严,上、下口用石膏临时固定,较大的板材固定时要加支撑。

(10)分层浇筑。固定后用1:2.5水泥砂浆(稠度宜为80~120 mm)分层灌注。每层灌入高度为150~200 mm,并应小于或等于1/3板高。灌注时用小铁钎轻轻插倒,切忌猛倒猛灌。一旦发现外胀,应拆除板材重新安装。第一层灌完后1~2 h,检查板材无移动,确认下口铜丝与板材均已锚固,待初凝后再继续灌下一层浆,直到距离上口50~100 mm时停止。

将上口临时固定的石膏剔掉,清理干净缝隙,再安装第二行板材。这样依次由下往上安装固定、灌浆。采用浅色的大理石、汉白玉饰面板材时,灌浆应用白水泥和白石屑。

(11)清理、擦缝、打蜡或罩面。每日安装固定后,应将饰面清理干净。安装固定后的板材如面层光泽受到影响,应重新打蜡出光。待全部板材安装完毕后,应清洁表面,用与板材相同颜色的水泥砂浆,边嵌边擦,使缝隙嵌浆密实,颜色一致。进行擦拭或用高速旋转帆布擦磨,抛光上蜡。光面和镜面的饰面板经清洗晾干后,方可打蜡擦亮。

7.2.3.2 干挂法

干挂法又称空挂法,是指用金属挂件将饰面石材直接吊挂于墙体或空挂于钢架之上的施工方法。就挂件与主体结构的固定技术而言，主要有无龙骨体系(图 7-11)和有龙骨体系(图 7-12)两种方案。无龙骨体系方案，即通过膨胀螺栓或预埋铁件直接将挂件固定，一般用于剪力墙结构；有龙骨体系方案，即通过安装金属骨架使挂件固定，一般用于框架结构。

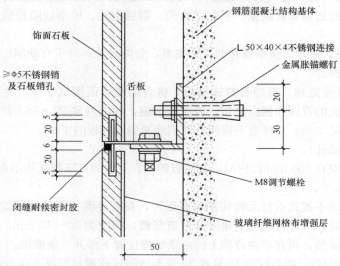

图 7-11 无龙骨体系干挂法

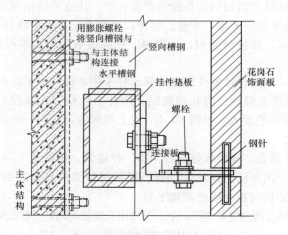

图 7-12 有龙骨体系干挂法

1. 无龙骨体系干挂法

(1)工艺流程。板材切割→磨边→钻孔→开槽→涂防水剂→墙面修整→弹线→墙面涂刷防水剂→板材安装→板材的固定→板材接缝的防水处理。

(2)施工要点。

1)板材切割。按照设计图图纸要求在施工现场进行切割，由于板材规格较大，宜采用石材切割机切割，注意保持板材边角的挺直和规矩。

2)磨边。将板材切割后，为使其边角光滑，可采用手提式磨光机进行打磨。

3)钻孔。相邻板块采用不锈钢销钉连接固定，销钉插在板材侧面孔内。孔径为 $\phi 5$ mm，深度为 12 mm，用电钻打孔。由于它关系到板材的安装精度，因而要求钻孔位置准确。

4)开槽。由于大规格石材的自重大，除由钢构件将板块下口托牢外，还需在板材中部开槽设置承托扣件以支承板材的自重。

5)涂防水剂。在板材背面涂刷一层丙烯酸防水涂料,以增强外饰面的防水性能。

6)墙面修整。如果混凝土外墙表面有局部凸出处会影响扣件安装时,须进行凿平修整。

7)弹线。从结构中引出楼面标高和轴线位置,在墙面上弹出安装板材的水平和垂直控制线,并做出灰饼以控制板材安装的平整度。

8)墙面涂刷防水剂。由于板材与混凝土墙身之间不填充砂浆,为了防止因材料性能或施工质量可能造成的渗漏,在外墙面上涂刷一层防水剂,以加强外墙的防水性能。

9)板材安装。安装板块的顺序是自下而上进行,在墙面最下一排板材安装位置的上下口拉两条水平控制线,板材从中间或墙面阳角开始就位安装。先安装好第一块作为基准,其平整度以事先设置的灰饼为依据,用线垂吊直,经校准后加以固定。待一排板材安装完毕后,再进行上一排扣件的固定和安装,板材安装要求四角平整,纵横对缝。

10)板材的固定。钢扣件和墙身用胀锚螺栓固定,扣件为一块钻有螺栓安装孔和销钉孔的平钢板,根据墙面与板材之间的安装距离进行调整。扣件上的孔洞都为椭圆形,以便安装时候调整位置。

11)板材接缝的防水处理。石材饰面接缝处的防水处理采用密封硅胶嵌缝。嵌缝之前先在缝隙内嵌入柔性条状泡沫聚乙烯材料作为衬底,以控制接缝的密封深度和加强密封胶的粘结力。

2. 有龙骨体系干挂法

(1)工艺流程。饰面板进场检查→选板、预拼、排号→石材防碱背涂处理→石板开槽钻孔→测量放线→检查预埋件尺寸、位置→安装金属骨架→安装饰面板→清理、嵌缝。

(2)施工要点。

1)石板开槽钻孔。

①每块石板上、下边应各开两个短平槽,短平槽长度不应小于100 mm,在有效长度内槽深度不宜小于15 mm;开槽宽度宜为6 mm或7 mm;不锈钢挂件厚度不宜小于3.0 mm,铝合金挂件厚度不宜小于4.0 mm。弧形槽的有效长度不应小于80 mm。

②两短槽边距离石板两端部的距离不应小于石板厚度的3倍且不应小于85 mm,也不应大于180 mm。

③石板开槽后不得有损坏或崩裂现象,槽口应打磨成45°倒角,槽内应光滑、洁净。

2)测量放线,检查预埋件尺寸、位置。在结构各转角处吊垂线,确定石材的外轮廓尺寸。以轴线及标高线为基线,弹出板材竖向分格控制线,再以各层标高线为基线放出板材横向分格控制线。

检查预埋件的位置、尺寸,若无预埋件,则在主体结构上打眼,装膨胀螺栓,作为骨架的固定。但应做后置预埋件的拉拔试验,以便确定承载力是否足够。

3)安装金属骨架。安装固定立柱的铁件。安装同立面两端的立柱,然后拉通线,顺序安装中间立柱,使同层立柱安装在同一水平位置上。将各施工水平控制线引至立柱上,并用水平尺校核,然后安装横梁。立柱和横梁用螺栓连接或焊接。焊接后要刷防锈漆。

4)安装饰面板。将已编号的饰面石板临时就位,将不锈钢挂件插入石板孔内。插挂件前先将环氧胶粘剂注入孔内,挂件入孔深度不宜小于20 mm。调整饰面石材的平整度、垂直度,调整准确后,将挂件上的螺栓全部拧紧。

5)清理、嵌缝。饰面板全部安装完毕后,进行表面清理,贴防污胶条。板缝尺寸根据吊挂件的厚度决定,一般为8 mm左右。板缝处理后,对石材表面打蜡上光。

7.2.3.3 饰面板(砖)工程质量验收

1. 饰面砖工程

(1)主控项目。

1)饰面砖的品种、规格、图案、颜色和性能应符合设计要求。
2)饰面砖粘贴工程的找平、防水、粘结和勾缝材料及施工方法应符合设计要求及现行国家产品标准和工程技术标准的规定。
3)饰面砖粘贴必须牢固。
4)满粘法施工的饰面砖工程应无空鼓、裂缝。
(2)一般项目。
1)饰面砖表面应平整、洁净、色泽一致,无裂痕和缺损。
2)阴、阳角处搭接方式,非整砖使用部位应符合设计要求。
3)墙面突出物周围的饰面砖应整砖套割吻合,边缘应整齐。墙裙、贴脸突出墙面的厚度应一致。
4)饰面砖接缝应平直、光滑,填嵌应连续、密实;宽度和深度应符合设计要求。
5)有排水要求的部位应做滴水线(槽)。滴水线(槽)应顺直,流水坡向应正确,坡度应符合设计要求。

2. 饰面板工程

(1)主控项目。
1)饰面板的品种、规格、颜色和性能应符合设计要求,木龙骨、木饰面板和塑料饰面板的燃烧性能等级应符合设计要求。
2)饰面板孔、槽的数量、位置和尺寸应符合设计要求。
3)饰面板安装工程的预埋件(或后置埋件)、连接件的数量、规格、位置、连接方法和防腐处理必须符合设计要求。后置埋件的现场拉拔强度必须符合设计要求。饰面板安装必须牢固。
(2)一般项目。
1)饰面板表面应平整、洁净、色泽一致,无裂痕和缺损。石材表面应无泛碱等污染。
2)饰面板嵌缝应密实、平直,宽度和深度应符合设计要求,嵌填材料色泽应一致。
3)采用湿作业法施工的饰面板工程,石材应进行防碱背涂处理。饰面板与基体之间的灌注材料应饱满、密实。
4)饰面板上的孔洞应套割吻合,边缘应整齐。

第二课堂

1. 查阅相关资料,将任务补充完整。
2. 简述饰面板(砖)工程施工程序。

任务 7.3 建筑楼地面工程

任务描述

本任务要求依据《建筑地面工程施工质量验收规范》(GB 50209)、《建筑装饰装修工程质量验收标准》(GB 50210)、《住宅装饰装修工程施工规范》(GB 50327)、《住宅室内装饰装修工程质量验收规范》(JGJ/T 304)和楼地面工程施工的特点,编写宿舍楼楼地面工程的技术交底。

> **任务分析**
>
> 建筑楼地面工程基层(各构造层)和面层的铺设,均应待其下一层检验合格后方可施工上一层。建筑楼地面工程各层铺设前与相关专业的分部(子分部)工程、分项工程以及设备管道安装工程之间,应进行交接检验。建筑楼地面工程完工后,应对面层采取保护措施。

知识课堂

7.3.1 建筑楼地面的组成及作用

1. 建筑楼地面的组成

建筑楼地面是建筑物底层地面和楼面的总称,一般由面层和基层组成。面层是直接承受各种物理和化学作用的建筑地面表面层;基层是面层下的构造层,包括找平层、垫层和基土等。建筑楼地面按面层结构可分为整体面层地面、板块面层地面和木竹面层地面。

当基层和面层之间的构造不能满足使用或构造要求时,必须在基层和面层间增设结合层、找平层、填充层、隔离层等附加的构造层

建筑地面工程构成的各层构造示意如图 7-13 所示。

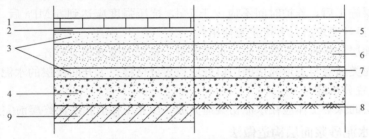

图 7-13 建筑地面工程构成的各层构造示意
1—块料面层;2—结合层;3—找平层;4—垫层;5—整体面层;
6—填充层;7—隔离层,8—基土,9—楼板

2. 作用

(1)面层。面层是建筑楼地面直接承受各种物理和化学作用的表面层。面层品种和类型的选择,由设计单位根据生产特点、功能使用要求,同时结合技术经济条件和就地取材的原则来确定。

(2)基层。

1)基土。基土是直接坐落于基土上的底层地面的结构层,起着承受和传递来自地面面层荷载的作用。

2)楼板。楼板是楼层地面的结构层,承受楼地面上的各种荷载。楼板包括现浇混凝土楼板、预制混凝土楼板、钢筋混凝土空心楼板、木结构楼板等。

3)垫层。垫层是地面基层上承受并传递荷载于基层的构造层,垫层可分为刚性垫层和柔性垫层,常用的有水泥混凝土垫层、水泥砂浆垫层、碎石垫层、炉渣垫层等。

(3)构造层。

1)结合层。结合层是面层与下一构造层相联结的中间层。各种板块面层在铺设(贴)时都会有结合层。不同面层的结合层根据设计及有关规范采用不同的材料,使面层与下一层牢固地结合在一起。

2)找平层。找平层是为使地面达到规范要求的平整度,在垫层、楼板或填充层(轻质、松散材料)上起整平、找坡或加强作用的构造层。

3)填充层。填充层是当面层和基层间不能满足使用要求或因构造需要(如在建筑楼地面上起到隔声、保温、找坡或敷设暗管线、地热采暖等作用)而增设的构造层,常用表现密度值较小的轻质材料铺设而成,如加气混凝土、膨胀珍珠岩、膨胀蛭石等材料。

4)隔离层。隔离层是防止建筑楼地面上各种液体(含油渗)侵蚀或地下水、潮气渗透地面等作用的构造层,仅防止地下潮气透过地面时可称作防潮层。隔离层应用不透气、无毛细渗透现象的材料,常用的有防水砂浆、沥青砂浆、聚氨酯涂层和SBS防水卷材等,其位置设于垫层或找平层之上。

7.3.2　整体面层铺设——水泥砂浆面层

7.3.2.1　一般要求

整体面层包括水泥混凝土(含细石混凝土)面层、水泥砂浆面层、水磨石面层、水泥基硬化耐磨面层、防油渗面层、自流平面层、薄涂型地面涂料面层、塑胶面层、地面辐射供暖的整体面层等。

(1)铺设整体面层时,其水泥类基层的抗压强度不得低于1.2 MPa;表面应粗糙、洁净、湿润并不得有积水。铺设前,宜凿毛或涂刷界面处理剂,水泥基硬化耐磨面层、自流平面层的基层处理必须符合设计及产品的要求。

(2)整体面层施工后,养护时间不应少于7 d,抗压强度应达到5 MPa后,方准上人行走;抗压强度应达到设计要求后,方可正常使用。

(3)水泥类面层分格时,分格缝应与水泥混凝土垫层的缩缝相应对齐。

(4)室内水泥类面层与走道邻接的门口处应设置分格缝;大开间楼层的水泥类面层在结构易变形的位置应设置分格缝。

(5)整体面层的抹平工作应在水泥初凝前完成,压光工作应在水泥终凝前完成。

7.3.2.2　水泥砂浆面层构造做法

水泥砂浆面层是使用最广泛的一种地面面层类型,采用水泥砂浆涂抹于混凝土基层(垫层)上而成,具有材料来源广、整体性能好、强度高、造价低、施工操作简便、快速等特点,适用于工业与民用建筑中地面。

(1)水泥砂浆的强度等级不应低于M15,体积配合比例尺宜为1∶2(水泥∶砂)。缺少砂的地区,可用石屑代替砂使用,水泥石屑的体积比宜为1∶2(水泥∶石屑)。水泥砂浆面层的厚度不应小于20 mm。

(2)当水泥砂浆地面基层为预制板时,宜在面层内设置防裂钢筋网,宜采用直径为$\phi 3\sim \phi 5$@150~200 mm的钢筋网。

(3)水泥砂浆面层下埋设管线等出现局部厚度减薄时,应按设计要求做防止面层开裂的处理。当结构层上局部埋设并排管线且宽度大于等于400 mm时,应在管线上方局部位置设置防裂钢筋网片,其宽度距离管边不小于150 mm;当底层水泥砂浆地面内埋设管线时,可采用局部加厚混凝土垫层的做法;当预制板块板缝中埋设管线时,应加大板缝宽度并在其上部设置防裂钢筋网片或做局部现浇板带。

(4)面积较大的水泥砂浆地面应设置伸缩缝,在梁或墙柱边部位应设置防裂钢筋网。水泥砂浆面层的坡度应符合设计要求,一般为1%~3%。不得有倒泛水和积水现象。

水泥砂浆面层的构造做法如图7-14所示。

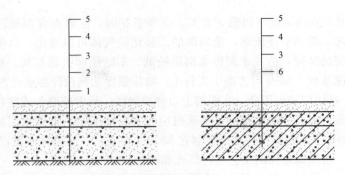

图 7-14 水泥砂浆面层构造图
1—基土层；2—混凝土垫层；3—细石混凝土找平层；4—素水泥浆；5—水泥砂浆面层；6—混凝土楼板结构

7.3.2.3 水泥砂浆面层施工工艺

1. 工艺流程

基层处理→设界格条→搅拌砂浆→抹灰饼和冲筋→刷结合层→铺砂浆面层→搓平压光→养护。

2. 施工要点

(1)基层处理：基层表面应保持洁净、粗糙、湿润，且并不得有积水。对水泥类基层，其抗压强度不得小于1.2 MPa。

(2)设界格条：界格条在处理完垫层时预埋，主要设置在不同房间的交接处和结构变化处。

(3)搅拌砂浆：水泥砂浆应用机械搅拌，搅拌要均匀，颜色一致，搅拌时间不应少于2 min。水泥砂浆的稠度，当在炉渣类基层上铺设时，宜为25～35 mm，当在水泥类基层上铺设时，宜采用干硬性水泥砂浆，以手捏成团稍出浆为止。水泥砂浆的体积比(强度等级)必须符合设计要求，且体积比应为1∶2，强度等级不应小于M15。

(4)抹灰饼和冲筋：根据房间内四周墙上弹的水平标高线，确定面层厚度(应符合设计要求，且不应小于20 mm)，然后拉水平线开始抹灰饼，灰饼上平面即地面标高。如果房间较大，为了保证整体面层平整度，还须充筋。宽度与灰饼宽度相同，用木抹子拍成与灰饼上表面相平一致。铺抹灰饼和冲筋的砂浆材料配合比应均与抹地面的砂浆相同。

(5)刷结合层：在铺设面层之前，应涂刷水胶比为0.4～0.5的水泥浆一层。

(6)铺水泥砂浆面层：涂刷水泥浆后应紧跟着铺水泥砂浆，在灰饼之间将砂浆铺均匀，然后用木刮杆按灰饼高度刮平。铺砂浆时如果灰饼已硬化，在木刮杆刮平后，同时将利用过的灰饼敲掉，并用砂浆填平。当采用水泥拌合料做踢脚线时，不得用石灰砂浆打底。

(7)搓平压光：木刮杆刮平后，立即用木抹子将面层在水泥初凝前搓平压实，以内向外退着操作，并随时用2 m靠尺检查其平整度，偏差不应大于4 mm。面层压光宜用铁抹子分三遍完成，并逐遍加大用力压光。当采用地面抹光机压光时，在压第二、第三遍中，水泥砂浆的干硬度应比手工压光时稍干一些。压光工作应在水泥终凝前完成。当水泥砂浆面层干湿度不适宜时，可采取淋水或撒布干拌的1∶1水泥和砂(体积比，砂须过3 mm筛)进行抹平压光工作。当面层按照设计要求需分格时，应在水泥初凝后进行弹线分格。先用木抹子搓一条约一抹子宽的面层，用铁抹子压光，并用分格器压缝。分格缝应平直，深浅要一致。水泥砂浆面层如遇管线等出现局部面层厚度减薄处并在10 mm及10 mm以下时，必须采取铺设钢丝网或其他有效防止开裂措施，符合设计要求后方可铺设面层。

(8)养护：面层铺好后1 d内应以砂或锯末覆盖，并在7～10 d内每天浇水不少于1次。如室温大于15 ℃，开始3～4 d内应每天浇水不少于两次。也可采取蓄水养护法，蓄水深度宜为

20 mm。冬期施工时，室内温度不得低于5 ℃。冬季养护时，生煤火保温应注意室内不能完全封闭，应有通风措施，做到空气流通，使局部的二氧化碳气体可以逸出，以免影响水泥水化作用的正常进行和面层的结硬，造成水泥砂浆面层松散、不结硬而引起起灰、起砂质量通病。水泥砂浆面层抗压强度达到5 MPa后方准上人行走。抗压强度达到设计要求后方可正常使用。

(9)抹踢脚板：基层应清理干净，在踢脚上口弹控制线，预埋玻璃条或塑料条以控制踢脚板的出墙厚度。抹面前一天充分浇水湿润。抹面时应先在基层上刷一道素水泥浆，水胶比控制在0.4左右，并随刷随抹。水泥砂浆稠度应控制在35 mm左右，一次粉抹厚度以10 mm为宜，粉抹过厚应分层操作。按照做地面的工艺进行压光和养护。

(10)抹楼梯踏步：基层应清理干净，在踏步侧面的墙上弹控制线，抹面前一天充分浇水湿润。抹面时先在基层上刷一道素水泥浆，水胶比控制在0.4左右，并随刷随抹。水泥砂浆稠度应控制在35 mm左右，一次粉抹厚度以10 mm为宜，粉抹过厚应分层操作。按做地面的工艺进行压光和养护。

7.3.3 板块面层铺设——大理石面层

7.3.3.1 一般要求

板块面层包括砖面层、大理石面层和花岗石面层、预制板块面层、料石面层、玻璃面层、塑料板面层、活动地板面层、钢板面层、地毯面层等。

(1)低温辐射供暖地面的板块面层采用具有热稳定性的陶瓷马赛克、陶瓷地砖、水泥花砖等砖面层或大理石、花岗石、水磨石、人造石等板块面层，并应在填充层上铺设。

(2)低温辐射供暖地面的板块面层应设置伸缩缝，缝的留置与构造做法应符合设计要求和相关现行行业标准的规定。填充层和面层伸缩缝的位置宜上下对齐。

(3)铺设低温辐射供暖地面的板块面层时，不得钉、凿、切割填充层，不得向填充层内楔入物件，不得扰动、损坏发热管线。

(4)铺设板块面层时，其水泥类基层的抗压强度不得低于1.2 MPa。在铺设前应刷一道水泥浆，其水胶比宜为0.4～0.5，并随铺随刷。

(5)板块的铺砌应符合设计要求，当设计无要求时，应避免出现板块小于1/4边长的边角料。施工前应根据板块大小，结合房间尺寸进行排砖设计。采用非整砖应对称布置，且排在不明显处。

(6)铺设板块面层的结合层和填缝的水泥砂浆，在面层铺设后应覆盖、湿润，其养护时间不应少于7 d。当板块面层水泥砂浆结合层的抗压强度达到设计要求后，方可正常使用。

(7)对厕浴间及设有地漏(含清扫口)的建筑板块地面面层，地漏(清扫口)的位置除应符合设计要求，块料铺贴时地漏处应放样套割铺贴，使铺贴好的块料地面高于地漏约2 mm，与地漏结合处严密牢固，不得有渗漏。

7.3.3.2 大理石面层和花岗石面层构造做法

大理石面层和花岗石面层是指采用各种规格型号的天然石材板材、合成花岗石(又名人造大理石)在水泥砂浆结合层上铺设而成，大理石面层和花岗石面层适用于高等级的公共场所、民用建筑及耐化学反应的工业建筑中的生产车间等建筑地面工程。

(1)室内使用的大理石、花岗石等天然石材的放射性应符合国家现行标准《建筑材料放射性核素限量》(GB 6566)的规定。

(2)大理石、花岗石面层的结合层厚度一般宜为20～30 mm。

(3)大理石板材不适宜用于室外地面工程。

(4)基本构造如图7-15所示。

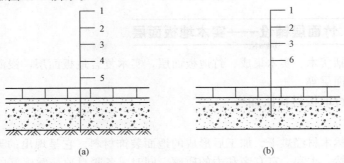

图7-15　石材面层基本构造图
1—大理石(碎拼大理石)、花岗石面层；2—水泥砂或水泥砂浆结合层；
3—找平层；4—垫层；5—素土夯实；6—结构层(钢筋混凝土楼板)

7.3.3.3　大理石面层和花岗石面层施工工艺

1. 工艺流程

处理基层→选料试拼→弹线找方→铺设石板→灌浆擦缝→养护→镶贴踢脚板。

2. 施工要点

(1)处理基层。将基层表面的油污、杂物等清理干净。如局部凹凸不平，应将凸处凿平，凹处用1:3砂浆补平。大理石和花岗石板材在铺砌前，应按设计要求或实际的尺寸在施工现场进行切割和磨平的处理。

(2)选料试拼。在铺设前，板材应按设计要求，根据石材的颜色、花纹、图案、纹理等试拼编号；同一房间、开间应按配花、颜色、品种挑选尺寸基本一致、色泽均匀、花纹通顺的石材进行试拼，并编号待用。试拼中应将色泽好的石材排放在显眼部位，将花色和规格较差的石材铺砌在较隐蔽处，尽可能使楼地面的整体图面与色调和谐统一，以体现大理石和花岗石饰面建筑的艺术效果。当板材有裂缝、掉角、翘曲和表面有缺陷时应予剔除，品种不同的板材不得混杂使用。

(3)弹线找方。应将相连房间的分格线连接起来，并弹出楼地面标高线，以控制表面平整度。放线后，应先铺若干条干线作为基准，起标筋作用。一般先由房间中部向两侧采取退步法铺砌。凡有柱子的大厅，宜先铺砌柱子与柱子中间的部分，然后向两边展开。

(4)铺设石板。

1)板材在铺砌前应先浸水湿润，阴干或擦干后备用。结合层与板材应分段同时铺砌，铺砌要先进行试铺，待合适后，将板材揭起，再在结合层上均匀撒布一层干水泥面并淋水一遍，也可采用1:2水胶比的水泥浆黏结，同时在板材背面洒水，正式铺砌。

2)铺砌时板材要四角同时下落，并用木锤或皮锤敲击平实。

(5)灌浆擦缝。铺贴完成24 h后，经检查石块表面无断裂、空鼓后，用稀水泥(颜色与石板块调和)刷缝填饱满，并随即用布擦抹至无残灰、污迹为止。大理石、花岗石面层的表面应洁净、平整、坚实；板材间的缝隙宽度当设计无规定时不应大于1 mm。待结合层的水泥砂浆强度达到要求后，打蜡至光滑亮洁。

(6)养护。在面层铺设后，表面应覆盖、湿润，其养护时间不应少于7 d。

(7)镶贴踢脚板。镶贴前先将石板块刷水湿润，阳角接口板要割成45°角。将基层浇水湿透，均匀涂刷素水泥浆，边刷边贴。在墙两端先各镶贴一块踢脚板，其上口高度应在同一水平线内，突出墙面厚度应一致，然后沿两块踢脚板上棱拉通线，用1:2水泥砂浆逐块依顺序镶贴。镶贴时随时检查踢脚板的平顺和垂直，板间接缝应与地面贯通，擦缝做法同地面。

7.3.4　木、竹面层铺设——实木地板面层

木、竹面层包括实木、实木集成、竹地板面层，实木复合地板面层，浸渍纸层压木质地板面层，软木类地板面层等。

7.3.4.1　木竹地板材料认知

1. 实木地板

实木地板是天然木材经烘干、加工后形成的地面装饰材料。它呈现出的天然原木纹理和色彩图案，给人以自然、柔和、富有亲和力的质感，同时，冬暖夏凉、触感好的特性使其成为卧室、客厅、书房等地面装修的理想材料。

2. 实木复合地板

实木复合地板是由不同树种的板材交错层压而成，克服了实木地板单向同性的缺点，干缩湿胀率小，具有较好的尺寸稳定性，并保留了实木地板的自然木纹和舒适的脚感。实木复合地板兼具强化木地板的稳定性与实木地板的美观性，而且具有环保优势。其既适合普通地面铺设，又适合地热采暖地板铺设。按照甲醛释放量其可分为A类实木复合地板和B类实木复合地板。

3. 强化木地板

强化木地板也称浸渍纸层压木质地板，是以一层或多层专用纸浸渍热固性氨基树脂，铺装在刨花板、高密度纤维板等人造板基材表层，背面加平衡层，正面加耐磨层，经热压、成型的地板。强化木地板由耐磨层、装饰层、高密度基材层、平衡（防潮）层组成。其耐磨、阻燃、防静电、耐压、易清洁、防虫蛀、安装方便，可以直接铺在地面防潮衬垫上，但是弹性比实木地板差，脚感生硬。

4. 竹地板

竹地板是一种新型建筑装饰材料，它以天然优质竹子为原料，经过二十几道工序，脱去竹子原浆汁，经高温高压拼压，再经过多层油漆，最后经红外线烘干而成。竹地板以其天然赋予的优势和成型之后的诸多优良性能给建材市场带来一股绿色清新之风。竹地板有竹子的天然纹理，清新文雅，给人一种回归自然、高雅脱俗的感觉。

5. 软木地板

软木地板被称为"地板的金字塔尖消费"。软木是指主要生长在地中海沿岸及同一纬度的我国秦岭地区的栓皮栎橡树，而软木制品的原料就是栓皮栎橡树的树皮，其与实木地板相比更具环保性（从原料的采集开始直到生产出成品的全过程）、隔声性，防潮效果也更好些，带给人极佳的脚感。软木地板柔软、安静、舒适、耐磨，对老人和小孩的意外摔倒，可提供极大的缓冲作用，其独有的隔声效果和保温性能也非常适合应用于卧室、会议室、图书馆、录音棚等场所。软木地板按其铺装方式可分为粘贴式软木地板和锁扣式软木地板两类。

7.3.4.2　实木地板施工工艺

实铺式实木地板按照构造层次可分为单层实铺式实木地板和双层实铺式实木地板，两者的不同之处是双层实铺式实木地板中增加了一层毛底板。下面以双层实铺式实木地板为例来说明施工工艺。

1. 工艺流程

处理基层→找方、弹线→铺设木搁栅→铺设毛地板→铺设面层板→安装木踢脚板（踢脚线）→修饰面层。

2. 施工要点

(1)处理基层。基层表面要求坚硬、平整，符合《建筑地面工程施工质量验收规范》(GB 50209)

的要求，表面含水率不得大于8%。

（2）找方、弹线。实木地板铺设前，应事先预拼合缝、找方；长条板应事先在企口凸边上阴角处钻45°左右斜孔，间距同搁栅间距，孔径为钉径的70%～80%。

按设计分格在地面上弹线并消除误差。

（3）铺设木搁栅（木龙骨）。木搁栅的截面尺寸、间距和稳固方法等均应符合设计要求，木搁栅的两端应垫实钉牢，木搁栅与墙间应留出大于30 mm的间隙。木搁栅的表面应平直，偏差不大于3 mm（2 m直尺检查时）。

（4）铺设毛地板。毛底板应与搁栅成30°或45°并应斜向钉牢，使髓心向上；其板间缝隙应不大于3 mm。毛地板与墙之间应留7～12 mm的空隙。

每块毛地板应在每根搁栅上各钉两个钉子固定，钉子的长度应为板厚的2.5倍。当在毛地板上铺钉长条木板或拼花木板时，宜先铺设一层防潮垫，以隔声和防潮。

（5）铺设面层板。面层板为宽度不大于120 mm的企口板，为防止在使用中发出声响和受潮气的侵蚀，铺钉前先铺一层防潮层。

在铺设单层木板面层时，应与搁栅成垂直方向钉牢，每块长条木板应钉牢在每根搁栅上，钉长应为板厚的2～2.5倍，钉帽砸扁，并从侧面斜向钉入板中，钉头不应露出。木板端头接缝应在搁栅上，并应间隔错开。板与板之间应紧密，仅允许个别地方有缝隙，其宽度不应大于1 mm；当采用硬木长条形板时，不应大于0.5 mm。木板面层与墙之间应留10～20 mm的缝隙，表面应刨平磨光，并用木踢脚板封盖。

（6）安装木踢脚板。木踢脚板应在面层刨平磨光后安装，背面应作防腐处理。踢脚板接缝处应以企口相接，踢脚板用钉钉牢在墙内防腐木砖上，钉帽砸扁冲入板内。踢脚板要求与墙贴紧，安装牢固，上口平直。

（7）修饰面层：待室内装饰工程完工后方可涂油上蜡。

第二课堂

1. 查阅相关资料，将任务补充完整。
2. 简述建筑地面工程施工程序。

任务7.4 吊顶工程

任务描述

本任务要求依据《建筑装饰装修工程质量验收标准》（GB 50210）、《住宅装饰装修工程施工规范》（GB 50327）、《住宅室内装饰装修工程质量验收规范》（JGJ/T 304）和吊顶工程施工的特点，编写宿舍楼吊顶工程的技术交底。

任务分析

吊顶施工时要求顶棚内的各种管线及设备已安装完毕并通过验收，确定好灯位、通风口及各种明露孔口位置；作业人员经安全、质量、技能培训，满足作业的各项要求。吊顶大面积施工前，应做样板间，对顶棚的起拱度、灯槽、通风口等处进行构造处理，通过做样板间决定分块及固定方法，经鉴定认可后方可开始大面积施工。

7.4.1 吊顶的分类和组成

吊顶是悬吊于建筑物楼屋盖下表面的顶棚，具有保温、隔热、隔声和吸声作用，既可以增加室内的亮度和美观，又能达到节约能耗的目的。

1. 吊顶的分类

吊顶的形式和种类繁多。按骨架材料不同可分为木龙骨吊顶、轻钢龙骨吊顶和铝合金龙骨吊顶等；按罩面材料的不同可分为抹灰吊顶、纸面石膏板吊顶、纤维板吊顶、胶合板吊顶、塑料板吊顶和金属板吊顶等；按设计功能不同可分为艺术装饰吊顶、吸声吊顶、隔声吊顶、发光吊顶等；按装配特点及吊顶工程完成后的顶棚装饰效果可分为明龙骨吊顶（施工后顶棚饰面的龙骨框格明露）和暗龙骨吊顶（施工后吊顶骨架被饰面板覆盖）；按是否需要上人可分为上人吊顶与不上人吊顶。

上人吊顶是指吊顶内有需要上人进行检修的设备或部位，以及其他有上人要求功能的吊顶。上人吊顶应在顶棚留上人孔（检修孔）、走（马）道、检修平台。上人孔与顶棚、龙骨连接。走（马）道、检修平台均作另外支撑，不与吊顶有任何连接，增设自己的吊筋和支撑，确保安全。不上人吊顶是指不需要上人的一般顶棚，顶棚为一个整体，不留上人孔，可留需要的检修孔。

2. 吊顶的组成

吊顶由吊筋、龙骨、面板、饰面四部分组成，如图7-16所示。

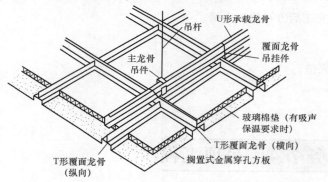

图7-16 吊顶的组成

（1）吊筋。吊筋承担龙骨和饰面部分的全部荷载并将之传至承重结构，同时，也是控制高度和调平龙骨架的主要构件。

吊筋是受力构件，其截面的大小、吊筋与吊筋的间距由设计荷载而定。为满足防火要求，吊筋一般用钢材，常用 $\phi 6 \sim \phi 10$ mm 的钢筋。当无设计要求时，对于轻钢龙骨的吊筋，吊筋的网距在 $(0.9 \sim 1.2)$ m×$(1.2 \sim 1.5)$ m 范围内，根据荷载大小和房间尺寸确定两个方向的数值，如 0.9 m×1.2 m，注意其中一个方向是主龙骨的间距。

（2）龙骨。龙骨有主龙骨和副龙骨之分。主龙骨位于副龙骨之上，是承担饰面部分和副龙骨的荷载并将之传至吊筋上的构件。副龙骨是安装基层板或面板的骨架。

1）主龙骨。主龙骨不仅是承重构件，也是保证吊顶平整的关键构件，除强度要求外还有一定的刚度要求，其截面大小以及相邻间距由设计荷载和造型而定。当无设计要求时，轻钢龙骨的主龙骨间距一般为 0.9～1.2 m，具体尺寸可根据房间尺寸和其他要求确定。

2)副龙骨。副龙骨又称次龙骨、覆面板龙骨、小龙骨、中龙骨。次龙骨附着于主龙骨下面，是安装饰面板或基层板的一个平面网架，其截面大小和龙骨网格的大小由基层板或饰面板而定。确定的原则：确保饰面板平整、稳定、牢固。常用网格尺寸为：300 mm、400 mm、450 mm、500 mm、600 mm。实际应用时可将这些尺寸进行组合，如 300 mm×400 mm、300 mm×500 mm、500 mm×500 mm、600 mm×600 mm 等。

(3) 面板。面板是顶棚装饰面的基层。当饰面和基层一体时，即为饰面板。常用的饰面板有 PVC 板、铝扣板、石膏板、矿棉板、桑拿板等。

(4) 饰面。饰面即装饰层，如壁纸、涂料面层等。

7.4.2 金属龙骨吊顶工程施工

7.4.2.1 施工准备

1. 材料准备

(1) 轻钢龙骨材料。

1) 龙骨及配件。轻钢龙骨外形要求平整、棱角清晰，切口不允许有毛刺和变形。镀锌层不允许有起皮、起瘤、脱落等缺陷。对于腐蚀、损伤、黑斑、麻点等缺陷，应符合规定要求。轻钢龙骨表面应镀锌防锈，镀锌量及镀锌层厚度均应满足要求。另外，轻钢龙骨的断面形状尺寸、角度偏差、力学性能也应满足要求。

2) 连接与固结材料。将板材固结于硬质基体（砖、混凝土）上采用水泥钉、射钉或金属膨胀螺栓；固结于轻钢龙骨或铝合金龙骨上采用自攻螺钉；固结于轻质板材（如加气混凝土）基体上采用塑料膨胀螺栓。

3) 罩面板。轻钢龙骨骨架常用的罩面板材料有装饰石膏板、纸面石膏板、吸声穿孔石膏板、矿棉装饰吸声板、钙塑泡沫装饰板、各种塑料装饰板、浮雕板、钙塑凹凸板等。施工时应按设计要求选用。压缝常选用铝压条。嵌填钉孔用石膏腻子，嵌缝时采用石膏腻子和穿孔牛皮纸带，也可使用玻璃纤维网格胶带。

4) 胶粘剂。应按主黏材的性能选用，使用前做黏结试验。

(2) 铝合金龙骨材料。

1) 龙骨材料。铝合金龙骨是新型吊顶骨架材料中应用较早的轻金属杆件型材，其主件为 T 形和 L 形，特别适合组装单层骨架构造的轻便型不上人吊顶。当需要组合为有承载龙骨的双层构造时，其龙骨可采用 U 形轻钢龙骨，能上人。

铝合金龙骨多为中龙骨，其断面为 T 形（安装时倒置），断面高度有 32 mm 和 35 mm 两种，在吊顶边上的中龙骨为断面 L 形。小龙骨（横撑龙骨）的断面为 T 形（安装时倒置），断面高度有 23 mm 和 32 mm 两种。

2) 罩面板材。常用的罩面材料有矿棉板、玻璃纤维板、装饰石膏板、钙塑装饰板、珍珠岩复合装饰板、钙塑泡沫塑料装饰板、岩棉复合装饰板等轻质板材，也可用纸面石膏板、石棉水泥板、金属压型吊顶板等。

3) 连接与固结材料。同轻钢龙骨吊顶。吊杆一般为 Φ4 钢筋、8 号铅丝 2 股、10 号镀锌钢丝 6 股。

2. 作业条件

(1) 顶棚内的各种管线及通风管道，均应事先安装完毕，并办理验收手续。

(2) 墙为砌体时，应根据顶棚标高，在四周墙上预埋固定龙骨的木砖。

(3) 直接接触墙体的木龙骨，应预先刷防腐剂。

(4) 按工程的不同防火等级和所处环境要求，对木龙骨进行喷涂防火涂料或置于防火涂料槽内进行浸渍处理。

(5) 墙面及楼地面湿作业和屋面防水已做完。

(6) 室内环境力求干燥，满足木龙骨吊顶作业的环境要求。

7.4.2.2 轻钢龙骨吊顶施工工艺

1. 工艺流程

弹线→安装吊点、吊筋→安装轻钢龙骨→安装罩面板→嵌缝。

2. 施工要点

(1) 弹线。弹线的内容包括标高线、顶棚造型位置线、吊挂点布局线、大中型灯位线等。弹线顺序是先竖向标高后平面造型细部，竖向标高线弹于墙上，平面造型和细部线弹于顶板上。

弹线完成后，对所有标高线、平面造型吊点位置线等进行全面检查复核，如有遗漏或尺寸错误，均应彻底补充、纠正。所弹顶棚标高线与四周设备、管线、管道等有无矛盾，对大型灯具的安装有无妨碍，均应一一核实，确保准确无误。

(2) 安装吊点、吊筋。吊点安装常采用膨胀螺栓、射钉等方法。吊筋常采用钢筋、角钢、扁铁或方木，其规格应满足承载要求，吊筋与吊点的连接可采用焊接、钩挂、螺栓或螺钉等连接方法。吊筋安装时，应作防腐、防火处理。上人吊顶吊点坚固方式及悬吊构造节点和不上人吊顶吊点紧固方式及悬吊构造节点如图 7-17 和图 7-18 所示。

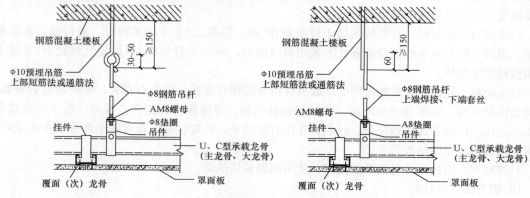

图 7-17 上人吊顶吊点紧固方式及悬吊构造节点

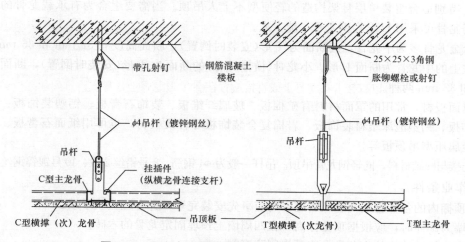

图 7-18 不上人吊顶吊点紧固方式及悬吊构造节点

(3)安装轻钢龙骨。

1)安装轻钢主龙骨。主龙骨按弹线位置就位,利用吊件悬挂在吊筋上。待全部主龙骨安装就位后进行调直调平定位,将吊筋上的调平螺母拧紧,龙骨中间部分按具体设计起拱(一般起拱高度不得小于房间短向跨度的3/1 000)。

2)安装次龙骨。主龙骨安装完毕即安装次龙骨。次龙骨有通长和截断两种。通长者与主龙骨垂直,截断者(也称为横撑龙骨)与通长者垂直。次龙骨紧贴主龙骨安装,并与主龙骨扣牢,不得有松动及弯曲不直之处。次龙骨安装时应从主龙骨一端开始,高低叠级顶棚应先安装低跨部分。次龙骨的位置要准确,特别是板缝处,要充分考虑缝隙尺寸。

3)安装附加龙骨、角龙骨、连接龙骨等。靠近柱子周边,增加附加龙骨或角龙骨时,按具体设计安装。凡高低叠级顶棚、灯槽、灯具、窗帘盒等处,根据具体设计应增加连接龙骨。

(4)安装罩面板。

1)石膏板材的安装。石膏板材固定在次龙骨上的方式有下列三种:

①挂结式。板材周边先加工成企口缝,然后挂在倒T形或工字形次龙骨上,故又称"隐蔽式"。

②卡结式。板材直接放到次龙骨翼缘上,并用弹簧卡子卡紧,次龙骨露于顶棚面外。

③钉结式。次龙骨和间距龙骨的断面为卷边槽型,以特制吊件悬吊于主龙骨下,板材用平头螺钉钉于龙骨上,龙骨底面预钻螺钉孔。

2)矿棉板和玻璃棉板的安装。矿棉板和玻璃棉板质轻、吸声、保温、耐高温不燃烧,特别适合于有一定防火要求的顶棚,它可以直接作为吸声板顶棚。这两种板材安装时要求室内湿度不能过大,板与次龙骨的固定方式有下列三种:

①龙骨全露式。它是将方形或矩形板直接搁置在格子形组合的倒T形龙骨翼缘上,用卡簧加以固定。此时,应注意饰面板上的灯具、烟感器、喷淋头、风口箅子等设备的位置应正确、美观,与饰面的交接应吻合、严密。

②龙骨全隐蔽式。这种方式是将板材侧面制成企口,卡入Z形龙骨的翼缘中。

③龙骨半外露半隐蔽式。这种方式是将板材的侧面做成L形,搁置在龙骨的翼缘上。

3)硅钙板、塑料板的安装。此类罩面板的规格一般为600 mm×600 mm,多用于明装龙骨,将面板直接搁置在龙骨上。安装时保证花样、图案的整体性;饰面板上的灯具、烟感器、喷淋头、风口箅子等设备的位置应正确、美观,与饰面的交接应吻合、严密。

4)金属板材的安装。金属罩面板是用轻质金属板材作为面层的吊顶。常用的轻质金属板材有薄钢板和铝合金板两大类。薄钢板表面可作镀锌、涂塑和涂漆等防锈饰面处理;铝合金板表面可作电化铝饰面处理。金属罩面板按构造形式可分为轻金属条板、网格板和金属方板等。

①轻金属条板通过固定在龙骨上的夹齿与龙骨固定。条板与条板之间相接处的板缝处理,有开放式和封闭式两种。开放式条板离缝处无填充物,便于通风,在上部另加矿棉板或玻璃棉,可作为吸声顶棚用;封闭式条板在离缝处,可另加嵌条或用条板单边的翼缘盖住离缝。

②网格板的安装可以直接卡在龙骨上或直接搁置在倒T形龙骨上,有方格排列和圆筒排列方式。

③金属方板安装的构造分搁置式和卡入式两种。搁置式多为T形龙骨,方板四边带翼搁置后形成格子型离缝。卡入式的金属方板卷边向上,形同有缺口的盒子,一般边上轧出凸出的卡口,夹入有夹簧的龙骨中。将方板打孔,上面放矿棉或玻璃棉的吸声板,就可成为吸声顶棚。

(5)嵌缝。

1)先清扫板缝,用小刮刀将嵌缝石膏腻子均匀饱满地嵌入板缝,并在板缝外刮涂约60 mm宽、1 mm厚的腻子。随即贴上穿孔纸带(或玻璃纤维网格胶印带),使用宽约60 mm的腻子刮刀顺穿孔纸带(或玻璃纤维网格胶印带)方向压刮,将多余的腻子挤出,并刮平、刮实,不可留有气泡。

2)用宽约 150 mm 的刮刀将石膏腻子填满宽约 150 mm 的板缝处带状部分。

3)用宽约 300 mm 的刮刀再补一遍石膏腻子,其厚度不得超出 2 mm。

4)待腻子完全干燥后(约 12 h),用 2 号纱布或砂纸将嵌缝石膏腻子打磨平滑,其中间可部分略微凸起,但要向两边平滑过渡。

7.4.2.3. 铝合金龙骨吊顶施工工艺

1. 工艺流程

弹线→安装吊点、吊筋→安装大龙骨→安装中、小龙骨→安装罩面板。

2. 施工要点

(1)弹线。弹线的内容包括标高线、顶棚造型位置线、吊挂点布局线、大中型灯位线等。弹线顺序是先竖向标高后平面造型细部,竖向标高线弹于墙上,平面造型和细部线弹于顶板上。

弹线完成后,对所有标高线、平面造型吊点位置线等进行全面检查复核,如有遗漏或尺寸错误,均应彻底补充、纠正。对所弹顶棚标高线与四周设备、管线、管道等有无矛盾,对大型灯具的安装有无妨碍等情况,均应一一核实,确保准确无误。

(2)安装吊点、吊筋。吊点安装常采用膨胀螺栓、射钉等方法。吊筋常采用钢筋、角钢、扁铁或方木,其规格应满足承载要求,吊筋与吊点的连接可采用焊接、钩挂、螺栓或螺钉等连接方法。安装吊筋时,应作防腐、防火处理。

(3)安装大龙骨。采用单层龙骨时,大龙骨 T 形断面高度采用 38 mm,适用于轻型不上人明龙骨吊顶。单层龙骨安装,首先沿墙面上的标高线固定边龙骨,边龙骨底面与标高线齐平。在墙上用 $\phi 20$ 钻头钻孔,间距为 500 mm,将木楔子打入孔内;边龙骨钻孔,用木螺钉将龙骨固定于木楔上,也可用 $\phi 6$ 塑料胀管木螺钉固定。然后再安装其他龙骨,用龙骨吊挂件吊紧龙骨,吊点采用 900 mm×900 mm 或 900 mm×1 000 mm,最后调平、调直、调方格尺寸。

(4)安装中、小龙骨。首先安装边小龙骨,将边小龙骨沿墙面标高线固定在墙上,并与大龙骨挂接,然后安装其他中龙骨。在安装中、小龙骨时,为了保证龙骨间距的准确性,应事先制作一个标准尺杆,用来控制龙骨间距。龙骨的表面要保证平直、一致。整个房间安装完工后,进行检查,调直、调平龙骨。

(5)安装罩面板。当采用明龙骨时,龙骨方格调整平直后,将罩面板直接摆放在方格中,由龙骨翼缘承托饰面板四周。为了便于安装饰面板,龙骨方格内侧净距一般应大于饰面板尺寸 2 mm。当采用暗龙骨时用卡子将罩面板暗挂在龙骨上。

第二课堂

1. 查阅相关资料,将任务补充完整。
2. 简述吊顶工程的施工要点。

任务 7.5　涂饰工程

任务描述

本任务要求依据《涂饰工程施工及验收规程》(JGJ/T 29)、《建筑装饰装修工程质量验收标准》(GB 50210)、《住宅装饰装修工程施工规范》(GB 50327)、《住宅室内装饰装修工程质量验收规范》(JGJ/T 304)和涂饰工程施工的特点,编写宿舍楼涂饰工程的技术交底。

任务分析

编写涂饰工程技术交底首先要分析在建工程的特点和现有的技术力量,然后制订具体、实用、可行的交底方案。本方案在编写时需要写明施工所用材料、主要机具、作业条件、操作工艺流程、质量标准及成品保护措施等内容,操作工艺流程要详细写明每一个过程怎么做,做到什么程度,这是重点内容。

知识课堂

涂饰工程是将各种涂料涂覆于建筑物或构件表面,并将涂料与表面材料牢固黏结形成完整涂膜的工程。涂饰工程主要起到装饰和保护被涂覆物的作用,防止来自外界物质的侵蚀和损伤,提高被涂覆物的使用寿命,并可改变其颜色、花纹、光泽、质感等,提高被涂覆物的美观效果。

涂饰工程

7.5.1 建筑装饰涂料的分类

建筑装饰涂料有多种形式,主要分类见表7-4。

表7-4 建筑装饰涂料的主要分类

序号	分类	类型
1	按涂料在建筑的不同使用部位分类	外墙涂料、内墙涂料、地面涂料、顶面涂料、屋面涂料等
2	按使用功能分类	多彩涂料、弹性涂料、抗静电涂料、耐洗涂料、耐磨涂料、耐温涂料、耐酸碱涂料、防锈涂料等
3	按成膜物质的性质分类	有机涂料(如聚丙烯酸酯外墙涂料)、无机涂料(如硅酸钾水玻璃外墙涂料),有机、无机复合型涂料(如硅溶胶、苯酸合外墙涂料)等
4	按涂料溶剂分类	水溶性涂料、乳液型涂料、溶剂型涂料,粉末型涂料等
5	按施工方法分类	浸渍涂料、喷涂涂料、涂刷涂料、滚涂涂料等
6	按涂层作用分类	底层涂料、面层涂料等
7	按装饰质感分类	平面涂料、砂面涂料、立体花纹涂料等
8	按涂层结构分类	薄涂料、厚涂料、复层涂料等

7.5.2 建筑装饰的常用材料

1. 腻子

腻子是用于平整物体表面的一种装饰材料,直接涂施于物体或底涂上,用以填平被涂物表面上高低不平的部分。其按性能可分为耐水腻子、821腻子、掺胶腻子。

一般常用腻子根据不同的工程项目和用途可分为以下两类:

(1)胶老粉腻子:由老粉、化学胶、石膏粉,骨胶配制而成,用于水性涂料平顶内施工。

(2)胶油面腻子:由油基清漆、干老粉、化学胶、石膏粉配制而成,用于原油漆的平顶墙面。

装饰所用腻子宜采用符合《建筑室内用腻子》(JG/T 298)要求的成品腻子。如采用现场调配的腻子，腻子应坚实、牢固，不得粉化、起皮和开裂。

2. 底涂

底涂是用于封闭水泥墙面的毛细孔，起到预防返碱、返潮及防止霉菌滋生的作用。底涂还可增强水泥基层强度，增加面层涂料对基层的附着力，提高涂膜的厚度，使物体达到一定的装饰效果，从而减少面涂的用量。底涂一般都具有一定的填充性、打磨性，实色底涂还具备一定的遮盖力。

3. 面涂

面涂具有较好的保光性、保色性，硬度较高，附着力较强、流平性较好，涂施工于物体表面可使物体更加美观，具有较好的装饰和保护作用。

7.5.3 内墙涂饰工程

7.5.3.1 施工准备

(1) 室内有关抹灰工种的工作已全部完成，基层应平整洁，表面无灰尘、无浮浆、无油迹、无锈斑、无霉点、无浮砂起壳、无盐类析出物、无青苔等杂物。

(2) 基层应干燥，混凝土及抹灰面层的含水率应在10%以下，基层的pH值不得大于10。

(3) 过墙管道、洞口、阴阳角等处应提前抹灰找平修整，并充分干燥。

(4) 室内木工、水暖工、电工的施工均已完成，门窗玻璃安装完毕。湿作业的地面施工完毕，管道设备试压完毕。

(5) 门窗、灯具、电器插座及地面等应进行遮挡，以免施工时被涂料污染。

(6) 冬期施工室内温度不宜低于5℃，相对湿度为85%，并在采暖条件下进行，室温保持均衡，不得突然变化。同时，应设专人负责测试和开关门窗，以利通风和排除湿气。

7.5.3.2 施工工艺

1. 工艺流程

清理墙面→刮腻子→涂底层封闭涂料→涂面层涂料（一至三遍）。

2. 施工方法

涂料的施工方法主要有喷涂、滚涂、弹涂、刷涂等。

(1) 喷涂。喷涂是利用高速气流产生的负压力将涂料带到所喷物体的表面，形成涂膜。其优点是涂膜外观质量好，施工速度快，适合大面积施工。但施工时形成的涂料喷雾会对人体健康造成危害，需在施工前做好劳动保护措施，另外，喷涂对现场施工条件要求较高。

(2) 滚涂。滚涂是利用蘸涂料的辊子在物体表面上滚动的涂饰方法。常用辊子有羊毛辊子、橡胶辊子、海绵辊子。滚涂时路线需直上直下，以保证涂层薄厚均匀，一般两遍成活。

(3) 弹涂。弹涂是借助专用的电动（或手动）筒形弹力器，将各种颜色的涂料弹到饰面基层上，形成直径为2~8 mm、大小近似、颜色不同、互相交错的圆粒状色点，或深、浅色点相互衬托，形成一种彩色装饰面层。这种饰面黏结能力强，对基层的适应性较广，可以直接弹涂在底子灰上和基层较平整的混凝土墙板、加气板、石膏板等墙面上。

(4) 刷涂。用涂料刷子刷，涂刷时方向应与行程方向一致，将涂料浸满全刷毛的1/2。勤蘸短刷，不能反复刷。

3. 施工要点

(1) 基层处理。工程施工前，应认真检查基层质量，基层经验收合格后方可进行下道工序操作。基层处理方法如下：先将装修表面上的灰块、浮渣等杂物用开刀铲除，如表面有油污，应用清洗剂和清水洗净，干燥后再用棕刷将表面灰尘清扫干净；表面清扫后，用水与界面剂(配合比为10∶1)的稀释液刷一遍，再用底层石膏或嵌缝石膏将底层不平处填补好，石膏干透后局部需贴牛皮纸或网格布进行防裂处理，待干透后进行下一步施工。

(2)刮腻子。通常刮三遍腻子。第一遍腻子填补气孔、麻点、缝隙及凹凸不平处，干后用0~2号砂纸打磨平；之后满刮两遍腻子，要求尽量薄，不得漏刮，接头不得留槎，直至表面光滑平整、线角及边棱整齐为止。两遍刮批方向相互垂直。干后用砂纸磨光磨平，清理干净。

(3)刷底漆。涂刷顺序是先刷天花后刷墙面，墙面是先上后下。将基层表面清扫干净。乳胶漆用排笔(或滚筒)涂刷，使用新排笔时，应将排笔上不牢固的毛清理掉。底漆使用前应加水搅拌均匀，待干燥后复补腻子，腻子干燥后再用砂纸磨光，并清扫干净。

(4)刷一至三遍面漆。操作要求同底漆，使用前充分搅拌均匀。刷二至三遍面漆时，需待前一遍漆膜干燥后，用细砂纸打磨光滑并清扫一遍，净后再刷下一遍。由于乳胶漆膜干燥较快，涂刷时应连续迅速操作，上下顺刷互相衔接，避免干燥后出现接头。

7.5.3.3 成品保护

(1)操作前将不需涂饰的门窗及其他相关的部位遮挡好。
(2)涂料墙面未干前不得清扫室内地面，以免粉尘沾污墙面，涂漆面干燥后不得靠近墙面泼水，以免泥水污染。
(3)涂料墙面完工后要妥善保护，不得磕碰损坏。
(4)拆脚手架时，要轻拿轻放，严防碰撞已涂饰完的墙面。

7.5.3.4 质量要求

乳胶漆质量和检验方法应符合表7-5的规定。

表7-5 乳胶漆质量和检验方法

项次	项目	普通涂饰	高级涂饰	检验方法
1	颜色	均匀一致	均匀一致	观察
2	泛碱、咬色	允许少量轻微	不允许	
3	流坠、疙瘩	允许少量轻微	不允许	
4	砂眼、刷纹	允许少量轻微砂眼，刷纹通顺	无砂眼、无刷纹	
5	装饰线、分色线直线度允许偏差/mm	2	1	拉5 mm线，不足5 mm拉通线，用钢直尺检查

7.5.4 外墙涂饰工程

1. 基层处理

(1)将墙面起皮及松动处清除干净，并用水泥砂浆补抹，将残留灰渣铲干净，然后将墙面扫净。
(2)基层缺棱掉角、孔洞、坑洼、缝隙等缺陷采用1∶3水泥砂浆修补、找平，干燥后用砂纸将凸出处磨掉，将浮尘扫净。

2. 工艺流程

清理墙面→修补墙面→填补腻子→打磨→贴玻纤布→满刮腻子及打磨→刷底漆→刷第一遍面漆→刷第二遍面漆。

3. 施工要点

(1) 填补腻子。将墙体不平整、不光滑处用腻子找平，腻子应具备较好的强度、粘结性、耐水性和持久性，在进行填补腻子施工时，宜薄不宜厚，以批刮平整为主。第二层腻子应待第一层腻子干燥后再进行施工。

(2) 打磨。打磨必须在基层或腻子干燥后进行，以免粘附砂纸影响操作。

手工打磨应将砂纸包在打磨垫块上，往复用力推动垫块进行打磨，不得只用一、两根手指直接压着砂纸打磨，以免影响打磨的平整度。

机械打磨采用电动打磨机，将砂纸夹于打磨机上，在基层上来回推动进行打磨，不宜用力按压以免电机过载受损。打磨时先采用粗砂纸打磨，然后再用细砂纸打磨；需注意表面的平整性，即使表面的平整性符合要求，仍要注意基层表面粗糙度及打磨后的纹理质感，如出现这两种情况会因为光影作用而使面层颜色光泽造成深浅明暗不一而影响效果，这时应局部再磨平，必要时可采用腻子进行再修平，从而达到粗糙程度一致的效果。

对于不平表面，可将凸出部分用铲铲平，再用腻子进行填补，待干燥后再用砂纸进行打磨。要求打磨后基层的平整度达到在侧面光照下无明显批刮痕迹，无粗糙感，表面光滑。打磨后，立即清除表面灰尘，以利于下一道工序的施工。

(3) 贴玻纤布。采用网眼密度均匀的玻纤布进行铺贴；铺贴时自上而下用 108 胶水边贴边用刮子赶平，同时均匀地刮透；出现玻纤布的接搓时，应错缝搭接 2～3 cm，待铺平后用刀进行裁切，裁切时必须裁齐，并让玻纤维布并拢，以使附着力增强。

(4) 满刮腻子及打磨。采用聚合物腻子满刮，以修平贴玻纤布引起的不平整现象，防止表面的毛细裂缝。干燥后用 0 号砂纸磨平，做到表面平整、粗糙程度一致、纹理质感均匀。

(5) 刷底漆、面漆。刷底漆、面漆的施工方法有刷涂、滚涂、喷涂、弹涂。

第二课堂

1. 查阅相关资料，将任务补充完整。
2. 简述涂饰工程的施工要点。

任务 7.6 玻璃幕墙工程

任务描述

本任务要求依据《建筑装饰装修工程质量验收标准》(GB 50210)、《玻璃幕墙工程技术规范》(JGJ 102)、《玻璃幕墙工程质量检验标准》(JGJ/T 139) 和玻璃幕墙工程施工的特点，编写玻璃幕墙工程的技术交底。

任务分析

由于玻璃幕墙结构的特殊性，其涉及材料种类多、技术要求较高，既要有正确的设计计算、规范的工艺流程，又要有配套的加工设备及高素质的施工队伍，因此，对玻璃幕墙工程质量控制点的掌握更为重要。为确保玻璃幕墙的质量与安全，结合玻璃幕墙施工的特点，应加强施工过程中的隐蔽工程验收，如幕墙构件与结构主体之间节点的连接、幕墙四周与结构连接的接头处理等。

> 知识课堂

建筑幕墙是指由金属构件与各种板材组成的悬挂在主体结构上，可相对主体结构有一定位移能力，但不承担主体的结构荷载与作用的建筑外围护结构。建筑幕墙按其面层材料的不同可分为玻璃幕墙、金属幕墙、石材幕墙、组合幕墙等。玻璃幕墙是由金属构件与玻璃板组成的建筑外围护结构。

玻璃幕墙工程

7.6.1 玻璃幕墙的种类与材料要求

7.6.1.1 玻璃幕墙的种类

玻璃幕墙按支撑方式可分为框支玻璃幕墙、全玻璃幕墙和点支撑玻璃幕墙；按照安装方式可分为单元式玻璃幕墙和构件式玻璃幕墙。全玻璃幕墙可分为坐落式全玻璃幕墙、吊挂式全玻璃幕墙；点支撑玻璃幕墙可分为玻璃肋支撑点支撑玻璃幕墙、单根型钢或钢管支撑点支撑玻璃幕墙、钢桁架支撑点支撑玻璃幕墙、拉索式支撑点支撑玻璃幕墙。

1. 框支玻璃幕墙

框支玻璃幕墙是指玻璃板周边由金属框架支承的玻璃幕墙。

(1)按幕墙形式分类。框支玻璃幕墙按幕墙形式，可分为明框玻璃幕墙、半隐框玻璃幕墙和全隐框玻璃幕墙。

1)明框玻璃幕墙。明框玻璃幕墙是指金属框架显露于面板外表面的框支玻璃幕墙。

2)半隐框玻璃幕墙。半隐框玻璃幕墙是指金属框架的竖向或横向构件显露于面板外表面的框支玻璃幕墙。

3)全隐框玻璃幕墙。全隐框玻璃幕墙是指金属框架完全不显露于面板外表面的框支玻璃幕墙。

(2)按幕墙安装施工方法分类。框支玻璃幕墙按幕墙安装施工方法，可分为单元式玻璃幕墙、构件式玻璃幕墙。

1)单元式玻璃幕墙。单元式玻璃幕墙是指将面板与金属框架（横梁、立柱）在工厂组装为幕墙单元，以幕墙单元的形式在现场完成安装施工的框支建筑幕墙（一般的单元板块高度为一个楼层的高度）。

2)构件式玻璃幕墙。构件式玻璃幕墙是指在现场依次安装立柱、横梁和面板的框支撑建筑幕墙。

2. 全玻璃幕墙

全玻璃幕墙是指由玻璃板和玻璃肋构成的玻璃幕墙。其根据构造方式可分为吊挂式和坐落式两种。

(1)坐落式全玻璃幕墙。坐落式全玻璃幕墙适用于较低高度幕墙，此时通高玻璃板和玻璃肋上、下均镶嵌在槽内，玻璃直接支撑在下部槽内支座上，上部镶嵌玻璃的槽顶与玻璃之间留有空隙，使玻璃有伸缩的余地。该做法构造简单、造价较低。

(2)吊挂式全玻璃幕墙。当建筑物层高很大，采用通高玻璃的坐落式幕墙时，因玻璃变得细长，其平面外刚度和稳定性相对较差，在自重作用下很容易压屈破坏，不可能再抵抗各种水平力的作用。为了提高玻璃的刚度和安全性，避免压屈破坏，在超过一定高度的通高玻璃上部设置专用的金属夹具，将玻璃板和玻璃肋吊挂起来形成玻璃墙面。此做法下部需镶嵌在槽口内，以利于玻璃板的伸缩变形，吊挂式全玻璃幕墙的玻璃尺寸和厚度都比坐落式大且构造复杂、工序多，故造价较高。

下列情况可采用吊挂式玻璃幕墙：玻璃厚度为 10 mm，幕墙高度为 4~5 m 时；玻璃厚度为 12 mm，幕墙高度为 5~6 m 时；玻璃厚度为 15 mm，幕墙高度为 6~8 m 时；玻璃厚度为 19 mm，幕墙高度为7~10 m时。

3. 点支撑玻璃幕墙

点支撑玻璃幕墙是指由玻璃面板、点支撑装置和支撑结构组成的玻璃幕墙。

(1)按支承结构分类。点支撑玻璃幕墙按支承结构可分为主体结构点支撑玻璃幕墙、钢结构点支撑玻璃幕墙、索杆结构点支撑玻璃幕墙、自平衡索桁架点支撑玻璃幕墙、玻璃肋支撑点支撑玻璃幕墙。

(2)按玻璃面板支撑形式分类。点支撑玻璃幕墙按玻璃面板支撑形式可分为四点支撑、六点支撑、多点支撑、托板支撑、夹板支撑。

7.6.1.2 玻璃幕墙的材料要求

玻璃幕墙所需材料主要有铝合金型材、钢材、玻璃、建筑密封材料(硅酮结构密封胶)、金件、连接件、紧固件等。

1. 铝合金型材

铝合金型材的壁厚、膜厚、硬度和表面质量应符合规定。壁厚应不小于3 mm；膜厚根据不同镀膜方式厚度不相同，如碳氟树脂喷涂涂层平均厚度不应小于30 μm，最小局部厚度不应小于25 μm；表面应清洁、色泽均匀，不应有皱纹、裂纹、起皮、腐蚀斑点、气泡、电灼伤、流痕、发黏以及膜层脱落等缺陷。

幕墙铝合金内外框使用的是隔热型材，它的导热系数很低，能有效地阻挡幕墙内、外框之间的热传递。穿条工艺生产的隔热铝型材，其隔热材料应使用PA66 GF25(俗称尼龙)材料，不得采用PVC材料。用浇筑工艺生产的隔热铝型材，应使用PUR材料。

2. 钢材

采用碳素结构钢和低合金结构钢，含镍量不小于8%；镀膜厚度根据不同镀膜方式，为35~45 μm；钢材的表面不得有裂纹、气泡、结疤、泛锈、夹杂和折叠。

3. 玻璃

玻璃幕墙所用种类很多，有中空玻璃、钢化玻璃、夹层玻璃、镀膜玻璃等。中空玻璃在玻璃幕墙中应用广泛，具有优良的保温、隔热、隔声和节能效果。

(1)中空玻璃气体层厚度不应小于9 mm；中空玻璃应采用双道密封，内层密封应采用丁基热熔密封胶。隐框、半隐框和点支撑玻璃幕墙的外层密封胶应采用硅酮结构密封胶；明框玻璃幕墙的外层密封胶宜采用聚硫类中空玻璃密封胶，也可采用硅酮密封胶，外层密封胶胶层宽度不应小于5 mm，二道密封应采用专用打胶机进行混合、打胶。中空玻璃的间隔框可采用连续折弯型或插角型，不得使用热熔型间隔胶条。间隔铝框中的干燥剂宜采用专用设备装填。

(2)钢化玻璃宜经过二次热处理。

(3)玻璃幕墙采用夹层玻璃时，应采用干法加工合成，其夹片宜采用聚乙烯醇缩丁醛(PVB)胶片；夹层玻璃合片时，应严格控制温、湿度。

(4)玻璃幕墙采用单片低辐射镀膜玻璃时，应使用低辐射率镀膜玻璃；离线镀膜的低辐射镀膜玻璃宜加工成中空玻璃使用，其镀膜面应朝向中空气体层。

(5)有防火要求的幕墙玻璃，应根据防火等级要求，采用单片防火玻璃或其制品。

4. 建筑密封材料

(1)玻璃幕墙采用的橡胶制品，宜采用三元乙丙橡胶、氯丁橡胶及硅橡胶。

(2)玻璃幕墙的耐候密封胶应采用硅酮结构密封胶；点支撑幕墙和全玻璃幕墙使用非镀膜玻璃时，耐候密封胶可采用酸性硅酮结构密封胶；夹层玻璃板缝间的密封，宜采用中性硅酮结构密封胶。

(3)硅酮结构密封胶使用前,应由经国家认可的检测机构进行与其相接触材料的相容性和剥离黏结性能试验。

7.6.2 玻璃幕墙工程施工

7.6.2.1 工艺流程

测量放线、预埋件检查→横梁、立柱装配,楼层紧固件安装→立柱、横梁安装→防火、防雷等材料安装→玻璃安装→嵌缝→清洁、验收。

7.6.2.2 施工要点

1. 测量放线、预埋件检查

在工作层上放出横、纵两个方向的轴线,用经纬仪依次向上定出轴线。根据各层轴线定出楼板预埋件的中心线,并用经纬仪垂直逐层校核,定各层连接件的外边线。分格线放完后,检查预埋件的位置,不符合要求的应进行调整或预埋件补救处理。高层建筑的测量应在风力不大于4级的情况下进行,每天定时对玻璃幕墙的垂直度及立柱位置进行校核。

2. 横梁、立柱装配,楼层紧固件安装

装配竖向主龙骨紧固件之间的连接件、横向次龙骨的连接件。安装镀锌钢板,主龙骨之间接头的内套管、外套管以及防水胶等。装配横向次龙骨与主龙骨连接的配件及密封橡胶垫片等。安装与每层楼板连接的紧固件。

3. 立柱、横梁安装

(1)立柱安装。立柱先与钢连接件连接,钢连接件再与主体结构连接。立柱与主体结构连接必须具有一定的位移能力,采用螺栓连接时,应有可靠的防松、防滑措施。每个连接部位的受力螺栓,至少需布置2个,螺栓直径不宜少于10 mm。立柱每安装完一根,即用水平仪调平、固定。全部立柱安装完毕后,复验其间距、垂直度,根据规范要求检查其偏差是否可控。临时固定螺栓在紧固后及时拆除。凡两种不同金属的接触面之间,除不锈钢外,都应加防腐隔离柔性垫片,以防止产生双金属腐蚀。

(2)横梁安装。水平方向拉通线,通过连接件与立柱连接。同一楼层横梁安装应由下而上进行,安装完一层及时检查、调整、固定。横梁与立柱相连处应垫弹性橡胶垫片,用于消除横向热胀冷缩应力以及变形造成的横竖杆间的摩擦响声。

4. 防火、防雷等材料安装

防火、保温材料应铺设平整且固定可靠,拼接处不应留缝隙。材料采用岩棉或矿棉,厚度不应小于100 mm。防火层应采用厚度不小于1.5 mm的镀锌钢板承托,不得采用铝板。防火层不应与玻璃幕墙直接接触,防火材料朝玻璃面处宜采用装饰材料覆盖。同一幕墙玻璃单元不应跨越两个防火分区。

幕墙防雷包括防顶雷和防侧雷两部分,防顶雷用避雷针或避雷带,由建筑防雷系统考虑。防侧雷用均压环(沿建筑物外墙周边每隔一定高度设置的水平防雷网),环间间距不应大于12 m,可利用梁内的纵向钢筋或另行安装。

5. 玻璃安装

(1)明框玻璃幕墙。

1)玻璃安装前进行表面清洁,镀膜玻璃的镀膜面朝向室内。玻璃面板安装时不得与框构件直接接触,玻璃四周与构件凹槽底部保持一定空隙。每块玻璃下面应至少放置2块宽度与槽宽相同、长度不小于 100 mm 的弹性定位垫块，玻璃四边嵌入量及空隙应符合设计要求。

2）按规定型号选用玻璃四周的橡胶条，其长度宜比边框内槽口长 1.5%～2%；橡胶条斜面断开后应拼成预定的设计角度，并应采用黏结剂黏结牢固；镶嵌应平整。

（2）隐框、半隐框玻璃幕墙。

1）先对四周的立柱、横梁和板块铝合金副框进行清洁工作，以保证嵌缝密封胶的黏结强度。固定板块的压块，其规格和间距应符合设计要求。固定点的间距不宜大于 300 mm，并不得采用自攻螺钉固定玻璃板块。

2）玻璃幕墙开启窗的开启角度不宜大于 30°，开启距离不宜大于 300 mm，开启窗周边缝隙用密封条密封。

6. 嵌缝

玻璃幕墙与主体结构之间的缝隙采用防火保温材料填塞，内外表面采用密封胶连续封闭。挑檐部位，用封缝材料将幕墙顶部与挑檐下部之间的间隙填实，并在挑檐口做滴水；封檐部位，用钢筋混凝土压檐或轻金属顶盖盖顶。立柱侧面收口、梁与结构相交部位收口按设计要求处理。

使用硅酮建筑密封胶打胶前应使打胶面清洁、干燥。使用溶剂清洁时，不应将擦布浸泡在溶剂里，应将溶剂倾倒在擦布上擦拭，随后用干擦布抹净。清洁后 1 h 内注胶，不宜在夜晚、雨天打胶，打胶温度应符合设计要求和产品要求。密封胶的施工厚度应大于 3.5 mm，施工宽度不宜小于施工厚度的 2 倍；较深的密封槽口底部应采用聚乙烯发泡材料填塞。密封胶在接缝内应面对面黏结，不应三面黏结。

7. 清洁、验收

幕墙施工完毕后，选择容易渗漏部位（如拐角处）进行淋水试验，在室内观察有无渗漏现象，若无渗漏即可清洁、验收。

> **第二课堂**
> 1. 查阅相关资料，将任务补充完整。
> 2. 简述玻璃幕墙工程的施工要点。

任务 7.7　门窗工程

> **任务描述**
>
> 本任务要求依据《建筑装饰装修工程质量验收标准》(GB 50210)、《住宅装饰装修工程施工规范》(GB 50327)、《住宅室内装饰装修工程质量验收规范》(JGJ/T 304)、《铝合金门窗工程技术规范》(JGJ 214)、《塑料门窗工程技术规程》(JGJ 103)、《建筑门窗工程检测技术规程》(JGJ/T 205)和门窗工程施工的特点，编写宿舍楼门窗工程的技术交底。

> **任务分析**
>
> 门窗安装在主体结构已施工完毕，并经有关部门验收合格，或墙面底子灰完毕，工种之间已办好交接手续时。施工前应对门窗洞口的形状和位置精度进行放样校核，检查预埋混凝土的数量和位置是否符合设计要求。验收时要求门窗的品种、类型、规格、尺寸、开启方向、安装位置、连接方向及填嵌密封处理都应符合设计要求。

7.7.1 门窗工程施工的基本要求

1. 一般规定

(1)门窗安装前的要求。门窗安装前应按下列要求进行检查：
1)门窗的品种、规格、开启方向、平整度等应符合国家现行有关标准规定，附件应齐全。
2)门窗洞口应符合设计要求。
(2)门窗的存放、运输。门窗的存放、运输应符合下列规定：
1)木门窗应采取措施防止受潮、碰伤、污染与暴晒。
2)塑料门窗贮存的环境温度应小于50 ℃，与热源的距离不应小于1 m。当在环境温度为0 ℃的环境中存放时，安装前应在室温下放置24 h。
3)铝合金、塑料门窗运输时应竖立排放并固定牢靠。樘与樘之间应用软质材料隔开，防止相互磨损及压坏玻璃和五金件。
(3)门窗的安装。
1)门窗的固定方法应符合设计要求。门窗框、扇在安装过程中，应防止变形和损坏。
2)门窗安装应采用预留洞口的施工方法，不得采用边安装边砌口或先安装后砌口的施工方法。
3)推拉门窗扇必须有防脱落措施，扇与框的搭接量应符合设计要求。
4)建筑外门窗的安装必须牢固，在砖砌体上安装门窗严禁用射钉固定。

2. 主要材料的质量要求

(1)门窗、玻璃、密封胶等应按设计要求选用，并应有产品合格证书。
(2)门窗的外观、外形尺寸、装配质量、力学性能应符合现行国家标准的有关规定，塑料门窗中的竖框、中横框或拼樘料等主要受力杆件中的增强型钢，应在产品说明中注明规格、尺寸。门窗表面不应有影响外观质量的缺陷。
(3)木门窗采用的木材，其含水率应符合现行国家标准的有关规定。
(4)在木门窗的结合处和安装五金配件处，均不得有木节或已填补的木节。
(5)金属门窗选用的零附件及固定件，除不锈钢外均应经防腐蚀处理。
(6)塑料门窗组合窗及连窗门的拼樘应采用与其内腔紧密吻合的增强型钢作为内衬，型钢两端应比拼樘料长出10～15 mm。外窗的拼樘料截面面积尺寸及型钢形状、壁厚，应能使组合窗承受本地区的瞬间风压值。

7.7.2 木门窗安装

7.7.2.1 施工准备

1. 材料准备

(1)木门窗进场时应检查产品合格证书和性能检测报告。木门窗的木材品种、等级、规格、尺寸、框扇的线型及人造木板的甲醛含量应符合设计要求。
(2)木门窗进场后，靠墙、靠地的一面应刷防腐涂料，其他各面均应涂刷青油底漆一道。刷油后，按房间编号、按规格分别水平码放整齐，堆垛下面应搁置在垫木上，每层框扇之间应垫木板条通风。

(3)木门窗配件的型号、规格、数量应符合设计要求。

2. 主要机具

手电钻、电锤、锯、刨、木工斧、羊角锤、卷尺、水平尺、木工三角尺、吊线坠等。

3. 作业条件

(1)主体工程全部完成并验收合格。
(2)门窗洞口的位置、尺寸与施工图相符。
(3)防腐木砖埋设齐备。
(4)普通木门窗框的安装应在抹灰前进行,门窗扇的安装应在抹灰后进行。

7.7.2.2 施工工艺

1. 工艺流程

安装门窗框→安装门窗扇→安装门窗配件。

2. 施工要点

(1)安装门窗框。

1)主体结构完工后,复查洞口标高、尺寸及木砖位置。
2)将门窗框用木楔临时固定在门窗洞口内相应位置。
3)用吊线坠校正框的正、侧面垂直度,用水平尺校正框冒头的水平度。
4)用砸扁钉帽的钉子钉牢在木砖上,钉帽要冲入木框内1~2 mm。
5)高档硬木门框应用钻打孔,木螺钉拧固并拧进木框5 mm。

(2)安装门窗扇。

1)量出樘口净尺寸,考虑留缝宽度。确定门窗扇的高、宽尺寸,先画出中间缝处的中线,再画出边线,并保证梃宽广致。
2)若门窗扇高、宽尺寸过大,则刨去多余部分;修刨时应先锯余头,再进行修刨;门窗扇为双扇时,应先作打叠高低缝,并以开启方向的右扇压左扇。
3)若门窗扇高、宽尺寸过小,可在下边或装合页一边用胶和钉子绑钉刨光的木条。钉帽砸扁,钉入木条内1~2 mm,然后锯掉余头并刨平。
4)平开的底边,中悬扇的上、下边,上悬扇的下边,下悬扇的上边等与框接触且容易发生摩擦的边,应刨成1 mm斜面。
5)试装门窗扇时,应先用木楔塞在门窗扇的下边,然后再检查缝隙,并注意窗楞和玻璃芯子平直对齐。合格后画出合页的位置线,剔槽装合页。

(3)安装门窗配件。

1)所有小五金必须用木螺钉固定安装,严禁用钉子代替。使用木螺钉时,先用手锤钉入全长的1/3,接着用螺丝刀拧入。
2)铰链与门窗扇上、下两端的距离为扇高的1/10,且避开上、下冒头,安好后必须灵活。
3)门锁距离地面0.9~1.05 m,应错开中冒头和边梃的榫头。
4)门窗拉手应位于门窗扇中线以下,窗拉手距离地面1.5~1.6 m。
5)门插销位于门拉手下边。装窗插销时应先固定插销底板,再关窗打插销压痕,凿孔,打入插销。
6)门扇开启后易碰墙,为固定门扇位置应安装门吸。

7.7.3 铝合金门窗安装

7.7.3.1 施工准备

1. 材料准备

(1)铝合金门窗所选用的材料、附件质量要符合国家标准的规定。铝合金门窗的规格、型号应符合设计要求。所用配件齐全，配件应选用不锈钢或镀锌材质。门窗及配件均具有产品合格证、材质检验报告并加盖厂家印章。

(2)门窗所用的玻璃品种根据设计要求，选用普通平板玻璃、浮法玻璃、夹层玻璃、钢化玻璃、中空玻璃等，玻璃的厚度一般为5 mm或6 mm。

(3)铝合金门窗的密封材料根据设计要求，选用耐候硅酮密封胶、氯丁密封胶等。密封条可选用橡胶条、橡塑条等。

(4)填缝材料可选用发泡胶、弹性聚苯保温材料及玻璃岩棉条等。

(5)其他材料，如防锈漆、水泥、砂、铁脚、连接板等，应符合设计要求及有关标准的规定。

2. 主要机具

主要机具包括：手电钻、冲击钻、射钉枪、切割机、小型电焊机、打胶筒、螺钉旋具(改锥)、扳手、錾子、玻璃吸盘、线锯、手锤、扁铲、钢凿、铁锉、刮刀、水平尺、钢尺、盒尺、墨斗、线坠、粉线包、托线板、钳子、木楔等。

3. 作业条件

(1)铝合金门窗框安装，应在主体结构结束，进行质量验收后进行；铝合金窗框在室内外装饰工程施工前进行安装，扇安装宜选择在室内外装修结束后进行，避免土建施工对其造成破坏及污染等。

(2)按室内墙面弹出的+500 mm线和垂直线，标出门窗框安装的基准线，作为安装时的标准。要求同一立面上门窗的水平及垂直方向应做到整齐一致。如在弹线时发现预留洞口的尺寸有较大偏差，应及时调整处理。

(3)安装铝合金门窗框前，应逐个核对门窗洞口的尺寸，确认与铝合金门窗框的规格是否相符合。有预埋件的门窗口还应检查预埋件的数量、位置及埋设方法是否符合设计要求。

(4)对于铝合金门，还要特别注意室内地面的标高。地弹簧的表面应与室内地面饰面标高一致。

(5)检查铝合金门窗外观是否符合设计要求及国家有关标准的规定，如有掰棱、窜角和翘曲不平，尺寸偏差超标，表面损伤、变形、松动及外观色差较大者，应进行处理及返修，经验收合格后方能进行安装。

(6)铝合金表面应粘贴保护膜，安装前检查保护膜，如有破损，应补粘后再行安装。

7.7.3.2 施工工艺

1. 工艺流程

弹线定位→门窗洞口处理→防腐处理→铝合金门窗框就位和临时固定→铝合金门窗框安装固定→门窗框与墙体间隙的处理→门窗扇安装→五金配件安装→清理及清洗。

2. 施工要点

(1)弹线定位。

1)沿建筑物全高用大线坠(高层建筑宜采用经纬仪或全站仪找垂直线)引测门洞边线，在每层门窗口处画线标记。

2)逐层抄测门窗洞口距门窗边线的实际距离,对需要进行处理的应做记录和标志。

3)门窗的水平位置应以楼层室内+500 mm线为准,向上反量出窗下皮标高,弹线找直。每一层窗下皮必须保持标高一致。

4)墙厚方向的安装位置应按设计要求和窗台板的宽度确定。原则上以同一房间窗台板外露尺寸一致为准。

(2)门窗洞口处理。对于门窗洞口偏位、不垂直、不方正的,要进行剔凿或抹灰处理。

(3)防腐处理。

1)对于门框四周外表面的防腐处理,设计有要求时,按设计要求处理;如果设计没有要求,可涂刷防腐涂料或粘贴塑料薄膜进行保护,以免水泥砂浆直接与铝合金门窗表面接触,腐蚀铝合金门窗。

2)安装铝合金门窗时,如果采用金属连接件固定,则连接件、固定件宜采用不锈钢件。否则必须进行防腐处理,以免产生电化学反应,腐蚀铝合金门窗。

(4)铝合金门窗框的就位和临时固定。

1)根据画好的门窗定位线,安装铝合金门窗框。

2)当门窗框装入洞口时,其上、下框中线与洞口中线对齐。

3)门窗框的水平、垂直及对角线长度等符合质量标准,然后用木模临时固定。

(5)铝合金门窗框安装固定。

1)铝合金门窗框与墙体之间一般采用固定片连接,固定片多以1.5 mm厚的镀锌板裁制,长度根据现场需要进行加工。

2)与墙体固定的方法主要有以下三种:

①当墙体上有预埋铁件时,可将铝合金门窗的固定片直接与墙体上的预埋铁件焊牢,焊接处需作防锈处理。

②用膨胀螺栓将铝合金门窗的固定片固定到墙上。

③当洞口为混凝土墙体时,也可用$\phi 4$ mm,或$\phi 5$ mm射钉将铝合金门窗的固定片固定到墙上(砖砌墙不得用射钉固定)。

3)铝合金窗框与墙体洞口的连接要牢固、可靠,固定点的间距应不大于600 mm,固定片与窗角距离不应大于200 mm(以150~200 mm为宜)。

4)铝合金门的上边框与侧边框的固定按上述方法进行。下边框的固定方法根据铝合金门的形式、种类有所不同。

①平开门可采用预埋件连接、膨胀螺丝连接、射钉连接或预埋钢筋焊接等方式。

②推拉门下边框可直接埋入地面混凝土中。

③地弹簧门等无下框的,边框可直接固定于地面中,地弹簧也埋入地面中,并用水泥浆固定。

(6)门窗框与墙体间隙的处理。

1)铝合金门窗框安装固定后,进行隐蔽工程验收。

2)验收合格后,及时按设计要求处理门窗框与墙体之间的间隙。如果设计未要求,可选用发泡胶、弹性聚苯保温材料及玻璃岩棉条进行分层填塞。外表留5~8 mm深槽口填嵌嵌缝油膏或密封胶。严禁用水泥砂浆填镶。

3)铝合金窗应在窗台板安装后,将上缝、下缝同时填嵌,填嵌时不可用力过大,防止窗框受力变形。

(7)门窗扇安装。

1)门窗扇应在墙体表面装饰工程完工验收后安装。

2)推拉门窗在门窗框安装固定后,将配好玻璃的门窗扇整体安入框内滑槽,调整好扇的缝隙即可。

3)平开门窗在框与扇格架组装上墙、安装固定好后，再安装玻璃，即先调整好框与扇的缝隙，再将玻璃安入扇，并调整好位置，最后镶嵌密封条及密封胶。

4)地弹簧门应在门框及地弹簧主机入地安装固定后，再安装门扇。先将玻璃嵌入门扇格架并一起入框就位，调整好框扇缝隙，最后填嵌门扇玻璃的密封条及密封胶。

(8)五金配件安装。五金配件与门窗连接用镀锌螺钉或不锈钢螺钉。安装的五金配件应结实牢固，使用灵活。

(9)清理及清洗。

1)在安装过程中，铝合金门框表面应有保护塑料胶纸，并要及时清理门窗框、扇及玻璃上的水泥砂浆、灰水、打胶材料及喷涂材料等，以免对铝合金门窗造成污染及腐蚀。

2)在粉刷等装修工程全部完成，准备交工前，将保护胶纸撕去，并进行以下清洗工作。

①如果塑料胶纸在型材表面留有胶痕，宜用香蕉水清洗干净。

②铝合金门窗框扇，可用水或浓度为1%~5%的中性洗涤剂充分清洗，再用布擦干。不可用酸性或碱性制剂清洗，也不能用钢刷刷洗。

③玻璃应用清水擦洗干净，浮灰或其他杂物要全部清除干净。

7.7.4 塑钢门窗安装

7.7.4.1 施工准备

1. 材料准备

塑钢门窗所需的材料为塑料型材、增强型钢和其他材料。塑料型材要求颜色、规格、质感、造型满足规范要求，并且经检验合格，表面光滑无划痕、污渍、毛刺等，型材无明显变形。增强型钢是为了保证门窗的各项性能而加入的增强钢衬，钢衬厚度不小于1.5 mm，且表面作防锈处理。

2. 机具准备

塑钢门窗除前述铝合金门窗安装所需的必要机具外，还需要使塑料框架通过高温加热成为整体的加工机具，如双头切割锯、水槽铣床、V口无缝焊机、V型角缝清理机和单点任意角焊机等。

3. 作业条件

(1)施工中所用的塑钢门窗配件及安装工具完备、数量齐全。

(2)门窗运输到工地后，存放合理，不应直接接触地面。下部应放置垫木，立放角度不应小于70°，并采取防倾倒措施。

(3)贮存门窗的温度应小于50 ℃，与热源的距离大于1 m，当在温度为0 ℃以下的环境中存放时，安装前要在室温下放置24 h。

(4)进行门窗的安装时，应先将门窗上破损的保护膜补贴好，并按安装要求做好标记。

7.7.4.2 施工工艺

1. 工艺流程

立门窗框→门窗框校正→门窗框与墙体固定→嵌缝密封→安装门窗扇→安装玻璃→镶配五金件→清洁保护。

2. 施工要点

(1)立门窗框、门窗框校正。将塑钢门窗框放入洞口内，并用对拔木楔将门窗框临时固定，然后按要求弹出水平、垂直线位置，使其在垂直、水平、对中、内角方正方面均符合要求后，再将对拔木楔楔紧。对拔木楔应塞在框角附近或能承受力处，门窗框找平塞紧后，必须使框、扇配合严密，开关灵活。

(2) 门窗框与墙体固定。将在塑钢门窗框上已安装好的Z形连接铁件与洞口四周固定。固定时应先固定上框，然后固定边框。固定的方法应符合下列要求：

1) 混凝土墙洞口，应采用射钉或膨胀螺栓固定。

2) 砖墙洞口，应采用膨胀螺栓或水泥钉固定，但不得固定在砖缝上。

3) 加气混凝土洞口，应采用预埋木砖、预埋件或预留槽口的方式固定。

4) 设有预埋铁件的洞口，应采用焊接方法固定，也可先在预埋件上按紧固件位置打孔，然后用紧固件固定。

5) 塑钢门窗框与墙体无论采用何种方法固定，均必须结合牢固，每个Z形连接件的伸出端固定不得少于两只螺钉。同时，还应使塑钢门窗框与洞口墙之间的缝隙均等。

(3) 嵌缝密封。塑钢门窗上的连接件与墙体固定后，卸下对拔木楔，清除墙面和边框上的浮灰，即可进行门、窗框与墙体间的缝隙处理，并应符合以下要求：

1) 在门窗框与墙体之间的缝隙内嵌塞发泡条、聚氨酯发泡胶等软填料，外表面留出 10 mm 左右的空槽。

2) 在软填料内、外两侧的空槽内注入嵌缝密封膏。

3) 嵌缝时墙体需干净、干燥，注胶时室内外的周边均需注满、打匀，注胶后应保持 24 h 不得见水。

(4) 安装门窗扇。

1) 平开门窗应先剔好框上的铰链槽，再将门窗扇装入框中，调整扇与框的配合，并用铰链将其固定，然后复查其开关是否自如。

2) 推拉门窗由于门窗扇与框不连接，因此，对可拆卸的推拉扇，应先安装好玻璃后再安装门窗扇。

3) 对出厂时框扇就连在一起的平开塑钢门窗，则可将其直接安装，然后再检查开闭是否灵活自如，如发现问题，则应进行必要的调整。

(5) 安装玻璃。

1) 玻璃不得与玻璃槽直接接触，应在玻璃四边垫上不同厚度的玻璃垫块。

2) 边框上的玻璃垫块，应用聚氯乙烯胶加以固定。

3) 将玻璃装入门窗扇框内，然后用玻璃压条将其固定。

4) 安装双层玻璃时，应在玻璃夹层四周嵌入中隔条，中隔条应保证密封，不变形、不脱落。玻璃槽及玻璃内表面应清洁、干燥。

5) 安装玻璃压条时可先装短向压条，后装长向压条，玻璃压条的夹角与密封胶条的夹角应密合。

(6) 镶配五金件。镶配五金件是塑钢门窗安装的一个关键环节，所以操作时应注意以下几点：

1) 安装五金件时，应先在框、扇杆件上钻出略小于螺钉直径的孔眼，然后用配套的自攻螺钉拧入，严禁将螺钉用锤直接打入。

2) 安装门、窗铰链时，固定铰链的螺钉应至少穿过塑料型材的两层中空腔壁或与衬筋连接。

3) 在安装平开塑钢门窗时，剔凿铰链槽不可过深，不允许将框边剔透。

4) 安装门锁时，应先将整体门扇插入门框铰链中，再按门锁说明书的要求装配门锁。

5) 塑钢门窗的所有五金件均应安装牢固，位置端正，使用灵活。

(7) 清洁保护。

1) 门、窗表面及框槽内沾有水泥砂浆、白灰砂浆时，应在其凝固前清理干净。

2)塑料门安装好后,可将门扇暂时取下编号保管,待竣工验收前再安装。
3)塑料门框下部应采取措施加以保护。
4)粉刷门窗洞口时,应将塑钢门窗表面遮盖严密。

第二课堂

1. 查阅相关资料,将任务补充完整。
2. 简述门窗工程的施工要点。

任务 7.8　墙体保温工程

任务描述

本任务要求依据《外墙外保温工程技术规程》(JGJ 144)、《胶粉聚苯颗粒外墙外保温系统材料》(JG/T 158)、《建筑节能工程施工质量验收规范》(GB 50411)、《挤塑聚苯板(XPS)薄抹灰外墙外保温系统材料》(GB/T 30595)、《模塑聚苯板薄抹灰外墙外保温系统材料》(GB/T 29906)和墙体节能工程施工的特点,编写宿舍楼墙体节能工程的技术交底。

任务分析

外保温系统位于建筑物的外表面,直接面向大气环境,需要承受室外多种不利因素的作用和满足外墙的保温隔热要求,其可靠性、完全性和耐久性显得尤为重要。要求系统与基层墙体应有可靠的固定,系统的防火性能应符合国家有关法律规定。施工方案要切实可行,内容包括施工工序、机具、材料计划、基层处理、施工方法、质量要求、成品保护、安全防护及安全保证措施等。

知识课堂

墙体节能技术的发展是建筑节能技术的一个最重要的环节,发展外墙保温技术及节能材料则是墙体节能的主要方式之一。目前,外墙保温技术发展很快,虽然外保温产品技术与施工质量尚需提高,但是推广实施建筑物外墙外保温技术既有利于国家可持续发展,延长建筑物使用寿命,又有利于家家户户节省日常开支,是大势所趋。

墙体保温工程

外墙外保温技术是一种新型、先进、节约能源的外墙保温技术。外墙外保温系统是由保温层、保护层与固定材料构成的非承重保温构造的总称。外墙外保温工程是将外墙外保温系统通过组合、组装、固定技术手段在外墙外表面上所形成的建筑物实体。外墙外保温工程适用于严寒和寒冷地区、夏热冬冷地区新建居住建筑物或旧建筑物的墙体改造工程,起保温、隔热的作用。

目前比较成熟的外墙外保温技术主要有:聚苯乙烯泡沫板(又称 EPS 板)薄抹灰外墙外保温系统、聚苯板现浇混凝土外墙外保温系统、聚苯板钢丝网架现浇混凝土外墙外保温系统胶粉、胶粉聚苯颗粒保温复合型外墙外保温系统等。其中,聚苯乙烯泡沫板薄抹灰外墙外保温系统集节能、保温、防水和装饰功能为一体,采用阻燃、自熄型聚苯乙烯泡沫塑料板材,外用专用抹面胶浆铺贴抗碱玻璃纤维网格布，形成浑然一体的坚固保护层，表面可涂美观耐污染的高弹性装饰涂料和贴各种面砖；其具有节能、牢固、防水、体轻、阻燃、易施工等优点，在工程上应用最为广泛。

7.8.1 聚苯板薄抹灰外墙外保温系统

1. 基本构造

聚苯板

聚苯板薄抹灰外墙外保温系统是以阻燃型聚苯乙烯泡沫塑料板为保温材料，采用聚苯板胶粘剂，并加设机械锚固件安装于外墙外表面，用耐碱玻璃纤维网格布或者镀锌钢丝网增强的聚合物砂浆作防护层，用涂料、饰面砂浆或饰面砖等进行表面装饰，具有保温功能和装饰效果的构造总称。聚苯乙烯泡沫塑料板保温板包括模塑聚苯板（EPS板）和挤塑聚苯板（XPS板）。聚苯板薄抹灰外墙外保温系统基本构造如图7-19所示。聚苯板薄抹灰外墙外保温系统饰面层应优先采用涂料、饰面砂浆等轻质材料。

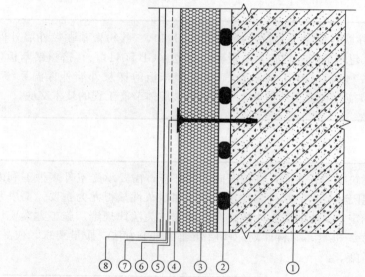

基层墙体①	基本构造						
	黏结层②	保温层③	抹面层				
			底层④	增强材料⑤	辅助联结件⑥	面层⑦	饰面层⑧
现浇混凝土墙体及各种砌体墙	聚苯板胶粘剂	聚苯乙烯泡沫塑料板	抹面砂浆	耐碱玻纤网或镀锌钢丝网	机械锚固件	抹面砂浆	涂料、饰面砂浆或饰面砖

图7-19 聚苯板薄抹灰外墙外保温系统基本构造

2. 适用范围

采取防火构造措施后，聚苯板薄抹灰外墙外保温系统适用于各类气候区域的，按设计需要保温、隔热的新建、扩建，改建的，高度在100 m以下的住宅建筑和24 m以下的非幕墙建筑。基层墙体可以是混凝土或砌体结构。

3. 施工准备

（1）材料准备。材料进场验收时，应对材料的品种、规格、包装、外观和尺寸等进行检查验收，对材料的质量合格证明文件进行核查，对部分材料进行抽样复验，并应经监理工程师（建设单位代表)核准确认,形成相应的验收记录,纳入工程技术档案。

聚苯乙烯板、水泥、砂子、胶粘剂、玻纤布等进入工地的原材料,必须符合施工图设计要求及国家有关标准的规定。进场节能保温材料与构件的外观和包装应完整无破损,符合设计要求和产品标准的规定。节能保温材料在施工使用时的含水率应符合设计要求、工艺要求及施工技术方案要求。聚苯乙烯板储存时应摆放平整,防止雨淋及阳光暴晒;玻纤布必须放在干燥处,摆放宜立放平整,避免相互交错摆放。

现场配制的材料如保温浆料、聚合物砂浆等,应按设计要求或试验室给出的配合比配制。

(2)作业条件。基层表面应光滑、坚固、干燥、无污染或其他有害的材料;外门窗洞口应通过验收,门窗框或辅框安装完毕;墙外的消防梯、水落管、防盗窗预埋件或其他预埋件、进口管线或其他预留洞口,应按设计图纸或施工验收规范要求提前施工并验收;墙面应进行墙体抹灰找平,墙面平整度用 2 m 靠尺检测,其平整度≤3 mm,局部不平整超限度部位用 1∶2 水泥砂浆找平;阴、阳角方正;抹找平层前,抹灰部位根据情况提前半个小时浇水。

节能保温材料不宜在雨雪天气中露天施工。保温材料在施工过程中应采取防潮、防水等保护措施。

4. 施工工艺

(1)工艺流程。基面检查或处理→工具准备→阴阳角、门窗膀挂线→基层墙体湿润→配制聚合物砂浆,挑选聚苯板→粘贴聚苯板→聚苯板塞缝、打磨、找平墙面→配制聚合物砂浆→聚苯板面抹聚合物砂浆,门窗洞口处理,粘贴玻纤网,面层抹聚合物砂浆→找平修补,嵌密封膏→外饰面施工。

聚苯板外墙
保温施工

(2)施工要点。

1)配制聚合物砂浆必须有专人负责,以确保搅拌质量;将水泥、砂子用量桶称好后倒入铁灰槽中进行混合,搅拌均匀后按配合比加入粘结液进行搅拌,搅拌必须均匀,避免出现离析。根据和易性可适当加水,加水量为胶粘剂的 5%。聚合物砂浆应随用随配,配好的聚合物砂浆最好在 1 h 之内用光。聚合物砂浆应在阴凉处放置,避免阳光暴晒。

2)聚苯板薄抹灰系统的基层表面应清洁,无油污、脱模剂等妨碍粘结的附着物。对其凸起、空鼓和疏松的部位应剔除并找平。找平层应与墙体粘结牢固,不得有脱层、空鼓、裂缝,面层不得有粉化、起皮、爆灰等现象。

3)粘贴聚苯板时,基面平整度≤5 mm 时宜采用条粘法,基面平整度>5 mm 时宜采用点框法(图 7-20);当设计饰面为涂料时,粘结面积率不小于 40%;设计面为面砖时,粘结面积率不小于 50%;聚苯板应错缝粘贴,板缝拼严。对于 XPS 板宜采用配套界面剂涂刷后使用。

4)锚固件数量:当采用涂料饰面,墙体高度在 20~50 m 时,不宜少于 4 个/m²,在 50 m 以上时不宜少于 6 个/m²;当采用面砖饰面时,不宜小于 6 个/m²。锚固件安装应在聚苯板粘

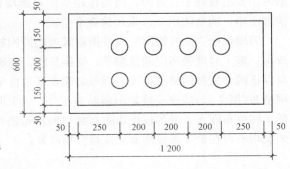

图 7-20 点框法粘结剂涂抹示意

贴 24 h 后进行,涂料饰面外保温系统安装时锚固件盘片压住聚苯板,面砖饰面盘片压住抹面层的增强网(图 7-21)。

5)墙角处保温板应交错互锁(图 7-22)。门窗洞口四角处保温板不得拼接,应采用整块薄板切割成形,保温板接缝应离开角部至少 200 mm(图 7-23)。

6)应做好系统在檐口、勒脚处的包边处理。装饰缝、门窗四角和阴阳角等处应做好局部加

强网施工。变形缝处应做好防水和保温构造处理。

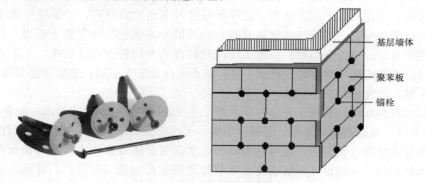

图 7-21 锚栓及锚栓的布置示意

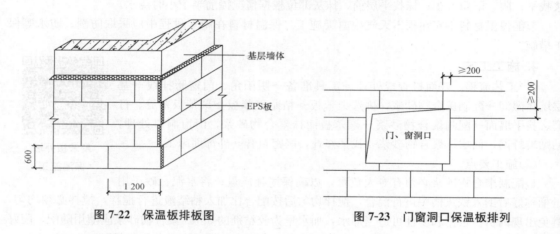

图 7-22 保温板排板图　　　　图 7-23 门窗洞口保温板排列

7)基层上粘贴的聚苯板,板与板之间缝隙不得大于 2 mm,对下料尺寸偏差或切割等原因造成的板间小缝,应用聚苯板裁成合适的小片塞入缝中。

8)聚苯板粘贴 24 h 后方可进行打磨,用粗砂纸、挫子或专用工具对整个墙面打磨一遍,打磨时不要沿板缝平行方向,而是作轻柔圆周运动将不平处磨平,墙面打磨后,应将聚苯板碎屑清理干净,随磨随用 2 m 靠尺检查平整度。

9)增强网:涂料饰面时应采用耐碱玻璃纤网格布(图 7-24),面砖饰面时宜采用后热镀锌钢丝网;施工时增强网应绷紧绷平。搭接长度:玻璃纤维网不少于 80 mm,钢丝网不少于 50 mm,且保证两个完整网格的搭接。网布必须在聚苯板粘贴 24 h 以后进行施工,二道抹面砂浆法铺设网格布(图 7-25)应先安排朝阳面贴布工序;女儿墙压顶或凸出物下部,应预留 5 mm 缝隙,以便于网格布嵌入。聚苯板板边除有翻包网格布的可以在聚苯板板侧面涂抹聚合物砂浆外,其他情况均不得在聚苯板板侧面涂抹聚合物砂浆。

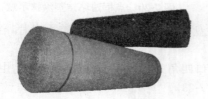　　

图 7-24 耐碱玻璃纤维网格布　　　图 7-25 二道抹面砂浆法铺设网格布

门窗口四角处,在标准网施抹完后,再在门窗四角加盖一块 200 mm×300 mm 标准网,与窗角平分线成 90°角放置,贴在最外侧,用以加强;在阴角处加盖一块 200 mm 长,与窗膀同宽的标准网片,贴在最外侧。一层窗台以下,为了防止撞击带来的伤害,应先安置加强型网布,再安置标准型网布,加强网格布应对接(图 7-26)。

10)聚苯板安装完成后应尽快抹灰封闭,抹灰分底层砂浆和面层砂浆两次完成,中间包裹增强网,抹灰时切忌不停揉搓,以免形成空鼓;抹灰总厚度宜控制在表 7-6 范围内。

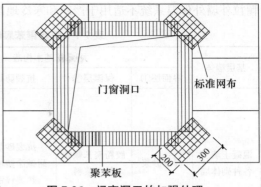

图 7-26 门窗洞口的加强处理

表 7-6 抹面砂浆厚度

外饰面	涂料		面砖		
增强网	玻纤网		玻纤网		钢丝网
层数	单层	双层	单层	双层	单层
抹面砂浆总厚度/mm	3~5	5~7	4~6	6~8	8~12

装饰分格条须在聚苯板粘贴 24 h 后用分隔线开槽器挖槽。

5. 质量要求

(1)保温隔热材料的厚度必须符合设计要求。

(2)保温板材与基层及各构造层之间的粘结或连接必须牢固。黏结强度和连接方式应符合设计要求。保温板材与基层的黏结强度应做现场拉拔试验。

(3)当墙体节能工程的保温层采用预埋或后置锚固件固定时,其锚固件数量、位置、锚固深度和拉拔力应符合设计要求。后置锚固件应进行锚固力现场拉拔试验。

(4)外墙外保温工程的饰面层不应渗漏。当外墙外保温工程的饰面层采用饰面板开缝安装时,保温层表面应具有防水功能或采取其他相应的防水措施。

(5)外墙外保温层及饰面层与其他部位交接的收口处,应采取密封措施。

(6)当采用加强网作为防止开裂的加强措施时,玻纤网格布的铺贴和搭接应符合设计和施工方案的要求。砂浆抹压应严实,不得空鼓,加强网不得皱褶、外露。

(7)施工产生的墙体缺陷,如穿墙套管、脚手眼、孔洞等,应按照施工方案采取隔断热桥措施,不得影响墙体热工性能。

(8)墙体保温板材接缝方法应符合施工工艺要求。保温板拼缝应平整严密。

7.8.2 胶粉聚苯颗粒外墙外保温系统

1. 基本构造

胶粉聚苯颗粒保温复合型外墙外保温系统是设置在外墙外侧,由胶粉聚苯颗粒保温浆料复合基层墙体或复合其他保温材料构成的具有保温隔热、防护和装饰作用的构造系统。其基本构造见表 7-7。

2. 适用范围

采取防火构造措施后,胶粉聚苯颗粒复合型外墙外保温系统可适用于建筑高度在 100 m 以下的住宅建筑和 50 m 以下的非幕墙建筑,基层墙体可以是混凝土或砌体结构。而单一胶粉聚苯颗粒外墙外保温系统不适用于严寒和寒冷地区。

表 7-7 胶粉聚苯颗粒外墙外保温系统基本构造

基层墙体	系统基本构造			
	界面层①	保温层②	抗裂防护层③	饰面层④
混凝土墙及各种砌体墙	界面砂浆	胶粉聚苯颗粒保温浆料	抗裂砂浆复合耐碱涂塑玻纤网或热镀锌钢丝网	涂料或面砖

3. 施工流程

基层处理→喷刷基层界面砂浆→吊垂直线、弹控制线→抹胶粉聚苯颗粒保温浆料→外饰面→检测验收。

4. 施工要点

(1)基层处理。基层墙面应清理干净,清洗油渍、清扫浮灰等。墙面松动、风化部分应剔除干净。墙表面凸起物大于 10 mm 时应剔除。

(2)界面处理。基层均应做界面处理,用喷枪或滚刷均匀喷刷界面处理剂。

(3)采用保温浆料系统时,应先按厚度控制线做标准厚度灰饼、冲筋,当保温层厚度大于 20 mm 时应分层施工,抹灰不应少于两遍,每遍施工间隔应在 24 h 以上,最后一遍宜为 10 mm。

(4)抗裂砂浆层施工。待聚苯颗粒保温层或找平层施工完成 3~7 d 且验收合格后方可进行抗裂砂浆层施工。涂料饰面时抗裂砂浆复合耐碱玻璃纤维网布,总厚度为 3~5 mm;面砖饰面时抗裂砂浆复合热镀锌电焊网,总厚度为 8~12 mm。

(5)在抗裂砂浆抹灰基面达到施工要求后,按相应标准进行外饰面施工。

5. 质量要求

(1)保证项目。

1)所用材料品种、质量、性能、做法及厚度必须符合设计及节能标准要求,并有检测报告。保温层厚度均匀,不允许有负偏差。

2)各构造抹灰层间以及保温层与墙体间必须粘结牢固,无脱层、空鼓、裂缝,面层无粉、起皮、爆灰等现象。

(2)一般项目。

1)表面平整、洁净、接槎平整、无明显抹纹,线角、分割条顺直、清晰。

2)外墙面所有门窗口、孔洞、槽、盒位置和尺寸准确,表面整齐洁净,管道后面抹灰平整无缺陷。

3)分格条(缝)宽度、深度均匀一致,条(缝)平整光滑,棱角整齐,横平竖直,通顺。

4)滴水线(槽)的流水坡度正确,线(槽)顺直。

第二课堂

1. 查阅相关资料,将任务补充完整。
2. 简述墙体节能工程的施工要点。

项目 8　冬期与雨期施工

项目描述

建筑工程的施工大多是露天作业，很多工程项目在建设过程中不可避免地要经历各种天气。气候因素直接影响到建筑工程的施工速度和工程质量，冬季的持续低温、反复冰冻，不仅会影响混凝土的凝结硬化，同时也会损害混凝土与钢筋的粘结，导致钢筋混凝土结构强度的降低；夏季的暴风雨对在建建筑物结构和地基的冲刷浸泡有严重的破坏性。所以，只有选择合理的施工方案、周密地组织计划，才能保证工程质量，使工程顺利进行下去，以便取得良好的技术经济效果。

根据当地多年气象资料统计，当室外日平均气温连续 5 d 稳定低于 5 ℃时建筑工程应采取冬期施工措施。为了保证建筑工程冬期与雨期的施工质量，保证建筑工程常年不间断地施工，要从本地区气候条件及工程的具体实际情况出发，选择合理的施工方案和方法，制定具体技术措施，确保冬期与雨期施工顺利进行，提高工程质量，降低工程费用。

教学目标

任务名称	权重	知识目标	能力目标
1. 冬期施工	60%	了解冬期施工的特点、施工要求及施工准备工作的内容 理解砌筑、混凝土冬期施工的方法及适用范围 掌握砌筑、混凝土冬期施工的质量控制及检查方法 掌握冬期施工的安全技术要求	能根据工程实际选择合适的冬期施工方法 能编制冬期施工方案
2. 雨期施工	40%	了解雨期施工的特点求及施工准备工作的内容 理解雨期各工种施工的方法及适用范围 掌握雨期施工的质量控制及检查方法	能编制雨期施工方案

任务 8.1　冬期施工

任务描述

本任务要求掌握砌筑工程冬期施工的原理及方法，混凝土冬期施工的原理、方法和工艺要求，然后编制办公楼混凝土冬期施工方案。

任务分析

制订的施工技术方案中,应具有以下内容:施工部署、施工程序、施工方法、机具与材料调配计划、测温人员和掺外加剂人员的技术培训、劳动力计划、保温材料与外加剂材料计划、操作要点、质量控制要点、检测项目等方面,可以参考《建筑工程冬期施工规程》(JGJ/T 104)。

知识课堂

8.1.1 冬期施工的特点

冬期施工

1. 各期施工的特点

冬期施工所采取的技术措施是以气温作为依据,各分项工程冬期施工的起讫日期确定,在有关施工规范中均作了明确的规定。

(1)冬季是质量事故多发期。在冬期施工中,长时间的持续负低温、大的温差、强风、降雪和反复的冰冻,经常造成建筑施工的质量事故。据资料分析,有2/3的工程质量事故发生在冬季,尤其是混凝土工程。

(2)冬期施工质量事故发生滞后性。各期发生质量事故往往不易察觉,到春天解冻时,一系列质量问题才暴露出来,这种事故的滞后性给处理解决质量事故带来很大困难。

(3)冬期施工的计划性和准备工作的时间性很强。冬期施工时,若时间紧促,仓促施工,则易发生质量事故。

(4)冬期施工技术要求高、消耗能源多,要增加施工费用。

2. 冬期施工的原则

为确保冬期施工的质量,在选择分项工程具体的施工方法和拟订施工措施时,必须遵循下列原则:确保工程质量;经济合理,使增加的措施费用最少;所需的热源及技术措施、材料有可靠的来源,并使消耗的能源最少;工期能满足规定要求。

3. 冬期施工的准备工作

(1)收集有关气象资料作为选择冬期施工技术措施的依据;同时与当地气象台保持联系,及时接收天气预报防止寒流突然袭击。

(2)进入冬期施工前一定要编制好冬期施工方案,内容包括施工程序,施工方法,现场布置,设备、材料、能源、工具的供应计划,安全防火措施,测温制度和质量检查制度等。方案确定后,要组织有关人员学习,并对施工队组进行交底。

(3)凡进入冬期施工的工程项目,必须会同设计单位复核施工图纸,核对其是否适应冬期施工要求,如有问题应及时提出并修改设计。

(4)根据冬期施工工程量提前准备好施工的设备、机具、材料及劳动防护用品。

(5)冬期施工前对配置外加剂的人员、测温保温人员、锅炉工等,应专门组织技术培训,经考试合格后方可上岗。

(6)做好冬期施工混凝土、砂浆及接外加剂的试配试验工作,提出施工配合比。

(7)做好安全与防火工作:①冬期施工时要采取防滑措施;②大雪后必须将架子上的积雪清扫干净,并检查马道平台,如有松动下沉现象,务必及时处理;③施工时如接触蒸汽、热水,要防止烫伤；使用氯化钙、漂白粉时，要防止腐蚀皮肤；④亚硝酸钠有剧毒，要严加保管，防止发生误食中毒；⑤现场火源要加强管理，防止煤气中毒；⑥电源开关、控制箱等设施要加锁，并设专人负责管理，防止漏电触电。

8.1.2 砌体工程冬期施工

当室外日平均气温连续5天稳定低于5℃时，砌体工程应采取冬期施工措施。气温根据当地气象资料统计确定。冬期施工期限以外，当日最低气温低于0℃时，也应按冬期施工的有关规定进行。砌筑工程的冬期施工最突出的一个问题就是砂浆遭受冻结，砂浆遭受冻结会产生如下现象：①砂浆的硬化暂时停止，并且不产生强度，失去胶结作用；②砂浆塑性降低，使水平或垂直灰缝的紧密度减弱；③解冻的砂浆，在上层砌体的重压下，可能引起不均匀沉降。

因此，在冬期砌筑时，为了保证墙体的质量，必须采取有效措施，控制雨、雪、霜对墙体材料（如砖、砂、石灰等）的侵袭，各种材料要集中堆放，并采取保温措施。冬期砌筑主要解决砂浆受冻结以及砂浆在负温下停止增长强度的问题，满足冬期砌筑施工要求。

8.1.2.1 一般规定

(1)冬期施工所用材料应符合下列规定：
1)砌筑前，应清除块材表面污物和冰霜，遇水浸冻后的砖或砌块不得使用。
2)石灰膏应防止受冻，若遇冻结，应经融化后方可使用。
3)拌制砂浆所用砂，不得含有冰块和直径大于10 mm的冻结块。
4)砂浆宜采用普通硅酸盐水泥拌制，冬期砌筑不得使用无水泥拌制的砂浆。
5)拌合砂浆宜采用两步投料法，水的温度不得超过80 ℃，砂的温度不得超过40 ℃，且水泥不得与80 ℃以上热水直接接触；砂浆稠度宜较常温适当增大，且不得二次加水调整砂浆和易性。
6)砌筑时砂浆温度不应低于5 ℃。
7)砌筑砂浆试块的留置，除应按常温规定要求外，还应增设一组与砌体同条件养护的试块。
(2)冬期施工过程中，施工记录除应按常规要求外，还应包括室外温度、暖棚气温、砌筑砂浆温度及外加剂掺量。
(3)不得使用已冻结的砂浆，严禁用热水掺入冻结砂浆内重新搅拌使用，且不宜在砌筑时的砂浆内掺水。
(4)当混凝土小砌块冬期施工砌筑砂浆强度等级低于M10时，其砂浆强度等级应比常温施工提高一级。
(5)冬期施工搅拌砂浆的时间应比常温期增加(0.5~1.0)倍，并应采取有效措施减少砂浆在搅拌、运输、存放过程中的热量损失。
(6)砌体施工时，应将各种材料按类别堆放，并应进行覆盖。
(7)冬期施工过程中，对块材的浇水湿润应符合下列规定：
1)烧结普通砖、烧结多孔砖、蒸压灰砂砖、蒸压粉煤灰砖、烧结空心砖、吸水率较大的轻骨料混凝土小型空心砌块在气温高于0 ℃条件下砌筑时，应浇水湿润，且应即时砌筑；在气温不高于0 ℃条件下砌筑时，不应浇水湿润，但应增大砂浆稠度。
2)普通混凝土小型空心砌块、混凝土多孔砖、混凝土实心砖及采用薄灰砌筑法的蒸压加气混凝土砌块施工时，不应对其浇水湿润。

3)对抗震设防烈度为9度的建筑物,当烧结普通砖、烧结多孔砖、蒸压粉煤灰砖、烧结空心砖无法浇水湿润时,若无特殊措施,不得砌筑。

(8)冬期施工中,每日砌筑高度不宜超过1.2 m。砌筑间歇期间,应在砌体表面覆盖保温材料,砌体表面不得留有砂浆。在继续砌筑前,应清理干净砌筑表面的杂物,然后再施工。

8.1.2.2 施工方法

砌体工程冬期施工常采用外加剂法和暖棚法。一般情况下,应优先选用外加剂法进行施工;对绝缘、装饰等有特殊要求的工程,应采用其他方法。

1. 外加剂法

(1)采用外加剂法配制砂浆时,可采用氯盐或亚硝酸盐等外加剂。氯盐应以氯化钠为主,当气温低于−15℃时,可与氯化钙复合使用。氯盐掺量可按表8-1选用。

表8-1 氯盐外加剂掺量

氯盐及砌体材料种类		日最低气温/℃			
		≥−10	−11~−15	−16~−20	−21~−25
单掺氯化钠/%	砖、砌块	3	5	7	—
	石材	4	7	10	—
复掺/%	氯化钠	砖、砌块	—	—	5	7
	氯化钙		—	—	2	3

注:氯盐以无水盐计,掺量为占拌合水质量百分比。

(2)当最低气温不高于−15 ℃时,采用外加剂法砌筑承重砌体,其砂浆强度等级应按常温施工时的规定提高一级。

(3)外加剂溶液应由专人配制,并应先配制成规定浓度溶液置于专用容器中,再按使用规定加入搅拌机中。在氯盐砂浆中掺加砂浆增塑剂时,应先加氯盐溶液后再加砂浆增塑剂。

(4)采用氯盐砂浆时,应对砌体中配置的钢筋及钢预埋件进行防腐处理。

(5)下列砌体工程,不得采用掺氯盐的砂浆:
1)对可能影响装饰效果的建筑物;
2)使用环境湿度大于80%的建筑物;
3)热工要求高的工程;
4)配筋、钢埋件无可靠防腐处理措施的砌体;
5)接近高压电线的建筑物(如变电所、发电站等);
6)经常处于地下水位变化范围内,而又无防水措施的砌体;
7)经常受40 ℃以上高温影响的建筑物。

(6)砌筑时砖与砂浆的温度差值宜控制在20 ℃以内,且不应超过30 ℃。

2. 暖棚法

(1)地下工程、基础工程以及建筑面积不大又急需砌筑使用的砌体结构应采用暖棚法施工。

(2)当采用暖棚法施工时,块体和砂浆在砌筑时的温度不应低于5 ℃。距离所砌结构底面0.5 m处的棚内温度也不应低于5 ℃。

(3)在暖棚内的砌体养护时间,应符合表8-2的规定。

表 8-2 暖棚法施工时的砌体养护时间

暖棚内温度/℃	5	10	15	20
养护时间不少于/d	6	5	4	3

(4)采用暖棚法施工,搭设的暖棚应牢固、整齐。宜在背风面设置一个出入口,并应采取保温避风措施。当需设两个出入口时,两个出入口不应对齐。

8.1.3 混凝土工程冬期施工

8.1.3.1 混凝土工程冬期施工原理

根据当地多年气温资料,室外日平均气温连续 5 天稳定低于 5 ℃时,混凝土结构工程应按冬期施工要求组织施工。冬期施工时,气温低,水泥水化作用减弱,新浇混凝土强度增长明显地延缓,当温度降至 0 ℃以下时,水泥水化作用基本停止,混凝土强度也停止增长。特别是温度降至混凝土冰点温度以下时,混凝土中的游离水开始结冰,结冰后的水体积膨胀约 9%。在混凝土内部产生冰胀应力,使强度尚低的混凝土结构内部产生微裂隙,同时降低了水泥与砂石和钢筋的粘结力,导致结构强度降低。受冻的混凝土在解冻后,其强度虽能继续增长,但已不能达到原设计的强度等级。试验证明,混凝土的早期冻害是由于内部的水结冰所致。混凝土在浇筑后立即受冻,抗压强度约损失 50%,抗拉强度约损失 40%。受冻前混凝土养护时间越长,所达到的强度越高;水化物生成越多,能结冰的游离水就越少,强度损失就越低。试验还证明,混凝土遭受冻结带来的危害与遭冻的时间早晚、水胶比、水泥强度等级、养护温度等有关。

冬期浇筑的混凝土在受冻以前必须达到的最低强度称为混凝土受冻临界强度。我国现行规范规定,在受冻前,混凝土受冻临界强度应达到:硅酸盐水泥或普通硅酸盐水泥配制的混凝土不得低于其设计强度标准值的 30%;矿渣硅酸盐水泥配制的混凝土不得低于其设计强度标准值的 40%;C10 及以下的混凝土不得低于 5.0 N/mm^2。掺防冻剂的混凝土,温度降低到防冻剂规定温度以下时,混凝土的强度不得低于 3.5 N/mm^2。

8.1.3.2 混凝土工程冬期施工的工艺要求

一般情况下,混凝土工程冬期施工要在正温下浇筑,在正温下养护,以使混凝土强度在冰冻前达到受冻临界强度。在冬期施工时,对原材料和施工过程均需有必要的措施,以保证混凝土的施工质量。

1. 对材料的要求及加热

(1)冬期施工中配制混凝土用的水泥应优先选用活性高、水化热大的硅酸盐水泥和普通硅酸盐水泥。水泥最小用量不宜少于 280 kg/m^3,水胶比不应大于 0.35。使用矿渣硅酸盐水泥时,宜采用蒸汽养护,使用其他品种水泥时,应注意其中掺合材料对混凝土抗冻、抗渗等性能的影响。冷混凝土法施工宜优先选用含引气成分的外加剂,含气量应控制在 2%～4%内。掺用防冻剂的混凝土,严禁使用高铝水泥。

(2)混凝土所用集料必须清洁,不得含有冰雪等冰结物及易冻裂的矿物质。冬季集料贮备场地应选择在地势较高不积水的地方。

(3)冬期施工对混凝土原材料的加热,应优先考虑加热水,因为水的热容量大,加热方便。水的常用加热方法有三种:用锅烧水、用蒸汽加热水和用电极加热水。当水、集料达到规定温度仍不能满足热工计算要求时，可提高水温到 100 ℃，但水泥不得与 80 ℃ 以上的水直接接触，水泥不得直接加热，使用前宜运入暖棚存放。

冬期施工拌制混凝土的砂、石温度要符合热工计算需要温度。集料加热的方法有：将集料放在底下加温的铁板上面直接加热和通过蒸汽管、电热线加热等。不得用火焰直接加热集料，并应控制加热温度。加热的方法可因地制宜，但以蒸汽加热法为宜，其优点是加热温度均匀，热效率高；其缺点是集料中的含水量增加。

(5) 冬期浇筑的混凝土，宜使用无氯盐类防冻剂，对于抗冻性要求高的混凝土，宜使用引气剂或引气减水剂。

2. 混凝土的搅拌、运输和浇筑

(1) 混凝土的搅拌。混凝土不宜露天搅拌，应尽量搭设暖棚，优先选用大容量的搅拌机，以减少混凝土的热损失。混凝土搅拌时间应根据各种材料的温度情况，考虑相互间的热平衡过程，可通过试拌确定延长的时间，一般为常温搅拌时间的 1.25~1.5 倍。搅拌时为防止水泥出现假凝现象，应在水、砂、石搅拌一定时间后再加入水泥。

拌制掺用防冻剂的混凝土，当防冻剂为粉剂时，可按要求掺量直接撒在水泥土面和水泥同时投入；当防冻剂为液体时，应先配制成规定浓度溶液，然后再根据使用要求，用规定浓度溶液，再配制成施工溶液，各溶液应分别置于明显标志的容器内，不得混淆，每班使用的外加剂溶液应一次配成。配制与加入防冻剂，应设专人负责并做好记录，应严格按剂量要求掺入。混凝土拌合物的出机温度不宜低于 10 ℃。

(2) 混凝土的运输。混凝土的运输过程是热损失的关键阶段，应采取必要的措施减少混凝土的热损失，同时应保证混凝土的和易性。常用的主要措施为减少运输时间和距离；使用大容积的运输工具并采取必要的保温措施，保证混凝土入模温度不低于 5 ℃。

(3) 混凝土的浇筑。混凝土在浇筑前，应清除模板和钢筋上的冰雪和污垢，尽量加快混凝土的浇筑速度，防止热量散失过多。当采用加热养护时，混凝土养护前的温度不得低于 2 ℃。

冬期不得在强冻胀性地基土上浇筑混凝土，当在弱冻胀性地基土上浇筑混凝土时，地基土应进行保温，以免遭冻。对加热养护的现浇混凝土结构，混凝土的浇筑程序和施工缝的位置，应能防止在加热养护时产生较大的温度应力。当分层浇筑厚大的整体结构时，已浇筑层的混凝土温度，在被上一层混凝土覆盖前，不得低于按热工计算的温度，且不得低于 2 ℃。冬期施工混凝土振捣应用机械振捣，振捣时间应比常温时有所增加。

3. 混凝土工程冬期施工方法的选择

混凝土工程冬期施工方法是保证混凝土在硬化过程中防止早期受冻所采取的各种措施，应根据自然气温条件、结构类型、工期要求来确定混凝土工程冬期施工方法。混凝土工程冬期施工方法主要有两大类。第一类为蓄热法、暖棚法、蒸汽加热法和电热法，这类冬期施工方法实质是人为地创造一个正温环境，以保证新浇筑的混凝土强度能够正常地、不间断地增长，甚至以加速增长；第二类为冷混凝土法，这类冬期施工方法，实质是在拌制混凝土时，加入适量的外加剂，可以适当降低水的冰点，使混凝土中的水在负温下保持液相，从而保证了水化作用的正常进行，使混凝土强度得以在负温环境中持续地增长，用这种方法一般不再对混凝土加热。

在选择混凝土工程冬期施工方法时，应保证混凝土尽快达到冬期施工临界强度，避免遭受冻害。一个理想的施工方案，应当是在杜绝混凝土早期受冻的前提下，在最短的施工期限内，用最低的冬期施工费用，获得优良的施工质量。

(1) 蓄热法。蓄热法是混凝土浇筑后，利用原材料加热及水泥水化热的热量，通过适当保温延缓混凝土冷却，使混凝土冷却到 0 ℃ 以前达到预期要求强度的施工方法。蓄热法施工方法简单，费用较低，较易保证质量。当室外最低温度不低于 -15 ℃ 时，地面以下的工程或结构表面系数(即结构冷却的表面积与结构体积之比)不大于 5 m^{-1} 的地上结构,应优先采用蓄热法养护。

为了确保原材料的加热温度,正确选择保温材料,使混凝土在冷却到 0 ℃ 以下时,其强度达到或超过受冻临界强度,施工时必须进行热工计算。蓄热法热工计算是按热平衡原理进行,即 1 m³ 混凝土从浇筑结束的温度降至 0 ℃ 时所放出的热量,应等于混凝土拌合物所含热量及水泥的水化热之和。

(2)冷混凝土法。冷混凝土法是在混凝土中加入适量的抗冻剂、早强剂、减水剂及加气剂,使混凝土在负温下能继续水化,增长强度,使混凝土冬期施工工艺简化,节约能源,降低冬期施工费用,是有发展前途的冬期施工方法。

混凝土工程冬期施工中外加剂的配用,应满足抗冻、早强的需要;对结构钢筋无锈蚀作用,对混凝土后期强度和其他物理力学性能无不良影响,同时应适应结构工作环境的需要。单一的外加剂常不能完全满足混凝土工程冬期施工的要求,一般宜采用复合配方,常用的复合配方有下面几种类型:

1)氯盐类外加剂。氯盐类外加剂主要有氯化钠、氯化钙,其价廉、易购买,但对钢筋有锈蚀作用。一般钢筋混凝土中掺量按无水状态计算不得超过水泥质量的 1%;在无筋混凝土中,采用热材料拌制的混凝土,氯盐掺量不得大于水泥质量的 3%;采用冷材料拌制时,氯盐掺量不得大于拌合水质量的 15%。掺用氯盐的混凝土必须振捣密实,且不宜采用蒸汽养护。在下列工作环境中的钢筋混凝土结构中不得掺用氯盐:

①在高湿度空气环境中使用的结构;
②处于水位升降部位的结构;
③露天结构或经常受水淋的结构;
④有镀锌钢材或与铝铁相接触部位的结构,以及有外露钢筋、预埋件而无防护措施的结构;
⑤与含有酸、碱和硫酸盐等侵蚀性介质相接触的结构;
⑥使用过程中经常处于环境温度为 60 ℃ 以上的结构;
⑦薄壁结构、中级或重级工作制吊车梁、屋架、落锤或锻锤基础等结构;
⑧电解车间和直接靠近直流电源的结构;
⑨预应力混凝土结构。

2)硫酸钠氯化钠复合外加剂。硫酸钠氯化钠复合外加剂由硫酸钠 2%、氯化钠 1%~2% 和亚硝酸钠 1%~2% 组成。当温度在 3 ℃~5 ℃ 时,氯化钠和亚硝酸钠掺量分别为 1%;当温度在 5 ℃~8 ℃ 时,其掺量分别为 2%。这种配方的复合外加剂不能用于高温湿热环境及预应力结构中。

3)亚硝酸钠硫酸钠复合外加剂。亚硝酸钠硫酸钠复合外加剂由 2%~8% 的亚硝酸钠加 2% 的硫酸钠组成。当温度分别为 3 ℃、5 ℃、8 ℃、10 ℃ 时,亚硝酸钠的掺量分别为水泥质量的 2%、4%、6%、8%。亚硝酸钠硫酸钠复合外加剂在负温下有较好的促凝作用,能使混凝土强度较快增长,且对混凝土有塑化作用,对钢筋无锈蚀作用。

4)三乙醇胺复合外加剂。三乙醇胺复合外加剂由适量三乙醇胺、氯化钠、亚硝酸钠组成,当温度低于 -15 ℃ 时,还可掺入适量的氯化钙。三乙醇胺在早期正温条件下起早强作用,当混凝土内部温度下降到 0 ℃ 以下时,氯盐又在其中起抗冻作用使混凝土继续硬化。混凝土浇筑入仓温度应保持在 15 ℃ 以上,浇筑成型后应马上覆盖保温,使混凝土在 0 ℃ 以上温度达 72 h 以上。

掺外加剂法施工时,混凝土的搅拌、浇筑及外加剂的配制必须设专人负责,其掺量和使用方法严格按产品说明执行。搅拌时间应比常温条件下适当延长,按外加剂的种类及要求严格控制混凝土的出机温度,混凝土的搅拌、运输、浇筑、振捣、覆盖保温应连续作业,减少施工过程中的热量损失。

(3)综合蓄热法。综合蓄热法是在蓄热法的基础上,掺用化学外加剂,通过适当保温,延缓混凝土冷却速度,使混凝土温度降到 0 ℃或设计规定温度前达到预期要求强度的施工方法。当采用蓄热法不能满足要求时,可选综合蓄热法。

综合蓄热法施工中的外加剂应选用具有减水、引气作用的早强剂或早强型复合防冻剂。混凝土浇筑后应在裸露混凝土表面采用塑料布等防水材料覆盖并进行保温。边、棱角部位的保温厚度应增大到面部位的 2~3 倍。混凝土在养护期间应防风、防失水。采用组合钢模板时,宜采用整装、整拆方案。当混凝土强度达到 1 N/mm^2 后,可使侧模板轻轻脱离混凝土后,再合上继续养护到拆模。

4. 混凝土加热养护方法

(1)蒸汽加热法。蒸汽加热法是用低压饱和蒸汽养护新浇筑的混凝土,在混凝土周围造成湿热环境来加速混凝土硬化的方法。

蒸汽加热养护法应采用低压饱和蒸汽对新浇筑的混凝土构件进行加热养护,蒸汽养护混凝土的温度:采用普通硅酸盐水泥时最高养护温度不超过 80 ℃;采用矿渣硅酸盐水泥时可提高到 85 ℃;采用内部通气法时,最高加热温度不应超过 60 ℃。蒸汽养护应包括升温、恒温、降温三个阶段,各阶段加热延续时间可根据养护终了要求的强度确定,整体结构采用蒸汽养护时,水泥用量不宜超过 350 kg/m^3。水胶比宜为 0.4~0.6,坍落度不宜大于 50 mm。采用蒸汽养护的混凝土可掺入早强剂或无引气型减水剂,但不宜掺用引气剂或引气减水剂,也不应使用矾土水泥。该法多用于预制构件厂的养护。

(2)电热法。电热法是利用电能作为热源来加热养护混凝土的方法。这种方法设备简单、操作方便、热损失少,适用于各种施工条件,但耗电量较大,目前多用于局部混凝土养护。按电能转换为热能的方式不同,电热法可分为电极加热法、电热器加热法和电磁感应加热法。

(3)暖棚法。暖棚法是在被养护构件或建筑的四周搭设暖棚,或在室内用草帘、草垫等将门窗堵严,采用棚(室)内生火炉、设热风机加热、安装蒸汽排管通蒸汽或热水等热源进行采暖的方式,使混凝土在正温环境下养护至临界强度或预定设计强度。暖棚法由于需要较多的搭盖材料和保温加热设施,施工费用较高。暖棚法适用于严寒天气施工的地下室、人防工程或建筑面积不大而混凝土工程又很集中的工程。使用暖棚法养护混凝土时,要求暖棚内的温度不得低于 5 ℃,并应保持混凝土表面湿润。

(4)远红外加热法。远红外加热法是利用远红外辐射器向新浇筑的混凝土辐射远红外线,使混凝土温度升高从而获得早期强度。由于混凝土直接吸收射线变成热能,因此,其热量损失要比其他养护方法小得多。产生红外线的能源有电源、天然气、煤气和蒸汽等。远红外线加热适用于薄壁钢筋混凝土结构、装配式钢筋混凝土结构的接头混凝土、固定预埋件的混凝土和施工缝处继续浇混凝土处的加热等。一般辐射距离混凝土表面应大于 300 mm,混凝土表面温度宜控制在 70 ℃~90 ℃。为防止水分蒸发,混凝土表面宜用塑料薄膜覆盖。

8.1.3.3 混凝土质量控制及检查

1. 混凝土的温度测量

冬期施工测温的项目与次数为:室外气温及环境温度每昼夜不少于 4 次;搅拌机棚温度,水、水泥、砂、石及外加剂溶液温度,混凝土出罐、浇筑、入模温度每一工作班不少于 4 次;在冬期施工期间还需测量每天的室外最高、最低气温。

混凝土养护期间的温度应进行定点定时测量:蓄热法或综合蓄热法养护从混凝土入模开始至混凝土达到受冻临界强度,或混凝土温度降到 0 ℃或设计温度以前,应至少每隔 6 h 测量一次。掺防冻剂的混凝土强度在未达到受冻临界强度前应每隔 2 h 测量一次，达到受冻临界强度以后每隔 6 h 测量一次。采用加热法养护混凝土时，升温和降温阶段应每隔 1 h 测量一次，恒温阶段每隔 2 h 测量一次。

2. 混凝土的质量检查

冬期施工时，混凝土的质量检查除应按现行国家标准《混凝土结构工程施工质量验收规范》(GB 50204)规定留置试块外，还应检查混凝土表面是否受冻、粘连、收缩裂缝，边角是否脱落，施工缝处有无受冻痕迹；检查同条件养护试块的养护条件是否与施工现场结构养护条件相一致；采用成熟度法检验混凝土强度时，应检查测温记录与计算公式要求是否相符，有无差错；采用电加热法养护时，应检查供电变压器二次电压和二次电流强度，每一工作班不应少于两次。

混凝土试件的试块留置应较常规施工增加不少于两组与结构同条件养护的试件，分别用于检验受冻前的混凝土强度和转入常温养护 28 d 的混凝土强度。与结构构件同条件养护的受冻混凝土试件，解冻后方可试压。

所有各项测量及检验结果，均应填写"混凝土工程施工记录"和"混凝土冬期施工日报"。

8.1.4 其他工程冬期施工

8.1.4.1 屋面工程冬期施工

柔性卷材屋面不宜在低于 0 ℃的情况下施工。冬期施工时，可利用日照采暖使基层达到正温后进行卷材铺贴。卷材铺贴前，应先将卷材放在 15 ℃以上的室内预热 8 h，并在铺贴前将卷材表面的滑石粉清扫干净，按施工进度的要求，分批送到屋面使用。

铺设前，应检查基层的强度、含水率及平整度。基层含水率不超过 15%，防止基层含水率过大，转入常温后水分蒸发引起油毡鼓泡。

扫清基层上的霜雪、冰层、垃圾，然后涂刷冷底子油一道。铺贴卷材时，应做到随涂胶粘剂随铺贴和压实卷材，以免沥青胶冷却粘结不好，产生孔隙气泡等。沥青胶厚度宜控制在 1～2 mm，最大不应超过 2 mm。

8.1.4.2 装饰工程冬期施工

装饰工程应尽量在冬期施工前完成或推迟在初春化冻后进行，必须在冬期施工的工程，应按冬期施工的有关规定组织施工。

1. 一般抹灰冬期施工

凡昼夜平均气温低于＋5 ℃和最低气温低于－3 ℃时，抹灰工程应按冬期施工的要求进行。一般抹灰冬期常用施工方法有热作法和冷作法两种。

(1)热作法施工。热作法施工是利用房屋的永久热源或临时热源来提高和保持操作环境的温度，人为创造一个正温环境，使抹灰砂浆硬化和固结。热作法一般用于室内抹灰。热作法常用的热源有火炉、蒸汽、远红外加热器等。

室内抹灰应在屋面已做好的情况下进行。抹灰前应将门、窗封闭，脚手眼堵好，对抹灰砌体提前进行加热，使墙面温度保持在＋5 ℃以上，以便湿润墙面不致结冰，使砂浆与墙面部粘结牢固。冻结砌体应提前进行人工解冻，待解冻下沉完毕，砌体强度达设计强度的 20%后方可抹灰。抹灰砂浆应在正温的室内或暖棚内制作，用热水搅拌，抹灰时砂浆的上墙温度不低于 10 ℃。抹灰结束后，至少 7 d 内保持＋5 ℃的室温进行养护。在此期间，应随时检查抹灰层的湿度，当干燥过快时，应洒水湿润，以防产生裂纹，影响与基层的粘结，防止脱落。

(2)冷作法施工。冷作法施工是低温条件下在砂浆中掺入一定量的防冻剂(如氯化钠、氯化钙、亚硝酸钠等），在不采取采暖保温措施的情况下进行抹灰作业。冷作法适用于房屋装饰要求不高、小面积的外饰面工程。

冷作法抹灰前应对抹灰墙面进行清扫，墙面应保持干净，不得有浮土和冰霜，表面不洒水湿润；抗冻剂宜优先选用单掺氯化钠的方法，其次可同时掺氯化钠和氯化钙的复盐或掺亚硝酸钠。

防冻剂应由专人配制和使用，配制时可先配制20％浓度的标准溶液，然后根据气温再配制成使用溶液。掺氯盐的抹灰严禁用于高压电源的部位，在做涂料墙面的抹灰砂浆中，不得掺入氯盐防冻剂。氯盐砂浆应在正温下拌制使用，拌制时，先将水泥和砂干拌均匀，然后加入氯盐水溶液拌和，水泥可用硅酸盐水泥或矿渣硅酸盐水泥，严禁使用高铝水泥。砂浆应随拌随用，不允许停放。当气温低于−25 ℃时，不得用冷作法进行抹灰施工。

2. 装饰抹灰

装饰抹灰冬期施工除按一般抹灰施工要求掺盐外，可另加水泥质量20％的801胶水。要注意搅拌砂浆应先加一种材料搅拌均匀后再加另一种材料，避免直接混搅。釉面砖外墙面砖施工时宜在2％盐水中浸泡2 h，并在晾干后方可使用。

3. 其他装饰工程的冬期施工

冬期进行油漆、刷浆、裱糊、饰面工程，应采用热作法施工，尽量利用永久性的采暖设施。室内温度应在5 ℃以上，并保持均衡，不得突然变化，否则不能保证工程质量。

冬期气温低，油漆会发粘不易涂刷，涂刷后漆膜不易干燥。为了便于施工，可在油漆中加一定量的催干剂，保证在24 h内干燥。室外刷浆应保持施工均衡，粉浆类料宜采用热水配制，随用随配，料浆使用温度宜保持在15 ℃左右。裱糊工程施工时，混凝土或抹灰基层含水率不应大于8％。施工中当室内温度高于20 ℃，且相对湿度大于80％时，应开窗换气，防止壁纸皱褶起泡。玻璃工程冬期施工时，应将玻璃、镶嵌用合成橡胶等材料运到有采暖设备的室内，操作地点环境温度不应低于5 ℃。外墙铝合金、塑料框、大扇玻璃不宜在冬期安装。

室内外装饰工程的施工环境温度，除满足上述要求外，对新材料应按所用材料的产品说明要求的温度进行施工。

> **第二课堂**
> 1. 查阅相关资料，将任务补充完整。
> 2. 冬期施工应遵守哪些原则？
> 3. 在掺盐砂浆法施工中应注意哪些问题？
> 4. 简述混凝土工程冬期施工原理。

任务8.2　雨期施工

> **任务描述**
>
> 本任务要求依据雨期施工的特点和要求，根据各分部分项工程的特点，编制办公楼工程的雨期施工方案。

> **任务分析**
>
> 最好的雨期施工方案就是合理编制施工计划,将不宜雨期施工的分项工程提前或拖后,不在雨期施工。施工技术方案的制定必须以确保施工质量及生产安全为前提,具有一定的技术可靠性和经济合理性。

知识课堂

8.2.1 雨期施工的特点、要求和准备工作

雨期施工

雨期施工以防雨、防台风、防汛为对象,应做好各项准备工作。

1. 雨期施工的特点

(1)雨期施工的开始具有突然性。由于暴雨山洪等恶劣气象往往不期而至,这就需要雨期施工的准备和防范措施及早进行。

(2)雨期施工带有突击性。因为雨水对建筑结构和地基基础的冲刷或浸泡具有严重的破坏性,必须迅速及时地防护,才能避免给工程造成损失。

(3)雨期往往持续时间很长,阻碍了工程(主要包括土方工程、屋面工程等)顺利进行,拖延工期。对这一点应事先有充分估计并做好合理安排。

2. 雨期施工的要求

(1)编制施工组织计划时,要根据雨期施工的特点,将不宜在雨期施工的分项工程提前或拖后安排。对必须在雨期施工的工程应制定有效的措施,进行突击施工。

(2)合理进行施工安排。做到晴天抓紧完成室外工作,雨天安排室内工作,尽量缩短雨天室外作业时间和工作面。

(3)密切注意气象预报,做好抗台防汛等准备工作,必要时应及时做好加固工作。

(4)做好建筑材料防雨、防潮工作。

3. 雨期施工的准备工作

(1)现场排水。施工现场的道路、设施必须做到排水畅通,尽量做到雨停水干;要防止地面水排入地下室、基础、地沟内,要做好对危石的处理,防止滑坡和塌方。

(2)应做好原材料、成品、半成品的防雨工作。水泥应按先收先用,后收后用的原则,避免久存受潮而影响水泥的性能。木门窗等易受潮变形的半成品应在室内堆放,其他材料也应注意防雨及材料堆放场地四周排水。

(3)在雨期前应做好施工现场房屋、设备的排水防雨措施。

(4)备足排水用的水泵及有关器材,准备适量的塑料布、油毡等防雨材料。

4. 雨期施工的原则

(1)合理组织施工。编制施工组织计划时,要根据雨期施工的特点,将不宜在雨期施工的分项工程提前或延后安排,对必须在雨期施工的工程制定有效的措施,进行突击施工。

(2)雨期施工时施工现场道路、临时设施、库房等必须解决好截水和排水问题。

(3)做好原材料、成品和半成品的防雨、防潮工作。

(4)准备足够的防水、防汛材料和器材工具,组织防雨、防汛抢险队伍,以防应急事件。

8.2.2 分部分项工程雨期施工措施

1. 土方和基础工程

大量的土方开挖和回填工程应在雨期来临前完成,如无法避开雨期的土方工程,应采取以下措施:

(1)土方开挖。土方开挖应逐段、逐片地分期完成。开挖场地应设一定的排水坡度,场地内不能积水。

(2)边坡处理。必要时可适当放缓边坡坡度或设置支撑,施工时要加强对边坡和支撑的检查,对可能被雨水冲塌的边坡,可在边坡上挂钢丝网片,外喷50 mm厚的细石混凝土。

(3)填方工程施工、取土、运土、铺填、压实等各道工序应连续进行,雨前应及时压完已填土层,将表面压光并做成一定的排水坡度。

(4)对处于地下的水池或地下室工程,要防止水对建筑的浮力大于建筑物自重时造成地下室或水池上浮。基础施工完毕,应抓紧基坑四周的回填工作。当遇上大雨,水泵不能及时有效地降低积水高度时,应迅速将积水灌回箱形基础之内,以增加基础的抗浮能力。

2. 砌体工程

(1)砖在雨期必须集中堆放,不宜浇水。砌墙时要求干湿砖块合理搭配,砖湿度较大时不可上墙,砌筑高度不宜超过1.2 m。

(2)雨期遇大雨必须停工。砌体停工时应在砖墙顶盖一层干砖,避免大雨冲刷灰浆。大雨过后受雨水冲刷过的新砌墙体应翻砌最上面两皮砖。

(3)对稳定性较差的窗间墙、独立砖柱,应加设临时支撑或及时浇筑圈梁,以增加墙体稳定性。

(4)砌体施工时,内、外墙要尽量同时砌筑,并注意转角及丁字墙间的搭接。遇台风时,应在与风向相反的方向加临时支撑,以保持墙体的稳定。

(5)雨后继续施工,须复核已完工砌体的垂直度和标高。

3. 混凝土工程

(1)模板隔离层在涂刷前要及时掌握天气预报,以防隔离层被雨水冲掉。

(2)遇到大雨应停止浇筑混凝土,已浇部位应加以覆盖。浇筑混凝土时应根据结构情况和可能,多考虑几道施工缝的留设位置。

(3)雨期施工时,应加强对混凝土粗、细集料含水量的测定,及时调整混凝土的施工配合比。

(4)大面积的混凝土浇筑前,要了解2~3 d的天气预报,尽量避开大雨。混凝土浇筑现场要预备大量防雨材料,以备浇筑时突然遇雨进行覆盖。

(5)模板支撑下部回填土要夯实,并加好垫板,雨后及时检查有无下沉。

4. 吊装工程

(1)构件堆放地点要平整坚实,周围要做好排水工作,严禁构件堆放区积水、浸泡,防止泥土粘到预埋件上。

(2)塔式起重机路基必须高出自然地面15 cm,严禁雨水浸泡路基。

(3)雨后吊装时,要先做试吊,将构件吊至1 m左右,往返上下数次稳定后再进行吊装工作。

5. 屋面工程

(1)卷材层面应尽量在雨季前施工,并同时安装屋面的落水管。

(2)在雨天严禁进行油毡屋面施工,油毡、保温材料不准淋雨。

(3)雨天屋面工程宜采用湿铺法施工工艺。湿铺法就是在潮湿基层上铺贴卷材,先喷刷1~2遍冷底子油,喷刷工作宜在水泥砂浆凝结初期进行操作,以防基层浸水。如基层没水,应在基层表面干燥后方可铺贴油毡,如基层潮湿且干燥有困难时,可采用排气屋面。

6. 抹灰工程

(1)雨天不准进行室外抹灰,至少应预计1~2 d的天气变化情况。对已经施工的墙面,应注意防止雨水污染。

(2)室内抹灰应尽量在做完屋面后进行,至少做完屋面找平层,并铺一层油毡。

第二课堂

1. 查阅相关资料,将任务补充完整。
2. 各分项工程雨期施工有什么要求?

参考文献

[1] 《建筑施工手册(第五版)》编委会. 建筑施工手册[M]. 5版. 北京：中国建筑工业出版社，2013.
[2] 张朝春. 木工模板工工艺与实训[M]. 北京：高等教育出版社，2009.
[3] 张朝春，张永平. 建筑与装饰施工工艺[M]. 北京：中国海洋大学出版社，2011.
[4] 张豫，胡先国. 建筑与装饰工程施工工艺[M]. 北京：北京理工大学出版，2011.
[5] 姚谨英. 建筑施工技术[M]. 6版. 北京：中国建筑工业出版社，2017.
[6] 李建峰. 建筑施工[M]. 北京：中国建筑工业出版社，2004.
[7] 廖代广. 土木工程施工技术[M]. 3版. 武汉：武汉理工大学出版社，2006.
[8] 郑文新，王金圳，李伙穆. 建筑施工与组织[M]. 上海：上海交通大学出版社，2007.
[9] 吴洁，杨天春. 建筑施工技术[M]. 2版. 北京：中国建筑工业出版社，2017.
[10] 邓寿昌. 土木工程施工技术[M]. 北京：科学出版社，2011.
[11] 程绪楷. 建筑施工技术[M]. 北京：化学工业出版社. 2009.
[12] 侯洪涛，郑建华. 建筑施工技术[M]. 北京：机械工业出版社，2008.
[13] 中华人民共和国住房和城乡建设部. GB 50007—2011 建筑地基基础设计规[S]. 北京：中国计划出版社，2012.
[14] 中华人民共和国住房和城乡建设部. JGJ 79—2012 建筑地基处理技术规范[S]. 北京：中国建筑工业出版社，2013.
[15] 中华人民共和国住房和城乡建设部. GB 50203—2011 砌体结构工程施工质量验收规范[S]. 北京：中国建筑工业出版社，2012.
[16] 中华人民共和国住房和城乡建设部. GB 50204—2015 混凝土结构工程施工质量验收规范[S]. 北京：中国建筑工业出版社，2015.
[17] 中华人民共和国住房和城乡建设部. GB 50017—2017 钢结构设计标准[S]. 北京：中国建筑工业出版社，2018.
[18] 中华人民共和国住房和城乡建设部. GB 50207—2012 屋面工程质量验收规范[S]. 北京：中国建筑工业出版社，2012.
[19] 中华人民共和国住房和城乡建设部. GB 50210—2018 建筑装饰装修工程质量验收标准[S]. 北京：中国建筑工业出版社，2018.